华中农业大学发展纪实（2008—2018）

2018

2017

2016

2015

2014

2013

2012

2011

2010

2009

2008

高等教育出版社·北京

内容简介

本书对华中农业大学2008—2018年的发展历程予以纪实。全书正文分为三篇，第一篇“发展概况”，系统梳理了2008年以来学校办学治校主要工作；第二篇“发展纪事”，生动记录了学校建校110周年以来具有重要影响的事件；第三篇“学院（部）发展简况”，简要介绍了学校承担高等教育人才培养相关机构10年来的发展状况。附录主要收录了2008年以来反映学校发展历程的数据、名录等资料。全书力求严谨立意，客观叙述，图文并茂，全方位留存了学校最近10年的发展线索和丰富史料。

谨以此书献给华中农业大学120周年华诞，以飨全校师生员工、全球广大校友和关心支持学校的社会各界人士。

图书在版编目（CIP）数据

华中农业大学发展纪实：2008—2018/《华中农业大学发展纪实》编委会编．-- 北京：高等教育出版社，2018.9

ISBN 978-7-04-050575-7

Ⅰ．①华⋯ Ⅱ．①华⋯ Ⅲ．①华中农业大学 - 校史 - 2008-2018 Ⅳ．① S-40

中国版本图书馆CIP数据核字（2018）第213905号

Huazhong Nongye Daxue Fazhan Jishi（2008—2018）

策划编辑　吴雪梅　单冉东　　责任编辑　李光跃　单冉东　　封面设计　王　洋
责任印制　田　甜

出版发行	高等教育出版社	网　　址	http://www.hep.edu.cn
社　　址	北京市西城区德外大街4号		http://www.hep.com.cn
邮政编码	100120	网上订购	http://www.hepmall.com.cn
印　　刷	北京信彩瑞禾印刷厂		http://www.hepmall.com
开　　本	787mm×1092mm　1/16		http://www.hepmall.cn
印　　张	26.75		
字　　数	670千字	版　　次	2018年9月第1版
购书热线	010-58581118	印　　次	2018年9月第1次印刷
咨询电话	400-810-0598	定　　价	69.80元

本书如有缺页、倒页、脱页等质量问题，请到所购图书销售部门联系调换

物 料 号　50575-00

前　言

《华中农业大学发展纪实（2008—2018）》记载了华中农业大学从2008年建校110周年校庆以来的发展历程。

2008年以来的10年，完整覆盖了学校第七次党代会“三步走”战略中第二步和第三步。学校党委和学校行政解放思想、抢抓机遇，带领全校师生专注内涵特色发展，克服困难砥砺前行，走出了一条创建特色鲜明的研究型大学的强校之路。

学校第七次党代会提出“到2018年（建校120周年），把学校建设成为整体水平国内一流，优势学科达到国际先进水平，特色鲜明的研究型大学”之后，学校第八次党代会报告和110周年校庆庆典大会上，重申了建设特色鲜明研究型大学的奋斗目标。2013年4月召开的学校第九次党代会进一步提出了“五个一流”，“要建成特色鲜明的研究型大学，初步形成综合性大学学科布局，学校办学水平和国际影响力全面提升。”在此后的学校章程修订中，“特色鲜明的研究型大学”亦成为学校愿景的关键词。

10年来，创建特色鲜明的研究型大学的发展主线十分清晰。围绕此任务，学校以一流意识科学谋划，坚持走特色发展道路，坚持立德树人，抢抓“双一流”建设等重大发展机遇，全面完成了“三步走”战略目标与学校第八次党代会、第九次党代会提出的发展目标。根据国内外学者普遍采用的定量分类方法，学校符合研究型大学（Ⅰ型）或极高度研究型大学的指标，已成为一所在农业科学和生命科学领域优势更加明显、具有鲜明特色的研究型大学 。

2008年以来，学校主要围绕营养与健康、粮食安全等重大时代主题，聚焦农业全产业链和食品价值链来科学谋划学科布局。通过实施“211”等重大工程，推进“双一流”建设，促进信息学科、环境学科与传统学科的交叉融合，发展生物医学、拓展优势学科领域等举措来强化优势特色学科发展，创建特色鲜明的研究型大学；推进人文社会科学、工科发展，推进基础理科发展等，致力于构建综合性大学学科布局。10年来，农业科学的优势得到了进一步强化，与理、工、管、文、法、经等学科全面渗透和交叉融合。生命科学的特色更加彰显。当前，生命科学的方法和平台已成为传统农科的基础，广泛地交叉融合培育了新的学科，并继续向信息和医学等领域拓展，产生了系列重大科研成果，培养了大量拔尖创新人才。全国第四轮学科评估结果显示学科的综合性有了较为明显的改善：7个A类学科，涵盖了农学、理学、管理学和工学4个门类，优异学科的门类覆盖面比较广，另外还有5个B+学科，显示出相当的学科厚度。

10年来，学校坚持以人为本，将人力资源作为第一战略资源，始终把人力资源队伍建设放在优先位置，实施人才强校战略，坚持“以才引才、以才育才、以才聚才”理念，合理处理人才引进、培养和使用的关系，适度扩大了师资队伍规模，高层次人才队伍尤其是青年人才队伍建设有了新的进展，学科梯队科学合理、队伍结构日趋优化。

人才培养质量是学校的生命线。围绕学校第九次党代会提出的“突出综合素质，打造一流本科教育；突出创新能力，培养一流研究生”的“人才培养质量一流”目标，学校坚持立德树人，承袭“手脑并用、知行合一”传统，积极推进教育教学创新，不断更新教育教学理念，相继在 2011 年、2015 年开展两次教育思想大讨论，形成了“科教融合、学术育人”“协同创新、实践育人”的特色，构建了具有华中农业大学特色的拔尖创新人才培养模式。10 年来，本科生规模保持稳定，全面实施了本科质量工程，持续开展主题教学年活动，努力打造“出类拔萃、卓尔不群”一流本科教育；着力搭建研究生创新能力培养平台和实践能力培养平台，积极扩大研究生培养规模，努力推进学位点建设，重视研究生培养过程管理和质量监控，研究生培养质量不断提升。

2008 年以来，学校秉持“顶天立地”理念，紧紧围绕国家重大战略需求和科学前沿问题，聚焦农业全产业链和食品价值链，实施科技强校战略，努力促进高层次人才队伍与团队建设、协同创新、标志性成果产出和学科建设；积极探索科技创新体系建设，推进基地和平台建设；进一步加强学术道德建设，营造浓郁学术氛围；围绕乡村振兴的时代命题，努力探索服务地方经济社会发展的新模式；全面实施“111”和“双百”计划，在建始县等地开展定点扶贫，与行业龙头企业等展开协同创新，积极强化科普教育，不断拓展社会服务领域，社会服务能力得到了进一步提升。

学校相继实施国际化战略和开放办学战略，拓展与提升国际合作交流水平。推动建立“友好伙伴关系网络”，成立国际学院，留学生博士生招生数量居教育部直属高校前列；加大了学生海外派出力度，教师国际学术交流活跃，学校国际声誉和影响力有了较大提升。

全面从严治党和加强党的建设为创建特色鲜明的研究型大学提供了坚强的思想与组织保证。学校第八次党代会以来，学校党委不断增强“四个意识”，在政治上、思想上、组织上、制度上、作风上加强领导干部队伍建设，抓好组织工作、思想教育与宣传工作。学校以师德师风为抓手全面加强教职工思政工作，率先推出“交规式”学术规范惩治体系；完善思政队伍体系，构筑“三全育人”体系，不断开创大学生思政工作新局面；全面从严治党，切实推动党委主体责任和纪委监督责任的履行，积极推进新形势下的党风廉政建设工作；重视统战和党群工作；“六个老有”有效落实。

学校“五色校园”文明创建活动常创常新，校园文化建设注重品质品格。2008 年以来，先后三次荣膺全国文明单位，获评首届全国文明校园。进一步挖掘诠释学校精神，凝练了学校品格，发展了“四个一”办学模式；制度文化建设深入推进；围绕“校园环境一流”目标，“美丽华农”建设取得新的进展；校园文化活动质量得到提升，文化辐射引领作用得到彰显。

学校通过编制五年事业发展规划，召开党代会，每年围绕学校改革发展重大议题举办校领导班子务虚会、中层干部暑期学习培训、教代会等，坚持顶层谋划发展，全面深化综合改革；全面推进章程统领的现代大学制度建设，完善现代大学治理体系，坚持用法治思维办学治校，努力实现由管理向治理的跃升；积极推进数字校园建设；坚持大学经营理念，勤俭治校，推进垂直预算，实施“收入倍增计划”，持续加大民生投入，基本完成“校中村”拆迁，多栋重要建筑落成，完成了绿道建设、道路黑化和雨污分流，实现了学生宿舍空调全覆盖，办学条件显著改善，师生获得感进一步加强。

2008 年以来，学校在学科建设、队伍建设、人才培养、科学研究、社会服务、开放办学、管理创新、文化传承创新等方面取得了瞩目的成就，实现了物质文明、精神文明、政治文明、生态文明的协调发展。成绩的取得得益于党中央对高等教育的高度重视和国家综合国力的日益增强，也得益于学校始终坚持“育人为本、崇尚学术”理念，始终坚持特色内涵发展、始终坚持以人为本、始终坚持协同育人、始终坚持抓好党建和全面从严治党。成绩的取得还得益于校领导班子思想统一高度团结、前瞻设计科学决策，更离不开全校师生追求卓越、敢为人先、求真务实、艰苦奋斗和顽强拼搏，以及海内外广大校友、社会各界人士的大力支持。

耕读双甲子，薪火传天下。躬逢新时代，2018 年学校迎来建校 120 周年校庆——华中农业大学正站在新的历史方位，向着优势学科国际一流、特色鲜明的世界知名研究型大学的目标扬帆起航！

目　录

第一篇　发展概况

3　第一章　学科发展与研究型大学建设
3　第一节　制订学科建设与发展规划
3　一、发布学科建设“十二五”规划
3　二、发布一级学科发展规划
3　三、发布学科建设“十三五”规划
4　第二节　特色鲜明研究型大学建设
4　一、“211 工程”三期建设
6　二、“985 优势学科创新平台”创建与重点学科建设
7　三、“双一流”建设
10　第三节　形成综合性大学学科布局
10　一、加强人文社会科学学科发展
12　二、加强工学学科发展
14　三、加强基础理学学科发展
14　四、加强新兴交叉学科建设
16　第四节　开展学科立项建设
17　第五节　第三方学科评价
17　一、全国学科评估
18　二、ESI 学科领域
18　三、世界大学与学科排名

20　第二章　人力资源配置与队伍建设
20　第一节　发布师资队伍与人力资源建设规划
20　一、发布师资队伍建设“十二五”规划
21　二、发布师资队伍与人力资源建设“十三五”规划
22　第二节　优化师资队伍结构
22　一、坚持引才数量与质量并重
23　二、加大教师国际化学术能力培养
23　三、推进教师职业能力体系化培训
24　第三节　人事分配制度改革
24　一、职称制度改革
26　二、教师岗位聘任制度改革
26　三、职员制度改革
26　四、开展工勤技能技师聘任工作
27　五、分配制度改革

29　第三章　人才培养与教育改革创新
29　第一节　本科生培养
29　一、更新教育思想观念
32　二、深化教育教学改革
41　三、完善质量保障体系
44　四、人才培养效果
45　五、接受教育部审核评估
46　第二节　研究生培养
46　一、招生规模稳步增长
48　二、研究生教育培养能力持续提升
52　三、严格学位评定与授予管理
53　四、加强学位授权点建设
55　五、研究生教育贡献力持续提升
55　第三节　继续教育
55　一、成人函授教育
56　二、自学考试

57 第四章 科技创新与社会服务
57 第一节 编制科技发展规划
57 一、"十二五"规划情况
58 二、"十三五"规划情况
58 第二节 科技创新综合实力
58 一、科研项目经费
60 二、科技论文
60 三、省部级以上科技奖励与相关科技成果
62 第三节 科研基地建设
62 一、科研基地建设概况
64 二、国家重点实验室简介
66 第四节 社会服务
66 一、服务新农村建设
68 二、科技成果转化与普及
69 三、决策咨询与培训服务
71 第五节 科技管理体制建设
71 一、优化组织机构建设
72 二、学术规范与学术道德建设
73 第六节 学术期刊建设
74 一、坚持精品特色
74 二、稿源、智库与数字化建设

76 第五章 开放办学与合作交流
76 第一节 实施开放办学战略
76 第二节 国际合作交流与留学生教育
76 一、国际合作与交流
78 二、留学生教育
79 第三节 实施智力引进
79 一、请进外籍专家
79 二、建设引智基地
80 第四节 学术会议与学术交流
80 一、国际学术会议与学术交流
83 二、港澳台地区学术会议与学术交流
84 三、国内学术会议与学术交流

86 第六章 党的建设与思想政治工作
86 第一节 干部队伍建设
86 一、校领导班子调整
87 二、中层干部换届
89 第二节 政治建设
89 一、严肃党内政治生活
90 二、做好党代表选举有关工作
90 三、两次接受教育部党组巡视
92 第三节 组织工作
92 一、党委部门优化调整
92 二、基层党组织优化调整
93 三、基层党组织建设
93 四、深入开展主题教育
97 第四节 宣传思想工作
97 一、宣传工作
100 二、教师思想政治工作
102 三、学生思想政治工作
107 第五节 纪检监察工作
107 一、纪检监察机构建设
107 二、围绕党章赋予的职责，切实履行监督职责
108 三、加强党的纪律建设
109 四、协助党委落实党风廉政建设主体责任，组织协调反腐败工作
109 第六节 统一战线工作
109 一、统战工作
111 二、民主党派工作
114 三、党外知识分子工作
114 四、留学人员、港澳台侨联工作
115 第七节 群团工作
115 一、工会工作
116 二、共青团、学生会工作
117 三、青年联合会工作
118 四、妇女委员会工作
119 第八节 离退休工作
119 一、离退休工作概况
120 二、老年群团组织
121 三、老年大学
121 四、关心下一代工作委员会

122 第七章 精神文明与校园文化建设
122 第一节 精神文明创建
123 第二节 校园文化建设
123 一、文化建设成为学校事业发展主要任务

124 二、精神文化建设
125 三、文化体育活动
128 四、环境文化与文化场馆建设
129 五、发挥大学文化辐射功能

130 第八章 现代大学制度建设与依法治校
130 第一节 大学章程建设
131 第二节 完善治理体系
131 一、健全治理结构
133 二、调整机构和学院
136 第三节 现代大学制度建设年
136 第四节 健全规章制度建设的长效机制
137 第五节 深入推进法治建设

139 第九章 保障能力与支撑条件建设
139 第一节 校园总体规划与基本建设
139 一、校园总体规划
139 二、基本建设
141 第二节 图书文献与信息化建设
141 一、信息化校园建设
143 二、图书文献资源
145 三、档案管理
145 第三节 校园环境与治安综合治理
145 一、校园立体安防体系建设
146 二、校园治安综合治理
146 三、校园环境建设
148 第四节 后勤保障与医疗服务
148 一、后勤保障与服务
149 二、华中农业大学附属学校
149 三、医疗保健服务与计划生育工作
150 第五节 财务与资产
150 一、财务管理
152 二、国有资产管理
153 三、资产经营
154 四、采购与招投标工作
155 五、审计工作
156 第六节 信息统计、机要保密及信访工作

158 第十章 校友与教育基金工作
158 第一节 校友工作
159 一、培育优秀校友文化
159 二、建立完善校友网络
160 三、加大校友典型宣传
161 第二节 校友会工作
161 一、校友会建设
162 二、加强校友分会建设
163 第三节 教育发展基金会工作
163 一、基金会建设
163 二、基金会基本概况
164 三、基金会开展的主要工作

第二篇 发展纪事

167 第一章 领导关怀
167 第一节 习近平同志给“本禹志愿服务队”回信
169 第二节 胡锦涛同志听取张启发院士生物产业发展状况汇报
169 第三节 其他领导同志关心学校发展情况

174 第二章 科学谋划学校改革发展
174 第一节 召开学校第九次党代会
175 一、会议筹备
175 二、大会基本情况
176 三、会议主要精神
178 第二节 编制实施事业发展“十二五”与“十三五”规划
178 一、编制实施“十二五”规划
180 二、编制实施“十三五”规划
183 第三节 全面深化综合改革

186 第三章 高层次人才引进与培养
186 第一节 人才工作理念
186 一、人才强校战略提出
186 二、重视人才引进达成共识
187 三、烧炉子理论提出
187 四、以才引才、以才育才、以才聚才理念形成
187 五、高端领军人才一流理念提出
188 第二节 人才工作机制与政策
188 一、人才工作机制
189 二、人才引育政策
190 第三节 人才发现遴选
190 一、利用各级各类平台选才育才
190 二、坚持走出去、引进来，多渠道引才聚才
191 三、注重以团队形式引才
191 四、博士后逐步成为引育人才的蓄水池

193 第四章 教育教学改革创新
193 第一节 开展两次教育思想大讨论
193 一、“实践·创新·融合·提升”为主题的教育思想大讨论
195 二、“创新方法提升质量”为主题的教育思想大讨论
196 第二节 开展教学主题年建设活动
196 一、实施“实践教学年”，全面推进实践教学改革
197 二、实施“课程建设年”，全面提升课程建设质量
197 三、实施“专业改革建设年”，全面加强专业内涵建设
197 四、实施“深化师生交流年”，全面构建和谐师生关系
198 五、实施“教学方法改革年”，全面提高课堂教学效果
198 六、实施“创新创业改革提升年”，全面提升学生创新创业能力
199 七、实施“学生自主学习提升年”，全面提升学生自主学习能力
199 八、实施“教师教学能力提升年”，全面提升教师教学能力

201 第五章 基础研究取得系列突破
201 第一节 *Science* 杂志首次发表学校研究成果
203 第二节 *Nature* 杂志首次发表学校研究成果
204 第三节 全球最完整的甜橙基因组序列图发布

207 第六章 服务地方经济社会发展取得新成效
207 第一节 标志性成果带动富民产业
213 第二节 实施“111”计划与“双百”计划
215 第三节 定点扶贫建始
215 一、“三个一批”教育扶贫
216 二、“六个一”产业扶贫
217 三、“科技 + 产业 + 文化”扶贫
217 第四节 开展“三农”问题研究与决策咨询服务

219 第七章 重要学术会议与学术交流活动
219 第一节 重要国际学术会议
219 一、第十一届国际柑橘学大会
222 二、全球转基因农作物发展现状和未来展望国际研讨会
224 三、亚洲猪病学会第 8 次学术会议
226 第二节 主动响应“一带一路”倡议
227 一、与埃及的学术互动
228 二、举办“中巴农业论坛”
229 第三节 重要学术来访
229 一、*Science* 杂志主编来校访问
230 二、2016 年诺贝尔化学奖得主索维奇来访

232 第八章 获批我国首张主粮转基因安全证书
232 第一节 两次获批转基因安全证书
234 第二节 转基因科普工作

236 第九章 获评全国文明单位与全国文明校园
236 第一节 连续三次荣膺全国文明单位
237 第二节 获评全国文明校园
238 第十章 举行建校 110 周年校庆与迎接建校 120 周年校庆
238 第一节 举行建校 110 周年校庆
242 第二节 迎接建校 120 周年校庆

第三篇 学院（部）发展简况

247 第一章 植物科学技术学院
252 第二章 动物科学技术学院 / 动物医学院
257 第三章 资源与环境学院
262 第四章 生命科学技术学院
267 第五章 园艺林学学院
272 第六章 水产学院
276 第七章 工学院
281 第八章 经济管理学院
286 第九章 食品科学技术学院
291 第十章 理学院
295 第十一章 文法学院
299 第十二章 外国语学院
304 第十三章 体育部
308 第十四章 马克思主义学院
312 第十五章 公共管理学院
316 第十六章 信息学院
320 第十七章 继续教育学院
324 第十八章 国际学院

327 附录 *
327 一、学校历史沿革表
328 二、学校领导班子成员与校长助理名单
329 三、中共华中农业大学委员会、常务委员会委员名单
329 四、中共华中农业大学纪律检查委员会委员名单
330 五、华中农业大学学术委员会及专门委员会名单
332 六、华中农业大学学位评定委员会及专业学位评定委员会名单
334 七、华中农业大学工会委员会委员名单
335 八、华中农业大学校务委员会名单
336 九、院士名单
336 十、“千人计划” 名单
336 十一、“万人计划” 名单
337 十二、“长江学者” 名单
338 十三、“国家杰青” 与 “国家优青” 名单
338 十四、“国家教学名师” 名单
338 十五、国务院学位委员会委员与学科评议组成员名单
339 十六、教育部高等学校教学指导委员会成员名单
340 十七、专业学位研究生教育指导委员会成员名单
340 十八、第七届教育部科学技术委员会委员名单
340 十九、第五届农业转基因生物安全委员会委员名单
340 二十、国家现代农业产业技术体系岗位科学家名单
343 二十一、国家级和省部级创新团队名单
346 二十二、国家级和省部级教学团队名单
347 二十三、国家级与省部级重要个人荣誉（2008—2017）
349 二十四、2018 年 8 月在职在岗教授与其他正高职人员名单（443 人）
361 二十五、全国、湖北省党代会代表名单

* 附录中所收录内容，除特别注明外，统计时间均为 2008.01—2018.08。

362 二十六、各级人大代表名单
363 二十七、各级政协委员名单
363 二十八、民主党派、侨联历任负责人名单
364 二十九、校属各二级单位负责人名单
366 三十、本科专业一览表
368 三十一、博士、硕士学位点（含专业学位点）一览表
376 三十二、博士后科研流动站名单
377 三十三、国家“双一流”建设学科名单
377 三十四、全国第一、第二、第三、第四轮学科评估结果
378 三十五、院（部）系机构一览表
380 三十六、省部级及以上教学实习基地一览表
381 三十七、省部级及以上实验教学中心一览表
381 三十八、实验室、研究中心、研究所一览表
389 三十九、国家级、省级教学成果奖名单
393 四十、以第一完成单位获国家级、省部级科技成果奖名单
403 四十一、以第一完成单位获省部级人文社科成果奖名单
405 四十二、获批科研项目与经费情况（2008—2017 年）
410 四十三、总收入、资产与图书情况（2008—2017 年）
411 四十四、教职工人数（2008—2017 年）
411 四十五、在校生、毕业生、招生人数（2008—2017 年）

413 **后记**

第一篇

发展概况

第一章　学科发展与研究型大学建设

第一节　制订学科建设与发展规划

2008年以来，学校的学科建设紧紧围绕创建特色鲜明的研究型大学和综合性大学学科布局进行顶层设计，先后编制实施学科建设“十二五”和“十三五”规划，20个一级学科发展规划，人文社会科学学科、工学学科中长期发展规划。

一、发布学科建设“十二五”规划

2011年12月，学校正式发布《华中农业大学学科建设“十二五”规划》。规划提出坚持“局部创优势，整体上水平”的办学方针和“强优、扶弱、带新”的建设原则，全面实施学科创新行动计划，强化学科特色，发展学科优势，调整学科结构，着力加强学科创新团队、创新平台、创新文化、创新能力建设；大力促进人文社会科学学科与自然科学学科，基础学科与应用学科，优势特色学科与新兴交叉学科和谐发展。

二、发布一级学科发展规划

为进一步明确学校学科建设目标和思路，提高学科建设水平和效益，2013年3月，学校启动一级学科规划编制。6月，20个一级学科发展规划（2013—2017年）正式发布。本次规划制订主要以2012年全国第三轮学科评估指标体系为参照，注重规划前期调研和论证。各相关学院、学科均组织广大教师对规划制订进行广泛调研和专题研讨。学校层面高度重视，相关学院联系校领导、规划督导组专家和发展规划处人员，均参加各一级学科规划研讨会，参加讨论，给予指导。各有关学科通过规划进一步明确定位、凝练方向、确立重点建设内容，提出保障措施，进行任务分解，为未来五年发展提供时间表和路线图。

三、发布学科建设“十三五”规划

2015年7月，学校开始编制学科建设“十三五”规划。2016年10月，《华中农业大学学科建设“十三五”规划》正式印发。规划在总结“十二五”执行情况、分析面临形势，找准困难与问题的基础上，全面对接国家“双一流”建设的战略部署，提出坚持“局部创优势，整体上水平”的办学方针，按照“强优固特，扶需培新，协调发展，全面提升”的建设思路，大力实施“华中农业大学一流学科建设计划”，按照一流学科、发展中学科和新兴交叉学科分类建设。不断调整优化学科结构，促进学科交叉融合，在强化优势特色学科的基础上，统筹协调发展人文社会科学学科、工学学科、基础理科，积极发展信息科学，用信息科学、工程化理念改造和提升传统优势特色学科，着力加强学科队伍和条件建设，建立健全学科分类管理机制，完善学科绩效考核机制，为建成特色鲜明研究型大学，基本形成综合性大学学科布局提供强有力的学科支撑。

第二节　特色鲜明研究型大学建设

一、“211 工程”三期建设

2005 年 9 月，华中农业大学等 12 所高校被正式批准列入国家“211 工程”建设。2008 年，“211 工程”三期项目启动，学校“作物可持续高产高效生产的理论与技术”等 8 个重点学科建设项目、1 个创新人才培养项目、1 个队伍建设项目、2 个校内公共服务体系建设项目共 12 个项目获准立项，建设周期为 2008—2011 年。

华中农业大学“211 工程”三期项目一览表

序号	负责单位	建设项目
1	植物科学技术学院	作物可持续高产高效生产的理论与技术
2	生命科学技术学院	农业生物功能组学
3	园艺林学学院	园艺植物种质创新与品质调控
4	动物科学技术学院 / 动物医学院	畜禽新品种（系）繁育与健康养殖
5	食品科学技术学院	农产品食品工程
6	水产学院	淡水水产品安全生产的理论与技术
7	经济管理学院 / 土地管理学院	中部崛起战略下现代农业经济发展及其支持系统
8	资源与环境学院	农业信息化
9	研究生处	创新人才培养
10	人事处	队伍建设
11	图书馆	数字化图书馆建设
12	现代教育技术中心	校园网改造

学校“211工程”三期工程建设总体目标紧紧围绕创建特色鲜明的研究型大学和初步构建综合性大学的学科框架，提出“通过实施特色立校、质量立校、人才强校、科技强校等四大战略，努力推动学校在学科建设、人才培养、科学研究等方面实现重点突破。”

建设期间，国家发展和改革委员会对学校“211工程”三期建设项目投入3 600万元，财政部投入3 000万元，地方政府投入2 000万元，学校自筹资金10 500万元。在建设过程中，学校紧紧围绕建设特色鲜明研究型大学的奋斗目标，充分发挥学校农科优势和生命科学特色，重点学科建设、创新人才培养和队伍建设、公共服务体系建设取得重要进展，三期建设的总体目标已全面完成，部分指标超额完成。

2010年6—7月，按照国务院“211工程”部际协调小组办公室要求，学校以自查的形式组织开展“211工程”三期中期检查工作。2011年12月学校正式启动“211工程”三期建设项目验收工作，成立以张端品教授为组长的规划项目督查评估组。

2012年3月24日，学校举行“211工程”三期校内验收会议，以中国工程院院士方智远、孙宝国为组长的14位相关领域知名专家对学校8个重点学科建设项目、创新人才培养项目、队伍建设项目进行验收，所有项目均顺利通过验收。3月28日，学校召开公共服务体系建设项目校内验收会议。与此同时，学校审计处对资金使用与管理进行审计，形成《华中农业大学“211工程”三期建设项目审计报告》。审计报告认为“项目内部控制制度健全有效，项目经费纳入专项资金核算管理，仪器设备采购、使用管理规范，项目总体效益显著。”

在此基础上，学校形成《华中农业大学“211工程”三期建设总结报告》等相关验收材料，于3月30日上报国家“211工程”部际协调小组办公室，并将有关数据材料上传到网络验收系统接受网络验收和第三方验收。在接受第三方机构的材料审查和电话质询后，所有项目均顺利通过国家验收。“作物可持续高产高效生产的理论与技术”“农业生物功能组学”“畜禽新品种（系）繁育与健康养殖”“园艺植物种质创新与品质调控”与创新人才培养项目等5个建设项目综合得分均为90分以上。其中，“作物可持续高产高效生产的理论与技术”建设项目在“农林”类项目中列第5名，进入参评项目的前10%。

通过“211工程”项目的建设，学校学科水平整体得到提升，生命科学与农科的特色优势更加彰显。建设期间新增一级学科博士学位授予点3个、博士后科研流动站3个。科技创新能力进一步增强，获批科研经费数从2007年的20 145.21万元增长至2011年的65 000万元，增长幅度超过222.66%，而且呈现持续增长的趋势；承担国家科技项目能力增强，国家自然科学基金获批项目数量和经费总额增长显著，从2006年的2 000万元（55项），增加到2011年的9 000万元（155项）；科技产出能力有所提高，共获省部级以上科技成果奖93项，第一单位获得国家科技进步奖二等奖2项。教育教学改革不断深化，人才培养质量不断提高，新增国家级教学团队6个，获国家教学成果奖5项，获全国优秀博士学位论文5篇、全国优秀博士论文提名12篇；本科毕业生录取硕士研究生的比例保持在35%以上，本科毕业生年度就业率稳定在96%以上。2010年4月，学校入选教育部发布的2009年度“毕业生就业50所典型经验高校”。师资队伍建设取得新进展，师资队伍年龄、学历、学缘结构优化，高层次人才建设进一步强化；新增国家海外高层次人才引进计划（以下简称“千人计划”）特聘专家3名、“长江学者奖励计划”（以下简称“长江学者”）特聘教授2名、国家杰出青年科学基金获得者（以下简称“国家杰青”）5名、高等学校教学名师奖获得者（以下简称“国家教学名师”）2名；创新团队建设进展明显，新增各级各类创新研究群体（团队）

2013 年 2 月，学校承办“211 工程”三期总结交流会华中华南西南片会

12 个，其中，国家自然科学基金创新研究群体 2 个。数字化校园建设初见成效，成立 SCI 服务中心，获批教育部科技查新工作站，学校自建学位论文数据库、猪养殖数据库、油菜数据库、柑橘数据库。

经“211 工程”三期国家验收专家评审，教育部、国家发展和改革委员会、财政部审核，学校“211 工程”三期建设成效显著，受到国家奖励（奖励经费 1 360 万元）。根据三部委通知精神和要求，结合学校学科发展实际，学校决定将“211 工程”三期奖励资金主要用于支持工科及人才队伍建设，并编制《“211 工程”三期中央奖励资金项目安排和资金使用方案》。

2013 年 2 月 27 日，教育部在学校举行“‘211 工程’三期总结交流会华中华南西南片会”。国务院学位委员会办公室副主任、教育部学位管理与研究生教育司副司长黄宝印，国家发展和改革委员会、教育部、湖北省教育厅有关领导，华中、华南、西南地区的 31 所高校代表参加了会议。北京师范大学、武汉大学、华中农业大学、华中师范大学、中南大学、厦门大学、重庆大学及云南大学依次作大会发言，交流了各自在“211 工程”三期建设的成功做法、经验、存在的问题以及“211 工程”四期建设思路。

二、“985 优势学科创新平台”创建与重点学科建设

在推进“211 工程”三期建设的同时，学校积极谋划“985 优势学科创新平台”。2008 年 4 月 16 日，学校报送“985 优势学科创新平台”专项“华中农业大学动植物遗传改良与安全生产优势学科创新平台建设方案”。2011 年 6 月 11 日，教育部下发《关于做好“优势学科创新平台”建设方案和预算编制工作的通知》（教研司〔2011〕10 号），同日，学校召开方案和预算编制工作会议部署相关工作。学校及时编制完成了《“农业生物遗传改良和生长发育调控”优势学科创新平台项目可行性论证报告》和《“农业生物遗传改良和生长发育调控”优

势学科创新平台建设方案》，分别于6月18日和22日向财政部、教育部主管司局报送，并通过专家评审。

2008年，学校在总结第三轮国家重点学科申报情况的基础上，进一步加强国家重点学科建设，安排430万元支持国家重点学科开展学术交流、改善科研条件，组织园艺学、生物学开展一级国家重点学科创建工作。6月，生物学等7个一级学科和园林植物与观赏园艺等4个二级学科被批准为新一轮湖北省重点学科；作物学等7个一级学科被批准为湖北省优势学科；土壤学等5个二级学科被批准为湖北省高校特色学科。10月22日，学校下发《关于制订湖北省重点学科建设与发展规划（2008—2011）的通知》，组织编制和论证土壤学等17个省部级重点学科“十一五”建设规划。11月6日，学校下发《关于开展校级重点学科评选工作的通知》，组织校级重点学科申报、遴选。

2009年2月11—12日，学校召开2009年学科建设研讨会。会议进一步明确院长是学院学科建设第一责任人；建立国家、省、校三级重点学科体系，完善学科建设三级责任制。3月23日，学校印发《华中农业大学关于公布校级重点学科名单的通知》，批准农业工程等2个一级学科，社会学等8个二级学科为校级重点建设学科。

到2010年，学校有一级国家重点学科1个（作物学）、二级国家重点学科6个（果树学、微生物学、生物化学与分子生物学、水产养殖、动物遗传育种与繁殖、农业经济管理）、二级国家重点培育学科1个（蔬菜学）、一级省部级重点学科7个、二级省部级重点学科36个。2013年5月2日，湖北省教育厅下发《省教育厅关于对部委高校、军事院校进行新一轮湖北省重点学科遴选的通知》（鄂教研函〔2013〕2号），学校组织16个一级学科参与申报。5月30日，学校正式报送申报材料。9月，湖北省教育厅公布评审结果，学校13个一级学科获批2013年湖北省重点学科。与上一轮评选相比，获批的学科数量有所增加，门类有所拓展，结构有所优化，新增社会学、风景园林学、农业工程、食品科学与工程、生态学、畜牧学等6个一级学科，新增法学门类，农学、理学尤其是工学门类学科数量有所增加。此后，结合教育部取消国家重点学科评审等政策变动，学校不再开展重点学科建设。

三、“双一流”建设

2017年6月6日，《教育部办公厅关于编制世界一流大学和一流学科建设方案的通知》发布，9月20日，教育部、财政部、国家发展和改革委员会正式印发《关于公布世界一流大学和一流学科建设高校及建设学科名单的通知》。学校进入世界一流学科建设高校行列，理学、农学、管理学等三大学科门类，包括生物学、园艺学、畜牧学、兽医学、农林经济管理等5个学科入选国家“双一流”建设学科，入选学科数量位列全国高校第21位，列一流学科建设高校第2位。经过学校党委常委会研究，确定学校“双一流”建设口径为生物学、园艺学和作物学学科群、畜牧学、兽医学、农林经济管理等5个一流学科（群）。

学校2013年4月召开的中国共产党华中农业大学第九次代表大会（以下简称“学校第九次党代会”）锚定一流，提出“五个一流”为未来5年主要工作目标，“优势特色学科一流”位列“五个一流”之首。从2013年开始，学校较早地思考了在“211工程”三期建设之后如何进行一流学科建设，并展开了一系列的探索。到“十三五”开局时期，围绕师资队伍和人才培养两个重点，聚焦第三轮学科评估中列前10%的生物学、作物学、园艺学、畜牧

2018 年 3 月，学校第八届教职工代表大会第四次会议专题研讨“双一流”建设

学、兽医学和农林经济管理等学科展开一系列工作。其中，在学科建设方面所做的推进工作包括：推动“十二五”学科专项规划实施，编制 20 个一级学科发展规划；围绕农业生产链和食品价值链，推动传统优势特色学科发展；围绕综合性大学学科布局，推动人文社会科学学科和工学学科发展；成立了信息学院，促进信息与生物、农业科学等领域的交叉；围绕营养和健康主题，积极发展生物医学；建设了电镜、蛋白质研究、代谢组学等学校公用平台和一批学院、学科公共平台；组织学院、学科开展了 19 个一级学科的自评工作，着重分析对比近 3 年（2012—2014 年）与全国第三轮学科评估时的学科发展情况；加强学科规划的检查评估和绩效考核；全面对接国家“双一流”建设的战略部署，编制“十三五”学科规划等。

国务院 2015 年 10 月发布《统筹推进世界一流大学和一流学科建设总体方案》后，高校十分期待“双一流”建设实施办法，至 2017 年初，实施方案和入选名单均尚未落地。教育部统筹此前的学科绩效奖励等资金，先行启动“中央高校建设世界一流大学（学科）和特色发展引导专项资金”（以下简称“引导专项”）。2016 年 6 月 29 日，教育部要求申报引导专项资金，学校获准额度为 5 700 万元。学校成立工作组，利用整个暑期，分学科建设、师资队伍建设两部分编制了《华中农业大学 2016 年中央高校引导专项资金建设方案》，于 8 月 30 日按国家要求准时报送。2017 年，学校获准的引导专项额度同样为 5 700 万元。

结合“五个一流”的目标推进和引导专项的实施，“十三五”以来，学校积极谋划“双一流”建设。2017 年 1 月，教育部、财政部、国家发展和改革委员会发布《统筹推进世界一流大学和一流学科建设实施办法（暂行）》后，学校组织编制《华中农业大学推进一流大学和一流学科建设实施方案》。2017 年 5 月 17 日提交学校学科建设委员会扩大会议咨询审议，经校长办公会第 9 次会议原则审定通过。

2017 年 6 月，“双一流”建设名单公布后，学校组织编制《华中农业大学世界一流学科建设方案》（本章以下简称《建设方案》），在拟建设的 6 个学科分别邀请校内外专家开展分

项论证的基础上，2017 年 6 月 29 日，学校邀请武维华院士为主任、9 位校内外专家组成的专家委员会，对《建设方案》进行了整体论证，并提交学校党委常委会第 11 次会议审议通过。8 月，根据国家“双一流”建设专家委员会的修改意见和建议进行了修订完善，此后又根据党的十九大精神进行进一步修改，2018 年 1 月 31 日公开发布并将建设方案完整版和精编版一并报送至教育部。

《建设方案》完整版 6.9 万余字，分建设目标、学科建设和整体建设三部分。建设目标描述学校办学定位、不同阶段的发展目标、学科建设总体规划和拟建设学科等内容；学科建设分别对生物学、园艺学和作物学学科群、畜牧学、兽医学、农林经济管理等 5 个学科（群）的建设口径、目标、基础、内容，预期成效和保障措施进行了描述；整体建设包括：拟建设学科对带动学校整体建设的作用、2017—2020 年落实《建设方案》的建设和改革任务的具体政策举措、学校推动学科发展的具体政策举措及进度安排和学校推动学科发展的管理体制机制建设等。

《建设方案》以中国特色、世界一流为核心要义，提出到 2020 年，要全面建成特色鲜明的研究型大学，基本形成综合性大学学科布局，努力在农学、理学、管理学等三大学科门类建设 5 ~ 6 个优势领域处于世界一流水平的学科；到 2035 年，基本建成优势学科国际一流、特色鲜明的高水平研究型大学，拥有 5 ~ 6 个在国际同类院校中居于优势地位的一流学科，整体进入世界同类高校先进行列；到 2048 年，学校建校 150 周年之际，全面建成优势学科国际一流、特色鲜明的世界知名研究型大学，整体进入世界同类高校前列。5 个一流学科（群）也提出对标国际一流的时间表和路线图。

2017 年，遵循《建设方案》，由发展规划处、计财处组织了生物学、园艺学和作物学学科群、畜牧学、兽医学、农林经济管理等 5 个一流学科（群），宣传部、人事处、教务处、科学技术发展研究院、研究生院、国际合作与交流处等职能部门，6 月、12 月先后开展了 2018—2020 年、2018 年度“双一流”建设引导专项资金项目的申报。项目申报文本分拔尖创新人才培养、师资队伍建设、提升自主创新和社会服务能力、文化传承创新、国际合作交流等 5 个二级项目，经国家相关部门评审后，教育部财务司下达学校 2018 年引导专项资金额度为 1.17 亿元，5 个二级项目的经费占比为 17.09%、50%、21.79%、4.27%、6.84%。2018 年 7 月，学校开展了 2019 年、2020—2021 年“双一流”建设引导专项资金项目的申报。

为更好推进“双一流”建设，学校成立由校党委书记和校长任组长的学校“双一流”建设领导小组；充分发挥校学术委员会及学科建设委员会遴选布局、资源配置、学术评价等方面的重要作用；建立“条块结合、统筹兼顾”职能部门与学院学科分工协作的学科建设管理体制，发展规划处牵头负责，计财处统筹负责财务工作，教务处、研究生院、人事处、科学技术发展研究院、宣传部、国际合作与交流处等 6 个职能部门归口负责本科和研究生拔尖创新人才培养、师资队伍建设、提升自主创新和社会服务能力、文化传承创新、国际合作交流五大建设任务，建设学科实行院长负责制，项目责任到人。

以一流师资队伍建设和一流拔尖创新人才培养为重点，2018 年 5 月学校启动实施了“狮山硕彦计划”；针对学生国际交流偏少的短板，加大了学生派出力度。2018 年学校建立了以基础数量指标、发展水平指标和经费使用绩效指标为维度的学科经费的因素分配模式，将建设目标体现在引导专项支出绩效目标中。制订实施学科建设经费管理暂行办法，起草了“双一流”建设引导专项实施细则，建立了经费逾期收回机制。完善职能部门与学院学科联系人制度、工作进展通报制度，实行项目全方位预警监管。

学校 2017 年暑期中层干部培训班、2018 年第八届教职工代表大会（以下简称“教代会”）第四次会议等都以推进“双一流”建设为主题，营造“依托五个院，全校建一流”氛围，力求全方位整合资源、凝聚全校力量来推进“双一流”建设，让“一流”成为全校师生共同价值追求。

2018 年 4 月 27 日下午，教育部党组成员、副部长杜占元，教育部学位管理与研究生教育司司长李军，教育部科学技术司巡视员高润生，湖北省教育厅党组书记、厅长陶宏等一行来学校调研指导“双一流”建设工作。校党委书记高翅，中国工程院院士陈焕春等陪同调研。杜占元先后来到生猪健康养殖协同创新中心、园艺植物生物学教育部重点实验室和学校花卉基地，详细了解兽医学、畜牧学一流学科建设，生猪健康养殖协同创新中心建设，农业微生物国家重大科技基础设施培育及园艺学一流学科建设情况。期间，校领导高翅、张献龙、姚江林等向杜占元汇报学校“双一流”建设实施方案和工作进度。杜占元对学校“双一流”建设给予肯定，对学校 120 周年华诞表示祝贺。他希望学校继续立足特色，发挥自身优势，对接国家战略需求，聚焦“双一流”建设，实现内涵式、高质量发展。

第三节　形成综合性大学学科布局

一、加强人文社会科学学科发展

学校“十二五”事业发展规划提出“初步形成综合性大学学科框架体系”。在办学实践过程中，学校上下逐步认识到学科偏态发展难以支撑建成特色鲜明的研究型大学，开始下决心解决学科领域集中、门类偏窄的问题。人文社会科学的重要性逐渐凸显，其在学科发展中具有的重要支撑功能、人才培养中的基础功能、社会服务中的智库功能、文化传承创新中的主体功能和校园文化建设中的核心功能等逐渐成为师生共识。2012 年，在长期酝酿的基础上，学校决定及时加快推进人文社会科学的繁荣发展。

（一）编制人文社会科学繁荣发展意见

2012 年 3 月 15 日，学校召开人文社会科学学科建设工作会议，对建设、繁荣学校人文社会科学学科进行充分讨论，决定编制进一步推进人文社会科学繁荣发展的若干意见。

学校发展规划处牵头成立编制工作组。2012 年 4 月，各文科学院和科技处、人事处、研究生院等相关职能部门向编制工作组提交推进人文社会科学繁荣发展的意见与建议。先后通过人文社会科学学院书记、院长座谈会，各学院教师座谈会，职能部门领导访谈等形式征求意见。4 月 27 日，学校印发《华中农业大学关于进一步推进人文社会科学繁荣发展的若干意见》（以下简称《意见》）。

《意见》明确繁荣发展人文社会科学的重大意义、总体要求和主要任务，确定了学校新时期人文社会科学的发展目标，理清了发展思路，为学校发展人文社会科学指明了方向。《意见》共28条，主要从“充分认识人文社会科学繁荣发展的战略意义、准确把握人文社会科学繁荣发展的总体要求、切实强化人文社会科学繁荣发展的战略谋划、着力加强人文社会科学人才队伍建设、全面提高人文社会科学人才培养质量、稳步提升人文社会科学创新能力、深入推进人文社会科学发展体制机制创新、有效保障人文社会科学持续健康发展”等8个部分出台了推进学校人文社会科学繁荣发展的措施。

（二）召开人文社会科学发展论坛

2012年4月，经学校党委常委会研究决定，成立人文社会科学处（以下简称“人文社科处”），机构级别为正处级，并将编制由1人增加到3人，主要负责学校人文社会科学学科科学研究发展规划和政策的制订，科研项目、科研成果和研究基地的建设与管理等。

2012年4月22日，学校首届人文社会科学繁荣发展论坛在图书馆二楼报告厅举行，论坛主题为“繁荣发展人文社会科学，推进特色鲜明研究型大学建设”。校党委书记李忠云、校长邓秀新等全体校领导出席论坛，主要职能部门负责人及各相关学院（部）负责人、教师代表和学生代表参加论坛。校长邓秀新和教育部社会科学司副司长张东刚共同为人文社科处揭牌。张东刚作题为《站在新的起点，深入推进高校哲学社会科学繁荣发展》的报告。校党委书记李忠云作题为《繁荣人文社会科学，推进特色鲜明研究型大学》的报告。武汉大学信息管理学院邱均平教授、华中农业大学发展规划处处长赵正洲分别作题为《2012年中国大学及人文社科竞争力评价报告》《对繁荣学校人文社会科学的几点思考》的学术报告。经济管理学院、文法学院、土地管理学院、马克思主义学院和体育课部、外国语学院等5个讨论小组围绕“打造研究平台，强力推进人文社科研究基地建设”“人文社会科学研究守本创新与特色发展”“如何繁荣人文与社会科学”“增强育人的引导能力”“选择与遴选人才”等议题展开了热烈讨论。

2012年5月，学校成立由校长任组长，分管科技、人事、学科和研究生教育、本科生教育的副校长及分管文化建设和文科学院的副书记任副组长的人文社会科学领导小组，领导小组办公室设在学校发展规划处。

（三）编制人文社会科学学科发展中长期规划

为贯彻落实《意见》精神，加强人文社会科学繁荣发展的顶层设计，学校决定编制人文社会科学学科发展中长期规划。

2012年5月，学校成立由校党委书记任组长，分管学科和科研的副校长任副组长，文科学院和主要职能部门负责人为成员的规划编制工作领导小组。9月20日，成立规划编写组，开始规划的编制工作。在广泛调研的基础上，2013年1月完成《人文社会科学学科发展中长期规划（2013—2023年）》初稿。3月26日，学校召开规划编制工作领导小组会议，专题讨论规划讨论稿。6月4日，规划征求意见稿在校园网面向全校师生公开征求意见。6月16日，学校校长办公会审议通过规划送审稿。6月18日，学校正式印发《华中农业大学人文社会科学学科发展中长期规划（2013—2023年）》。

《华中农业大学人文社会科学学科发展中长期规划（2013—2023年）》全面梳理学校人文社会科学学科发展现状，明确指导思想、发展思路、发展目标和发展战略，提出了学科体系、师资队伍、科技创新、人才培养、国际交流、学科声誉等6项重点任务，含21项具体任务，提出了健全机构、改善条件和强化管理等三大保障措施，含8项具体措施。

（四）调整优化人文社会科学类学院（部）建制和学科布局

2008年5月以来，设立正处级建制的思想政治理论课部，在此基础上又组建独立建制的马克思主义学院；体育课部更名为体育部；组建成立公共管理学院。截至2018年7月，学校共有经济管理学院、文法学院、外国语学院、马克思主义学院、公共管理学院、体育部6个人文社会科学类学院（部）。在2017年新一轮学位点动态调整与学位点申报中，人文社会科学类学科新增了公共管理一级学科博士学位授权点，新增了法学、马克思主义理论、新闻传播学、应用经济学、外国语言文学5个一级学科硕士授权点。目前共有农林经济管理、公共管理2个一级学科博士点，文学、法学、经济学、管理学门类的一级学科硕士点分别为2个、3个、1个和3个，人文社会科学类本科专业22个。农林经济管理进入国家世界一流学科建设行列。在全国第四轮学科评估中，农林经济管理列A-，进入全国同类学科前10%；公共管理列B+，进入全国同类学科前20%。

二、加强工学学科发展

党的十八大报告指出，要“促进工业化、信息化、城镇化、农业现代化同步发展”。“四化同步”提出背景之一是农村劳动人口的大量转移、迅速进入老龄化所带来的社会结构的深刻变化；经济社会的发展带来消费结构变化，营养和健康成为时代重大主题，农产品加工与农产品安全重要性凸显；规模化农业迅速发展，“互联网+”农业、精准农业趋势越发明显，家庭农场、农民合作社等新型农业主体逐渐开始发挥引领作用。如何适应经济社会发展方式的转变和时代需要，农业高校必须全面提升支持“三农”的能力。正是在这样的背景下，学校及时提出加快推进工科学科发展的战略。

（一）重点支持工学学科建设

学校第九次党代会明确提出“建成特色鲜明的研究型大学，初步形成综合性大学学科布局”的目标，指出学校工学学科仍然薄弱的现实，部署了发展工学学科，编制工学学科发展中长期规划的任务。2013年学校工科学科分布在6个学院，有食品科学与工程、农业工程、风景园林学等3个一级学科学位博士点和2个一级学科学位硕士点。部分工学学科带有浓郁的传统应用理科的色彩，优势和特色不明显，缺乏领军人才，教学、科研等公共学科平台和实践实训基地缺乏。工学学科是学校初步形成综合性大学学科布局和建成特色鲜明的研究型大学的短板之一。推动工学学科发展，是完成“三步走”战略和学校第九次党代会目标的重要举措。2014年，在前期工作的基础上，学校重点推进工学学科发展中长期规划的编制和实施。

2012年11月，国家下发《教育部办公厅 国家发展改革委办公厅 财政部办公厅关于“211工程”三期建设成效显著的高校给予奖励的通知》，学校获得“211工程”建设奖励资金1 360万元。根据学校学科发展现状，学校决定将奖励资金主要用于支持工学学科发展及人才队伍建设和发展。其中用于工学学科发展资金900万元，包括农业工程一级学科建设

500万元，主要用于围绕中部地区主要农作物全程机械化生产关键共性技术及装备、生物质高效利用技术及设施、各类农作物全过程生产机械化信息技术与基础理论等领域，建设现代农业工程研究平台，含农业机械化与装备工程、农业生物环境与能源工程、农业电气化与信息化工程3个子平台；食品科学与工程一级学科建设400万元，主要用于围绕食品配料提取与工程化、配料剂型与生物材料、活性评价与功能食品理论等3个研究方向，购置原材料预处理、食品配料提取、纯化、制剂化、性能评价、营养评价6类平台系统。

（二）编制工学学科发展中长期规划

学校自2013年底谋划编制《华中农业大学工学学科发展中长期规划（2014—2024年）》，开展前期预研。2014年1月学校印发《关于编制〈华中农业大学工学学科发展中长期规划〉的通知》，成立由副校长张献龙任组长的编制工作领导小组，明确工科规划编制的指导思想、基本原则、工作进程、工作要求等。2月24日，张献龙副校长主持召开编制工作启动会，进一步细化完善规划编制工作方案。2月底至3月中旬，学校对6个学院的7个学科开展调研工作。3月中旬至4月下旬，先后调研了东南大学、南京林业大学、江苏大学、江南大学、华南理工大学、华南农业大学、中国农业大学和西北农林科技大学等8所高校。5月6日，副校长张献龙带队对校内各工学学科实验室、实习实训基地进行调研。

在调研的基础上，编制起草组于2014年5月完成工科规划初稿，在征求相关学院负责人、学科带头人及相关职能部门负责人意见后，形成了征求意见稿。2014年7月至9月，征求意见稿通过办公系统面向全校师生公开征求意见。12月1日，2014年第21次校长办公会审议通过，12月22日正式印发《华中农业大学工学学科发展中长期规划（2014—2024年）》（以下简称《工科规划》）。

《工科规划》在总结现状与成绩、分析问题与差距的基础上，明确未来10年学校工学学科发展思路、发展目标、发展战略、发展任务和保障措施等，提出“到2024年，基本建成以食品科学与工程、农业工程、风景园林学等学科为优势特色，环境科学与工程、生物工程、计算机科学与技术、机械工程等学科协调发展，在全国同类院校竞争力较强的工学学科体系”的目标。

《工科规划》把工学学科发展分为2014—2016年、2017—2020年、2021—2024年3个战略阶段来推进，从学科体系、师资队伍、学科平台、人才培养、科技创新和社会服务、国际交流等方面实施6大战略任务，含21项具体任务，同时提出了组织保障、制度保障、资源保障、任务分解、监督检查等保障措施。

（三）工学学科规划实施阶段性成效

《工科规划》颁布以来，学校的工学学科得到长足的发展。现有涉工学类学科的学院6个，食品科学与工程、农业工程、风景园林学、生物工程等4个一级学科博士点，环境科学与工程、计算机科学与技术等6个一级学科硕士点，工学类本科专业16个。食品科学与工程、农业工程、风景园林学2013年被评为湖北省一级重点学科。在全国第四轮学科评估中，食品科学与工程列A-，进入全国同类学科前10%；风景园林列B+，农业工程列B，均较全国第三轮学科评估有明显进位。

三、加强基础理学学科发展

学校历来重视基础理科对优势特色学科的发展支撑作用，在学校“十二五”“十三五”学科建设规划中均把基础理科作为重点建设内容，不断加强基础理学学科的学位点建设，逐步提升基础理学学科的整体实力和水平。学校积极推进“文理结合”“理工结合”和“理农结合”，在学校学科建设立项中给予适当倾斜支持，促进了化学、数学等基础理学学科发展。2014 年 5 月，获批应用统计专业学位硕士点，实现数学学科点的突破；2018 年 2 月获批化学一级学科硕士点，2018 年 3 月，获批数学一级学科硕士点，实现数学和化学学科一级学科点覆盖。2015 年 3 月，以化学学科为重要支撑学科的 ESI 化学学科领域进入全球前 1%，成为学校继植物学与动物学、农业科学后第 3 个进入全球 ESI 排名前 1% 的学科领域。

四、加强新兴交叉学科建设

10 年来，学校积极发展新兴交叉学科，以拓展学科领域并进一步强化传统优势学科特色。始终坚持面向国家重大战略需求，面向经济社会主战场，面向世界科技发展前沿，布局和建设新兴交叉学科，着力发展信息科学与信息农业、生物医学与健康等新兴交叉学科，促进传统优势学科与新兴学科的交叉融合，用新兴学科调整优势学科的结构，用优势学科带动新兴学科发展。

（一）推进信息科学发展

学校十分重视信息科学发展，在《华中农业大学学科建设“十三五”规划》中提出了“积极发展信息科学，用信息科学、工程化理念改造和提升传统优势特色学科”的建设思路。学校学术委员会主任张启发院士亲自遴选、引荐人才。2009 年 2 月，学校引进生物信息学张红雨团队。2011 年 4 月，学校成立生物信息中心，同年 9 月，生物信息学本科专业开始招生，2012 年开始招收生物信息专业硕士研究生，2013 年开始博士生招生。2014 年 4 月，学校为进一步优化学科专业结构布局，促进信息学科发展，将生命科学技术学院生物信息学教研室、生物信息学研究中心，理学院计算机科学与技术系（整体）、数学系（部分）、化学系（部分）以及计算中心调整组建成立信息学院。2014 年 10 月，学校在农业工程一级学科自主设立农业信息工程二级学科博士点和硕士点，并于 2015 年获教育部批准。2018 年 3 月，获批数据科学与大数据技术本科专业。经过持续投入和建设，取得一系列新的突破和成绩。2015 年 11 月，“2015 本科专业毕业生薪酬排行榜”揭晓，生物信息专业入选全国“专业百强榜”。2016 年 4 月，《2016 年中国大学及学科专业评价报告》发布，生物信息专业再度荣膺全国第一。

（二）推进生物医学发展

2016 年年初，学校学术委员会主任张启发院士召集发展规划处、科学技术发展研究院、生命科学技术学院等相关单位负责人和董志强、曹罡等一批青年学者，提出要依托学校生物学、兽医学等学科领域的强大优势，拓展学校生命科学研究领域，推动生物医学发展，培育

2016 年 12 月，学校成立生物医学中心

基础医学等新兴学科。4 月，学校组织相关职能部门、学院和青年专家，起草《关于加快推进学校生物医学发展的建议》并向学校主要领导汇报，依托学校现有的优势领域发展生物医学，将是学校新时期回应营养和健康时代主题和国家重大战略需求的关键性发展举措。5 月 15 日，校长邓秀新院士、张启发院士带队赴华大基因，签署战略合作框架协议。6 月 27—29 日，学校发展规划处组织相关学院专家对中国科学技术大学、电子科技大学等开展了专项调研，形成学校生物医学发展的论证报告。

2016 年 7 月 5 日，学校举行第 12 次校长办公会，专题听取校学术委员会关于加快推进学校生物医学发展建议的汇报。校长邓秀新指出，校领导班子赞同校学术委员会提出的大力发展生物医学的建议，希望将其作为学校创新事业发展的重大举措来重点推进。7 月 6 日，校长办公会第 13 次会议研究学校生物医学研究中心筹备委员会建议名单。7 月 15 日，在 2016 年暑期中层干部研讨班上，副校长张献龙作了题为《关于推进生物医学发展的设想》的主题报告，与会的全校副处级以上干部及各民主党派主委进行了热烈讨论，就推进生物医学发展形成了广泛的共识。9 月 7 日，校长办公会第 17 次会议正式审议通过成立学校生物医学建设与发展领导小组，校长邓秀新任组长，副校长张献龙任常务副组长、副校长姚江林任副组长，办公室挂靠发展规划处。期间，学校与中国人民解放军广州军区武汉总医院、湖北省肿瘤医院进行互访，实现专家全面对接，达成全面合作意向。12 月，学校组织论证在生物学一级学科博士点自主设立肿瘤生物学、免疫生物学和化学生物学等 3 个目录外学科方向。12 月 6 日，学校正式成立生物医学中心，副校长张献龙任主任，董志强、曹罡任副主任。12 月 29 日，学校在基因楼举行生物医学中心揭牌仪式。2017 年 3 月 28 日，学校聘任 8 人为中心第一届学术委员会委员，张启发院士任主任委员。经学术委员会讨论，决定现阶段优先发展肿瘤生物学、神经生物学、病原与免疫生物学等三个方向。学校通过中央高校建设世界一流大学（学科）和特色发展引导专项资金、中央高校改善基本办学条件专项资金及自筹资金等，积极推进生物医学学科公共平台建设和人才队伍建设；学校自主科技创新基金项目设立生物医学研究专项，鼓励学校科研人员与合作医疗机构科研人员结对联合申报。

生物医学中心成立后，积极引进校内外青年人才。2017 年，引进、遴选 PI 共 8 人，并通过南湖青年论坛、海外招聘等多种渠道，谋求从海内外引进青年 PI；遴选整合校内现有优秀人才。2017 年 5—7 月，在校内公开遴选出 7 名 PI；从湖北省肿瘤医院选聘 7 名兼职研究生指导教师。

2017 年 1 月 17 日，学校和湖北省肿瘤医院签订战略共建协议，双方成为战略共建单位；7 月 4 日，在战略共建基础上，双方又签订《合作共建生物医学中心协议》，对双方在科学研究、人才培养、知识产权署名及成果认定等方面进行了具体规定。2018 年 4 月 2 日，学校与十堰市太和医院签订战略共建框架协议。生物医学中心联合合作医疗机构，举办“华农 – 鄂肿生物医学学术研讨会”、南湖生物医学讲坛、生物医学中心 2018 年学术年会等多场学术活动。

第四节　开展学科立项建设

2009—2011 年，学校按照“整体规划、分步实施、突出重点、绩效优先”的思路，启动了新一轮学科建设项目，共投入经费 3 040 万元，其中三级重点学科年度建设经费 1 440 万元，重点学科培育经费 1 600 万元。经学院、学科申报，学校组织专家论证，共支持国家重点一级学科建设项目 1 个、二级学科建设项目 7 个；国家重点培育一级学科建设项目 2 个、二级学科建设项目 5 个；省部重点一级学科建设项目 5 个、二级学科建设项目 5 个；校级重点一级学科建设项目 2 个、二级学科建设项目 8 个。

2014 年，为贯彻落实学校第九次党代会精神，建设一流优势特色学科，构建综合性大学学科体系，全面提升学科发展水平，学校决定把教育部学科绩效奖励资金 3 600 万元全部投入学科建设，开展新一轮第一期学科建设。经学校评审，全校共立项 23 个学科建设项目，其中优势特色学科创一流 10 个项目、协调发展学科 13 个项目。2014 年 6 月，经申报、专家论证和校长办公会审议，学校决定自筹投入经费 5 136 万元建设学科公用平台，其中，投入 2 853 万元用于建设电镜、蛋白质研究等 2 个学校学科公用平台；投入 2 283 万元用于建设 13 个学院学科公用平台。

2015 年，学校决定继续投入 3 000 万元实施新一轮第二期学科建设。二期建设以一期建设绩效为导向，从“一级学科为单元投入”转变为“以学院为单元投入”，赋予学院更大的自主权。6 月，经学校评审，共立项支持 15 个学院学科建设项目、代谢组学学科公用平台、1 个公共实验室维修项目，其中公共实验室维修项目由学校直接管理。

2016 年，学校进一步调整学科建设经费使用范围，实际共投入 3 210 万元。以 2014、2015 年学科建设绩效为导向，根据学校对全国第四轮学科评估的预期目标，重点支持参评一级学科尤其是目标排名靠前学科的建设，继续坚持以学院为单元投入，支持学院在学科建设上的自主权。经学院申报、学校组织审核论证，2016 年 6 月 8 日校长办公会第 9 次会议审议，共立项支持 15 个学院的 16 个学科建设项目，其中实验动物中心平台项目为依托动科动医学院建立的学校学科公用平台。

2017 年，根据学校学科建设“十三五”规划和“双一流”建设方案，在总结分析学校 2014 年以来学科立项建设项目的基础上，学校研究制订本年度学科重点建设的方向和范围。2017 年投入 5 700 万元用于学科建设，进一步将经费签批使用权直接下放到学院、学科，一是按照“创优势，补短板，出人才”的原则，重点支持学校一流学科建设，以绩效导向，引导立项建设学科争创世界一流学科，共投入 2 650 万元；二是继续以学院为单位进行投入，设立学院学科建设项目，统筹学院各学科建设，主要支持学院学科公共平台、青年教师和学生培养等，共投入 3 050 万元。经学院申报、学校组织审核论证并经校长办公会第 9 次会议审议，共立项支持 7 个一流学科建设项目，15 个学院学科建设项目。

2018 年，学校共投入 1.57 亿元用于学科建设，包括“双一流”建设引导专项 1.17 亿元和学校自筹资金配套学科建设经费 4 000 万元。“双一流”建设引导专项主要聚焦一流建设学科，聚焦五大建设任务，总体原则是充分调动学院、学科和职能部门的积极性，兼顾学科的特点，做到条块结合、统筹兼顾。引导专项预算 1.17 亿元中的 7 790.8 万元由职能部门统筹，3 909.2 万元直接下拨到一流建设学科所在学院，不允许跨项目调整经费使用口径，任务内容清单由归口管理部门直接对接学院，归口管理部门负责监管督促。学校配套学科建设经费预算分为一流建设学科配套预算（1 000 万元）和学院特色发展学科预算（3 000 万元），实行院长负责制。一流建设学科配套预算主要用于 6 个一流建设学科配套经费；学院特色发展学科预算根据“要素分配法”，用于 15 个学院的其他学科建设。

第五节　第三方学科评价

一、全国学科评估

（一）全国第二轮第二批学科评估

2008 年 4 月，教育部学位与研究生教育发展中心（以下简称“学位中心”）启动全国第二轮第二批学科评估，学校生物学、园艺学、畜牧学、兽医学、食品科学与工程、水产 6 个一级学科参加评估。在 2006 年的第二轮第一批学科评估中，学校作物学、农业资源利用、农林经济管理 3 个一级学科参加了评估，作物学排名第 3，农林经济管理排名第 4，农业资源利用排名第 5。2009 年 5 月，全国第二轮第二批学科评估结果公布，学校参评 6 个一级学科中，园艺学位列第 2 名，畜牧学、兽医学、水产位列第 3 名，食品科学与工程列第 7 名，生物学与南开大学、中国科学技术大学并列第 11 名。

（二）全国第三轮学科评估

2012 年 1 月，学位中心启动全国第三轮学科评估工作。学校结合学科发展实际，在充分与相关学院、学科专家沟通和充分研讨的基础上，确定农业工程、环境科学与工程、食品科学与工程、作物学、园艺学、农业资源与环境、植物保护、畜牧学、兽医学、水产、农林经济管理、生物学、生态学13个一级学科参加评估。学校组织相关人员认真研究评估指标体系，精心组织相关学科准备评估材料，3月28日，按要求报送完成学科评估相关材料。

2013年1月，学位中心公布全国第三轮学科评估结果。学校参评的13个一级学科中，6个进入前3，1个进入前5%，5个进入前10%，1个进入前20%。其中，园艺学名列第1，畜牧学、兽医学名列第2，作物学、水产、农林经济管理名列第3，农业资源与环境名列第5，植物保护名列第7，生物学名列第8（前10%），食品科学与工程名列第10（前20%）。

（三）全国第四轮学科评估

2016年4月22日，学位中心下发《全国第四轮学科评估的邀请函》。4月26日，学校召开全国第四轮学科评估工作启动会，确定符合条件的18个一级学科参评。学校制订学科评估工作方案，健全学科评估的组织领导，成立学科评估工作领导小组、学科材料复核人和联络人工作组等，对各职能部门的材料提供、咨询和审核任务进行分解。在评估材料准备期间，先后召开学科建设委员会扩大会议、学科建设委员会会议、校长办公会专题讨论学科评估相关事项，及时统一思想，解决学科评估中的重点难点问题。6月19日，学校按时报送了18个一级学科参评材料。

2017年12月，学位中心公布全国第四轮学科评估结果。学校7个学科进入A类学科，5个学科为B+，其中，园艺学、畜牧学、兽医学3个学科为A+，生物学为A，食品科学与工程、作物学、农林经济管理3个学科为A-；风景园林学、农业资源与环境、植物保护、水产、公共管理5个学科为B+。A类学科综合比较位列全国高校第19位，学科优秀率为27%（A类学科占全校博士硕士授权学科总数的比例），位列全国高校第19位。

二、ESI学科领域

根据目前可查询的资料显示，2010年9月学校农业科学、植物学与动物学2个学科领域已进入ESI（基本科学指标数据库，Essential Science Indicators，简称ESI）前1%。2014年10月，学校立项资助图书馆开展《基于ESI的华中农业大学学科发展态势评估与决策研究》，同时发展规划处也积极开展ESI学科发展趋势研究，编发调研报告20余篇，多次召开ESI学科领域推进工作研讨会和培训会。2015年3月、5月，学校化学、生物学与生物化学学科相继首次进入ESI前1%。2016年3月、11月，分别新增分子生物学与遗传学、微生物学学科进入ESI前1%。2017年5月，新增环境科学/生态学进入ESI前1%；9月，植物学与动物学进入ESI前1‰。2017年5月至今，学校共有7个学科进入ESI前1%。

三、世界大学与学科排名

迄今，全球有各类大学排名100余家。世界大学排名中，认可度比较高的主要有中国上海软科世界大学学术排名（ARWU）、英国泰晤士高等教育世界大学排名（THE）、美国US News世界大学排名和英国QS世界大学排名，这些主要排名机构也发布了学科排行榜。

学校在 2017 年中国 ARWU 世界大学排名中列 401 ~ 500 位；在 2018 英国 THE 中列 601 ~ 800 位；在 2018 美国 US News 世界大学排行榜中列 735 位；在 2018 英国 QS 亚洲大学排行榜中列 301 ~ 350 位。

学校在 2018 年中国上海软科世界一流学科排名中，农学、兽医学、生物学、食品科学与工程、生物工程、环境科学与工程、药学 7 个学科上榜，其中农学、食品科学与工程学科分别列全球 15 位、44 位，兽医学学科列全球 51 ~ 75 位；在 2018 英国 THE 世界大学学科排名中，生命科学列 401 ~ 500 位、工程与技术列 401 ~ 500 位；在 2018 美国 US News 世界大学学科排名中，植物学与动物学列 68 位、农业科学列 98 位、生物学与生物化学列 308 位；在 2018 英国 QS 世界大学学科排行榜中，农学与林学学科列 101 ~ 150 位。

第二章　人力资源配置与队伍建设

第一节　发布师资队伍与人力资源建设规划

一、发布师资队伍建设“十二五”规划

2010 年，学校提出“人才资源是学校事业发展的最宝贵、最重要的战略资源，卓越的师资队伍是学校人才资源的核心，是学校实现跨越发展的最关键、最核心要素。”围绕“努力建设一支规模适度、结构优化、布局合理，素质优良、师德高尚、造诣深厚、充满生机与活力的卓越师资队伍，为实现学校发展战略目标提供核心人才保障”总体目标，学校研究制订了《华中农业大学师资队伍建设“十二五”规划》(本章以下简称《师资“十二五”规划》)。

《师资“十二五”规划》明确“十二五”期间师资队伍建设的主要任务包括：一是稳步扩大师资队伍规模，年均新进教师 70 ~ 80 人，其中具有海外经历的不少于 1/3，校内选留不超过 1/4，到 2015 年，学校教师数量达到 1 800 人，其中专任教师达到 1 500 人左右，约占全校教职工总数的 60.0%。二是实施“卓越师资工程”，到“十二五”末，力争具有国际竞争力的战略科学家达到 20 人左右，新增具有重要学术影响的学科带头人 50 名左右，新增研究领域或方向具有一定影响的优秀中青年学术骨干 100 名左右，大力培养 200 名具有国际视野和创新潜能的青年教学科研学术人才。三是优化师资队伍结构，到 2015 年学校专任教师中，具博士学位比例不低于 70%，异缘率不低于 80%，具有海外访学经历的教师 50% 左右。四是推进跨学科创新团队建设，新增国家级教学、科研团队 5 ~ 10 个，省部级教学、科研团队 15 ~ 20 个，其中，人文社会科学类 2 ~ 4 个。五是营造人尽其才的良好环境，坚持以人为本，建立和完善科学、规范的教师引进与培养、激励与保障、考核与评价机制。

《师资“十二五”规划》提出“十二五”期间师资队伍建设发展的举措包括：一是不断更新思想观念，巩固提高对人才队伍建设的认识，以更加宽广的眼界、更加博大的胸怀、更加执着的努力和更加灵活的方式抢抓机遇，做好“十二五”人才队伍建设工作。二是实施以高层次人才为重点的人才引进计划，科学设置引才质量标准，不断完善引才程序，根据学科实际与发展目标科学设置教育背景、研究领域与学术水平要求，不断提高引才标准和质量。三是实施覆盖各层次人才的师资培养计划，重点做好院士有效候选人培植计划、“国家杰出青年科学基金”后备人选培植计划、青年教师出国研修计划、跨学科科研团队和教学团队培

植计划等。四是完善体制机制，激发队伍活力，发挥队伍使用效益，完善岗位聘用管理制度、完善评价标准和方式、全面实施绩效工资制度等。五是加强师德师风建设，提高教师职业素养，加强教师的思想政治教育，积极探索加强师德师风建设的有效途径，开展形式多样的师德教育活动，教育和引导教师学习、践行社会主义核心价值观，恪守科学精神，倾心本职岗位，淡泊个人名利。六是不断提高服务师资队伍建设的能力和质量。

二、发布师资队伍与人力资源建设“十三五”规划

2015 年，学校深入落实党的十八大精神，以及习近平总书记关于人才工作重要论述，统筹师资队伍与人力资源建设，为建设一流大学和一流学科、加快建成特色鲜明研究型大学提供人力资源保障，研究制订了《华中农业大学师资队伍与人力资源建设“十三五”规划》（本章以下简称《师资“十三五”规划》）。

《师资“十三五”规划》提出的指导思想是：深入贯彻党的十八届四中、五中全会精神，落实中央《关于深化人才发展体制机制改革的意见》，坚持人才强校战略和党管人才原则，围绕学校发展目标，以提升人力资源质量为核心，以分类精细化管理为重点，以人事制度改革为推动力，坚持高端引领、整体开发，坚持分类指导、科学评价，坚持创新机制、完善制度，统筹推进各类人才队伍建设，充分激发全体教职工的积极性、主动性和创造性，为建成特色鲜明的研究型大学提供人力资源保障。

《师资“十三五”规划》明确主要任务是：一是突出高层次人才培育，把高层次人才队伍建设放在师资队伍建设的首要位置，强化高层次人才的引领作用，通过转变观念、创新制度、优化环境，培养和引进一批具有国际学术影响力、能够引领促进学科发展和团队建设的高水平领军人物和领军人才，为创建一流大学、一流学科提供人才支撑。二是加大海外优秀人才引进力度，把引进海外人才作为一项重要任务，进一步提高人才引进标准，加大引进海

2010 年 1 月，校领导率队慰问学校专家教授

外人才的支持力度，优化海外人才引进通道，加强海外引进人才工作生活保障，创造各方面条件吸引海外人才来校工作。三是加强学科发展亟缺人才队伍建设，进一步创新机制，完善政策，加大投入，吸引优秀人才来校工作，同时有针对性的加强师资培养，加强跨学科团队建设，帮助青年教师成长成才。四是统筹推进各支队伍协调发展，进一步完善各类人员考核评价制度，强化岗位职责，加强聘用管理，突出业务能力提升培训，进一步提高队伍的服务能力和管理水平，保障队伍素质稳步提升。五是深化人事制度综合改革，建立编制与岗位调配机制，建立健全教职工公开招聘、依法聘任、合同管理制度，强化分类管理，建立健全岗位分类聘任、分类考核机制，完善人才引进工作体制机制，加强教职工职业发展支持力度，建立健全教职工职业发展培养体系，完善以绩效为导向的收入分配激励机制。

《师资“十三五”规划》制订的八项主要举措为：一是完善人才工作体制机制，建立人才引进计划审定机制、完善人才遴选机制、完善人才评价机制等。二是完善海外人才引进机制，建立海外人才信息库、建立国际招聘网络和全球公开招聘制度、建立海外优秀人才学术搜索与定向联系制度、健全海外人才评价机制、加大海外人才引进支持力度、建立入职“快捷服务”机制、完善协议工资制等。三是建立亟缺人才引进与培养制度体系，落实学院人才引进主体责任、创新紧缺学科（领域）高层次人才引进模式、完善紧缺学科（领域）人才考核评价机制、构建多元保障机制、建立紧缺学科（领域）人才特区制、实施急需发展学科（领域）国内外顶尖人才“柔性引进”制度等。四是实施“狮山硕彦计划”，包括“领军人物支持计划”“拔尖人才培植计划”“青年英才培育计划”“青年骨干教师培养计划”。五是实施“卓越员工计划”，包括“青年管理骨干培养计划”“实验技术骨干培养计划”“优秀工勤技能人才培养计划”。六是健全完善用人机制，制订教职工聘用合同管理办法、完善教师岗位分类管理制度、建立教师岗位流转机制、建立教师职业发展晚期保护制度、健全职员晋升机制、实施新教职工准聘长聘制度、健全非编制用人制度、创新专职科研人员聘用制度。七是完善考核评价机制，健全教师岗位分类考核评价标准和评价办法、推进代表性成果评价制度、建立教职工目标考核制度等。八是建立基于绩效考核的收入分配激励机制，建立基于岗位职责的绩效工资制度、推进多元化薪酬体系建设、健全激励制度等。

第二节　优化师资队伍结构

一、坚持引才数量与质量并重

2008 年以来，学校大力实施“人才强校”战略，根据学科发展需要，每年制订引才数量目标，不断提高人才引进标准，重点加强引进海外、校外优秀博士及高岗专家。截至 2017 年 12 月 31 日，学校共有专任教师 1 523 人，与 2007 年底相比，专任教师增加 535 人，其中正高级职务教师 413 人、占 27.0%，副高级职务教师 705 人、占 46.2%；博士学位教师 1 207 人、占 79.2%；异缘率达到 77.3%；35 岁及以下教师 414 人、占 27.1%，36 岁

2014 年 7 月 1 日，新教工报到“一站式服务”现场

至 45 岁教师 719 人、占 47.2%。

二、加大教师国际化学术能力培养

为推动学校与国际高水平大学和科研机构的交流与合作，拓宽学校教师的国际视野，学校不断加大教师出国研修访学支持力度。2012 年 9 月，学校出台《华中农业大学教师出国（境）研修管理暂行办法》，新设学校全额资助项目、团队课题资助项目、自费公派项目资助教师出国研修，同时将国家留学基金委全额资助项目、青年骨干教师出国研修（1∶1 配套）项目纳入公派资助体系，获批以上 5 个项目之一的出国研修教师将享受基本工资随月发放、考核合格补发在岗津贴的工资待遇，同时对获批国家留学基金委全额资助项目、团队课题资助、自费公派项目出国研修教师予以专项奖励，以鼓励青年骨干教师争取国家项目并通过团队课题、个人自费等赴国外一流研修机构、师从一流导师开展访学研修。2016 年学校根据出国研修进展情况，修订出台《华中农业大学教师公派出国研修管理办法》，将出国研修效益评估纳入考核范畴，激励教师在国外研修及回国期间产出高水平研究成果、建立稳定的国际学术交流渠道，并在学科建设、人才引进等方面发挥积极作用。2012—2017 年，共有 360 余人次教师开展公派留学研修，其中 158 人获批国家留学基金委全额资助出国，14 人由学校全额资助出国，83 人通过团队课题或自费公派出国，学校具有海外经历教师比例达到 55.4%。

三、推进教师职业能力体系化培训

2008 年以来，学校注重对教师不同类型、不同职业发展期开展具有针对性、实效性的职业能力培训，不断创新培训形式、健全培训体系、突出培训效果。每年选派教师赴四川外国

2016 年 6 月，学校举办首届南湖国际青年科学家论坛

语大学、西安外国语大学等国家留学基金委出国外语培训机构脱产进行外语培训，10 年来共选派 350 余名教师进行外语培训。学校每年坚持组织新教职工岗前培训，形成了由学校党委书记开讲，院士、教师名师、校领导和职能部门负责人、校外专家、优秀青年教师代表授课的主讲团队，健全了以职业理想、师德师风、高等教育发展、校史校情、职业能力提升为主要内容的课程体系，完善了分类指导、分期授课的培训形式，帮助教师融入学校发展，实现职业转变，走好职业第一步。同时，学校重视对不同类型教师的职业中期培训，针对自然学科、优势学科主要以鼓励出国研修为主，针对基础课、一般发展学科主要以开展国内访学、教学能力提升培训为主，实行有目的、有计划的派出培养。

第三节　人事分配制度改革

一、职称制度改革

随着学校事业快速发展，专业技术人才学术水平、业务能力不断提高，为适应形势变化，充分发挥人才评价"指挥棒"作用，实现职称评审的科学化、规范化、制度化，2008—2017 年，学校不断深化职称制度改革，对职称评聘标准和评审方式等及时进行了修订，不断完善分类分型考核评价机制，共评审通过正高级专业技术职务 272 人，副高级专业技术职务 737 人，中级专业技术职务 357 人，初级专业技术职务 138 人。

（一）健全层级设置，完善职称评聘标准

2010 年 7 月出台《华中农业大学专业技术职务申报资格暂行规定》，对申报者的基本资历、外语能力等提高了要求，对申报者在师德师风、人才培养、教学、科研等方面做出了具体规定；同期制订《华中农业大学职务聘任与晋升认定期刊目录》，对职称评审中认定的学术期刊作了具体而明确的界定；2011 年 5 月出台《华中农业大学教授四级岗评审基本条件》《华中农业大学其他专业技术四级岗评审基本条件》和《华中农业大学副高级专业技术七级岗评审基本条件》，按照分类指导原则，分别设置不同学科不同类别专业技术职务评审基本条件；2013 年 7 月修订和完善了资格规定、期刊目录以及基本条件并将三者进行整合，形成一套较为完整的评价标准体系。

结合国家《关于深化中小学教师职称制度改革的指导意见》《关于深化职称制度改革的意见》和《关于加强和改进新形势下高校思想政治工作的意见》等文件精神和学校实际情况，2016 年 7 月调整部分教师系列副高级专业技术职务评审基本条件，同期修订出台《华中农业大学中小学系列专业技术职务申报评审基本条件（试行）》，2017 年 7 月对职称评审有关政策进行了补充说明，同期修订出台《华中农业大学思想政治教育系列专业技术职务评审条件（试行）》，取消了资格条件中对职称外语和计算机应用能力的统一要求，健全了中小学和思想政治教育系列层级设置。

（二）优化评审方式，探索科学评价机制

为提高人才评价科学性、合理性和实用性，真正实现人尽其才，学校积极探索科学评价方式。2008 年将副高及以下教师系列职称评审权下放至学院，由学院组织学科组评审，负责副高及以下教师系列的职称评审和正高人员的推荐，最终结果由学校专业技术职务评审委员会审定通过。2012 年新增马克思主义学院学科评议组。2013 年新增公共管理学院学科评议组。2014 年新增信息学院学科评议组。2015 年探索实行代表性成果校外同行专家学术评议制度，对部分学科教师系列正高级专业技术职务申报人员试点实行代表性成果校外同行专家学术评议。结合中央《关于深化人才发展体制机制改革的意见》《关于深化职称制度改革的意见》文件精神，2016 年 7 月出台《华中农业大学同行专家学术评议实施办法（试行）》，对教师系列正高级专业技术职务申报人员实行代表性成果校外同行专家学术评议。

（三）改进工作机制，规范职称评审程序

为促进职称评审公平公正，进一步规范职称工作，2012 年学校实行申报资格和评审基本条件“双符合”审核制度，将评审基本条件正式列入审查范围，切实提高了评审质量和水平；2015 年 11 月修订了《华中农业大学专业技术职务评审工作规程》，明确职称评审基本程序、评审组织设置、评审议程、投票规则、评审回避、评审纪律、公示制度、申诉复议等规定，增强了职称评审的严肃性和规范性。2011 年推进人事工作信息化建设背景下，职称工作实行网上申报制度和网上全程公示，进一步提高了资格审查的效率和准确度，增强了职称申报工作的透明度和公信度；2016 年以学校信息一体化建设为契机，建立新的职称申报系统，实现申报系统与科研系统数据共享，减少申报人员重复输入数据工作量，提升了申报工作效

率以及数据来源的准确性和公正性。

二、教师岗位聘任制度改革

2007年底，学校根据原人事部、教育部等关于岗位设置管理相关文件精神，首次实行全员岗位聘任管理工作。2012年，学校组织开展第二轮岗位聘用工作，因二级岗教师首轮聘期未结束，此次岗位聘用只在三级及以下岗位进行，以学院（部）为实施主体。2013年底，学校根据前两轮岗位聘用实施情况，为进一步深化人事制度改革，促进岗位聘用管理的科学化，决定开展第三轮全员岗位聘用。岗位聘用学校提出要坚持“岗位到学科、职责到岗位、分类设岗、目标管理”的基本原则，学校根据学科发展情况下达不同级别岗位职数，二级岗教师的考核由学院组织进行，聘任由学校统一组织，其他岗位人员考核聘任由各单位负责组织，并将所有岗位聘期调整为5年。每位教师与学校、学院（部）签订个性化聘任协议书，明确了聘期内的具体岗位职责与工作任务，合同管理成为此轮岗位聘用的主要特点，是学校建立以合同管理为基础的用人制度、实现身份管理向合同管理、固定用人向合同用人转变重要转折点。

稳步实施教师准聘长聘制度。2014年7月，根据《事业单位人事管理条例》（中华人民共和国国务院令第652号）和学校人事制度综合改革方案要求，学校开始对新进教师实行首聘期管理，2017年3月启动新教师首聘期满考核工作，74名首聘期满教师进行考核，其中54名教师合格续聘、12名教师不合格缓聘1至2年、2名教师推迟考核、5名教师不合格降岗缓聘，1名教师解聘，初步建立了教师准聘长聘制度。

三、职员制度改革

为进一步深化人事管理制度改革，建立一支专业化、高水平、适应学校事业发展的管理队伍，学校2007年开始在管理人员中实行高级职员聘任制度，并形成定期聘任的常态化机制。学校实施职员聘任制度的目的有三个，一是建立专业化、职业化的管理人员队伍建设机制，提高管理水平和服务能力；二是拓宽管理人员发展通道，充分调动管理人员的积极性、主动性和创造性；三是统筹职员与教师、其他专业技术人员的收入分配关系，建立管理队伍职务与职级相结合的待遇调整增长机制。

为此，学校按照德才兼备、注重实绩、群众公认，民主、公开、竞争、择优，统筹兼顾，不断完善任职标准、评审程序，根据国家有关规定，科学确定六级及以上岗位总量、结构比例，健全职员正常晋升机制。2013年1月晋升23名高级职员，2015年1月晋升16名高级职员，2016年5月晋升8名高级职员。

四、开展工勤技能技师聘任工作

为鼓励技术工人钻研业务，提高素质，更大限度的发挥高级技术工人的作用，共享改革红利，促进学校事业的发展，学校调研相关兄弟高校的做法，结合学校工人现状，2017年12月启动第二轮工勤技能岗位技师聘任工作。

学校按照公开、公平、公正，坚持德才兼备、群众公认，统筹兼顾、分类设岗的原则，根据现有工勤队伍数量和岗位结构，合理设置技师岗位。成立工勤技能岗位聘用领导小组，负责组织、领导、监督全校工勤技能岗位聘用评审工作，审核评审结果。实行分类评审，成立后勤集团工勤技能二级（技师）岗位评审组、教学单位工勤技能二级（技师）岗位评审组、机关和直属业务单位工勤技能二级（技师）岗位评审组，分别负责各类申报人员的评审工作；严格按聘用程序开展组织实施，评审条件和评审规则进行信息公开，申报人员信息和评审结果全程公示，接受监督，最终新聘任 14 名技师。同时对具备任职资格但未聘任至技师岗位的工勤人员给予一定的技能提升补助，提高有关人员的认可度和获得感。

五、分配制度改革

2006 年以来，国家收入分配制度改革步伐逐渐加大，要求事业单位以完善工资分配激励约束机制为核心，健全符合事业单位特点、体现岗位绩效和分级分类管理要求的收入分配制度，实现收入分配的规范化、科学化与制度化。为适应国家收入分配制度改革及学校事业发展的要求，学校进一步完善了校内原有分配体系。

2008 年 1 月，按照国家收入分配改革要求，学校对在职人员岗位津贴进行了调整，进一步理顺校内分配体系、规范分配秩序，按照“以岗定薪、岗变薪变、按劳分配、优劳优酬、公平合理、规范有序”的原则，建立了符合学校特点、体现岗位绩效的收入分配激励机制。

2011 年 1 月，学校以校内原有薪酬体系为基础，完善不同系列各级各类岗位津贴系数体系，对校内津贴进行适当调整，此次调整按照以岗定薪、岗变薪变原则，坚持突出重点，强化岗位管理，津贴分配向关键岗位、优秀拔尖人才倾斜，体现岗位职责差异和绩效，充分发

2017 年 9 月，学校举行年度奖励表彰大会

挥校内岗位津贴的激励导向作用。

2014 年 7 月，学校根据《事业单位工作人员收入分配制度改革方案》（国人部发〔2006〕56 号）、《关于省直其他事业单位实施绩效工资有关问题暂行意见的通知》（鄂人社发〔2012〕26 号）、《关于市直其他事业单位实施绩效工资有关问题的暂行意见》（武人社发〔2012〕44 号）的文件精神，结合学校实际，调整了在编在职人员绩效工资。此次调整以清理规范津贴补贴为基础，进一步强化绩效优先、优劳优酬的激励导向功能，初步建立学校绩效工资分配体系。

2014 年，探索试行校院两级奖励制度，出台《华中农业大学奖励办法》，并制订自然科学类学院、人文社科类学院奖励经费划拨办法。学校重点对影响和体现学校办学水平与办学质量的最关键、最核心要素进行奖励，更加体现学校办学的质量导向。针对不同类型学科、不同发展阶段学科、不同教职工群体工作特点，实施校院分层奖励，学校奖励办法没有考虑的各类省部级成果、论文、专著等，学校按相关要素划拨奖励经费到学院，由各学院自行制订奖励办法与奖励标准，较好体现了分类指导、分类评价。在学院奖励经费划拨要素与标准上，充分考虑课程开设数、教学质量等，2015 年全面实施校院两级奖励制度。2017 年修订《华中农业大学奖励办法》，主要奖励体现学校办学实力的突出成果、突出贡献，并明确根据学校事业发展的需要，经校长办公会批准，可以调整奖励项目和奖励额度，可以对做出特殊贡献的集体和个人予以表彰奖励。

近年来，国内外人才竞争日趋激励，为吸引和稳定高层次人才，学校加大了高层次人才分配倾斜力度，对新引进的海外优秀拔尖人才按照国家相关规定实行年薪制、协议工资制度，工资水平的确定综合考虑本校相应岗位职工的年收入水平和武汉市教育部直属高校及部分农林高校同类人员工资水平等因素；2016 年 1 月，对本校培养的标签人才设置校内高层次人才津贴，人才津贴标准在充分考虑校内外同类人员收入水平的基础上确定。进一步完善了与工作业绩紧密联系、充分体现人才价值、有利于激发人才活力的激励保障机制。

第三章　人才培养与教育改革创新

第一节　本科生培养

学校历来重视本科人才培养工作，始终把本科教学作为中心任务来抓。10 年来，学校本科教育立足“学者为本，学生至上，学院主体”的理念，以教育思想观念转变为先导，以教育教学改革研究为基础，以人才培养模式改革为重点，以教学基本建设为关键，以管理体制机制创新为保障，坚持“研究、改革、建设、管理”紧密结合，在深入实施国家“高等学校本科教学质量与教学改革工程”“中央高校教育教学改革专项”过程中，围绕“人才培养质量一流”目标，实施“出类拔萃，卓尔不群”的一流本科建设，不断提高本科教育教学水平和人才培养质量。

一、更新教育思想观念

教育思想观念是学校改革发展的先导，关系学校教育改革实践的方向与成败。在推进建设特色鲜明研究型大学过程中，学校不断审视发展形势，理清发展思路，通过每四年开展一次全校性教育思想大讨论，每年重点推进一个主题改革，系统实施“一流本科计划”等举措，有力促进了广大师生更新教育观念、凝练教育思想、改革教育教学的步伐，提升了学校人才培养能力和人才培养质量。

（一）开展教育思想大讨论

学校持续聚焦教育事业改革发展的热点和难点，坚持每 4 年召开一次教育思想大讨论。继“提高质量意识和加强素质教育”“发展 · 创新 · 质量”“新目标 · 新理念”“实践 · 创新 · 质量”等主题教育思想观念大讨论后，于 2011 年、2015 年先后开展了两次教育思想大讨论。

2011 年，组织开展以“实践 · 创新 · 融合 · 提升”为主题的教育思想大讨论。围绕创建特色鲜明研究型大学的目标，以“促进学生知识创新、能力构建和素质提升、提高学生实践创新能力”为主线，以学生健康成长成才为落脚点和着力点，通过大讨论，教学工作的中心地位、人才培养质量的首要地位和教学投入的优先地位得到进一步确立，“育人为本质量至上”“协同创新实践育人”“科教融合学术育人”得到广泛认同，推动了学校教学研究、改革、建设和管理向纵深发展，为提高人才培养质量、走内涵式发展之路奠定了扎实基础。

2015 年，组织开展以“创新方法·提升质量”为主题的教育思想大讨论。旨在落实学校第九次党代会提出的“人才培养质量一流”要求，应对信息化发展对教育教学提出的新挑战，深入推进“教育教学方式方法、学生学习方式方法、师生考核和评价方式方法”等综合改革。大讨论以研讨、专题辅导报告、讲座、培训，建立专题网站、微信公众平台等形式，引导师生开展讨论，更新教育观念。通过大讨论，广大师生共同推进了教、学、评三位一体综合改革，促进了信息技术与教育教学的深度融合，推动了以“教”为中心的教学模式向以“学”为中心的教学模式转变。

（二）实施“一流本科计划”

2010 年，党中央、国务院颁布《国家中长期教育改革和发展规划纲要（2010—2020 年）》，明确要求把提高人才培养质量作为教育改革发展的核心任务，走以提高质量为核心的内涵式发展道路。2011 年，学校出台《本科教育事业发展“十二五”规划》及人才培养模式、专业建设、课程建设、实践教学 4 个专题规划，提出建设“出类拔萃，卓尔不群”的一流本科教育，启动实施“一流本科计划”。2013 年，学校第九次党代会提出“人才培养质量一流”目标。

2016 年，学校出台《华中农业大学本科教育事业发展“十三五”规划》及人才培养模式、专业建设、课程建设、实践教学、教师教学发展 5 个专题规划，进一步厘清思路，按照“立德树人，提高质量”总体要求，以促进学生全面发展、健康成长成才为中心，系统性深化本科教育教学改革，全面实施“一流本科计划”，持续推进“出类拔萃，卓尔不群”的一流本科建设。

“一流本科计划”内容包括：坚持一个中心任务，致力三大战略目标，推进六大战略重点，实施十大改革举措。坚持一个中心任务，即一切工作以促进学生全面发展、健康成长成才为中心。致力三大战略目标：一是建立健全与特色鲜明研究型大学相适应的本科人才培养体系、教学质量保障体系；二是构建优质开放、协同育人的创新创业教育平台；三是建设具有华农特色的优秀教学文化。推进六大战略重点：一是构建多元化人才培养模式，适应学生个性化培养需要；二是推进专业建设综合改革，促进专业内涵与外延协调发展，形成与综合性大学布局相匹配的专业结构培养体系；三是加强课程建设，进一步加大课程中心建设力度，强化通识课程建设，系统构建开放性、研究性课程体系；四是深化实践教学改革，全面加强学生实践创新能力、创业能力培养；五是创建师生学习共同体，密切师生关系，促进教学相长；六是致力于教师教学能力提升体系的构建，全面提升教师教学能力。实施十大改革举措：一是立足三学，更新教育观念；二是育人为本，优化教学环境；三是强化能力，建好教师教学发展中心；四是彰显特色，提升专业内涵；五是整体优化，提升课程质量；六是改革方法，提升课堂效果；七是推进双创，提升学生能力；八是创新模式，推进多元发展；九是创新机制，健全质量体系；十是加强学习，提升管理水平。

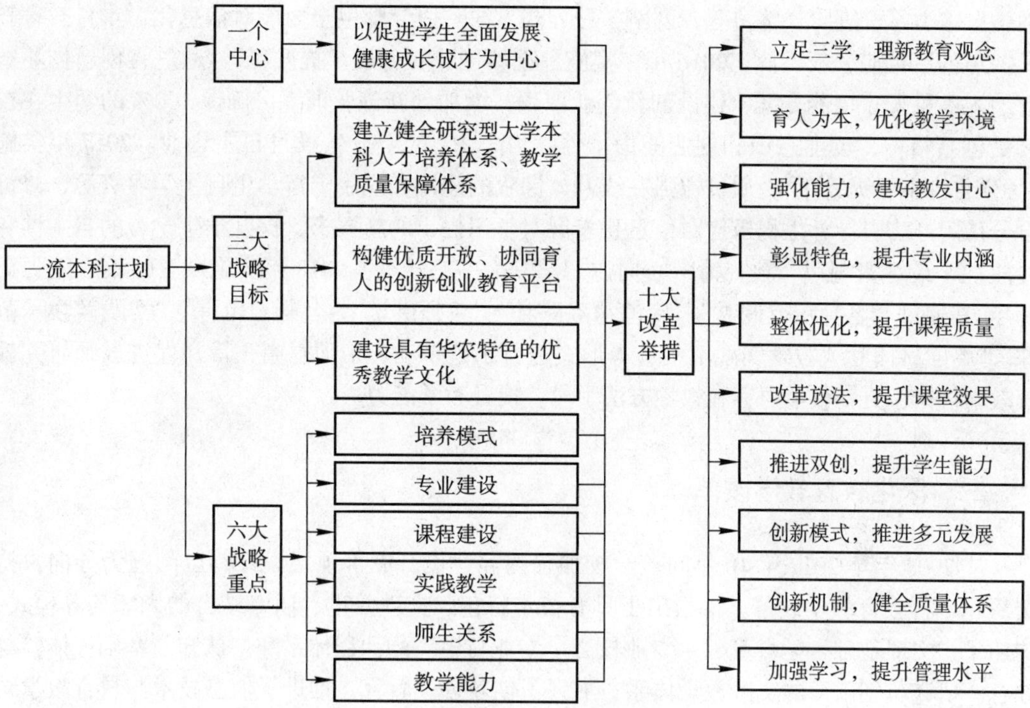

“一流本科计划”主要框架图

（三）实施主题改革建设年

为全面深化本科教育教学改革，持续推进“出类拔萃，卓尔不群”的一流本科教育，自2011年起，学校聚焦本科教学质量持续改进提升的重难点，每年围绕一个主题，按照“启动、深化、完善、固化”思路，探索了教育教学改革的新路径。

2011年，按照“科教结合，产学融合”思路，实施“实践教学年”，通过整合校内实践教学大类平台、建设校外实习实践基地、创新实践教学管理、开展专业实践技能竞赛等有力措施，全面加强本科生实践教学建设与改革。2012年，按照“增加总量，优化结构，提高质量”原则，实施“课程建设年”，以优化课程结构，建立集“教学、辅导、交流、考核”为一体的网络课程中心平台，建设“双百案例课”和“百门精品实践课”，加强精品教材、实验实践教材、数字化教材建设为重点，完善课程建设，增加课程总量。2013年，按照“调整、优化、提高”思路，实施“专业改革建设年”，以国家专业综合改革试点项目、卓越农林人才教育培养计划项目、卓越工程师教育培养计划项目为龙头，开展综合改革，建立校级专业质量标准，制订了“可描述、可测量、可区分、可评价”培养目标实现矩阵，强化优势，彰显特色，加强专业内涵建设。2014年，按照“和谐、民主、融合、发展”思路，实施“深化师生交流年”，通过推进小班授课和教授上讲台，构建专家学者下寝室、品牌空间活动、学术论坛三位一体课外互动体系，打造“共同空间”等17个师生交流品牌活动，优化“三同＋三早”立体互动实践育人体系，利用课程中心、东西部高校课程共享联盟、新媒体等网络平台，促进师生线上线下实时沟通互动。2015年，按照“创新方法提升质量”思路，实施“教学方法改革年”，通过专题讲座、示范、培训等方式引导教师创新教育教学方式方法，积极探索提高课堂教学质量的新方法、新模式。同时，鼓励学生利用新媒体平台，进行网络自主学习、进阶式学习等，创新学习方式方法。引导师生全力应对信息化对本科教育教学提出的新机遇、新挑战。2016 年，实施“创新创业教育改革提升年”，通过将创新创业教育纳入本科人才培养方案，建设创新创业课程，增加创新创业训练，确保 100% 的学生在校接受创新精神、创业意识和创业能力培养，力争 1% 的毕业生投身自主创业。2017 年实施“学生自主学习提升年”，通过加强在线开放课程的建设和应用丰富学生自主学习资源，修订学分认定办法引导学生积极应对信息化发展对学习提出的新要求，提升学生学习的自主性和开放性，最终实现以“教”为中心向以“学”为中心转变。2018 年实施“教师教学能力提升年”，通过“名师示范课堂”“特色示范课堂”“名师讲坛”“名师示范课”“实践教学示范课”“跨学科体验式教学实践活动”等形式进行示范带动、培训提高，旨在促进教师研究教育教学规律，更新教学内容和教学方法手段，提升教学能力。

二、深化教育教学改革

从 2008 年至 2017 年 10 年间，学校加强内涵建设，完善顶层设计，以问题为导向，持续深化本科教育教学改革。探索出了具有校本特色、文理并重、通专结合的人才培养模式，构建了“文理基础 + 学科基础 + 专业核心 + 专业特色”的课程体系和“认知与基础—体验与综合—研究与创新”的实践教学体系，加强了创新创业教育，推进了信息技术与教育教学结合，建立健全了农科优势明显、生命科学特色鲜明、通专平衡、尊重个性、突出实践创新能力的本科人才培养体系。学生规模趋于稳定，全日制普通本科在校生人数从 17 648 人增加到 18 655 人，专业结构更加合理，本科专业总数从 50 个增加到 60 个。

（一）招生工作改革

2008 年以来，学校持续推进“优质生源计划”，学校办学传统、综合实力和人才培养质量的社会认可度有一定的提升，总体生源数量较足，整体素质有所提高，学校录取分数不断

2016 年开学典礼现场

提高，投档线与各省划定的第一批本科资格线差额逐年增大。学校录取学生中，近 30% 的考生获得过“三好学生”“优秀学生干部”等奖励或在各类学科竞赛中获奖。学校坚持用丰富的优录政策吸引考生，用科学的选拔标准挑选人才，通过自主招生、高水平运动队、艺术类、高水平艺术团等特殊类型招生，一批特长突出、学业优秀的考生脱颖而出。2015 年学校率先在资源与环境学院、经济管理学院、食品科学技术学院等 3 个学院试行“1.5+2.5”专业大类招生，并在 2017 年全面推进学院大类招生。

学校招生宣传工作稳步实施。一是营造全员招生氛围。动员全校师生力量参与招生宣传，从全校干部、教师中选聘招生宣传工作人员，要求各学院成立招生宣传人员档案库，加强校、院两级招生宣传队伍培训，并将招生宣传队伍中教师、高职称人员比例，院系开展招生政策培训情况等工作细则列入考核标准。二是丰富招生宣传形式。开展主题为“回访母校，携手成长”的寒假学子回母校活动；积极开展“专家学者进校园”活动，高翅、邓秀新、张启发等校领导、专家亲自带队赴高中开展招生宣传并做专题报告；开展送“优质文艺节目进校园”等活动。

（二）人才培养模式改革

1. 修订人才培养方案

坚持人才培养方案相对稳定、动态微调。在培养方案设计中，坚持人文教育与科学教育相结合、理论与实践相结合、多样与统一相结合，推行通专平衡的人才培养模式，力求各专业人才培养方案符合学校的总体办学定位和人才培养总目标。长期以来，各专业人才培养方案执行情况总体良好。

2013 年，围绕构建特色鲜明研究型大学本科人才培养体系，学校组织人才培养方案修订。生物工程等 15 个本科专业举行人才培养方案行业、企业论证会，邀请教育部有关教指委主任委员、院士、教学名师、科研院所负责人等专家，有关行业主管部门领导，知名企业家和学生家长为本科专业人才培养方案提出意见。培养方案呈现的特点为：一是力争实现人才培养目标可描述、可测量、可区分、可评价；二是按大类进一步完善了文理基础、学科基础、专业核心和专业特色 4 个课程模块，选修课总学分比例近 30%；三是进一步减少课内学时，课程学分控制在 145 学分以内，课程学时控制在 2 500 学时以内，每学期修读学分控制在 26 学分以内；四是进一步提高实践教学比例，农理工类专业实践学分占比均达 25% 以上，文管类专业实践学分占比均达 15% 以上；五是推进实验、实习独立设课。开设综合性实验、实习课程，增大综合设计型和研究创新型实验项目比例，16 学时及以上的实验、实习独立设课，单独考核；六是强化集中实习，各专业原则要求应有 4 周及以上的校外集中实习。

2016 年，为构建与学校“建设优势学科国际一流、特色鲜明的世界知名研究型大学”发展愿景相适应的本科人才培养体系，针对执行过程中呈现出的问题，重新修订人才培养方案。此次修订按照“以人为本、德育为先、能力为重、全面发展”的要求，统筹学科与专业建设，坚持精英人才培养，深化教育教学改革，促进教学与科研相融合、通识教育与专业教育相融合、课堂教学与在线教育相融合，进一步优化了专业人才培养目标，完善了培养目标实现矩阵，深化了通识教育改革和专业课程改革，强化了实践教学，推进了创新创业教育和在线开放课程建设与应用，同时，根据大类招生培养，制订各专业准入准出标准，进一步体现出以“教”为中心向以“学”为中心转变。

2. 探索多元培养模式

以满足学生个性发展和全面成长成才为出发点和落脚点，出台《华中农业大学本科人才培养模式改革专题规划》，创新培养机制，探索多元人才培养模式。

拔尖创新人才培养模式。继国家生物学理科基地和国家生命科学与技术人才培养基地，致力培养“少而精、高层次”的生物科技创新人才后，2007 年，学校获批 2 个国家人才培养模式创新实验区项目，即生命科学与技术人才培养模式创新实验区、农业领域高素质创新人才培养计划“张之洞”实验班，进一步实行宽厚通识教育为基础的专业教育和个性化教育。2012 年，食品科学与工程、农业机械化及其自动化 2 个专业获批国家卓越工程师教育培养计划，实施以工程实践能力培养为核心、校企协同的个性化教育。2014 年，农学、农林经济管理等 8 个专业进入国家卓越农林人才教育培养计划，力争培养“精农业、爱农村、爱农民”的一流农林人才，为乡村振兴战略实施提供高素质人才保障。

校校联合育人模式。与武汉地区教育部直属其他六所高校创建“七校联合办学”机制，学生跨校跨学科辅修双学位，2008 年至 2017 年间，近万名学生参加七校辅修双学位，拓宽其成长道路。2010 年起，学校不断推进校际学分互认、学位互授合作培养形式，探索“2+2”“3+1”等合作培养模式，与美国、英国、加拿大、澳大利亚、韩国等国家高校以及中国台湾地区高校签署联合培养双学位项目 5 项和学生交流项目 16 项，与山东大学等 8 所国内高校开展本科生交流互换培养项目，受益学生 500 余人。

校企、校所、校地协同育人模式。坚持通过与企业、科研院所、地方政府共建研究机构、组建产业技术及人才培养联盟、结成发展共同体等多种形式，多渠道构建协同育人平台。学校先后与多家行业龙头企业联合创建“扬翔班”“海大班”“华扬班”“正大班”等；与中国科学院联合创建“菁英班”等；与武穴市政府深度合作，探索“学校主导、育人为本，科研先行、项目纽带，地方保障、校地双赢”的武穴模式。教育部简报专题报道华中农业大学与地方协同育人典型经验，2017 年学校获批教育部产学合作协同育人项目 2 项。

本科生领导力培养计划（Leadership Cultivating Program，简称 LCP）。着眼于培养未来领袖人才，2014 年启动实施“LCP”，通过理论学习、实践训练、广泛阅读、游学交流、经验分享、导师辅导多种环节，挖掘学生领导潜质，系统提升学生的决策力、执行力、沟通力以及个人魅力，培养能在未来所从事的行业和领域中成为信念坚定、勇于担当、善于开拓、能力卓越的领袖。目前已遴选四届学员，培养学生 167 名。

按学院大类招生培养模式。2015 年，按“试点先行，逐步推广”原则，学校在经济管理学院、食品科学技术学院、资源与环境学院试点按学院大类招生。2017 年，在试点基础上全面推进按学院大类招生培养模式，全校共设置 13 个大类，覆盖 37 个专业，采取分段（1.5+2.5）培养模式，第 1 至第 3 学期实施基础平台课程学习和人文素质教育，第 4 学期分流到相关专业之后完成专业教育和个性化发展。

（三）专业建设

制订《华中农业大学本科专业建设与发展专题规划》，按照“巩固优势特色，发展新兴交叉，加强工程应用，繁荣人文社科，大力培养服务农业现代化建设精英人才”的思路，进一步调整专业结构，更加注重内涵建设，更加突出特色发展，全面推进创新创业教育，形成基础与应用并重、优势特色鲜明的多学科交叉融合、统筹发展的专业布局，系统推进专业建设与改革。

1. 优化专业结构

制订《华中农业大学本科专业设置及管理规定》，规范专业设置及调整。坚持以学科为基础，以市场需求为导向，以国家亟需的新兴、交叉学科专业为重点，优化各科类专业比例结构和学生比例结构。经过调整发展，现有60个本科专业，涵盖8个学科门类，其中农科专业比例为25.0%，理科为13.4%、工科为25.0%，管理学为18.3%，其他学科类别为18.3%，已初步构建起与特色鲜明研究型大学相匹配的本科专业布局。

2. 彰显专业特色

围绕特色品牌专业和国家专业综合改革试点项目，通过制订专业质量标准，提升教师水平，加强课程与教材建设，优化实践教学体系、完善教学评价等举措，系统推进专业综合改革。建立以特色品牌专业为龙头、相关专业为支撑的专业群，辐射带动全校专业建设与发展。获批国家特色专业、国家专业综合改革试点、国家卓越工程师教育培养计划、国家卓越农林人才教育培养计划等国家级专业建设项目26项，湖北省品牌专业、湖北省战略性新兴（支柱）产业人才培养计划等省级专业建设项目37项。

3. 开展专业认证

2011年12月，学校兽医本科教育接受国际兽医考察团评估。此次评估由香港政府委托香港学术及职业资历评审局组织进行，评估体系完全参照欧美兽医本科教育质量认证体系进行。通过评估，促进了学校兽医教育与国际接轨，提升了兽医教育的国际化程度和兽医人才培养水平。

2017年6月，学校农学、植物保护两个专业接受教育部第三级专业认证试点。在为期四天的进校考察中，专家组以学生中心、产出导向、持续改进理念为指引，紧扣5个度7个一级指标、30个二级指标展开工作。通过审阅专业自评报告和分析数据报告，访谈用人单位、毕业生、在校学生、专业教师、校领导、职能部门负责人、学院领导和管理人员，听课、看课、查阅试卷、论文、实验记录、实习报告、听课记录本、调停课记录，考察教学实验室、实验基地、实习基地，召开毕业生及用人单位访谈会等形式查找农学和植物保护两个专业在人才培养中的问题。在此次评估中，农学、植物保护两个专业的本科人才培养工作得到专家组的充分肯定，为农学、植物保护两个专业及学校其他专业建设起到了指导作用。

（四）课程建设

制订《华中农业大学本科课程建设专题规划》，按照文化知识学习和思想品德修养、创新思维和社会实践、全面发展和个性发展相结合的人才培养要求，深入探索构建与特色鲜明研究型大学人才培养目标相适应，满足学生学习要求，本科生、研究生教育统筹，更具开放性的课程体系。

1. 扩大课程总量

为给学生提供更多优质课程，学校加大课程建设与改革力度。倡导教授多开新课，鼓励教授依托科研项目开设前沿课程，支持青年教师留学返校开设双语课程，积极开设校企合作课程，加大与国外一流大学和研究机构合作开展暑期课程。通过专家听课、课程评估、学生评价等方式，提高课程质量。2016—2017 学年，学校面向本科生开设课程 2 648 门（含本研贯通课程）。其中，开设自然科学、人文科学、社会科学和艺术审美类等通识教育课程 219 门。1 498 名教师承担本科教学任务，教授讲授本科课程占课程总门次的 25.65%，主讲本科课程的教授占教授总人数的 90.96%。

2. 完善精品课程体系

2011 年，学校将现代信息技术与教育教学相结合，启动课程中心建设，运用课程中心升级改造精品课程建设。至 2013 年，学校累计投入 270 万元，建成集“教学、辅导、交流、考核”为一体的课程中心，打造出“课程中心 + 视频中心 + 录播系统”一体化的课程资源平台，完成了 350 余门课程的录制工作。同时，针对课程不同性质及教学特点，按照“历史积淀 + 创新”“优势学科 + 平台”“教学名师 + 名课”“资源集成 + 特色”精品课程创建模式，形成“校级 – 省级 – 国家级”三级精品课程体系。目前，已建成国家级精品资源共享课 32 门，省级精品资源共享课 41 门，国家级精品视频公开课 10 门，省级精品视频公开课 12 门。

3. 推进在线开放课程建设

2017 年，为应对信息技术对课堂教学的新挑战，学校依托“校级 – 省级 – 国家级”三级精品课程体系，在课程中心的基础上，成立“狮山课栈”，立项建设 120 门在线开放课程。目前已建成 49 门课程在中国大学 MOOC 平台上线。同时，学校积极推进在线开放课程应用，2016—2017 学年，面向社会开设 39 个 MOOC 课堂，上线学习达 46.5 万人次，面向校内学生开设 116 个 SPOC 课堂，涉及 52 门课程，参加在线学习学生达 1.5 万人次。2017 年底，学校 9 门课程获批国家首批精品在线开放课程认定，获批数量名列全国农林高校第一、在武汉部属高校第二。

4. 建设“百门精品实践课程”

2012 年，为提升学生实践创新能力，学校围绕专业核心实践技能提升，按照国家精品课程建设标准，以“一流的实践教学指导团队、一流的实践教学内容、一流的实践教学模式、一流的实验指导书、一流的实践环境”为建设目标，通过优化实践教学内容体系、创新实践教学方法、建设高水平实践课程指导团队、形成一批成效显著特色鲜明的实践课程群、加强实践教材建设、营造一流实践环境、促进实践课程水平的整体提升等措施，加强专业实践课程建设。截至 2018 年 6 月，已建成精品实践课程 93 门，开出供学生自主选修的创新性实验教学项目 237 项。

5. 建设“双百案例课程”

2012 年，为充分发挥学校优质科研资源和优秀校友资源在人才培养中的重要作用，及时将教师的科研成果和优秀校友的创业经历转化为教学内容，学校立项建设“双百案例课程”，包括“百门科研案例课”和“百门创业案例课”。科研案例课以学校原创性优秀科研项目和科学研究成果为主要内容，教师结合自身科研经历，围绕“科学问题、课题设计、研究过程、研究结果、科研反思、科研感悟”等六个重点进行讲授，着力启迪学生科研思维，激发学生科研兴趣，培养学生创新精神。创业案例课以优秀校友的创业经历为素材，邀请校友结合行业最新发展趋势，围绕“创业背景、创业历程、创业现状、创业感悟”等四个重点进行讲授，探析如何发现和把握创业时机、如何面对和解决创业难题，着力激发学生创业兴趣，拓展学生创业思路，提升学生创业能力。截至 2018 年 6 月，已建成“双百案例课”161 门，其中科研案例课 119 门、创业案例课 42 门。

6. 开设暑期课程

2014 年起，为拓展本科生国际视野，提高本科生英语交流水平，推进本科教育国际交流和教学模式改革，学校启动实施暑期课程项目。暑期课程项目包括国际英语口语强化班和专业类课程全英文授课班两个项目。截至 2017 年底，已与美国俄亥俄州立大学合作开展全英语口语强化班 4 期，累计参与学生 2 000 余人次；邀请世界知名高校学者来校开展全英文专业课程累计 60 余门，1 000 余名学生选修。

7. 加强教材建设

学校一贯重视教材建设和选用工作，激励教师物化教改成果，编写出版高水平教材，推进新型教材改革。"十二五"期间，学校 18 种教材入选普通高等教育"十二五"国家级规划教材，54 种教材获批农业部"十二五"规划教材；"十三五"初期，69 种教材入选农业部、国家林业局等部委"十三五"规划教材。学校与高等教育出版社、科学出版社合作，推进新型教材建设，已出版数字教材 55 种。

（五）实践教学改革

学校将提高学生实践创新能力作为本科教育教学改革的重点，着力构建出"专业核心技能－综合实践能力－科技创新能力"三层次的实践创新训练体系和"实验室－科研平台－实习基地"三位一体的实践平台，不断创新实践育人模式，确保实践教学效果。

1. 优化校内实验、实习、实训平台

按照"统一管理，优化配置，资源共享，对外开放"的建设思路，以国家级实验教学示范中心为龙头，推进实验教学中心建设。按生物学基础、理化、农科类、工科类、信息类、人文社科类等 6 大类平台规划，建成 21 个实验教学中心。分类强化校内实习基地建设，通过中央高校改善基本办学条件专项和教育部试点农林实践基地项目等实施，提升改造了植物生产类基地、水产养殖基地、兽医院、现代农业工程训练中心、食品工程训练中心等校内实习基地，提升了校内实习实训基地功能。立项建设 58 项虚拟仿真实验教学项目，利用信息化技术改革提升实践教学，建立开放共享虚拟仿真实验教学平台。学校生物学、作物学、水产养殖、动物医学获批国家级实验教学示范中心，化学、食品科学与工程等 10 个实验教学示范中心获批湖北省实验教学示范中心，经济管理、生物学 2 项获批省级虚拟仿真实验教学中心，"固态白酒发酵的工艺原理和生物学本质"获得 2018 年首批国家虚拟仿真实验教学项目认定。

2. 推进校外实习基地建设"135 工程"

2011 年，实施校外实习基地建设"135 工程"，重点建设 10 个示范校外实习基地，30 个核心基地，50 个省部级挂牌基地。农科类专业学生 100% 能够集中安排 4 周以上实习，以往"走不出、走不远、走不长、走不进"四不现象得到有效改观。截至 2017 年底，已建成 10 个国家级大学生校外实践教育基地、6 个教育部农业部农科教合作人才培养基地，与 267 家单位建成优质稳固的教学实习基地。

3. 推动实践教学模式改革

2012 年，以人才培养方案修订为契机，强化实践教学环节，增加实验实习比例，推进实验课独立设置，更新实验教学内容。构建了"基础性、综合设计性、研究创新性"三层次递进式实验教学体系、"生产体验－知识反馈－技能训练－创新设计"全程阶梯递进实习教学体系。实施创新性实验教学项目、“百门精品实践课程”建设，推动实践育人观念的转变，进一步完善了让本科生早进课题、早进实验室、早进团队的“三早”实践育人模式。同时，以农科教合作人才培养基地建设为抓手，结合学校获批的国家现代农业科技产业技术体系，与10个综合试验站及其上级主管院所签订共建农科教合作人才培养基地协议。建立起校地合作沟通协商机制，合作共建、互惠双赢的运行机制及退出机制，形成“武穴模式”。2012年10月，试点项目受到教育部专项检查组的充分肯定，认为“项目在顶层设计、营造气氛、做好开局、专题推进、项目带动、注重双赢等方面取得了成效，做到了观念、平台、内容、模式、机制等五个方面的创新”，被邀请参加国家教育咨询委员会调研组座谈会。

4. 开展专业技能竞赛

2010年，学校在动物医学专业开展首个专业技能大赛，旨在激发同学们的专业兴趣，检验和提高专业实践动手操作能力与合作协调能力，促进临床操作的熟练实践应用，起到良好的效果。之后，在学校统一部署下，各学院专业技能赛事陆续开展，“以赛代训，以赛促学”，将专业思想教育融入实际操作比拼，把竞赛作为强化专业核心技能、提升学生实践创新能力的重要途径。至2017年底，全校共有51项专业技能竞赛，涵盖所有专业，形成“一个专业一个赛事”的浓厚竞赛氛围。

（六）创新创业教育

学校将深化创新创业教育改革作为推进教育教学改革的突破口，从组织建设、培养方案、课程体系、师资队伍、实践条件、训练体系、氛围营造等方面聚焦，全面推进创新创业教育工作。

1. 加强创新创业指导力量

2016年，设立创新创业教育工作领导小组、创新创业教育指导委员会。成立大学生创新创业教育研究中心（挂靠经济管理学院），整合全校资源，深入开展有校本特色的创新创业教育研究与实践。组建大学生创新创业联盟，实施“创业英才培训计划”“创新创业导师培养计划”。建立起研究中心固定研究人员、校内创新创业教育核心骨干教师、校外创业兼职指导教师3支创新创业教育专兼职导师队伍，涵盖校内外优秀导师200余人。30位校内外创新创业指导教师入选全国首批优秀创新创业导师。

2. 实施创新创业教育“101计划”

以人才培养方案修订为契机，2016年，启动实施创新创业教育“101计划”。将创新创业教育思想贯穿到人才培养全过程，增加创新创业课程和创新创业训练，使创新创业教育与专业教育结合，与第二课堂融合。确保100%的学生在校接受创新精神、创业意识和创业能力培养，力争1%的毕业生投身自主创业。同年，《教育部简报》以《华中农业大学全面推进创新创业教育改革》专题对学校创新创业教育进行报道。2017年，学校获评全国第二批深化创新创业教育改革示范高校。

3. 推进创新创业课程建设

整合资源，以实践类、创新创业类课程及项目为载体，强化学生实践创新能力培养，重点建设“双百案例课”、创新创业类通识课、精品实践课、创新性实验教学项目课程等。同时，引进一批优质创新创业教育在线开放课程。目前，已建成科研案例课119门、创业案例课42门、创新创业类通识课13门、精品实践课93门、创新性实验教学项目课程237门。

4. 完善创新创业训练体系

依托国家大学生创新性实验计划，国家级和省部级各类学科竞赛，校大学生科技创新基金（SRF）、创业训练计划，院级科研训练项目等，形成了国家、省、校、院四级创新创业训练体系，每年有40%学生参加各类创新创业活动。完善了三阶段训练体系，分层次分阶段递进式培养，强化科研训练。一年级，学生通过新生研讨课、学科导论等课程学习，了解科学研究前沿课题；二、三年级，依托教师科研项目，组织学生进实验室，进行科研基本训练；四年级，在导师引领下，学生进入科研团队进行系统科学研究。

5. 创新创业竞赛与实践

围绕培养创新创业型人才，学校不断完善"国家－湖北省－学校"三级创新创业竞赛体系，设立本科生科技创新基金，重点培育学生课外学术科技作品。2011年、2017年学校承办湖北省"挑战杯"大学生课外学术科技作品竞赛。10年来，举办学术讲座、科技成果展、"三创"文化节等学术活动320余场。在全国和湖北省"挑战杯"获特等奖14项、一等奖15项、二等奖33项、三等奖20项，多次荣获"全国高校优秀组织奖"和湖北省"优胜杯"。

学校积极构建"课堂启蒙、活动引导、竞赛助推、典型引路、基金支持、实践孵化"的创业教育体系。2012年学校获首批"湖北省大学生创业示范基地"。2012年、2015年学校先后出台《关于进一步加强大学生创业教育工作的意见》《关于加快推进大学生创业教育工作的意见》。

学校从2015年开始设立大学生创业基金，每年投入100万元支持学生创业，累计资助创业项目112个。先后有104个学生创业团队注册成立公司，获得各类投资583万元，培育出亲亲果园、水之国等企业；在全国和湖北省"创青春"全国大学生创业大赛、中国"互联网+"大学生创新创业大赛中获金奖29项、银奖28项、铜奖50项。

学生创业实践孵化条件不断改善，2010年10月学校将大学生俱乐部改建为大学创业实践中心，2015年12月将博园九栋维修改造作为大学生创业孵化器过渡场所；2017年6月制订《大学生创业孵化器管理办法》，9月，1.1万平方米的大学生创业实训楼建成投入使用。学校创业孵化器获首批湖北省大学生创业示范基地，被湖北省、武汉市、洪山区科技主管部门认定为"众创空间"。2010年、2014年、2018年在毕业校友中开展3届十大创业先锋评选表彰。加强创业指导教师队伍建设，聘请施亮等52名企业家担任"创业导师"，选派教师87人次参加创业师资培训。2011年开始举办"大学生创业训练营"，累计举办8期；2014年启动实施"悦创狮山"大学生创业助力行动，开展"创业华农人""悦创讲坛""创业沙龙""走进创业孵化器""创业实践体验营""未来企业家体验营"等特色活动，累计举办各类创业活动150余场。2016年成立"悦创联盟"，荣获湖北省优秀大学生创新创业俱乐部、全国百强KAB创业社团称号。

（七）构建新型师生关系

2014年，利用"深化师生交流年"，充分利用课堂、课外、实践、网络等渠道，全面深化师生交流，营造师生共同面对知识，共享人格魅力，共悟精神价值的良好氛围，有效促进了教育教学质量的提升。一是通过课堂互动深化师生交流。积极推进研究型教学、讨论式教学和翻转课堂等新型教学模式。积极推进小班授课和教授上讲台。张启发院士带头为本科生开设导论课，倡导师生课堂互动交流。二是通过课外互动深化师生交流。学校构建了专家

2010 年 9 月，傅廷栋院士在学生寝室与学生交流

学者下寝室、品牌空间活动、学术论坛三位一体课外互动体系。新老生开学和期中教学检查组织院士、长江学者、名师等专家教授深入学生寝室。打造“共同空间”“问学斋”“绿博轩”“知行苑”“耕读茶室”等 17 个师生交流品牌活动。三是通过实践互动深化师生交流。进一步优化“三同 + 三早”立体互动实践育人体系。建设国家级、省级、校级校内外实践教学基地 245 个，教师与学生在实践实习中同吃、同住、同实践。利用国家创新性实验计划项目、SRF 项目吸纳本科生走进实验室，实现早进实验室、早进团队、早进课题组的实践育人模式。四是通过网络互动深化师生交流。学校建立了集“教学、辅导、交流、考核”为一体的网络课程中心平台，全面推进各级各类精品资源共享课、校级重点建设课程、优质课程等课程录像及资源上线工作，通过“线上”与“线下”相结合，推动师生互动的纵深化发展。利用东西部高校课程共享联盟等平台，试点“翻转课堂”“慕课”等新兴教学手段。

（八）提升教师教学能力

1. 建好教师教学发展中心

2012 年学校成立教师教学发展中心，致力于提升教师教学能力，探索教师教学培训、研究、咨询于一体的教师教学发展服务体系。依托教师教学发展中心构建五级平台，鼓励教师潜心教学，稳步推进教师教学发展。一是着力教师教学能力提升，构建教师教学能力发展平台。二是应对信息技术挑战，搭建新型教学模式改革平台。三是开展教师跨学科体验式教学实践活动，培育“科教融合协同创新”教师协作发展平台；四是抓好青年教师教学竞赛，构建青年教师教学能力展示平台；五是积极推进基层教学组织建设，构建校际校企合作交流平台。

2. 实施“青年教师教学能力提升计划”

一是打造“名师讲坛”“名师示范课”等系列品牌活动。2012 年至今，共举办了 62 期“名师讲坛”，邀请国内外知名专家从教学理念、教学艺术、教学行为、教学方法等方面对 5 000 余人次教师进行了培训。32 名教学名师主讲“名师示范课”，4 000 余人次教师观摩示范课，开展观摩研讨等。二是强化个性指导与咨询。2014 年起，面向全体青年教师启动 "PPT 美化与应用" 教学改革专项，每年立项 100 项左右，并提供教学咨询服务，通过配备指导教师，邀请专家系统评阅课程 PPT，随机抽课现场讲授，提供全程录像、预约专家等形式，帮助青年教师提升教学能力。

3. 构建教师教学能力展示平台

每年举行教学质量优秀一等奖评选，组织青年教师讲课竞赛、微课比赛等构建青年教师教学能力展示平台。10 年来，获学校教学质量优秀一等奖教师 306 人次，获首届全国高校青年教师教学竞赛一等奖 1 名，湖北省青年教师教学技能大赛一等奖 1 名，二等奖 2 名；"外教社" 杯全国高校外语教学大赛特等奖 1 名、一等奖 4 名。教师 15 项作品参加全国高校农林类微课教学比赛和生命科学类微课教学比赛，其中，一等奖 3 项、二等奖 4 项、三等奖 3 项、最佳制作奖 2 项、教学设计奖 1 项、教学风采奖 2 项，学校获优秀组织奖。

（九）提升学生自主学习能力

教学是一种双向活动，在充分发挥教师在教学中的主导作用的同时，还要积极发挥学生的主体作用。2017 年，学校开展 "学生自主学习提升年"，一方面通过加强在线开放课程的建设和应用丰富学生自主学习资源，通过修订学分认定办法引导学生积极应对信息化发展对学习提出的新要求，提升学生学习的自主性和开放性；另一方面推进学生学习方式方法创新。引导学生开展探究式学习，鼓励学生质疑批判和发表独立见解，提高以探究和反思为基本特征的学习能力。鼓励学生利用新媒体平台，推进网络自主学习、进阶式学习等新的学习形式，营造 "要我学习" 到 "我要学习" 的驱动环境，激发学生学习创新的热情，最终实现以 "教" 为中心向以 "学" 为中心转变。

2018 年 1 月，教育部召开年度首场新闻发布会，介绍首批 "国家精品在线开放课程" 有关情况。学校动物科学专业 2015 级学生彭晓代表全国千万慕课学习者参加新闻发布会，介绍慕课学习情况与体会。

（十）教育教学成果

10 年来，本科教育教学改革取得一系列显著成绩。现有国家级教学团队 7 个，湖北省教学团队 8 个，"国家教学名师" 4 人，"湖北省教学名师" 11 人；获国家级教学成果奖 9 项，其中一等奖 3 项、二等奖 6 项（1989 年以来累计获国家级教学成果奖 22 项，其中特等奖 1 项、一等奖 4 项）；承担省级教学研究项目 348 项；建成国家级精品在线开放课程 9 门、国家级精品资源共享课 32 门、国家级精品视频公开课 10 门，湖北省精品资源共享课 41 门、湖北省精品视频公开课 12 门，49 门在线开放课程在中国大学 MOOC 平台上线；获批普通高等教育 "十二五" 国家级规划教材 18 种，各部委 "十三五" 规划教材 69 种，出版数字教材 55 种。

三、完善质量保障体系

（一）健全 "四位一体" 教学质量保障体系

围绕人才培养目标，制订教学质量标准，强化基层教学组织功能，开展教学质量监控与评价，建立教学基本状态数据库，完善教学工作信息反馈机制，不断健全“决策、监控、评价、反馈”四位一体教学质量保障体系，持续提高教学质量。

1. 完善教学质量标准

制订《华中农业大学教师教育教学工作规范》等系列文件，理论教学方面，规定编制课程教学大纲、教材选用、备课、课堂讲授、考试与成绩评定等环节质量标准；实践教学方面，规定实验、实习（课程实习、教学实习、毕业实习、生产劳动）、毕业论文（设计）等环节质量标准；教学管理方面，规定新办专业建设、优质课程建设、考场管理评估、院系本科教学工作评估、院系教学档案管理考核、优良学风班建设等标准和规范，涉及教、学、管各个方面，形成了完整的本科教学质量标准体系。

2. 完善教学质量保障组织、制度

健全教学管理组织。建立由校长、主管教学工作副校长、教务处长及学院主管教学副院长，教学指导委员会，教务部门、学工部门等共同组成的教学管理组织系统。依托系、教研室、课程组、教学团队、实验教学中心等 115 个基层教学组织，发挥其基层教学组织功能。强化规章制度建设。印发《本科教学管理制度汇编》，涵盖教学计划与运行管理、教学质量管理与评价、教学基本建设管理、教学组织与教育研究等方面，编印常规工作时间进度表、办事工作流程图及教师手册、学生手册等服务指南，有力保障和服务教学秩序的稳定与教育教学质量的不断提高。

3. 加强教学管理队伍建设

长期坚持“明、快、严、实、廉”的教务工作作风，拥有一支总量适度、结构合理、人员稳定、综合素质高、服务意识强的管理队伍。在教学管理过程中，坚持以服务师生为本，建立教务处负责人和管理干部定点联系学院（系、部）制度；对涉及师生切身利益的重要工作决策前以调查、座谈会等形式充分征求师生意见；坚持原则，严格执行教学规章制度，努力打造“学习型、创新型、和谐型、团结型、节俭型、高效型”六型教学管理队伍。

（二）坚守和完善质量监控体系

2008—2017 年，建立和修订 60 余项教学规章制度，完善以决策管理、质量监控、评价激励、信息反馈为核心的“四位一体”教学质量保障体系。长期坚持的一系列举措经过实践检验，逐步得到广大师生认同并得以固化。

1. 坚守教学管理制度

坚持领导听课制：自 1990 年以来，每学期开学第一天、新生第一课及重要节假日前后，学校各级领导均深入课堂听课，研究解决课堂教学中存在的问题。坚持教学检查：自 1983 年以来，坚持开学第一周开展教学秩序检查、每学期开展为期一个月的期中教学检查，覆盖 100% 师生，对“教、学、管”进行总结反思。坚持全员评教、教学评奖：自 1984 年以来，坚持每学期对教师课程教学质量进行学生、教师全员评价，开展教学质量优秀奖、教学管理奖等评定。2010 年以来，陆续增加优秀基层教学组织、实习先进单位与个人等奖励。坚持教学督导：自 1994 年以来，校、院相继组建以退休教师为主体的教学巡视组，监控和指导教学运行。坚持学生奖励：自 1993 年以来，坚持每学期对学习成绩优秀（专业前 10%）学生进行表彰奖励，对连续五学期以上获学习成绩优秀一等奖的学生，授予学习成绩特别优秀奖。

2018 年 3 月春季第一课，校领导深入课堂听课

2. 从严把好“四关”

严把入学教育关：坚持开学第一周教学秩序检查，确保教学稳定运行。新学期开学前一天，学院领导、教师、班主任、辅导员等下寝室，交心谈心，通过开学典礼、入学教育、《大学生手册》考试等，促进新生了解学校和学院情况，熟悉各项规章制度，做好学习准备，从入口保障培养质量。严把上课质量关：对新学期第一次课、新生第一次课等，集中组织听课。开新课、新开课、新生上课均作为领导和教学巡视员听课重点。严把考试管理关：制订一系列考试管理规章制度，规范考试命题、评卷、质量评价、考场管理等各个环节。连续 24 年开展考场管理评估、编发《考场快讯》，坚持执行试卷随机抽查、考场巡视等制度。严把毕业质量关：严格毕业资格审核，严格毕业论文（设计）组织管理，严把出口关。教育部《高等学校教学质量与教学改革工程简报》曾对我校强化管理，提高毕业论文（设计）质量的做法进行专题介绍。

（三）营造教学文化氛围

为弘扬尊师重教、重视质量的优良传统，2015 年，学校汇编了自 1984 年至 2015 年所有获得教学质量优秀奖一等教师的事迹材料，编印《奉献者之歌》。并在第三教学楼和第四教学楼设立教学文化墙，展示教学名师、教学成果、实践教学、科技创新、狮山学子等教学风采和教学成果，彰显教学特色和“学者为本、学生至上、学院主体”文化，得到了教育部审核评估专家的一致好评。同时，各学院积极挖掘教学典型，利用学院办公楼、实验室等场所大力宣传教学文化。以浓郁的教学氛围和教师的先进事迹激发广大教师见贤思齐，争做“有理想信念、有道德情操、有扎实知识、有仁爱之心”四有好老师。具有华农特色的“思想引领教学、领导重视教学、教师潜心教学、制度保障教学、投入优先教学、舆论导向教学、学生自主学习”教学文化日渐浓醇。

2014 年 1 月，教学质量优秀一等奖评选现场

四、人才培养效果

（一）学生科技创新成绩

2008 年以来，本科生在各类学术期刊上发表研究论文 630 余篇，申请专利百余项；获得国际遗传工程机器设计大赛（iGEM）、美国大学生数学建模竞赛、Altera 亚洲创新设计大赛等国际学科竞赛奖 60 余项，获得“挑战杯”全国大学生课外学术科技作品竞赛、全国大学生数学建模竞赛一等奖、全国大学生机械创新设计大赛等国家级各类学科竞赛奖 330 项，获各类专业竞赛省级奖项近千项。

（二）就业情况

学校不断完善就业工作体系。深入推进“五同”工作模式，在稳定高就业率的基础上，努力提高毕业生就业质量。

学校就业市场建设质量不断提升，形成了稳定的就业市场拓展机制。每年组织 20 ~ 30 支由校领导和学院党政领导牵头的团队，赴近百家企业开展走访活动。结合学校专业特点和国家重点建设领域，建立了 4 000 多家企业信息库，每年来校招聘用人单位达到了 2 000 家以上，校园招聘已成为我校毕业生求职就业的主渠道，每年 45% 的毕业生通过校园招聘会最终签约。深入实施校企合作，大力推进就业基地建设。已与跟学校学科专业紧密相关的优秀企业合作共建大学生就业基地 60 个。

学校不断健全就业指导服务机制。形成了“一把手亲自抓就业、坚持不懈抓就业”的工作机制。加大对就业工作人员的培训力度，提高了就业指导与服务的专业化水平。建立了对家庭经济困难毕业生、就业困难毕业生和新疆、西藏等少数民族地区毕业生群体的“一对

2017 年 11 月，学校大学生在美国参加国际遗传工程机器设计大赛（iGEM），
第 4 次获得金奖并首次获得最佳新基础元件奖提名奖

一”跟踪和帮扶长效机制。坚持开展毕业生就业状况调查，加强对各类专业人才需求的规律性研究，定期发布毕业生就业质量报告。

2008 年以来，应届本科生考研录取率稳定在 30% 以上，优势学科专业考研录取率稳定在 50% 以上。应届本科生初次就业率稳定在 94% 左右，年度就业率稳定在 95% 以上，40% 左右的毕业生签约三资企业、国有企业、上市和行业龙头民营企业，学生就业层次、薪酬待遇等不断提高。2009 年，学校入选教育部“毕业生就业 50 所典型经验高校”。

五、接受教育部审核评估

2013 年，教育部启动本科教学工作审核评估。为迎接审核评估，学校在 2014 年底开始谋划，对全校各学院教学档案进行抽查。2015 年初，学校成立评建工作领导小组，组织召开“教育部本科教学工作审核评估培训会”，正式启动本科教学工作审核评估评建工作。

（一）迎接审核评估

2015 年 3 月，制订《华中农业大学本科教学工作审核评估工作方案》，设置评建工作进程表，明确时间节点，责任到人、具体到周。上半年，教务处组织校外学习考察调研、校内动员培训；开展试卷和毕业论文专项检查，规范教学档案；梳理修订完善各项教学规章制度；组织对 48 个本科专业进行评估；加强课堂教学管理，加大听课看课力度，教务部门与学工部门联合开展学风建设，建设文明课堂；推进教师落实教学规范，提高课堂教学效果和质量；凝练教学文化，营造良好育人氛围。建设第三教学楼、第四教学楼的教学文化墙，展示学校教学团队、教学名师、教学改革、创新创业、志愿服务和历届教学质量优秀一等奖获奖教师风采。各学院积极开展文化建设，展示办学历史、办学特色、师生风采、改革成果等，打造各具特色的学院文化。

10月，在16个职能部门和各教学单位共同努力下，完成560个数据点填报和7万余字自评报告撰写工作。收集整理自评报告和基本状态数据支撑材料42盒，涉及17个单位，1 200余份材料。

（二）接受审核评估

2015年12月6—10日，教育部派专家组对学校本科教学工作审核评估进行了集中考察。教育部评估专家组由东南大学、吉林大学、澳门城市大学等10所高校的副校长、教务处处长、专家教授组成，东南大学副校长林萍华教授任组长。专家组在考察期间，走访了校内31个职能部门、16个学院（部）和4个校外实习就业基地，开展听课看课34次，深度访谈管理干部72人次、师生104人次，查阅41门课程75个班级试卷、26个班级毕业论文（设计）、11门实验课程指导书、5门课程教案，对学校本科教学工作进行全方位的考察，涵盖本科人才培养过程各个环节，涉及教、学、管各个方面，覆盖所有教学单位和有关职能部门。

12月10日，召开本科教学工作审核评估意见反馈会。组长林萍华代表专家组充分肯定了学校本科人才培养和教育教学改革取得的成效；评估专家分别反馈了意见，指出当前学校本科教育教学中存在的问题，提出中肯的意见和建议，为学校的本科教育教学工作提供指导。教育部高等教育教学评估中心副主任周爱军充分肯定本次本科教学工作审核评估成果。

第二节　研究生培养

高质量的研究生教育是建成研究型大学的重要支撑和显著标志。学校的学位与研究生教育始终秉承学校第九次党代会提出的“五个一流”建设的目标，坚持服务需求、提高研究生教育质量和效益“一条主线”，搭建创新能力培养平台和实践能力培养平台等“两个平台”，着力提升研究生创新能力、导师育人能力、研究生职业能力等“三个提升”，力求实现发展方式从注重规模发展向注重质量提升转变、培养类型结构以学术学位为主向学术学位与专业学位协调发展转变、培养模式从注重知识学习向知识学习和能力培养并重转变、人才质量评价方式从注重在学培养质量向在学培养质量与职业发展质量并重转变等“四个转变”，推进实施招生质量提升计划、培养模式改革计划、导师队伍建设计划、质量监督保障体系提升计划、研究生思想政治教育创新计划等“五项计划”，学位与研究生教育取得长足发展。

一、招生规模稳步增长

10年来，学校不断推进研究生综合改革，推进实施招生质量提升计划。全方位宣传提升学校、学科及导师的影响力和吸引力，2015年探索实施“优秀推免生奖励计划”，多措并举吸引优秀毕业生报考。不断完善招生指标分配模型，推进实施基础性指标、竞争性指标和

2018 年 6 月，学校毕业典礼现场

指令性指标相结合的招生指标分配制度，在兼顾新兴学科、交叉学科的基础上，突出绩效引导、有序竞争和动态调整；深化考试内容与选拔方式改革，2016 年起，先后在动物科学技术学院 / 动物医学院、植物科学技术学院、生命科学技术学院试点推进实施博士研究生招生“申请 - 考核”制，完善学术学位和专业学位研究生分类复试选拔制度；初试、复试、录取更加突出对学生科研能力与学术潜质的考察，实行全程录像、督察，坚持信息公开，科学选拔、择优录取的招生机制基本形成。

（一）全日制学术学位研究生招生规模稳步增长

2008—2017 年，学校共招收全日制学术学位研究生 17 211 人，2017 年底，学校在读全日制学术学位研究生 5 537 人。全日制学术学位博士招生规模增长较快，2017 年招生规模为 2008 年的 1.85 倍。

2008—2017 年学校全日制学术学位研究生招生人数表

类别	2008	2009	2010	2011	2012	2013	2014	2015	2016	2017	合计
学术学位硕士	1 455	1 529	1 432	1 375	1 300	1 294	1 280	1 310	1 320	1 320	13 615
学术学位博士	259	267	279	323	353	386	399	412	438	480	3 596

（二）全日制专业学位硕士研究生招生规模增长明显

学校从 2009 年开始招收全日制专业学位硕士研究生。2009—2017 年，学校共招收全日制专业学位硕士研究生 4 927 人，年均增长率 46.74%。2017 年底，学校在读全日制专业学位硕士研究生 1 775 人。

2008—2017 年学校全日制专业学位硕士研究生招生人数表

类别	2008	2009	2010	2011	2012	2013	2014	2015	2016	2017	合计
专业学位硕士	0	36	316	406	572	642	704	727	750	774	4 927

二、研究生教育培养能力持续提升

（一）加强导师队伍建设

学校现有博士生导师 482 名（含兼职导师 77 名），是 2008 年的近 3 倍；学术学位硕士生导师达到 694 名（不含博导），是 2008 年的 3 倍；专业学位硕士生导师 442 名。已形成了以中国科学院院士、中国工程院院士、“长江学者”、“国家杰青”、“973 计划”首席科学家、岗位科学家、中青年学术骨干为主体的研究生导师队伍。

根据学校科研事业发展需求，修订导师遴选办法、启动导师评聘改革等。2010 年以来，先后修订学术型博士研究生指导教师遴选办法、学术型硕士研究生指导教师遴选办法、硕士专业学位研究生指导教师管理办法等文件，进一步规范研究生导师队伍的遴选管理工作。2013 年启动博士生导师绩效考核工作。2015 年经第十二届学位委员会会议讨论通过《关于加强和改进博士生导师评聘管理工作的建议》，探索开展“评聘分离”的研究生导师评聘制度改革，实施招生资格与绩效考核相结合的申请审核制，破除导师岗位终身制，逐步实行导师岗位动态管理。

2017 年 8 月，“狮子山导师学校”开班典礼现场

开办“狮子山导师学校”，系统化、常态化、多元化地开展导师培训；搭建“狮子山导师园地”网络交流平台，定期编制《狮子山导师园地》共计83期；连续15年开展研究生指导教师“教书育人奖”评选，评选出142名优秀研究生导师代表；不断探索导师动态管理，进一步健全校内外双导师制。

（二）强化研究生培养过程管理

1. 加强制度建设

2011年11月，学校成立研究生院。2012年，启动新一轮人才培养方案修订工作，按“硕–博”“硕士”“博士”3种模式分别修（制）订人才培养方案。2015年1月，国务院学位办发文，“农业推广硕士”正式更名为“农业硕士”。2016年，经国务院学位办同意，全国农业硕士专业学位研究生教育指导委员会发布《关于农业硕士专业学位领域设置调整的通知》，农业硕士专业学位15个领域调整为8个领域。2017年，在全国农业硕士专业学位研究生教育指导委员会拟定的8个领域指导性培养方案的基础上，研究生院于年底启动农业硕士专业学位人才培养方案修订工作，农业硕士专业学位研究生从2018级开始按照新的培养方案进行培养。

本着制度先行、规范管理的原则，研究生院全面清理各项规章制度。2008年以来，新订3项、修订18项、废止58项，研究生教育制度体系进一步完善。出台《华中农业大学博士研究生招生指标分配管理方案》《华中农业大学硕士研究生招生指标分配管理方案》；制订《华中农业大学全日制研究生培养工作实施细则》，对研究生培养方案、培养目标、培养模式和培养年限、学科研究方向、课程设置及学风要求、科学研究与论文工作、毕业生学位授予等方面进行了进一步规范；出台《华中农业大学研究生课程教学管理办法》，建立课堂教学普查制和教学异常情况学院协查制，依托督导组和信息员对研究生课程进行全覆盖督查，研究生教学秩序进一步规范；修订《华中农业大学研究生学籍管理细则》，进一步规范了学籍

2011年11月，学校成立研究生院

管理；修订《华中农业大学学位授予工作实施细则》，对全校学生考试作弊行为采取“零容忍”；修订《华中农业大学研究生学位论文盲评办法》，执行博士学位论文全部盲评制度，委托教育部学位与研究生教育发展中心论文盲评平台送审，确保评价结果客观公正；出台《华中农业大学研究生申请学位科研成果基本要求管理办法》，进一步明确和规范了研究生申请学位的要求和标准，确保了学位论文质量，推动了学校研究生科研能力与学术水平的提升。

2. 严格教学规范

严格落实教学计划，建立督导和检查相结合的教学督查模式，通过校院两级领导听课、督导员督导课程内容、查课员检查教学秩序等措施实现研究生课堂检查全覆盖，全方位提升教学规范。2010 年开始聘请研究生教学信息员巡查课堂，针对课堂教学异常情况，2015 年起，以书面形式下达《华中农业大学研究生教学情况检查协查通知单》给责任学院和责任教师，并要求学院提交书面报告备案，有效地防止了随意调停课、随意更换上课地点等现象，保障了课程教学的正常秩序；2015 年起，推动了本硕课程贯通，本科推免生提前选修研究生课程；落实考务点设置、号牌抽取、校院两级巡视等管理环节，规范了研究生期末考试管理。规范教学任务落实流程，将教学任务书和教学计划审批结合起来，使教学安排更加准确、有序、科学。

3. 加强培养过程监控

学校长期坚持聘任研究生教育督导员，深入课堂、实验室、答辩现场，督查研究生培养环节中存在的问题，及时向学校及学院反馈，不断强化研究生培养过程监控。研究生科研记录是培养研究生学术规范、考察研究生科研态度、衡量研究生学位论文质量的重要标识，科研记录也是一个课题组或实验室科研工作的重要档案。学校自 2010 年启动研究生科研检查工作，至今已连续开展 8 年，先后制订了自然科学类、人文社科类研究生科研记录规范，学院配发了专门科研记录本，保证了培养过程规范有序。2014 年，学校组织开展研究生培养环节档案检查工作，就培养环节档案的规范性、完整性与科学性进行了全面检查，查找研究生培养过程管理中的问题和不足，不断规范研究生培养过程档案。2017 年，学校对专业学位研究生开题报告进行了抽查，强化专业硕士学位研究生选题的应用性和创新性；研究生教育督导组围绕学校“双一流”建设，结合本学期博士生课程随堂听课情况，选取生物学、园艺学、畜牧学、兽医学、农林经济管理、作物学等 6 个学科的博士生课程开展专项调研，进一步了解博士生课程现状，提高学院对博士生课程的重视，促进博士生课程教学进一步规范。

4. 推进培养管理信息化

随着研究生规模的扩增，原有的研究生信息管理系统已不能满足研究生教育信息化的需求，研究生院于 2015 年通过招标，引进新的研究生信息管理系统，经过系统建设、数据迁移，2016 年 9 月正式投入使用，研究生培养管理信息化进一步推进。

（三）深入推进研究生培养机制改革

为提升人才培养质量，2008—2013 年，学校持续实施研究生教育创新工程，共立项资助了“高层次人才培养模式与机制研究”建设计划、“研究生创新研究中心”建设计划、“研究生课程”建设计划、“研究生教育国际化”建设计划等项目 125 项；立项资助优秀博士研究生论文资助计划、硕士研究生创新研究资助计划共计 156 项。2014 年，立项资助博士研究生

2010 年 6 月，学校举办“植物生命科学前沿”全国研究生暑期学校

创新研究工程项目 43 项。

2013 年，教育部、国家发展和改革委员会与财政部出台《关于深化研究生教育改革的意见》，加大研究生培养机制改革力度，为学校研究生培养改革指明方向。2014 年，学校专题召开“改革・创新・责任・质量”为主题的学位与研究生教育研讨会，进一步审视和明确研究生教育发展定位和作用，出台《关于进一步加强和改进学位与研究生教育工作的若干意见》，为进一步推进研究生教育综合改革提供思想保障与政策支持。

完善学术学位拔尖创新人才培养模式，提升创新能力培养。学校统筹本科、硕士、博士不同阶段，促进课程学习与科学研究的有机结合，突出科研方法的系统训练，强化创新能力培养，以高水平科学研究支撑高水平研究生培养。

2014 年，学校积极开展课程建设试点改革，获批国家首批学术学位研究生课程建设试点单位，制订了学术学位研究生课程建设方案，注重调查研究，做好顶层设计，课程建设与教育改革扎实推进。2015 年，学校启动新一轮课程建设立项工作，截至 2017 年，共立项建设 196 门研究生课程。按六大类制订来华留学研究生培养方案，分“校本类”“引智类”“品牌类”分类立项建设 181 门全英文课程，全面推进构建全英文课程体系。

深化专业学位研究生培养模式改革，推进产学研结合，提升学生职业能力。学校加强研究生联合培养基地和研究生社会实践基地建设，先后与广东省农业科学院、云南省农业科学院、中国热带农业科学院、湖北省农业科学院、武汉市农业科学院、广西扬翔股份有限公司等单位签订了研究生联合培养协议。2013 年制订《华中农业大学研究生联合培养基地管理办法》，校外基地建设不断规范；制订《华中农业大学全日制专业学位专业实践管理实施细则》，获批首个湖北省研究生工作站（华中农业大学－随州市弘大畜牧有限责任公司研究生工作站）。2015 年，农业（渔业）硕士实践教育基地获评全国首届农业硕士专业学位研究生实践教育示范基地。学校不断推进国家、省、校、院四级实践基地体系构建，截至 2017 年，建设国家级实践教育示范基地 1 个，省级研究生教育创新基地和工作站 11 个，校级研究生培养实践基地 38 个。

2015 年，学校获批科学道德和学风教育案例教学试点单位，制订《华中农业大学科学道德和学风建设案例教学试点工作方案》，张启发院士为研究生主讲《科学道德与学术规范》第一课，光明网、新华网、科学网、湖北日报等主流媒体进行了报道。

（四）进一步推进研究生教育国际交流与合作

学校积极推动研究生教育国际交流与合作。2008 年，首次公派研究生出国 19 人；2011 年，学校入选第二批“国家建设高水平大学公派研究生项目签约高校”行列。学校坚持开展公派留学宣讲及培训工作。2017 年，学校 42 人被录取为 2017 年国家公派出国留学研究生，获得国家留学基金委的留学资助。学校设立研究生教育国际化专项，启动了国（境）外知名专家来校讲学计划，立项建设全英文课程，资助学校研究生导师、研究生出国交流。2017 年启动来华留学研究生人才培养方案制订工作，规范留学生人才培养过程，提高培养质量。2018 年，选拔 10 名优秀研究生赴埃及水资源研究中心交流学习。学校不断规范来华留学研究生培养过程管理，将来华留学研究生纳入学校常规研究生培养管理体系，推进来华留学研究生同质化管理。

三、严格学位评定与授予管理

（一）学位委员会

依法稳步推进校学位评定委员会工作。先后在 2010 年、2012 年、2015 年，完成了第十、十一、十二届校学位评定委员会的换届，邓秀新任第十、十一、十二届学位评定委员会主席。同时完成了第三、四、五届专业学位评定委员会的换届，邓秀新任第三、四届校专业学位评定委员会主席，张献龙任第五届校专业学位评定委员会主席，各学院也及时调整了学院学位评定委员会分会，以履行校学位评定委员会赋予的相应职责。2012 年制订《华中农业大学学位评定委员会组成条例》和《华中农业大学学位评定委员会工作条例》。

2014 年 11 月 30 日—12 月 1 日，学校举行学位与研究生教育发展研讨会

（二）学位论文质量监控

完善研究生论文质量监控体系，建立“机检”和“人检”相互结合的监督制度。2008 年以来，学校使用中国知网学位论文学术不端检测系统，对每一篇学位论文进行复制比检测，并制订《华中农业大学学位论文复制比检测管理办法》，充分利用网络学术资源杜绝学术不端行为。2011 年，根据《华中农业大学学术规范（修订）》及《华中农业大学处理学术不端行为办法》，广泛宣讲相关规定条款，在学位论文答辩、学位授予投票表决等培养环节，严格执行学术回避制度。2015 年，试点推行博士学位论文全部盲评，委托教育部学位中心论文盲评平台送审，促进评价结果客观公正，并修订盲评办法，撰写《博士学位论文质量分析报告》，为精准查找论文质量共性问题，整体提高论文学术水平提供参考依据；鼓励各学院加大硕士研究生学位论文盲评送审比例，逐步推进硕士研究生学位论文全部盲评。2017 年，修订《华中农业大学学位（毕业）论文撰写规范》，将本科生与研究生的写作规范相统一，分为自然科学和人文社科两类，为规范学位论文写作提供范式标准。继续贯彻落实研究生教育督导员审查学位论文形式规范，学院学位评定委员会集体审查学位授予标准等各项审核制度。在国务院学位办组织的博士学位论文抽检及湖北省学位办组织的硕士学位论文抽检中，学校学位论文的合格率及优良率位居全国、全省前列。

（三）学位授予质量提升

高度重视研究生学位申请科研成果质量。2015 年，校学位评定委员会集体讨论通过《华中农业大学研究生申请学位科研成果基本要求管理办法》，要求研究生在申请学位论文答辩时取得一定的科研成果，对博士研究生的科研产出要求按照一级学科分类规定，并对学位成果署名及认定办法进行了详细阐述，进而提高学位授予标准。

国家级、省级、校级优秀学位论文质、量齐升。2008—2013 年，孙玉强、储昭晖、蔡鹏、徐强、丁新华、杨长宪、刘慧泉等 7 位博士的学位论文入选全国百篇优秀博士学位论文，杨细燕等 20 位博士的学位论文提名全国百篇优秀博士学位论文，获奖论文数位居全国同类高校第 3。2008—2016 年获评湖北省优秀博士学位论文 115 篇，硕士学位论文 185 篇。2008—2017 年评选出校级优秀博士学位论文 407 篇，学术硕士学位论文 595 篇，专业硕士学位论文 130 篇。

2008—2017 年，学校共授予硕士学位 17 051 人，2017 年硕士学位授予人数 1 679 人，是 2008 年硕士学位授予人数 857 人的 1.96 倍；共授予博士学位 2 919 人，2017 年博士学位授予人数 360 人，是 2008 年博士学位授予人数 188 人的 1.91 倍。

四、加强学位授权点建设

（一）博士、硕士学位授权点建设

2008 年以来，按照“坚持强化优势与拓展空间并重”的原则，学校先后组织了 8 次博士、硕士学位授权点申报工作。新增一级学科博士学位授权点 5 个，博士专业学位授权点 1 个，一级学科硕士学位授权点 13 个，硕士专业学位授权点 10 个。至此，学校一级学科博士学位授权点总数和一级学科硕士学位授权点总数分别达到15个和27个，博士专业学位授权点1个，硕士专业学位授权点10个，分布在农学、理学、工学、管理学、经济学、法学、文学等七大学科门类。各批次新增博士、硕士学位授权点如下。

2009年：增加社会工作、工商管理2个硕士专业学位授权点。

2010年：增加林业、公共管理2个硕士专业学位授权点。

2011年：增加生态学、农业工程、风景园林学3个一级学科博士学位授权点和轻工技术与工程一级学科硕士学位授权点。

2011年：自主设置生物信息学、基因组学、现代农业装备工程、生物信息技术与工程、食品生物技术、食品营养与安全、药用植物学、设施园艺学、资源环境信息工程、农业环境工程、植物检疫与生物入侵、土地经济管理、农业贸易与金融、生物质能等14个二级学科博士学位授权点。自主设置社会工作、环境规划与管理等2个二级学科硕士学位授权点。

2012年：自主设置作物生物技术、种子科学与技术、观赏园艺学、应用真菌学、水产动物医学等5个二级学科博士学位授权点。自主设置园林植物学、商务英语研究等2个二级学科硕士学位授权点。

2013年：自主设置动物生产与畜牧工程、兽医公共卫生与食品案例、中小企业管理等3个二级学科博士学位授权点。

2014年：新增翻译、应用统计2个硕士专业学位授权点；在农业工程一级学科博士学位授权点自主设置农业工程二级学科博士学位授权点。

2016年：在生物学一级学科博士学位授权点下自主设置肿瘤生物学，免疫生物学，化学生物学等3个二级学科博士学位授权点。

2017年：新增公共管理、生物工程等2个一级学科博士学位授权点，兽医博士等1个博士专业学位授权点，法学、计算机科学与技术、数学、外国语言文学、新闻传播学等5个一级学科硕士学位授权点。

2017年动态调整：撤销轻工技术与工程等1个一级学科硕士学位授权点，撤销气象学，人口、资源与环境经济学，应用化学等3个二级学科硕士学位授权点。新增马克思主义理论、应用经济学、化学、生物工程等4个一级学科硕士学位授权点。至此，学校形成了以农科为优势、以生命科学为特色，农、理、工、文、法、经、管多学科协调发展的格局，基本建立了多层次、多学科门类的学位授权体系与研究生培养体系，为学校实现高层次人才培养目标发挥了重要作用。

（二）学位授权点合格评估

2015—2018年，根据国务院学位委员会、教育部《学位授权点合格评估办法》《关于开展学位授权点合格评估工作的通知》文件精神，学校制订《华中农业大学学位授权点合格评估工作方案》，开展学位授权点合格评估专项工作，分4个学年度完成对所有应参评学位授权点的合格评估工作，其中2015年12个，2016年7个，2017年6个，2018年8个。

五、研究生教育贡献力持续提升

研究生教育对学校科技创新的贡献力显著增强，研究生成为学校科技创新的生力军、高水平论文产出的主力军，为学校事业发展和“双一流”建设提供了有力支撑。

2008—2017 年，研究生以第一作者发表 SCI 论文 6 428 篇，占全校 SCI 论文总数的 78.12%；研究生以第一作者发表单篇影响因子 5 以上的论文 581 篇，占全校的 74.2%。2017 年，研究生以第一作者发表 SCI 论文 922 篇，其中单篇影响因子 5 以上的论文 149 篇，与 2008 年相比，研究生以第一作者发表 SCI 论文增加 649 篇，同比增长 2.38 倍。研究生以第一作者发表单篇影响因子 5 以上的 SCI 论文增加 137 篇，同比增长 11.42 倍。

2012 年以来，研究生为共同第一作者在 *Science*、*Nature*、*Cell* 杂志上分别发表了高水平论文，实现了学校在 *Science*、*Nature*、*Cell* 刊物论文发表零的突破。

第三节　继续教育

一、成人函授教育

学校成人学历教育源于 1950 年代初期开办的短训班，1960 年成立函授部，首先开办农学、畜牧兽医两个专业的函授教育。经农业部批准，于 1990 年成立成人教育学院（1990—2003 年）。1993 年开始建立校外函授站，面向中南、东北、华北、华东、华南 20 个省（市、区）招生。2007 年，教育部发布《关于进一步加强部署高等学校成人高等教育和继续教育管理的通知》（教高〔2007〕9 号）后，学校停办全日制函授教育。

2014 年学校完成新一轮成人高等教育人才培养方案修订。新修订人才培养方案共有 3 个层次、57 个专业、131 个培养方案。新的人才培养方案立足于党和国家对成人高等教育的定位，结合当前社会发展对人才的需求，既坚持知识、能力、素质协调发展，又兼顾理论与实践并重，突出实践，从提升学生综合素质及职业能力出发，培养适应现代生产、建设、管理、服务岗位需求的德、智、体、美等全面发展的高等应用型专业技术人才和管理人才。

2008—2017 年，学校共招收 31 346 名成人高等教育函授学生；共培养成人高等教育函授本专科毕业生 27 132 人，其中本科 10 771 人（39.7%）、专科 16 361 人（60.3%）；共授予成人高等教育学士学位 7 327 人（含自学考试毕业生）。现有在籍函授学生 9 310 人。学校从“废、改、立、释”四个方面入手，进一步构建规范成人高等学历教育的制度体系和长效机制。先后已废止《华中农业大学成人高等教育脱产学生学籍管理规定》等规章制度和规范性文件 11 项，新订《华中农业大学成人高等教育学籍管理规定》等规章制度 6 项，制订和规范成人高等学历教育主要业务流程 16 个。

二、自学考试

学校1989年开始承担高等教育自学考试主考工作。1996年，成立高等教育自学考试办公室，先后举办过自考封闭班、试点班、全日制助学班等类型。1999年，学校被湖北省教育厅正式批准为社会助学机构，并成为高等教育自学考试考点。2005年起面向高职院校开展自学考试专升本助学工作。2007年学校停办所有全日制助学类型，在新形势下，学校自学考试工作积极探索转型发展，注重发挥学校学科优势和农科特色，与省内普通高职高专院校、自学考试学习服务中心合作办学。形成以与高职院校衔接的本科教育为主体，兼顾社会、系统委托办学的自学考试办学格局。主考专业涉及农、工、管、文、法、经等6个学科的35个本、专科专业。累计注册自学考试新生15 678名，共办理毕业16 557名。

2011年学校获评由全国高等教育自学考试指导委员会颁发的“全国高等教育自学考试先进集体”，为学校自2007年以来第二次获得此项全国自学考试工作的最高荣誉。

第四章　科技创新与社会服务

第一节　编制科技发展规划

2008年以来，在全面总结学校科技工作的基础上，为推进科技创新和社会服务事业更好发展，学校制订《华中农业大学科学技术发展“十二五”规划》和《华中农业大学科技创新与社会服务“十三五”规划》，其主要内容如下。

一、“十二五”规划情况

（一）发展思路

着力实现科技工作四个“转变”，即科技工作从重视争取项目和经费向争取项目和经费与促进产出并重转变；从重视传统优势学科向传统优势学科与新兴学科、交叉学科并重转变；从重视纵向项目、经费向纵向项目、经费与横向项目、经费并重转变；从重视国家和地方财政对学校科技工作的投入向争取投入与自觉服务地方经济社会发展并重转变。实施“质量兴研战略”和“学术拓展战略”，努力实现四个“促进”，即促进高层次人才队伍和团队建设，促进协同创新，促进标志性科技成果产出，促进学科建设。

（二）发展目标

瞄准科学技术前沿问题，国家、行业及区域发展的重大需求和公益性、共性科技问题，承担一批重大、重点项目，产出一批具有原创性的基础研究成果，形成一批具有自主知识产权的应用研究成果，成为国家、行业科技进步和区域经济社会发展的重要依靠力量，着力推进特色鲜明的研究型大学建设。

（三）发展举措

建设一流科技队伍，培育优秀科技团队。构筑高水平科研基地，提升自主创新能力。增强承担重大项目能力，拓宽项目申请渠道和领域。强化科技产出能力建设，提高成果转化与应用水平。加强学术道德建设，营造优良创新氛围。扩大国际科技合作与交流，提升学校国际影响力。推动“政产学研用”深度合作，彰显服务社会能力。推进科技管理创新，不断提高管理效益。强化组织保障、队伍保障、机制保障和条件保障。

二、“十三五”规划情况

（一）发展思路

以服务国家“四个全面”战略需求为导向，深入贯彻落实“五位一体”发展理念，围绕世界科技前沿和国家重大战略需求，抢抓机遇、审势而谋、顺势而为、创势而上，突出“改革、创新、培育、绩效”主题，以科技人才队伍建设为基石，以科研基地建设为支撑，以体制机制创新为保障，以“政产学研用”结合为纽带，以实现自主创新能力一流为目标，坚持创新引领，坚持问题导向、需求导向和目标导向，坚持质量兴研和追求卓越，坚持协同创新和培育新的增长点，坚持特色发展和差异发展，坚持科教融合，破解发展难题，厚植发展优势，着力推进“学校自主创新能力提升计划”，实现学校自主创新能力一流。

（二）发展目标

经过“十三五”建设，学校科技体制机制更加完善，创新体系更加健全，自主创新能力显著提升；杰出科技人才和优秀青年人才队伍明显壮大，优秀科技创新团队国内外竞争力和影响力明显增强。科研基地和平台建设水平明显提高，支撑科技发展能力显著增强。标志性科技成果明显增多，成果转移转化率显著提高。学术拓展成效显著，国际科技合作与交流稳步拓展。社会服务能力明显增强，社会服务效益明显提高，社会服务影响显著扩大。全面提升科技工作组织化水平，全面提升科技服务贡献力。

（三）发展举措

围绕“学校自主创新能力提升计划”，全面实施“科技创新队伍竞争力提升行动、重大科技创新任务承担能力提升行动、协同创新能力提升行动、科研支撑能力提升行动、国际科技合作能力提升行动、成果产出能力提升行动、社会服务能力提升行动、狮山智库锻造行动、创新环境优化行动、科技管理服务能力提升行动”等十大行动，努力实现学校自主创新能力一流。加强规划宣传，凝聚思想共识；明确责任主体，任务分解落实；加大改革力度，完善制度建设；加强队伍建设，提升保障能力；健全监督机制，实施动态评估。

第二节　科技创新综合实力

一、科研项目经费

2008 年以来，学校积极组织国家科技重大专项、“973 计划”项目、“863 计划”项目、国家自然科学基金、国际科技合作与交流研究项目、公益性行业科研专项、国家社科基金等科技项目的申报，学校科研项目与经费持续增长。

2008—2017 年获批科研项目、经费情况表

年份	获批项目数 / 项	新批项目总经费 / 亿元
2008	791	2.45
2009	849	4.35
2010	887	4.14
2011	1 081	6.52
2012	1 130	6.56
2013	1 162	6.48
2014	951	5.70
2015	1 064	6.03
2016	1 091	9.01
2017	1 566	9.17
合计	10 572	60.41

2008 年，学校在“转基因生物新品种培育”重大专项中，主持承担“抗虫转基因水稻新品种培育”“优质转基因猪新品种培育”和“重要调控元件克隆及功能验证”等 3 个重大课题；首次在国家自然科学基金工程与材料科学部获得资助 2 项；国家社科基金获批项目 8 项。

2009 年，学校获批国家自然科学基金项目首次突破百项；主持和参加“转基因生物新品种培育”“水体污染的控制与治理”“艾滋病和病毒性肝炎等重大传染病防治”等 3 个国家科技重大专项；首次在国家社科基金重点项目、全国教育科学规划项目、民政部项目中获得资助。

2010 年，学校首次在数学、物理学部获国家自然科学基金资助；首次获批中国科学技术协会项目；外国语学院首次获得省部级科研项目。

2011 年，学校获国家自然科学基金资助项目学科分布进一步拓宽，重点项目、重大国际合作研究项目、创新研究群体项目等高强度项目增加显著，获批 973 计划项目 1 项，新增 973 计划项目首席科学家 1 人；学校主持承担的 3 项转基因重大专项获滚动支持。

2012 年，国家自然科学基金获批项目 184 项，经费首次突破亿元大关；学校首次在国家自然科学基金委医学科学部获批项目；首次获得科技基础性工作专项重点项目资助；首次获批国家社科基金重大项目，实现学校人文社科重大项目零的突破。

2013 年，学校首次获批国家自然科学基金重大研究计划项目 2 项，在食品科学领域和管理科学部获批重点项目；首次获得科技部重大科学研究计划项目资助。

2014 年，学校获批国家自然科学基金项目经费连续三年过亿元，获批国家杰出青年科学基金 2 项，优秀青年科学基金 2 项。新批横向项目 405 项，新批经费 10 262.87 万元，横向项目经费首次突破亿元大关。

2015 年，学校在集中受理期获批国家自然科学基金项目 192 项，名列全国高校第 32 位，在农林类高校中排名第一，在国家自然科学基金委生命科学部资助项目中排名全国第一。首次获批教育部哲学社会科学重大攻关项目 2 项；获国家社科基金项目 15 项，首次在体育学获得资助。

2016 年，学校获批国家基金 207 项（包括国家自然科学基金和国家社会科学基金），其中集中受理期获批国家自然科学基金 184 项，继 2015 年后继续居“农林水地矿油”类高校第一。

2017 年获批国家基金 238 项（包括国家自然科学基金和国家社会科学基金），自 2015 年以来在集中受理期获批国家自然科学基金项目数连续三年居“农林水地矿油”类高校第一，且获批项目数和经费均列生命学部第一。获批国家社科基金项目 11 项（含重点项目 1 项），获批年度项目和青年项目立项数连续 3 年蝉联全国农林类高校第一名。首次在社会发展和高新领域获批国家重点研发计划项目。

二、科技论文

2008 年以来，学校高度重视基础研究，论文数量与质量有明显提升。学校发表的 SCI、EI、ISTP、SSCI、CPCI 等收录论文数和高影响因子的论文数稳步增长。2012 年，张启发院士团队关于水稻籼粳亚种间生殖隔离机理的研究成果在 *Science* 杂志上发表，实现了以学校为第一完成单位在 *Science* 上发表研究成果的突破；2016 年，殷平教授结构生物学团队关于 N6 腺嘌呤甲基转移酶 METTL3-METTL14 蛋白复合体晶体结构的研究成果在 *Nature* 杂志上发表，实现了以学校为第一完成单位在 *Nature* 上发表研究成果的突破。

2008—2017 年发表论文情况表

年份	SCI	SSCI	EI	CPCI	IF≥5.0	IF≥9.0
2008	358	—	100	—	12	5
2009	508	—	132	—	15	6
2010	548	—	220	81	31	9
2011	651	4	302	21	31	6
2012	848	1	294	32	69	9
2013	766	5	268	66	64	11
2014	934	9	325	70	87	17
2015	1 057	23	360	60	139	19
2016	1 264	26	394	93	227	20
2017	1 355	28	407	82	203	25
合计	8 289	96	2 802	505	878	127

三、省部级以上科技奖励与相关科技成果

（一）省部级以上科技奖励

学校围绕国家重大战略需求和国民经济发展需要，通过学科交叉融合，凝练重大科技问

题。学校设立标志性成果培育专项，引导教师对科研成果进行总结、提炼、整合、优化、宣传，调动教师申报科技奖励积极性。2008—2017 年，学校主持完成的成果获国家级科技奖励 7 项，省部级科技成果奖 158 项。

2009 年，杨光圣教授主持完成的“高产优质抗逆杂交油菜品种‘华油杂 5 号、6 号和 8 号’的选育推广”获国家科技进步二等奖。2011 年，金梅林教授主持完成的“动物流感系列快速检测技术的建立及应用”获国家科技进步二等奖。2013 年，王石平教授主持完成的“水稻质量抗性和数量抗性的基因基础与调控机理”获国家自然科学二等奖；张献龙教授主持完成的“棉花种质创新及强优势杂交棉新品种选育与应用”获国家科技进步二等奖。2016 年，学校实现了同年获国家自然科学奖、国家技术发明奖、国家科技进步奖和首次获得国家技术发明奖的历史性突破。张启发院士主持完成的“水稻产量性状的遗传与分子生物学基础”获国家自然科学奖二等奖；袁宗辉教授主持完成的“动物源性食品中主要兽药残留物高效检测关键技术”获国家技术发明奖二等奖；金梅林教授主持完成的“我国重大猪病防控技术创新与集成应用”获国家科技进步奖二等奖。

2016 年，李崇光教授等合著的《中国农产品流通现代化研究》入选“国家哲学社会科学成果文库”，这是学校人文社会科学研究成果首次入选该文库。吴平教授等合著的《中国编辑思想史》、万江红教授等合著的《中国农村民间金融组织研究》分别获第十届湖北省社会科学优秀成果一等奖，这是学校人文社科研究成果首次在湖北省社会科学优秀成果奖评选上获得一等奖。

张启发院士、陈焕春院士、邓秀新院士分别在 2008 年、2013 年、2017 年获湖北省科学技术突出贡献奖。邓秀新院士、金梅林教授分别在 2013 年、2016 年获何梁何利基金科学与技术进步奖。傅廷栋院士、金梅林教授、张献龙教授于 2017 年获全国创新争先奖。

（二）专利、品种等知识产权申请与授权情况

2008—2017 年，学校坚持质量兴研、注重内涵发展，着力提升科技创新成果产出率和学术研究影响力。通过举办“优秀专利代理人进校园”“知识产权宣传月”系列活动，促进专利申请数量和质量进一步提高。通过实施“标志性成果培育计划”，不断丰富成果产出内容和形式。2008—2017 年共计申请专利 2 985 件，授权专利 1 824 件，审（认）定动植物新品种 161 个，开展科技成果评价 197 项，获计算机软件著作权登记 83 件，植物新品种授权 17 件，新兽药注册证书 16 个，制订标准 47 项。

2008—2017 年专利、品种等知识产权申请和授权情况表

年份	申请专利	授权专利	审（认）定新品种	成果评价	计算机软件著作权登记	植物新品种权	新兽药证书	制订标准
2008	128	43	20	18	—	4	—	—
2009	141	80	16	24	—	1	—	—
2010	188	103	22	22	—	2	4	3
2011	245	149	9	26	10	—	1	4
2012	287	173	12	19	9	—	4	5

续表

年份	申请专利	授权专利	审（认）定新品种	成果评价	计算机软件著作权登记	植物新品种权	新兽药证书	制订标准
2013	317	211	9	22	8	—	2	8
2014	355	249	14	21	1	—	1	15
2015	385	286	16	15	18	3	1	5
2016	455	252	16	12	18	3	2	5
2017	484	278	27	18	19	4	1	2
合计	2 985	1 824	161	197	83	17	16	47

第三节　科研基地建设

一、科研基地建设概况

学校历来重视研发机构与科研基地建设。截至 2017 年，依托学校建设 2 个国家重点实验室，1 个国家地方联合工程实验室，4 个专业实验室，26 个省部级重点（工程）实验室，6 个国际科技合作基地，7 个国家级研发中心，32 个部省级、市级研发中心，2 个省级协同创新中心，5 个高等学校学科创新引智基地，1 个引进国外智力成果示范推广基地，4 个部省级检验检测机构，4 个省级高等学校人文社科重点研究基地，35 个校企共建实验室（研发中心），82 个校级科研机构，2 个校级公共科研平台。

2008 年，国家发展和改革委员会武汉国家生物产业基地实验动物中心条件建设专项、农业部华中作物生理生态与栽培重点开放实验室等 6 个科研基地获批建设；国家兽药残留基准实验室通过验收，动物使用获得许可。

2009 年，湖北省动物疫苗工程技术研究中心、湖北省淡水水产品加工工程技术研究中心、农业动物遗传育种与繁殖教育部重点实验室完成验收工作。获批建设作物遗传改良国际科技合作基地、动物生物药物教育部工程研究中心、国家大宗淡水鱼加工技术研发分中心（武汉）、国家油菜改良武汉分中心国家油菜生产基地建设专项等各类科技基地 6 个。

2010 年，获批建设动物疫病防控湖北省工程实验室等科研基地 4 个；作为牵头单位，组建武汉生物技术研究院生物农业研究中心；学校电镜科研公用平台和蛋白质组学平台试行全开放服务；园艺植物生物学教育部重点实验室参加教育部生命科学领域运行评估获得优秀；昆虫资源利用与有害生物可持续治理湖北省重点实验室验收评估优秀。校内现代农业科技试验基地完成项目建设任务并初具规模，启动实施建设 1 000 亩的鄂州长港现代农业科技试验示范基地和 26 个校外区域农业技术推广示范站。

2011 年，获批建设动物疫病防控技术国家地方联合工程实验室（湖北）、环境食品学教育部重点实验室、农业部猪遗传育种重点实验室等 17 个科研基地，国家蔬菜改良中心华中分中心二期建设项目 1 项。批准成立生物信息中心等校级科研机构 6 个。科研基地数量和学科覆盖面进一步扩大。作物遗传改良国家重点实验室连续 4 次被科技部评估优秀，成为全国高校生命科学领域唯一获此殊荣的国家重点实验室；农业微生物学国家重点实验室评估良好。武汉国家生物产业基地实验动物中心、农业部种猪质量监督检验测试中心等 4 个科研基地顺利通过验收。

2012 年，获批建设国家发展和改革委员会国地共建工程研究中心 1 个、省级科研基地 2 个、农业部农业建设项目 3 项、校企共建实验室（研发中心）5 个。批准成立政治与文化研究中心等校级科研机构 2 个。国家兽药安全评价实验室建设项目、国家大型油菜基地建设项目通过验收，国家油菜工程技术研究中心评估优秀。

2013 年，学校作为牵头单位组建培育生猪健康养殖协同创新中心；牵头组建培育的淡水水产健康养殖湖北省协同创新中心获湖北省教育厅认定，获得省级财政经费支持 1 200 万元；获批国家发展和改革委员会国地共建工程研究中心、国家级国际联合研究中心、农业部专业性实验室、省级人文社科重点研究基地等科研基地 11 个，农业部农业建设项目 2 项。农业部种猪质量监督检验测试中心（武汉）通过现场评审；湖北省柑橘工程技术研究中心、湖北省动物疫苗工程技术研究中心考核优秀，湖北省食用菌工程技术研究中心考核良好。

2014 年，湖北省现代农业装备工程技术研究中心考核优秀，微生物农药国家工程研究中心完成验收准备工作。作物遗传改良国家重点实验室、农业微生物学国家重点实验室、农业部农业微生物资源利用重点实验室等 7 个实验室共获批条件建设项目经费 8 723 万元。牵头组建培育的生猪健康养殖湖北省协同创新中心获省教育厅认定，获得省级财政经费支持 1 200 万元。

2015 年，获批农业部创新能力条件建设项目 2 个、湖北省平台建设项目 2 个、湖北省工程实验室 2 个。微生物农药国家工程研究中心、环境食品学教育部重点实验室通过主管部门验收；国家蔬菜改良中心华中分中心、国家柑橘育种中心二期建设项目通过主管部门验收；湖北省柑橘工程技术研究中心等 3 个中心绩效评价获评优秀。

2016 年，学校获批科技部国际联合研究中心 1 个、省部级重点实验室、工程实验室、研究中心 5 个，武汉市产业技术创新战略联盟 1 个；申报科研平台建设项目 5 项，获批农业部建设项目 1 项；有序推进国家柑橘无病毒一级采穗圃等 9 个建设项目，批准成立华中农业大学生物医学中心等 15 个校级科研机构。全年共有 17 个各级各类创新平台接受主管部门委托的第三方运行评估，参加评估的 8 个农业部重点实验室，取得了 7 优秀和 1 良好的成绩。华中农业大学动物生物安全三级实验室（P3）通过了科技部专家组现场考察。农业部种猪质量监督检验测试中心（武汉）和农业部微生物产品质量监督检验测试中心（武汉）顺利通过复查换证。

2017 年，获批农业部重点实验室、湖北省工程技术研究中心等科研基地 11 个，实现学校省部级以上（含省部级）科研基地全覆盖一级学科博士点目标，科研基地布局进一步得到优化。作物遗传改良国家重点实验室、农业微生物学国家重点实验室在 2016 年生物和医学领域国家重点实验室评估中分别获得优秀和良好。其中，作物遗传改良国家重点实验室是全国高校生命科学领域唯一连续 5 次评估优秀的国家重点实验室。

二、国家重点实验室简介

（一）作物遗传改良国家重点实验室

1992 年 3 月由原国家计划委员会批准建设，分别于 1996 年、2001 年、2006 年、2011 年（免评）、2016 年连续 5 次被评为优秀国家重点实验室，是唯一获此殊荣的农业科研类国家重点实验室，也是依托高校所建生命科学类唯一获此殊荣的国家重点实验室。

2012 年 11 月 18 日，实验室举行成立 20 周年庆典，举办了学术研讨、学术报告、学术沙龙等活动，组织编写并出版了文化读本《激扬与追求——作物遗传改良国家重点实验室成立二十周年纪事》。20 年来，实验室针对国家农业发展重大需求，紧紧把握生命科学发展脉搏，追求卓越，为农业增产、农民增收做出巨大贡献，并培育出大批科技人才。目前，实验室围绕作物遗传改良这一总体目标，已形成上中下游一体、“顶天立地”的鲜明研究特色，已成为我国乃至全球农业生命科学领域具有重要影响的科学研究、人才培养、学术交流的基地之一。

近 5 年来主持了包括“973 计划”、“863 计划”、国家科技重大专项和国家自然科学基金等国家任务近 200 项，累计到账科研经费约 4.5 亿元。发起并牵头全国几十家单位参加的重大、重点项目 4 项。

牵头并联合北京、上海等全国数十家单位合作，经过近 15 年的发展，推进我国水稻功能组研究整体水平处于国际领先地位。克隆一批产量、品质、抗旱、营养高效、抗病以及生长发育等具有自主知识产权的重要性状基因和调控因子，是国内外克隆作物功能基因最多的单位之一。获得国家自然科学二等奖 2 项。发表了学校第一篇 *Science*、*Nature* 论文。

发现的波里马细胞质雄性不育系（Pol CMS）被认为“是国际上第一个有实用价值的油

作物遗传改良国家重点实验室外景

菜雄性不育类型”，在国内外油菜育种界被广泛研究利用，全国目前三系油菜杂交种超过50% 都是 Pol CMS 及其衍生系杂种。获得国家科技进步一等奖 1 项。此外还获得国家技术发明二等奖、科技进步二等奖等 12 项。

实验室现有固定人员 72 人，其中研究人员 67 人，技术人员 3 人，专职管理人员 2 人。研究人员中有中国科学院院士 1 人，中国工程院院士 1 人，美国国家科学院外籍院士 1 人；入选“长江学者奖励计划”9 人；国家杰出青年基金获得者 6 人，国家优秀青年基金获得者（以下简称“国家优青”）2 人；入选“千人计划”特聘专家 4 人、“千人计划”青年项目（以下简称“青年千人”）5 人、国家高层次人才特殊支持计划（又称“万人计划”）3 人。有 1 个国家自然科学基金创新研究群体及 17 个省部级创新团队。

（二）农业微生物学国家重点实验室

2003 年 12 月，经科技部批准立项建设“农业微生物学国家重点实验室”。2006 年通过验收。1996 年、2001 年、2006 年、2011 年、2016 年参加了科技部组织的生命科学领域国家重点实验室和部分优秀部门重点实验室评估，均被评为良好。

实验室依据国家科技发展方针，围绕国家发展战略目标，针对科学发展前沿和国家重大需求，以农业有益微生物的利用和有害微生物的防治为主要研究内容，深入开展农业微生物学的应用基础研究，并向基础研究和应用开发两个方面延伸，是我国唯一以农业微生物为研究对象的国家重点实验室。

10 年来，承担了一大批国内外科研课题。包括 973 项目首席主持 3 项、863 项目首席主持 1 项、国家重点研发计划项目首席主持 3 项、农业部公益性行业科研专项首席主持 3 项、国家自然科学基金重点（重大）项目 12 项、国家自然科学基金重大国际合作交流项目 4 项等。

10 年来，在国内外学术期刊上发表论文 2 594 篇，其中 SCI 收录论文 1 748 篇（第一署名单位 1 563 篇）；出版专著、译著、教材等 57 部。

农业微生物学国家重点实验室外景

10 年来，获得国家科技进步一等奖 1 项（第四完成单位），国家科技进步二等奖 2 项（均为第一完成单位）；湖北省科技进步一等奖 7 项，湖北省技术发明一等奖 1 项，其他省部级科技奖励 14 项。获批新兽药注册证书 15 项；获批发明专利 231 项；成果技术转让 58 项，获转让经费 20 109 万元。

实验室现有固定人员 64 人，其中研究人员 58 人，技术人员 4 人，专职管理人员 2 人。拥有中国工程院院士 1 名、“千人计划”特聘专家 2 人、“973 计划”首席科学家 2 人、国家杰出青年科学基金获得者 4 人、国家优秀青年科学基金获得者 5 人、“长江学者奖励计划”特聘教授 5 名、“长江学者奖励计划”青年学者（以下简称“长江学者”青年学者）2 人、“新世纪百千万人才工程”3 人、国家及省部级有突出贡献的中青年专家 4 人，入选“青年千人”4 人、“万人计划”青年拔尖人才 2 人、“万人计划”科技创新领军人才 4 人、科技部“创新人才推进计划”入选者 4 人、农业部“农业科研杰出人才培养计划”5 人、教育部“新世纪优秀人才支持计划”和“跨世纪优秀人才支持计划”15 人。

第四节　社会服务

一、服务新农村建设

（一）成立新农村发展研究院

2011 年，学校入选教育部首批 10 所高等院校试点建设申报单位，积极筹划与湖北省科

2010 年 8 月，学校专家在仙桃为渔民讲座

技信息研究院、长江大学、武汉工业学院等单位协同共建华中农业大学新农村发展研究院。2012 年，教育部、科技部联合发文，正式批准学校建设首批新农村发展研究院。新农村发展研究院被科技部确定为第四批国家技术转移示范机构，被湖北省确定为省级新农村发展研究院并获得省财政项目支持。

（二）成立乡村振兴战略研究中心

2017 年 10 月 31 日，华中农业大学乡村振兴战略研究中心成立。作为全国较早成立的服务和践行“乡村振兴战略”的智库平台，中心建设目标是力争经过 3 ~ 5 年的研究和实践，建设成为国内一流的服务和践行“乡村振兴战略”的智库平台。

（三）实施“111”计划和“双百”计划

2009 年，学校在总结多年服务地方经济建设工作思路和工作模式的基础上，启动实施“一院带一村，辐射一个县”服务新农村建设行动计划（简称“111”计划）、“百名教授进百企”科技支撑企业发展行动计划（简称“双百”计划）。学校结合定点扶贫工作，适时调整“111”计划对接联系点，设立社会服务项目，创新形式推动区域农业发展。

（四）科技下乡与定点扶贫

学校积极响应国家开展的基层创业行动计划，广泛动员校内科技人员深入企业、农村，积极投身产学研合作。2008—2017 年，学校共集中组织科技人员 13 000 多人次进村入户开展农技推广服务，培训农业技术人员和新型农民 20 余万人次；选派各类科技特派员 804 人次、“三区”科技人才 227 人次。

2012 年，学校启动对口支援建始县工作。在定点扶贫建始工作中，探索形成了“围绕一个特色产业，组建一个教授团队，设立一个攻关项目，支持一个龙头企业，带动一批专业合

2017 年 11 月，乡村振兴战略研究中心成立

作社，助推一方百姓脱贫致富”的“六个一”产业精准扶贫模式。新华社专门报道了学校建始定点扶贫事迹。学校被科技部、教育部、国家扶贫办推荐为2015年中央单位定点扶贫工作会议的5个典型代表之一，校党委书记李忠云作为与会的320家中央单位中的企事业单位唯一代表，在中央定点扶贫工作会议上作典型发言。《人民日报》等中央主流媒体先后专题报道了学校定点扶贫典型事迹。

同时，学校积极参加“616”对口支援咸丰县工作、科技支撑大别山试验区、对口帮扶大悟县“脱贫奔小康”以及对口支援三峡库区移民等扶贫工作，并在定点扶贫驻点村黄梅县苦竹乡油铺街村做了大量工作。在前期“万名干部进万村入万户”（简称“三万”）工作的基础上，2015年10月，学校开始选派工作队进驻黄梅县苦竹乡油铺街村开展定点扶贫工作。两年多以来，共选派干部教师9人次。工作队整合学校资源开展了产业扶贫、教育帮扶、送书籍、送医药、送文艺下乡等一系列工作，先后投入帮扶物资累计折合140余万元。2017年，学校投入10万元专项资金进行油铺街村休闲农业和乡村旅游的前期规划，驻村工作队引入湖北青山绿水生态农业有限公司投资3亿元实施整村生态开发，并带动黄梅县投入400万元进行修路、建桥以及沿街立面改造等基础设施建设。目前，油铺街村已实现脱贫出列，并顺利通过全省扶贫成效考核第三方评估。

二、科技成果转化与普及

2008—2017年，学校科技成果转化（含成果转让、许可实施、横向科技合作）合同金额达9.7亿元，已到账收入5.9亿元。

（一）建立科技成果转化体系

2011年，学校建设完成“华中农业大学科技成果转化网”，该网站具备专家查询、成果查询、需求查询、消息发布四大主要功能，为技术需求方（社会企业）与技术供应方（学校、教师）搭建信息展示、沟通联系的平台。2011年，学校成功获得“陆個壹”注册商标，校园品牌逐步确立。2016年开始，学校联合定点扶贫帮扶点建始县举办特色农产品展销会。

2013年，学校出台《关于学校“营改增”后横向科研收入办理增值税减免业务的工作说明》；2014年11月，学校被列入中央级事业单位科技成果“三权”改革试点单位；2016年学校修订《华中农业大学科技成果转让和许可管理办法》，并优化调整工作业务流程，激发了科研工作者的创新创造热情，有效促进了科技成果转化。

（二）校地（政府、企业、科研院所）合作

学校不断深化与各级政府、企业和科研院所的联系。先后与湖北省辖35个县市及其他12个省（区、市）的相关县市开展了校地合作。2008—2017年，学校与全国各企事业单位及各级政府、部门签订横向科技合作协议，合同经费达7.1亿元。

2010年，学校与襄阳市农业科学院共建全国首家农业“院士工作站”，到2017年，先后在湖北、云南、浙江、福建、安徽等地共建61家院士专家工作站。2015年，学校获批“湖北省院士专家服务示范基地”。

学校牵头（参与）组建了油菜加工、畜禽良种2个科技部试点联盟；牵头（参与）组建

2018 年 5 月，科技成果转化大会华中农业大学专场现场

克氏原螯虾、禽产品加工、重大动物疫病防控与兽用生物制品、木本粮油、食用菌、茶叶等6个湖北省产业技术创新战略联盟；先后与大北农集团、华大基因、湖北省肿瘤医院等单位签订战略合作框架协议。

（三）科协与科普工作

2008 年以来，学校以科协为纽带组织数百名专家赴武汉、宜昌等地参加全国科技周、全国科普日和省市政府组织的科技、文化、卫生“三下乡”活动，开展科技讲座、科技培训、技术咨询、技术服务，参训上万人次。

2009 年，由张启发院士主持的全国科普教育基地“华中农业大学农业生命科学技术科普基地”获中国科协正式授牌，2012 年被评为全国优秀科普基地。近年来，围绕学校获得的首张转基因安全证书，举行了生物技术与现代农业科普与传播研讨会、“寻找未来科学家班”等大量的科普工作。2015 年，中国科协认定农业生命科学技术科普基地、校博物馆为2015—2019 年度全国科普教育基地。

学校积极拓展深化科协服务功能，依托专家做好科普宣传，促进科普宣传与科技服务深度融合。学校承接湖北省科协《身边的科学》科普丛书编撰工作，主编了《转基因与我们的生活》《香菇安全高效生产与加工技术》《食用菌病害鉴别与防控》《水中的光亮》4 部科普读物；编印了《十问转基因》等转基因科普图册。2017 年，校科协获评湖北省科协系统先进集体。

三、决策咨询与培训服务

（一）决策咨询

学校聚焦国家和湖北省的重大决策需求，整合多学科力量汇聚校内外优秀智力资源，引

2010 年 7 月，1 881 名大学生村官在校接受培训

导专家开展长期性、战略性、专业化咨询研究，谋划和承担重大政策咨询项目；实施“狮山智库锻造行动”，加强智库与政府决策能力。提交各级政府的决策咨询报告数量逐年上升，2017 年全年学校提交省部级以上政策咨询报告 30 余篇，开展了大量面向产业发展的咨询活动。相关决策咨询服务内容在第二篇第六章中另文详述。

（二）培训服务

2008 年以来，继续教育学院依托“中央农业干部教育培训中心华中农业大学分院”主阵地，着重提升自身能力，新增成为“农业部现代农业技术培训基地”“湖北省干部教育培训高校基地”“广西壮族自治区现代农业管理人才培训基地”“国家科技特派员创业培训基地”。拓展了农业部农牧渔业大县局长轮训项目、国土资源培训项目、湖北省农村教师培训项目、湖北省大学生村官培训项目、农技培训项目，培训事业覆盖范围扩大到全国 31 个省（区、市）。

10 年间，继续教育学院综合运用专题讲授、现场教学、小组研讨、案例分析、户外拓展、情景模拟、行为训练、调查研究、实验实习、撰写报告等多种培训方式方法，共开展六大项目 528 个班次的培训，共计培训涉农领域的不同级别领导干部、科技人员、管理人员、企业与合作社带头人、农村中小学教师等各类人才 41 508 人次；《农民日报》等媒体多次报道培训活动。

第五节　科技管理体制建设

一、优化组织机构建设

强化组织建设，积极应对国家科技体制改革。经学校研究，2012 年将科技处调整更名为科学技术发展研究院，不仅担负学校的科技管理实务工作，同时还承担科技管理研究职责。在此基础上，2016 年，根据国家科技体制机制改革及科技计划调整情况，重新调整优化内部机构，设立综合管理处、项目管理处、基金管理处、基地与人才处、成果管理与推广处、人文社科处和经营性资产管理办公室。为配合相关管理工作，将学校学术委员会办公室、学校转基因安全管理领导小组办公室、学校知识产权管理领导小组办公室设在科学技术发展研究院。将学校科学技术协会秘书处、学校学术委员会秘书处挂靠科学技术发展研究院。

完善三级管理体系，探索建立学校、学院和科研团队三级管理与责任机制，形成管理合力。科学技术发展研究院注重加强项目谋划、信息收集、沟通协调和监督执行等方面的工作；在研究型学院设立专职科研秘书，推动管理重心下移，夯实学院的科技管理服务职能；明确科研团队学术带头人在科研活动中的权与责。

注重顶层设计，提升组织化工作水平。加强工作的超前谋划，提高组织能力。始终坚持前瞻性谋划、组织化推动、流程化运作，乘势而谋、顺势而为、创势而上，主动组织谋划重大项目，推荐专家参与国家层面的顶层设计，不断提升工作的组织化水平。不断创新管理机

2012 年 4 月，人文社会科学处成立

制，围绕勤学型、敏锐型、研究型、开放型、实干型、自律型“六型”科技管理队伍建设目标，坚持精心、精细、精准的“三精”科技服务理念，不定期开展科研形势研判和顶层设计论证，积极推进学校科技管理方式由“科研组织”向“组织科研”转变，不断提升科技管理水平，提升管理工作贡献力。

健全规章制度，强化管理规范化。深入贯彻落实“放管服”要求，依据国家科技体制改革相关政策，结合学校实际，制（修）订《华中农业大学科研项目管理办法（修订）》《华中农业大学科研经费管理实施细则》《华中农业大学科研项目结余经费管理办法（试行）》《华中农业大学科研项目劳务费管理办法（试行）》等29项管理制度，为科技工作顺利开展提供制度保障；建立健全知识产权管理制度和技术转移转化机制，优化科技成果转移转化流程，强化激励措施，激发科研人员科技创新创造热情和成果转移转化动力。

创新服务方式，促进“放管服”落地落实。充分利用信息化手段对科研项目和经费进行目标化、精细化管理。进一步完善科技管理信息系统和科研项目数据库建设，实行全流程痕迹管理，并与人事系统、科研财务系统对接，让“数据多跑路，专家少跑腿”，为科研工作者潜心研究提供良好的管理环境。

二、学术规范与学术道德建设

明确教授在治学治研中的主体地位，建立健全学术治理体系。按照教育部相关要求，于2014年完成校学术委员会换届选举工作，构建以校学术委员会、专门委员会和学院（部）学术委员会为主体的学术治理组织结构。确立了校学术委员会为学校最高学术机构，下设6个专门委员会。各专门委员会和学院（部）学术委员会接受校学术委员会的指导。学术委员会和各专门委员会充分行使学术事务的决策、审议、评定和咨询等职权，在学校教学、科研等学术事务中发挥了有效作用。

2009年学校出台《华中农业大学学术规范》和《华中农业大学调查学术不端行为工作流程》。2014年2月，校学术委员会成立起草小组，启动《华中农业大学学术规范》和《华中农业大学处理学术不端行为暂行办法》制（修）订工作。两个制度修订过程中，通过网络、座谈会等形式广泛征求了意见。9月30日，校学术委员会组织召开全体委员会议，投票通过了两个办法的制（修）订稿。2014年11月，两项制度报送学校校长办公会审定予以通过并正式印发。

2010年10月以来，启动研究生科研记录检查工作。将研究生科研记录检查工作常规化、制度化，主要以学院自查、学校抽查相结合的方式开展。学校组织教师团队结合教学知识点及案例，建设“科学道德与学术规范”慕课，课程学分为1个学分，开课对象为研究生，课程性质为指定选修课。课程按照科学研究的流程，系统讲解在各个环节应遵守的学术道德与规范，兼顾自然科学和人文社会科学的特点，主讲教师团队由自然科学和人文社会科学的高岗教授组成，教学形式满足校内和校外不同学员的需求，按照“校外慕课、校内SPOC”方式组织教学，校内学生的教学将融合在线学习和案例面授教学2种教学组织方式。

学校将科学道德与学风建设纳入课程建设体系，启动传统案例教学和慕课的课程建设工作，并作为必修课和指定选修课分别纳入本科生和研究生人才培养方案。2015年7

2017 年 9 月，张启发院士为新生开讲“科学道德与学术规范”课

月，学校被全国科学道德和学风建设宣讲教育领导小组办公室列为 11 所案例教学试点单位之一。2016 年、2017 年，张启发院士连续两年为新生作了“科学道德与学术规范”课程第一讲。2016 年 11 月，《科技日报》以“华中农业大学：从源头预防学术不端”为题专题报道并高度评价了学校学术不端行为预防及学术规范治理体系等学术道德建设情况。校学术委员会专门开辟学风道德建设专题网站，实现学风建设机构、学术规范制度和不端行为查处机制的“三落实”“三公开”。公开学术不端行为举报电话、邮箱等途径，指定专人受理相关投诉举报，学术道德建设委员会指派专人核实处理，实现“有举报、有处理、有回复”。在学术不端行为的惩处上，严格规范程序，处理结果在校园网上予以公开。

2017 年，第十二届学位评定委员会第五次全体会议讨论修订《华中农业大学学位授予工作实施细则》，从 2017 年 9 月 1 日开始，一经认定为作弊，无论作弊者所在学历层次高低、所受处分轻重，一律不授予学位，进一步从严把握学位授予条件，对全校学生考试作弊行为采取“零容忍”。

第六节　学术期刊建设

期刊社坚持正确的办刊方向，紧紧围绕学校事业发展，以提高质量为中心，积极开展“以党建带动群建、群建带动期刊社整体工作”。

一、坚持精品特色

2012 年，学校学位评定委员会同意在《学术期刊分级名录》自然科学类二级期刊目录中增列《华中农业大学学报（自然科学版）》（以下简称“学报自科版”）、人文社科类三级期刊目录中增列《华中农业大学学报（社会科学版）》（以下简称“学报社科版”），从政策上力促社科学报早日进入中文社会科学引文索引来源期刊（以下简称 CSSCI）。根据学报自科版的现状和在行业内的地位，学报自科版定位精品期刊。通过特色栏目搭好学术平台，通过深入调研掌握学术动向，通过严格审稿把好学术关口，从而保证论文学术质量，打造精品期刊。

按照教育部“名刊名栏工程”的要求，从 2009 年开始，学报社科版一步步强化“三农”特色，先后启动“农业经济与社会发展”项目资助计划；开设“产业经济体系”、“聚焦转基因”等专题栏目；牵头在中国知网创办《三农问题研究》专刊。同时，学报社科版加强特色栏目建设，“农业经济与农村发展”栏目已经成为湖北省特色栏目（2013 年）。学报社科版定位逐渐明确，确定“三农”问题为期刊关注的重点，进一步突出“三农”特色，谋求社科版特色化转型发展。《养殖与饲料》定位为学术性与应用性并重，以学术创新为本，以服务产业为重，引领我国养殖及饲料产业学术研究，促进养殖与饲料产业科学发展。

2009 年以来，学报自科版影响力指数 CI 值和复合影响因子持续提高。获得“中国精品期刊（科技部）”“中国高校百佳科技期刊奖（科技部）”“湖北十大最有影响的自然科学学术期刊”“中国高校精品科技期刊（教育部）”“湖北精品期刊奖”等重要奖项数十项。

学报社科版始终坚持正确的办刊方向，把住理论和政治导向的关口，特别运用十八大以来提出的一系列重要理论、方针、政策，分析和解答当前的社会热点。学报社科版影响力指数 CI 值和复合影响因子持续提高，位于 Q1 区。2014 年学报社科版成为 CSSCI 扩展版来源期刊，2017 年顺利成为 CSSCI 来源期刊。获得“全国高校百强社科期刊”“全国高校社科期刊特色栏目”（“农业经济与农村发展”栏目）“全国理工农医院校优秀社科学报”“湖北省优秀期刊奖”等荣誉数十项。

《养殖与饲料》植根行业持续发展，社会影响力有所提升。先后承办、主办中国健康养殖嘉年华、养猪产业链供给侧改革暨合作创新论坛、全国规模化猪场健康养殖增效论坛及 120 周年校庆首场大型学术活动——“2018 中国规模猪场智造论坛”等活动；荣获中国畜牧业博览会“突出贡献奖”“最佳活动奖”“金牌合作伙伴奖”“优秀合作伙伴奖”“全国优秀农业期刊”“中国畜牧兽医优秀期刊”“湖北省优秀期刊奖”、湖北省期刊“特色栏目奖”等荣誉。

二、稿源、智库与数字化建设

学报自科版根据稿源现状，采取向重大科研项目约稿、开放办刊、出版国际会议论文专集、组织专题、快发等有效措施，吸引优质稿源。出版了中国科学院和美国国家科学院共同举办的“全球转基因农作物发展现状和未来展望国际研讨会”论文专辑（英文）。组织了环境微生物、蓝细菌生物技术、土壤微生物群落结构与功能研究、蓝细菌的环境适应性分析、共生固氮生物技术等专题。

学报社科版加强选题策划，主要以“中央一号文件”为导向，追踪“三农”问题热点，围绕产业现实和国计民生等重大社会现实问题，向知名学者、高水平的研究团队约稿，进一步拓展了作者群；另一方面，积极吸收知名专家、青年学者为审稿专家，及时更新审稿专家库。

期刊社加强编辑人才的培养，精心组织、安排编辑参加学习培训和学术会议。充分利用融媒体技术，加强期刊传播。2010 年，开始使用在线投稿系统、采用学术不端检测系统及二维码技术；2013 年，与中国知网签署独家授权数字出版协议和优先出版协议，提高了传播速度；2015 年，对在线投稿系统进行全面升级；2017 年，推出微信公众号。

第五章　开放办学与合作交流

第一节　实施开放办学战略

“实施国际化战略，推进开放办学”是学校事业发展“十二五”规划五大战略对策之一。围绕该战略，2010 年学校编制了《国际合作与交流工作“十二五”规划》，并于 2011 年发布。规划提出，坚持以人才培养和高层次人才引进为核心，全面围绕教师拓展合作交流；以项目合作为基础，以学科建设、科学研究为重点建立长效国际合作机制；要完善体制机制，强化教育外事管理与服务，建立科学、高效、规范、符合国际惯例的管理制度。

2016 年，《国际合作与交流工作“十三五”规划》发布实施。规划围绕学校发展愿景，提出要坚持服务国家外交大局、遵循高等教育规律、推进学校事业发展，以培养高素质、国际化人才为主线和根本，按照练好基本功、放眼全世界、推进国际化的工作思路和分层设计、多措并举、协同推进的原则，完善体制机制，以提升能力为重点，以增强保障为基础，全面实施国际化战略，提升学校核心竞争力和国际影响力。

第二节　国际合作交流与留学生教育

一、国际合作与交流

10 年来，学校通过不断加强国际合作与交流，大力拓展校际交流合作项目，切实开拓中外合作办学项目，同时建立健全各项管理制度，加强校院两级国际交流专业队伍建设，使学校国际合作与交流得到蓬勃发展，教育国际化水平及人才培养国际化层次得到提高。2008 年以来，学校与美国、英国、韩国、澳大利亚、日本、加拿大、德国等 40 多个国家和地区的 160 余所大学及科研机构开展了交流，先后与 17 个国家和地区的高等院校、科研机构及联盟组织正式签约了 67 份校级合作协议，开展学生交流、科研合作、文化交流等合作。

2017 年 12 月，学校组织公派留学选派工作宣讲会

学校共接待 57 个国家和地区的 219 个代表团，共计 6 858 人次来校访问，包括政府代表团、高等院校代表团、科研机构代表团、民间团体、非政府组织、国际组织等来校洽谈合作、友好交流、签署协议、演讲报告、参观调研等各类访问活动；共派出 4 856 人次赴境外知名大学进修国际合作交流，包含 50 个校级代表团赴欧洲、北美洲、南美洲、大洋洲等地高校或科研机构开展交流、寻求合作。

学校积极开展国际联合办学项目，支持学生出国留学。2012 年，首批入选“国家留学基金委优秀本科生国际交流项目”签约单位，学校认真组织，多次得到国家留学基金委的表扬；2015 和 2017 年，两次获批国家留学基金委的创新型人才国际合作培养项目，全额资助

2016 年 12 月，中埃农业科教中心成立

学生出国攻读学位；2013 年，启动与英国哈珀亚当斯大学的市场营销本科专业合作办学项目，引进培养方案、教材、教师等优质教育资源，推进人才培养模式改革；2014 年，成立华中农业大学－东亚大学韩国语言与文化中心；先后与美国、英国、加拿大、澳大利亚、韩国等国知名高校签署联合培养双学位项目 15 项。

主动参与“一带一路”行动，整合资源，集成校内学科特色优势；联合国内兄弟高校、科研机构组建孔子学院、研发中心、国别研究中心等，引导学科及专家走出去，服务共建“一带一路”。2016 年，成立中埃农业科教中心并举办“2016 中埃农业科学技术合作论坛”，推动与埃及在人才培养、智库建设、科研合作等方面搭建合作实体平台；2017 年，邓秀新校长率团一行 26 位专家到埃及开展科研合作交流，并参加第二届中埃农业、兽医科学与工程国际大会。同年，召开“中巴农业论坛”，共话推进“一带一路”框架下与巴基斯坦等国家和地区的农业合作。

二、留学生教育

学校国际学生规模大幅增长，攻读学位的国际学生规模从 2008 年底的 45 人增加到 2017 年底的 484 人，10 年增加到了 10 倍多；各类国际学生 2017 年总规模达到 510 人。招生人数从 2008 年的 27 人增加到 2017 年的 189 人，增加了 9 倍。学校国际学生以学历生为主，其中博士生人数最多，占在校国际学生总数的 70%；学生主要来自“一带一路”沿线国家，占比超过 80%。现有国际校友 523 人，其中博士研究生 182 人，硕士研究生 106 人，本科生 30 人，进修生 205 人。

2018 年 6 月，国际学生毕业合影

第三节 实施智力引进

一、请进外籍专家

为保障引进国外智力工作规范、有序地开展，学校于2011—2013年先后修订《华中农业大学聘请国（境）外专家规定》《华中农业大学关于聘请长期外籍教师的有关规定》《华中农业大学聘请国（境）外专家工作程序》《华中农业大学合作教师管理办法》《华中农业大学外国文教专家评审小组及工作职责》等规章制度，2015年出台《华中农业大学外宾接待管理办法》，2016年制订《华中农业大学聘请外国文教专家项目管理办法》，修订《华中农业大学举办国际会议管理办法》。

10年来，学校多措并举共筹措聘请外籍专家项目经费7 262.14万元。通过高等学校创新学科创新引智计划、“一带一路”教科文卫引智计划、农业引智推广示范基地、高端外国专家项目等国家级项目，国际学术大师校园行项目、“海外名师”项目、学校特色聘专项目等高校重点项目，以及湖北省引进国外智力和专业技术人才项目，共邀请了外国专家学者4 039人次来校开展讲座、讲学、合作科研或参加国际学术会议。

10年间，专家层次明显提高，一大批国际知名教授来校交流、讲学，教授以上职称占85%以上，包括美国国家科学院院士迈克尔·托马斯休（Michael F. Thomashow）、施罗德·朱莉安（Schroeder Julianivan）、蒂芬·波拉斯基（Stephen Polasky）、大卫·斯迪布利（David SDibley）、美国工程院院士圣吉特·米塔（Sanjit K. Mitra）、澳大利亚科学院院士兰贝尔斯·约翰尼斯·蒂奥（Lambers Johannes Thieo）、德国科学院院士卡尔·海因茨·科格尔（Karl-heinz kogel）、瑞典皇家科学院院士保罗·罗伯特·詹姆斯·伯奇（Paul Robert James Birch）、*Nature*杂志执行主编尼克·坎贝尔（Nick Campbell）、*Ameriacn Journal of Botany*（*AJB*）杂志主编克里斯托夫·本尼（Christoph Hermann Benning）等国际著名学者。韩国籍专家陈炳来（ByungRae Jin）教授和荷兰籍专家内利斯·库帕尔（Lieuwe Kornelis Koopal）教授分别荣获2011年度和2016年度湖北省政府“编钟奖”（为表彰对湖北省发展做出突出贡献的外国专家而设立）。2016年，澳大利亚默多克大学伊恩·邓肯·罗伯逊（Ian Duncan Robertson）入选湖北省“百人计划”。

二、建设引智基地

（一）学科创新引智基地

学科创新引智基地是由教育部和外国专家局联合组织实施的国家级项目。2008—2017年间，学校有2个建设中的基地，3个新获批的基地。

植物功能基因组学科创新引智基地。基地建设10年间分别与美国丹佛植物科学中心

（Donald Danforth Plant Science Center，USA）、美国亚利桑那大学（University of Arizona，USA）和英国洛桑研究所（Rothamsted Research Institute，UK）签订“科研机构合作备忘录”，并分别建立联合实验室。举办“植物生物学前瞻国际高级讲习班”2次，开展科研合作项目23项，召开6次双边学术交流会议。共引进海外学术大师19人次（包括美国国家科学院院士3名）、学术骨干217人次来校讲座、授课、指导和合作研究。派出学术大师、学术骨干到海外合作机构讲学、访问37人次，派出教师、博士生出国学习、培训和合作研究50人次，共同培养研究生35名。

作物生物能源物质高效合成和转化的分子机理创新引智基地。基地建设10年间共引进海外学术大师13名，通过互派教师交流机制，资助16名教师出国访问或参加国际会议。通过交换学生联合培养，向国际知名大学派遣12名研究生进行留学深造。联合培养的研究生中获全国百篇优秀博士论文奖1项，提名奖2项，中国百篇最具影响国内学术论文奖1项，湖北省优秀博士学术论文2项。

动物重大疫病防控创新引智基地。该基地于2012年经国家外国专家局和教育部批准建设。依托基地与美国、英国、德国、法国、新加坡、澳大利亚等国家和地区的相关实验室建立了密切合作，累计40余人次到国外开展合作研究，40余位国外专家应邀来实验室进行学术交流活动。通过该项目引进2位“外国专家千人计划”特聘教授，一位湖北省引进海外高层次人才计划（简称湖北省“百人计划”）外籍教授，并与国外科学家合作申请获得16项国际合作项目，研究工作取得了重要进展。

果树生物技术与遗传改良创新引智基地。该基地于2013年经国家外国专家局和教育部批准建设。通过访问考察、联合培养、参加国际学术会议等方式向海外输出学术大师、研究骨干、优秀博士等累计达20余人。与美国、法国、澳大利亚、英国、西班牙、日本等国家和地区的高校、研究所（中心）建立长期而稳定的研究合作关系。2010年至今，已自主承办四届国际果树学科学术研讨会，累计参会人数达千余人。已邀请各合作国家科研人员到学校讲学指导达40余人次。

作物健康生产理论与技术创新基地。该基地于2014年经国家外国专家局和教育部批准建设。成立以来依托基地共主办国际会议6次，邀请了78名国际知名学者来华讲学和学术交流，先后选派9名青年教师和5名博士生赴美国、英国、德国、加拿大、澳大利亚、菲律宾等国家和地区的著名高校及研究机构学习深造和开展合作研究、联合培养或短期培训，并与上述国家和地区多个研究领域的知名专家建立了密切的合作关系，这些交流与合作为本学科进一步开展深入、系统地合作研究奠定坚实基础。

第四节　学术会议与学术交流

一、国际学术会议与学术交流

2008—2017年，学校共举办88场国际学术会议。其中，第十一届国际柑橘学大会，中

2015 年 9 月，第十三届国际水稻功能基因组大会在学校召开

美科学院联合主办的全球转基因农作物发展现状和未来展望国际研讨会，亚洲猪病学会第8次学术会议在第二篇第七章中另文介绍。此外，比较重要、影响力较大的国际学术会议简介如下。

（一）第五届国际柿学术研讨会

2012 年 10 月 20—26 日第五届国际柿学术研讨会在学校和广西恭城召开。这是在我国举行的第一次国际柿学术研讨会。会议由国际园艺学会主办，中国园艺学会和华中农业大学承办，大会主席为园艺林学学院罗正荣教授。来自日本、意大利等 16 个国家和地区的 200 余名专家学者围绕“历史、多样性和产业”的主题，深入研讨了柿的起源、进化和利用历史，种质资源多样性及其遗传研究和育种应用方向，标准化优质安全生产模式，果实脱硝、贮藏和物流技术，以及多元化产品开发和营销体系等内容。

（二）第 21 届环境生物地球化学国际学术研讨会

2013 年 10 月 14 日，第 21 届环境生物地球化学国际学术研讨会（ISEB）在学校举行，来自美国、加拿大、德国、瑞典等 23 个国家和地区的 80 余名专家学者以及 200 多位国内学者参加会议。ISEB 聚集了研究环境科学、微生物、化学、土壤学、地理科学等领域的知名专家和学者。1973 年，第一届研讨会在美国犹他州举行，之后每两年举行一届，本届大会是第一次在中国召开，共包括 53 场口头报告，12 场特约讲演，展出 98 份学术墙报。

（三）第五届中国农业经济评论 - 国际食物政策研究所（CAER-IFPRI）国际学术年会

2013 年 10 月 17—18 日，第五届 CAER-IFPRI 国际学术年会在学校举行。年会由 CAER 编辑部、中国农业大学、华中农业大学和 IFPRI 主办。会议主题为“制度创新与农村发展”，分 9 个专题进行了讨论和交流，包括：农产品市场、贸易与价格；农业与粮食生产；食品、营养与健康；农业与食品安全；劳动力、土地、资本增长；气候变化与农业；中非农业合作；能源、资源与环境；国际农业发展。论文作者分别来自美国北达科他州立大学（North Dakota State University，USA）、国际食物政策研究所（IFPRI）、北京大学、德国波恩大学（University of Bonn，Germany）、荷兰瓦赫宁根大学（Wageningen University，The Netherlands）、中国人民大学等国内外多所知名高校和研究机构。

（四）第十九届国际十字花科植物遗传学研讨会暨芸薹属 2014 年会

2014 年 3 月 31 日—4 月 2 日在学校召开，由中国工程院主办，华中农业大学、中国工程院农业学部承办。这是国际十字花科植物遗传学研讨会首次在中国举行。来自中国、美国、俄罗斯、德国、瑞典、韩国等 16 个国家和地区的 250 多名专家参会，共同探讨“基因组时代的十字花科植物遗传改良”。

（五）2014 年国际棉花基因组大会

2014 年 9 月 25—28 日在学校召开。棉花遗传改良研究团队张献龙教授出任本次大会主席。来自美国、法国、澳大利亚、印度、巴基斯坦、保加利亚、乌兹别克斯坦、巴西等 10 多个国家和地区，以及我国北京大学、中国科学院等 20 多个科研院校（所）的 300 多名专家学者参加了大会。

（六）第二届国际油菜素甾醇（BR）会议

2015 年 5 月 20—22 日在学校召开。学校王学路教授、兰州大学黎家教授和中国科学院上海植物逆境中心李建明研究员担任大会组委会主席。来自中国、美国、西班牙、日本、韩国、德国、以色列等 15 个国家和地区的 200 多名专家学者及代表参加会议。

（七）猪营养与肠道健康国际学术研讨会

2015 年 6 月 26—27 日，由国家国际科技合作专项项目组、生猪健康养殖协同创新中心以及学校共同主办的“2015 猪营养与肠道健康国际学术研讨会”在武汉举行。来自国内外 600 余位相关领域人员参加了会议。研讨会中，来自国内外的专家学者分别围绕饲料加工、饲料成分、肠道微生物等猪营养与肠道健康、生猪健康养殖的前沿问题以及产业难点问题开展了学术交流。

（八）第十三届国际水稻功能基因组大会

2015 年 9 月 22—24 日，由华中农业大学承办第 13 届国际水稻功能基因组大会在作物遗传改良国家重点实验室召开。来自中国、美国、韩国、日本等 16 个国家和地区的 400 多名专家学者及会议代表参会。本次会议主题为“水稻基因组与技术：养活了数十亿人口”。张启发院士担任本次大会组委会主席。国际水稻功能基因组大会（International Symposium on Rice Functional Genomics）由多国水稻科学家们联合发起，2003 年在中国上海成功召开第一届会议此后每年召开一届。

（九）南湖国际青年科学家论坛

学校自2016年创办南湖国际青年科学家论坛，旨在汇聚海内外优秀青年科学工作者，搭建科研交流平台和引才聚才平台。

2016年6月23—24日，首届南湖国际青年科学家论坛邀请来自美国国立卫生研究院、哈佛大学医学院、杜克大学等海外学术机构的20位青年学者与会，围绕生物医学、畜牧兽医、微生物学、水产和植物生物学等领域作专题报告。

2017年5月18—20日，第二届南湖国际青年科学家论坛邀请1位特邀报告代表、44位校外代表、18位校内代表参会。会议设环境科学、生命科学、经济管理、食品科学、化学与材料学等分论坛。

2018年5月12—13日，第三届南湖国际青年科学家论坛共邀请来自20个国家和地区的149位校外学者参会，设植物科学技术、动科动医水产、资源环境、生命科学、园艺林学、工学、经济管理、食品科学、理学、公共管理、信息学院等11个分论坛。

二、港澳台地区学术会议与学术交流

（一）人员互访

2008—2017年间，学校共有482名师生出访香港、澳门和台湾地区，分别进行合作交流、进修培训、访问考察和参加学术会议；共有494名港澳台地区专家、学者和学生来学校交流访问。学校还与台北大学、台湾中国文化大学、中兴大学、台湾大同大学、屏东科技大学和宜兰大学签订交流协议，每年定期互派交换生。

（二）聘请客座教授

2011年，学校聘请台湾大学农业化学与生命科学系王明光教授为客座教授。

（三）举办学术会议与学术活动

海峡两岸现代农业发展与粮食安全学术研讨会。2008年5月4日，“海峡两岸现代农业发展与粮食安全学术研讨会”在学校召开。来自台北大学、台湾清华大学、开南大学、高雄大学等多所台湾高校、科研机构在内的师生代表参加了会议。

海峡两岸环境、能源及粮食政策方略研讨会。2009年10月16—25日，学校与台湾清华大学共同举办了“海峡两岸环境、能源及粮食政策方略研讨会”，共有60多名代表参加了本次会议，其中台湾代表25人。

海峡两岸粮食安全与农业产业结构调整研讨会。2010年11月5—11日，学校与台湾开南大学共同举办了“海峡两岸粮食安全与农业产业结构调整研讨会”，共有60多名代表参加会议，其中台湾代表15人。

海峡两岸环境、能源及粮食政策方略学术研讨会。2010年10月，“海峡两岸环境、能源及粮食政策方略”学术交流活动在学校进行，来自台湾13所院校和研究机构专家学者25人与学校专家学者共65人参加活动。

第十届海峡两岸菌物学暨第三届食药用菌研讨会。2011 年 7 月 15—17 日，“第十届海峡两岸菌物学会暨第三届食药用菌学术研讨会”在学校召开。此次会议由中国菌物学会、台湾真菌学会和中国科学院微生物研究所主办，共有来自海峡两岸的近 200 名专家学者参加此次会议，为历届海峡两岸菌物学会研讨会代表人数最多的一次。

海峡两岸现代农业发展与环境资源保护学术研讨会。2011 年 11 月 7—12 日，学校与台湾农业与资源经济学会共同举办了“海峡两岸现代农业发展与环境资源保护学术研讨会”。

首届海峡两岸畜牧兽医学术论坛。“首届海峡两岸畜牧兽医学术论坛”于 2014 年 7 月 10 日在学校召开。来自台湾大学、中兴大学、宜兰大学、台湾中国文化大学、华中农业大学的 150 余名师生参加论坛。

第十一届两岸三地植物生物技术研讨会。2015 年 6 月，“第十一届两岸三地植物生物技术研讨会”在学校召开，北京大学许智宏院士，中国科学院上海生命科学研究院院长陈晓亚院士，台湾义守大学校长萧介夫教授，台湾中兴大学副校长叶锡东先生，香港中文大学张建华教授等校外 110 名植物分子生物学与生物技术专家与学者及本校近 400 名师生参加会议。

第九届两岸三地食品安全与人类健康研讨会。2016 年 8 月 24—25 日，“第九届两岸三地食品安全与人类健康研讨会”在学校举行。来自台湾大学、中兴大学、香港中文大学、中国农业大学等 10 余家单位近 150 名代表共同参加了会议。

21 世纪海峡两岸生物技术创新研讨会。2016 年 11 月 9—10 日，“21 世纪海峡两岸生物技术创新研讨会暨华中农业大学 - 中兴大学生命科学联合会议”在学校召开。来自中兴大学的 10 位教授与学校相关学院师生代表参加了本次会议。

（四）执行教育部对台项目

第二届海峡两岸萤火虫生物多样性与环境保护训练营。2013 年 7 月，来自台湾中兴大学、宜兰大学、明道大学、台北艺术大学等 40 名师生代表来学校参加“第二届海峡两岸萤火虫生物多样性与环境保护训练营”活动。

海峡两岸大学生志愿服务交流营。2015 年 7 月 8—13 日，全国台联 2015 年台胞青年千人夏令营湖北省分营同期开营。两岸 30 余名志愿者在学校海峡两岸大学生志愿服务交流营深度参与体验志愿服务。

海峡两岸大学生中华传统文化体验营。2016 年 8 月 22 日，来自台湾中兴大学、台湾中国文化大学、宜兰大学、嘉义大学及近 90 名爱好中国传统文化的师生，以“走读三国，永续农耕”为主题展开了为期一周的文化体验活动，共同体悟中华传统文化。

2017 年海峡两岸青年大学生创新创业交流营。2017 年 7 月 9—15 日，学校承办教育部直属高校对台交流项目“2017 年海峡两岸青年大学生创新创业交流营”。在为期 7 天的活动中，来自台湾中兴大学及学校的志愿者共 20 余人一起开启了创新创业交流和湖北省文化体验之旅。

三、国内学术会议与学术交流

在对标国际迈向全球的同时，学校十分注重与国内高校和科研机构的合作，举办了一系

2016 年 5 月，学校与华大基因签署战略合作框架协议

列学术会议与学术交流活动。2008 年以来，先后举办了第八届和第十一届中国蛋品科技大会、全国中青年农经学者年会暨现代农业产业发展学术研讨会、第一届和第四届全国大宗淡水鱼加工技术与产业研讨会、中国风景园林教育大会、全国土壤化学 / 土壤环境学术研讨会、全国农产品精深加工与安全论坛和第六届水生蔬菜大会、第六届全国高校农学院院长年会、中国风景园林学会第五次会员代表大会与中国风景园林学会 2013 年年会、全国数学建模竞赛培训与应用研究研讨会、2014 中国生态经济建设 · 狮子山论坛、全国现代食品制造与安全学术研讨会、中国水产学会水产生物技术专业委员会 2014 年年会、湖北省第十八届分析化学年会、第一届全国玉米生物学学术研讨会、中国水产学会鱼病学术研讨会、2015 年中国农业技术经济学会学术研讨会、第八届全国规模化水产健康养殖技术研讨会、2016 全国水生蔬菜保鲜加工技术与产业化研讨会、2016 · 红曲菌与相关产品学术研讨会、中国科协第 302 次青年科学家论坛、2016 年中国农业工程学会农产品加工暨贮藏工程分会学术年会、全国畜牧学科高峰论坛暨动科学院院长（所长）联席会议、中国化学会第十一届全国磷化学化工学术研究会暨中国空间科学学会空间生命起源与进化专业委员会年会、中国园艺学会采后科学技术分会暨中国植物病理学会产后病理学专业委员会学术年会、生物质炭与生态功能学术研讨会、全国生猪精准饲养与饲料安全技术研讨会、2017 中国食品青年科学家学术沙龙、湖北省养蜂学会第八次代表大会、作物基因组编辑学术研讨会、第三届绿色消费行为研究专题研讨会、全国规模化猪场主要疫病监控与净化研讨会、中国武汉种猪拍卖展销暨学术交流会、中国奶业协会繁殖技术学术年会等多个学术会议。学校遵循学术主导原则，相继举办纪念水产学院办学 40 周年、食品科技学院建院 30 周年、生命科学技术学院建院 20 周年庆典和纪念陈华癸先生诞辰 100 周年、土地资源管理专业创办 50 周年暨院长论坛、团头鲂命名 60 周年纪念大会暨团头鲂学术研讨会等系列学术交流活动。

第六章　党的建设与思想政治工作

第一节　干部队伍建设

聚精会神抓好党建与思想政治工作是推进学校各项事业发展的重要保证。学校党委始终坚持党的教育方针，坚持社会主义办学方向，牢牢把握学校意识形态工作领导权，大力培育和践行社会主义核心价值观，全面推进学校党的政治建设、思想建设、组织建设、作风建设、纪律建设，把制度建设贯穿其中，深入推进反腐败工作，不断提高党的建设质量，为学校改革发展稳定提供强有力的政治保证、思想保证、组织保证。

一、校领导班子调整

2008 年 3 月，刘贵友同志调任中共中国药科大学委员会委员、常委、书记。10 月，教育部党组经研究并与中共湖北省委商得一致，决定周承早同志任中共华中农业大学委员会委员、常委，免去刘贵友同志的中共华中农业大学委员会常委、委员职务。同时教育部任命周承早为副校长、免去刘贵友的副校长职务。

2009 年 1 月，教育部党组经研究并与中共湖北省委商得一致，决定免去谢从华同志的中共华中农业大学委员会常委职务。同时教育部免去谢从华副校长职务。

2009 年 6 月，教育部党组经研究与中共湖北省委商得一致，任命陈兴荣、李崇光同志为中共华中农业大学委员会常委。同时教育部任命陈兴荣、李崇光为副校长。

2011 年 11 月，教育部党组经研究并与中共湖北省委商得一致，因年龄原因，免去李桂芳同志的中共华中农业大学委员会副书记、常委、纪委书记职务。

2012 年 6 月，教育部党组经研究并与中共湖北省委商得一致，决定任命李名家同志为中共华中农业大学委员会副书记、纪委书记，吴平同志为中共华中农业大学委员会委员、常委。同时教育部任命吴平为副校长，免去李名家的副校长职务。

2012 年 7 月教育部完成对学校行政班子换届，任命邓秀新为校长，高翅、张献龙、周承早、陈兴荣、李崇光为副校长。

2014 年 3 月，陈兴荣同志调任黄冈师范学院党委副书记、院长。6 月教育部党组经与中共湖北省委商得一致免去陈兴荣同志的中共华中农业大学委员会常委、委员职务；任命姚江林同志为中共华中农业大学委员会常委。同时教育部免去陈兴荣副校长职务；任命姚江林为副校长。

2017 年 3 月，唐峻同志调任中共湖北文理学院委员会书记；6 月，教育部党组经与中共湖北省委商得一致，免去唐峻同志的中共华中农业大学委员会副书记、常委、委员职务。

2017 年 11 月，教育部党组经与中共湖北省委商得一致，任命高翅同志为中共华中农业大学委员会书记；免去李忠云同志的中共华中农业大学委员会书记、常委职务；同时教育部免去高翅的副校长职务。

2018 年 6 月，教育部党组经与中共湖北省委商得一致，任命姚江林、王从严同志为中共华中农业大学委员会副书记，郭刚奇、杨少波同志为中共华中农业大学委员会常委，青平同志为中共华中农业大学委员会委员、常委；免去张献龙、周承早、李崇光同志的中共华中农业大学委员会常委职务。

2018 年 6 月，教育部任命邓秀新为华中农业大学校长，吴平、姚江林为华中农业大学副校长，郭刚奇、青平、杨少波同志为华中农业大学副校长；免去张献龙、周承早、李崇光的华中农业大学副校长职务。

二、中层干部换届

学校中层班子和处级干部集中换届调整每四年一次，始于 1999 年，目前已进行了 5 轮。

（一）2010 年中层干部换届

2010 年 3 月 24 日，学校召开中层干部换届调整动员大会。全体校领导、校党委委员、纪委委员、副处级以上干部、民主党派负责人和教师代表参加会议，校长邓秀新主持大会，校党委书记李忠云作了动员讲话，与会人员认真填写推荐表并慎重投票。经民主推荐、个人自荐、竞聘演讲、组织考察、党委常委会研究、任前公示等，4 月底正处职干部选任调整工作完成。此次正处干部换届调整，共涉及 43 人，其中，新提任正处职干部 13 人，轮岗交流 13 人，继续任原职 13 人，改任非领导职务 4 人。

5 月 6 日，学校召开专题会议，对学校副处干部换届调整工作进行部署。全体校领导出席会议，全校正科级及以上干部、民主党派负责人参加了会议。校长邓秀新主持会议。校党委书记李忠云对正处职干部换届调整工作进行了总结，并就如何做好副处干部换届调整工作提出要求。与会人员认真填写推荐表并慎重投票。经民主推荐、个人自荐、竞聘演讲、组织考察、党委常委会研究、任前公示等工作，6 月中旬，副处职干部选任调整工作完成。此次副处干部换届调整，共涉及 71 人，新提任副处职干部 24 人，轮岗交流 30 人，继续任原职 12 人，改任非领导职务 5 人。

（二）2014 年中层干部换届

2014 年上半年学校开展了第五轮中层干部集中换届调整工作。分两个阶段进行，第一阶段进行正处级干部的调整，第二阶段进行副处级干部的调整。

2014 年 3 月 26 日下午，学校召开了干部、教师代表动员大会，全体校领导，校党委委员、纪委委员、副处级以上干部、民主党派负责人和教师代表参加了会议，校党委书记李忠云作了动员讲话，与会人员认真填写推荐表并慎重投票。3 月 28 日，学校制订《处级领导干部选拔任用管理工作规定》，对干部选拔任用的基本条件和资格、基本程序、纪律与监督等方面做了详细规定。同时印发《关于做好 2014 年中层干部换届调整工作的通知》，对于换届调整工作的指导思想、范围和顺序、文件依据和有关规定、工作程序以及工作要求等内容进行明确规定。3 月 29 日，公布正处职岗位职数、任职资格、任职条件和有关要求。根据个人填报志愿情况，4 月 2 日，公布正处职岗位自荐人数和竞聘考评有关内容。4 月 10—11 日，开展副处自荐正处职岗位竞聘面试，按照规定的程序，9 人新提任正处级干部。4 月底正处干部换届调整工作全部结束，共涉及 56 位正处级干部，其中，提拔 9 人，岗位变动 21 人，继任原职的 20 人，4 人改任非领导职务，2 位双肩挑干部不再任职。

2014 年 5 月 7 日，学校召开了副处级干部换届调整动员会，公布副处职岗位职数、任职资格和有关要求。5 月 14 日，进行了正科级干部和教师自荐副处职岗位竞聘面试。按照规定的程序，21 人新提任副处级干部。5 月底副处级干部换届调整工作基本结束，共涉及副处级干部 94 人，其中新提任 21 人，岗位变动 39 人，继任原职 30 人，4 人改任非领导职务。

（三）干部队伍建设

截至 2017 年底，学校共有处级干部 203 人，其中正处级干部 71 人，副处级干部 132 人；男性干部 173 人，占 85.22%，女性干部 30 人，占 14.78%；专职干部 144 人，占 70.94%，“双肩挑”干部 59 人，占 29.06%；平均年龄 45 岁，其中正处级平均年龄 49 岁，副处级平均年龄 43 岁；中共党员 185 人，占 91.13%，民主党派、无党派 18 人，占 8.87%；具有博士学位的 56 人，占 27.59%。

1. 注重规划，推进干部工作科学发展。学校制订了《2010—2015 年党政管理干部队伍建设规划》。规划以实现学校事业又好又快发展为中心，以完善制度、创新机制为关键，以优化整体结构、增强办学治校能力、提高综合素质、转变工作作风为重点，进一步解放思想、与时俱进，大力推进干部工作的民主化、科学化和制度化，努力为学校建设特色鲜明的研究型大学培养和造就一支政治立场坚定、懂得高等教育规律、能够履行大学管理职责的高素质干部队伍。以便捷服务，科学管理，提高效率为目标，推进学校干部信息管理系统建设。

2. 完善制度，进一步规范选人用人工作。学校党委树立把政治标准放在首位用人导向，坚持五湖四海、任人唯贤，德才兼备、以德为先，注重实绩、群众公认的原则，把人岗相适、注重一贯表现等要求贯穿到干部选拔任用工作的全过程。加强制度建设，不断规范选人用人工作。分别于 2009 年、2014 年、2016 年、2018 年四次修订《处级领导干部选拔任用管理工作规定》，完善选任程序、管理制度、纪律监督等。制订《处级领导干部选拔任用工作纪实暂行办法》，对干部选拔任用从动议环节到发文任命，进行全程纪实，实现“步步留痕”。实施“双肩挑”干部学术恢复期科研资助办法，完善干部管理工作。

3. 强化措施，增强干部管理监督工作实效性。党的十八大以来，学校党委坚持从严管理干部，思想教育、制度约束、监督管理、合力监督“四维”并举，促进领导干部管理监督工作的规范化、经常化和制度化。制订《华中农业大学领导干部因私出国（境）证件管理办法》。认真落实中央管理领导干部报告个人有关事项制度，严肃开展抽查核实工作。截至

2017年底，学校共随机抽查领导干部个人有关事项67人次，重点抽查28人次。制订《处级领导干部兼职管理办法（试行）》，进一步规范学校党政领导干部兼职行为。

4. 整合资源，构建干部教育培训体系。初步构建了组织培训与自我学习相结合、实践锻炼与理论学习相结合、线上学习与线下学习相结合的培训体系，打造了干部大讲堂、干部微讲堂、干部学习网“三位一体”的培训平台，干部教育培训路径得到拓宽。坚持每年举办暑期中层干部学习研讨班。积极选派干部参加国家教育行政学院、教育部中南培训班等开展的教育培训。2011年、2012年举办了两期中层干部赴香港培训班，共培训干部66名。2013年启动中层干部海外培训班，截至2017年共举办五期，先后选派84名干部赴美国、加拿大高校开展学习培训。积极选派青年干部参加国家留学基金委高等教育行政管理人员出国研修项目。

5. 发挥优势，积极选派干部基层挂职锻炼。立足于发挥科教优势，服务社会发展，积极选派干部援疆援藏、到基层挂职锻炼。10年来，学校按照上级党组织要求，选派援疆援藏、全国博士服务团、村第一书记、湖北省科技副校长、博士服务团等基层挂职干部70余人次，引导干部在基层服务奉献中锤炼扎实作风。制订《外派挂职人员管理暂行办法》，规范挂职锻炼干部的选派和管理工作，明确生活补贴及相关待遇标准。

6. 细化考核，科学评价干部工作业绩。制订《处级领导干部试用期满考核实施办法》，进一步规范处级领导干部任职试用期考核管理。完善中层领导班子和领导干部年度考核体系，实行单位内部测评与全校网络测评相结合，增强考核的全面性和科学性。开展领导干部审计工作，先后委托审计处对离任或任期满一届的40余名正处级干部进行了经济责任审计。

第二节 政治建设

一、严肃党内政治生活

学校每半年发布一次组织生活安排，坚持把学习党章党规、学习习近平新时代中国特色社会主义思想、学习党中央重大会议和重要文件精神作为组织生活的重要内容。严格落实“三会一课”制度、组织生活会制度、民主生活会制度、领导干部双重组织生活制度、党员领导干部联系教师党支部制度等工作制度。指导支部在固定时间结合实际开展讲党课、专题组织生活会、民主评议党员、立足岗位发挥作用等主题党日活动。从2016年开始，学校每周周四第七、八节课统一不排课，为党支部活动和党员学习教育按计划开展提供时间保障。印发《党支部工作手册》《党员手册》，规范基层党支部工作记录，确保组织生活经常、严肃、认真。校院两级党委按照精心组织学习、广泛征求意见、深入查找问题、逐一开展谈心谈话、认真撰写对照检查材料、深入开展批评与自我批评、扎实开展整改落实等要求，坚持开好民主生活会。在深入学习实践科学发展观活动、党的群众路线教育实践活动、“三严三实”专题教育期间，召开了专题民主生活会。

二、做好党代表选举有关工作

2011年底到2012年初，学校根据上级文件精神，结合工作实际，开展党的十八大代表候选人推荐提名工作。学校党委高度重视十八大代表候选人推荐提名工作，以此作为对广大党员参与党内民主实践、进行民主集中制教育的重要过程，制订落实方案，迅速部署推动，广泛全面动员，做到层层深入。按照有关工作要求，通过各基层党支部推荐提名、基层党委（党总支）推荐提名、综合评价、征求意见、党委常委会议表决确定学校党委拟推荐提名的人选名单。名单反馈至校属各基层党组织，进一步征求意见后，结合征求意见的反馈情况，学校党委最终推荐提名张启发院士为党的十八大代表并成功当选，是湖北高校教师的唯一代表。

2017年，学校采取自下而上、上下结合、反复酝酿、逐步遴选的方法，通过基层党支部推荐提名、基层党委（党总支）推荐提名、资格预审和综合评价、召开学校党委会议，开展了湖北省参加党的十九大代表候选人推荐提名工作。按照湖北省委有关工作要求，采取自下而上、上下结合、反复酝酿、层层遴选的办法，广泛推荐提名、严格考察审查、广泛征求意见，按要求召开党委常委会、党委全会、党员代表会议，选举高翅同志为学校出席中国共产党湖北省第十一次代表大会代表。各项工作均严格按党章和中央要求办事，认真贯彻执行民主集中制，充分发扬党内民主，尊重和保障党员、代表的民主权利，注重提高民主质量和实效。

三、两次接受教育部党组巡视

（一）第一次巡视

2010年11月，教育部党组巡视组对学校开展巡视工作。期间，巡视组与校领导班子见面，听取学校的工作汇报，发布了巡视公告，设立意见箱，召开了巡视工作动员大会，并对学校领导班子进行了民主测评。先后与110位同志进行个别谈话，查阅了学校近年来的相关文件资料和会议记录，召开青年教师代表和学生代表座谈，考察了学校相关教学科研单位，深入教室、宿舍、食堂了解学生的学习生活情况，同时列席学校相关会议。

巡视组认为，近年来，学校认真贯彻落实科学发展观，遵循高等教育和农业科技发展基本规律，提出特色鲜明的奋斗目标，制订了“三步走”发展战略及“特色树校、人才强校、质量立校、科技兴校”的“四大战略”，师生员工团结一心，脚踏实地，聚精会神搞建设，一心一意谋发展，学校在改革、发展与稳定等多方面都取得了可喜成绩，呈现出积极向上的良好态势并形成了自身的特色与亮点。具体表现为：办学思路清晰，办学目标明确；坚持教学中心地位，注重提高人才培养质量；注重科学研究，增强科技创新能力；强化成果转化，提升社会服务能力；大力实施人才强校战略，着力培养高层次人才；注重制度建设，实施规范管理；坚持德行兼备，文化建设成绩突出；大力加强党的建设，营造出风清气正的氛围。

巡视组认为，学校领导班子团结、务实、勤政、廉洁，有很强的凝聚力，坚持以邓小平理论和“三个代表”重要思想为指导，坚持党的教育方针，遵循高等教育规律，以科学发展观统领学校改革发展，很好地贯彻民主集中制和党委领导下的校长负责制，作风民主，廉洁自律。党政一把手互相尊重，配合默契，得到广大师生员工充分肯定。

巡视组指出了学校发展中存在的6个主要问题4个方面的整改建议。学校党委多次召开常委会组织学习讨论巡视工作反馈意见。制订《抓好反馈意见整改落实，促进学校事业科学发展——华中农业大学落实教育部巡视工作反馈意见整改方案》，加大整改力度，到2012年底，学校制订的36项工作整改落实意见中已有27项工作得到全面落实，有9条有条不紊地加以推进。

本轮巡视帮助破解了校内自然村拆迁、博士生规模太小等学校发展中的突出难题。巡视组就这些问题向教育部党组作专题重点汇报，部党组和相关司局非常重视。2011年2月28日，教育部部长袁贵仁一行来校考察调研，听取学校领导专题汇报，指示有关司局帮助学校解决好有关问题。此后，教育部安排专项支持经费，武汉市人民政府在政策方面给予大力支持，自然村拆迁工作至2018年6月已基本完成；学校的博士生规模得到稳步扩大。

（二）第二次巡视

2016年10月18日—11月23日，教育部党组第四巡视组对学校党委进行巡视。10月19日上午，召开巡视工作动员会。依据《中国共产党巡视工作条例》的有关规定，此次巡视的主要任务是对学校领导班子及其成员特别是主要负责人执行《中国共产党章程》和其他党内法规，遵守党的纪律，落实党风廉政建设主体责任和监督责任等情况进行监督检查，突出政治巡视，聚焦全面从严治党，紧扣“六项纪律”，找准看齐的差距，着力发现在党的领导、党的建设和全面从严治党等方面存在的突出问题。

巡视组利用5周时间，严格按照《中国共产党巡视工作条例》和《教育部党组贯彻巡视工作条例实施办法》有关规定，通过个别谈话、问卷调查、受理来信来电来访、抽查调阅资料、实地走访调研、召开座谈会、列席有关会议、听取汇报等方式检查了解情况。

巡视组认为，党的十八大以来，华中农业大学党委认真学习贯彻党的路线方针政策，在思想和行动上与习近平同志为核心的党中央保持一致，坚持社会主义办学方向，党政主要负责人彼此信任、相互配合，自觉执行党委领导下的校长负责制，率领班子成员团结奋斗，学校各项工作取得重要进展。

巡视组从党的领导弱化问题、党的建设缺失问题、全面从严治党不力问题等三个方面提出巡视意见。学校党委和班子成员诚恳接受巡视组的意见和建议，把巡视整改工作作为重要政治任务，作为2017年的工作重点，迅速部署，认真整改。针对意见制订《关于教育部党组巡视反馈意见整改工作方案》，2017年1月24日，学校2017年召开的第1次党委常委会就研讨了教育部党组巡视组巡视工作整改方案。同时成立由党委书记李忠云、校长邓秀新任组长，党委副书记、纪委书记李名家和党委副书记唐峻任副组长，党政班子成员为组员的整改工作领导小组，负责巡视整改的统筹协调工作。成立6个执行小组，分别由学校办公室、纪委办、监察处、党委组织部、党委宣传部、人事处、计财处主要负责人牵头，负责督察督办整改措施落实情况。学校党委多次召开专项工作会，针对巡视意见，理清整改思路，逐项逐条研究整改措施，制订《关于教育部党组巡视反馈意见整改工作方案》和《整改工作任务分解表》，包括10个方面、39项整改任务和112项具体整改措施，每一项整改措施都具体明确了牵头校领导、主办部门、协办部门和时限要求。2017 年 10 月 24 日，学校发布了《中共华中农业大学委员会关于巡视整改情况的通报》。2018 年 4 月 13 日至 27 日，教育部党组第二巡视督查组对学校进行巡视整改督查。

第三节　组织工作

一、党委部门优化调整

2016 年 6 月，学校党委成立主体责任办公室，负责全面从严治党主体责任具体工作的组织落实。主体责任办公室挂靠学校办公室，设立正处职主任 1 名（兼任学校办公室副主任）。2018 年 3 月，成立党委教师工作部，负责学校教师思想政治工作的组织落实。党委教师工作部与党委宣传部合署办公，设置专职党务干部编制 1 个（副处职岗位），设立部长 1 名，副部长 1 名。至此，校党委下设有学校办公室（党委办公室与校长办公室合署办公）、组织部、宣传部、统战部、学生工作部、研究生工作部、武装部、主体责任办公室、教师工作部等 9 个职能部门。

二、基层党组织优化调整

2009 年 4 月，学校党委撤销体育课部直属党支部，成立体育课部党总支。2011 年 10 月，撤销原后勤集团党总支，成立后勤集团党委。2011 年 11 月，撤销原校医院直属党支部，成立校医院党总支。2012 年 3 月，成立马克思主义学院党总支。2013 年 9 月，撤销土地管理学院党委，成立公共管理学院党委；撤销资产经营公司党总支，划归机关党委管理。2014 年 4 月，成立信息学院党委；撤销继续教育学院党总支，划归机关党委管理。2016 年 12 月，撤销马克思主义学院党总支，成立马克思主义学院党委；撤销现代教育技术中心直属党支部，划归机关党委管理；撤销作物遗传改良国家重点实验室直属党支部，划归生命科学技术学院党委管理；后勤管理处党总支划转至机关党委；体育部党总支、图书馆党总支、校医院党总支、附属学校党总支联合成立直属单位党委。2017 年 11 月，撤销离退休工作处党总支，成立离退休工作处党委。

2012 年学校党委在植物科学技术学院和经济管理学院 / 土地管理学院开展成立大学生党总支的试点。2013 年 4 月，学校党委发布通知，在全校各学院成立大学生党总支部委员会，并对大学生党总支机构设置、主要职责、工作机制、工作制度等方面进行制度规范。全年共成立大学生党总支 13 个。

截至 2018 年 6 月，学校共设置二级基层党组织 23 个（18 个党委、5 个党总支）。其中，14 个学院党委下均成立大学生党总支。

三、基层党组织建设

学校以《中共华中农业大学委员会健全和完善基层党组织党建工作责任制的实施办法》《中共华中农业大学委员会学院党委工作条例》《中共华中农业大学委员会党支部工作条例》《华中农业大学党支部工作制度清单》规范基层党组织运行，印发《基层党委（党总支）会议记录本》《党支部工作手册》《党员手册》。学校基层党建工作逐步形成年初制订党建工作责任清单（任务指导书）、年中开展党建工作专项检查、年终开展基层党组织书记抓基层党建工作述职评议的工作机制。持续开展了《中国共产党发展党员工作细则》的学习宣传贯彻工作，制订《在大学生中发展党员工作程序和要求》，编写《在大学生中发展党员工作操作手册》，坚持做好发展党员工作培训。为每个学院配备一名组织员，制订《华中农业大学特邀党建组织员岗位聘任与管理实施办法》等规章制度。按照“控制总量、优化结构、提高质量、发挥作用”的总要求做好发展党员工作。2008—2017 年，共发展党员 19 378 名，其中教职工党员 116 名，学生党员 19 262 名。严格按照程序对新生党员进行资格审查，不断规范党员组织关系转接工作，严格执行党员组织关系介绍信回执制度。2016 年，学校开展了党员组织关系集中排查和发展党员工作专项检查，进一步规范党员发展和管理工作。

持续推进教师党支部书记“双带头人”培育工程，推动一切工作到支部。分层分类举办基层党组织书记培训班，每两年举行一次优秀共产党员、优秀党务工作者、先进基层党组织评选表彰活动。2012 年，围绕“强组织、增活力，创先争优迎十八大”的主题开展了党的基层组织建设年活动。2015 年，学校开展党的基层组织建设提升年活动，持续加强以“健全基本组织、建强基本队伍、开展基本活动、完善基本制度、落实基本保障”为主要内容的基层党组织“五个基本”建设。学校多次被评为“湖北省先进基层党组织”“湖北省党建工作先进单位”“全省创先争优先进基层党组织”“高校‘两访两创’活动先进学校”等。

四、深入开展主题教育

（一）深入开展学习实践科学发展观活动

根据党中央的统一部署和教育部党组的要求，学校于 2009 年开展了深入学习实践科学发展观活动。活动自 2009 年 3 月 12 日正式启动，至 2009 年 8 月底基本结束。学校按照“党员干部受教育、科学发展上水平、人民群众得实惠”的总体要求，围绕“学科建设上水平，特色办学创一流”这一实践载体，根据“育人为本，崇尚学术”的办学理念、“有特色、高水平、研究型”的办学定位和“现代生物科技与传统优势农科紧密结合、互促共进”的办学特色，凝练“学科建设上水平，特色办学创一流”的实践载体，确定“科学定位、特色办学”等 7 个重点问题作为调研专题，制订了切合实际的实施方案。学校为党员发放各类学习资料 23 000 余册，校院两级累计举办专题辅导报告 20 余场，党员平均学习时间超过 20 学时，党员撰写的心得体会 600 余篇。全校 25 个二级基层党组织，355 个党支部，7 183 名党员参加了学习实践活动。通过学习活动，广大干部、党员进一步开阔了视野，加深了对科学发展观的重大意义、科学内涵、精神实质和根本要求的认识和理解，推进学校事业科学发展的自觉性和坚定性明显增强，思路和重点更加明确，体制机制更加完善，一些影响和制约学校科学发展的问题得到有效解决。

（二）开展创先争优活动

根据教育部党组和湖北省委的统一部署和要求，学校从2010年6月至2012年6月开展创先争优活动。从2010年6月开始，围绕迎接建党90周年，掀起创先争优热潮；从2011年6月开始，围绕迎接党的十八大，引导基层党组织和党员以更加出色的业绩，向党献礼。

学校争先创优活动以“推动学校科学发展，办人民满意的大学”为主题，以“加快推动特色鲜明的研究型大学建设”为目标，基层党组织要争创“领导班子好、党员队伍好、工作机制好、工作业绩好、师生反映好”的五个好基层党组织；教师党员要争当“学习钻研的模范、为人师表的模范、自主创新的模范、爱岗敬业的模范、关爱学生的模范”；学生党员要争当“信念执着的模范、品德优良的模范、知识丰富的模范、本领过硬的模范、勇于担当的模范”。

学校25个二级基层基层组织均制订具体的创先争优实施方案，按照公开承诺、定期讲评、年度总结、群众评议、评选表彰等5个环节，深入扎实推进争先创优活动，先后召开了深入开展创先争优活动动员部署会、经验交流会、领导点评会、群众评议会等1 000余次。

学校党委根据不同类别党组织和党员的特点，创新实践载体，进行分类指导，增强争创活动的针对性。各学院基层党委确定“三创三推进，五比五带头”的实践载体。全体党员开展“比党性，带头讲政治顾大局；比本领，带头学习钻研强素质；比业绩，带头创新创造争一流；比品行，带头以身作则树形象；比服务，带头帮助群众讲奉献”的“五比五带头”争创活动。学生党组织以迎接新生为载体，发动大学生党组织和党员创建“党员110先锋岗”“党员360服务队”等载体，《湖北日报》等多家媒体予以报道。

创建党员示范岗，经过岗位设立、审岗公示、岗位创建三个环节。各基层党组织分类设置党员示范岗，党员通过佩戴党徽、建立党员先锋岗、设立党员责任区、党员寝室挂牌等形式，把党员身份亮出来。全校335名教职工党员被确定为“党员示范岗”。2011年“七一”前夕，学校党委评选表彰了20个先进基层党组织、90名优秀共产党员和10名优秀党务工作者。通过创建创先争优专题网和开办《创先争优简报》等宣传先进、彰显典型。2011年“七一”学校党委再次被湖北省委授予“湖北省党建工作先进单位”荣誉称号，校属3个基层党组织、3位共产党员和3位党务工作者受到湖北省委高校工作委员会表彰。

（三）学习贯彻十八大精神

2012年11月，学校党委发出《关于学习贯彻党的十八大精神的通知》。11月下旬组建包括十八大代表张启发院士在内的学校“学习贯彻党的十八大精神宣讲团”，开展校内外系列宣讲活动30余场。马克思主义学院增加教师力量，增设“关于社会主义核心价值观解读”的宣讲专题。校党委理论学习中心组召开“学习贯彻党的十八大精神，推动学校事业科学发展”专题学习会。2013年7月，学校围绕“深入学习贯彻党的十八大精神，加快建成特色鲜明的研究型大学”主题，举办学习贯彻党的十八大精神集中轮训班。同时，利用中国教育干部网络学院网络资源，为全校副处级及以上党政管理干部每人分配了一个网络学习账号开展十八大精神学习。在全校学生中广泛开展以“十八大，我与祖国共奋进”为主题的团组织生活会，在青年干部中开展“学党史、跟党走、知校情、作贡献”理论知识竞赛，把十八大精神的宣讲贯彻纳入学校形势与政策讲座的重要申报项目，以思政课、党课、讲座、党团组织生活会为学习平台，以师生喜闻乐见的活动形式为学习载体，将十八大精神的学习宣传融入师生的学习生活中，真正做到十八大精神“入思想，见行动”。2013 年 2 月，教育部网站以《广泛动员、深入学习、注重实效——华中农业大学深入学习宣传贯彻十八大精神》为题，报道学校学习宣传贯彻十八大精神情况。

（四）开展党的群众路线教育实践活动

根据党中央的统一部署和教育部党组的要求，学校于 2013 年开展了党的群众路线教育实践活动。学校于 2013 年 7 月初启动，2014 年 2 月基本结束。活动在全体党员中开展，以校领导班子、中层领导班子和处级及以上领导干部为重点，紧紧围绕保持党的先进性和纯洁性，以“践行党的群众路线，加快建成特色鲜明的研究型大学”为主题，以为民务实清廉为主要内容，按照“照镜子、正衣冠、洗洗澡、治治病”的总要求，牢牢把握“践行党的群众路线，加快建设特色鲜明的研究型大学”的主题，精心制订活动方案，组织活动实施。

活动开展期间组织系列专题辅导报告，发放 9 000 套学习材料，做到全体党员人手一套。开通教育实践活动专题网站，编写活动简报 12 期。校领导深入联系单位，先后组织召开教师、干部、服务人员和学生等不同层面座谈会 60 余次；针对“四风”问题，学校对 300 多名干部、教师、学生代表进行了问卷调查。在广泛听取意见的基础上，学校党委常委会逐条梳理师生反映和自我查找“四风”方面存在的问题。党委书记和校长亲自主持学校领导班子对照检查材料的起草工作。班子成员也都认真撰写个人对照检查材料，同时还提交对班子及其他成员存在问题的书面批评意见。在教育部第六督导组指导下，召开专题民主生活会，并向全校通报校领导班子民主生活会的情况。全校各单位中层干部广泛开展了交心谈心活动，认真撰写对照检查材料，校领导和校内指导检查组审阅校内二级单位班子和成员个人的对照检查材料，并指导二级单位召开班子专题民主生活会。

党委围绕查找出的问题，认真研究制订详细的整改落实方案，按照聚焦“四风”的要求，制订“专项整治方案”，制度建设计划。通过学习活动进一步提高了思想认识，强化了群众观点，推进整改落实，受到教育部第六督导组的肯定。学校党委书记李忠云在教育部直属高校党的群众路线教育实践活动座谈会作了专题发言。2013 年 8 月 21 日，中纪委驻教育部纪检组组长、教育部党组成员王立英一行来校，检查指导学校党的群众路线教育实践活动开展情况。

（五）开展“三严三实”专题教育

根据党中央的统一部署和教育部党组的要求，学校于 2015 年开展了“三严三实”专题教育。专题教育在全校副处级以上领导干部中开展。紧紧围绕协调推进“四个全面”战略布局，对照“严以修身、严以用权、严以律己，谋事要实、创业要实、做人要实”的要求，校党委书记、各基层党委、党总支、直属党支部书记均带头讲授“三严三实”专题党课，校党委常委其他成员也在适当范围内讲党课。分严以修身，加强党性修养，坚定理想信念，把牢思想和行动的“总开关”；严以律己，严守党的政治纪律和政治规矩，自觉做政治上的“明白人”；严以用权，真抓实干，实实在在谋事创业做人，树立忠诚、干净、担当的新形象等 3

个专题开展专题学习研讨。召开“三严三实”专题民主生活会和组织生活会，深入查摆“不严不实”问题，进行党性分析，严肃认真开展批评与自我批评，同时学习先进典型事迹，从违纪违法案件中汲取教训。开展党建与思想政治教育理论征文活动，共征集作品120篇，评定优秀论文25篇。

学校坚持边学边查边改，主要领导干部带头，列出问题清单，一项一项整改，进行专项整治，严格正风肃纪。对存在“不严不实”问题的领导干部，立足于教育提高，促其改进；对师生意见大、不能认真查摆问题、没有明显改进的，进行组织调整。针对“不严不实”问题，建制度、立规矩，强化刚性执行，推动践行“三严三实”要求制度化、常态化、长效化。通过“三严三实”专题教育，党员领导干部进一步加强党性修养，坚持实事求是，改进工作作风，着力解决“不严不实”问题，深化“四风”整治、巩固和拓展党的群众路线教育实践活动成果，守纪律讲规矩、营造良好政治生态，为推动学校改革发展稳定打下基础。

（六）开展“两学一做”学习教育

按照党中央和上级党组织统一部署，学校于2016年开展“学党章党规、学系列讲话，做合格党员”学习教育。学习教育以党支部为基本单位，以“三会一课”等党的组织生活为基本形式，以落实党员教育管理制度为基本依托，结合学校实际开展。坚持正面教育为主，用科学理论武装头脑；坚持学用结合，知行合一；坚持问题导向，注重实效；坚持领导带头，以上率下；坚持从实际出发，分类指导。2017年，学校按照上级党组织统一部署，着力推进“两学一做”学习教育常态化制度化。紧扣立德树人这一根本任务，坚持在“学”中筑牢思想根基，在“改”中实现自我革新，在“做”中践行合格标尺，发挥好党员领导干部“关键少数”的示范带动作用，抓实党支部这一最基本的建设。突出问题导向，强化分类指导，激发基层活力，选树先进典型，探索建立合格党员标准，实现每个支部强起来、每名党员不掉队。通过“学”“做”“改”“促”各项工作措施，推动全面从严治党向基层延伸成为党员师生的共识，基层党建工作氛围良好；基层党建工作责任体系初步形成，基层党组织从严治党主体责任落实较好；基层党建工作规范化程度不断提高，党的基层组织建设重点任务落到实处；“两学一做”学习教育常态化制度化基本形成，党员先锋模范作用发挥良好。

（七）学习贯彻习近平新时代中国特色社会主义思想和十九大精神

2017年10月18日，党的十九大开幕，全校各单位以不同形式组织师生收看聆听习近平总书记的报告。十九大胜利闭幕后，学校迅速部署宣传贯彻党的十九大精神各项工作。成立“学习宣传贯彻党的十九大精神学习宣讲团”和“大学生党员宣讲团”；成立全国首个“习近平新时代中国特色社会主义思想农民讲习所”；建立全国首个“乡村振兴战略研究中心”；成立习近平新时代中国特色社会主义思想青年研习社。

学校先后邀请湖北省委学习贯彻党的十九大精神宣讲团成员赵凌云等10余名专家来校宣讲党的十九大精神。发挥课堂主渠道作用，深入推进党的十九大精神的“三进”“三入”工作，将其作为思想政治教育和课堂教学的重要内容。各党支部以“支部主题党日”活动为载体，充分利用好周四下午集中学习时间，广泛开展十九大精神的学习宣传活动。充分利用“两微一端”等新媒体技术，学校官方微信、华农学声、悦青媒等校级公众号及各院公众号纷纷开设“学习十九大”专栏，以线上答题、推送“学习十九大”专题文章、解读十九大关

2017 年 11 月，学校举行学习贯彻党的十九大精神专题报告会

键词等形式让广大师生多方位、多角度学习贯彻十九大精神。各单位将党的十九大精神有机融入各类主题教育活动，通过学习报告会、演讲比赛、征文活动等多种丰富的活动载体，学习宣传党的十九大精神。学校把学习贯彻党的十九大精神同加强党的建设相结合，持续推进“两学一做”学习教育常态化制度化。以“支部好案例、书记好党课、党员好故事”评选为契机，挖掘基层党组织、党员群体中的先进典型案例，积极开展宣传，发挥典型的示范引领作用。学校 5 个“支部好案例”、2 个“书记好党课”、4 个“党员好故事”共 11 个作品获湖北省委高校工作委员会发文通报表彰，其中 3 件荣获一等奖。

第四节　宣传思想工作

一、宣传工作

（一）意识形态工作

强化对意识形态工作的管理，落实学校意识形态工作责任制实施细则，严格落实对校内报告会、研讨会、讲座、论坛等“四审查一备案”（主办审查、落地审查、发布审查、联合审查和备案）“一事一报”制度和网络应用安全年审备案制度，管好教材、课堂、讲坛、网络等宣传思想阵地。加强网络新闻宣传和舆论监督力度，及时做好对国内外舆论热点、敏感节点和校园热点的舆情监测、管理与疏导以及正面舆论引导。实施网络评论员培养计划，加强队伍建设和宣传能力提升，探索校外挂职锻炼、调研采风、国情考察、国际交流等培养机制。做好对网络舆情的监控和分析。进一步完善学校舆情工作体制，依托网络大数据，启用舆情监控系统，加强互联网舆情的分析和监控功能，加强网络新闻宣传和舆论监督力度，学校舆情研究室及时做好对国内外舆论热点、敏感节点和校园热点的舆情监测、管理与疏导以及正面舆论引导。

进一步完善学校新闻宣传应急机制，做好突发事件舆情应对工作。加强领导干部舆情应对能力培训，提升对突发事件的提前介入、科学应对和舆论引导能力，进一步优化新闻发言人制度和新闻发布制度。提高各类突发事件预警、防范和处置能力，在重大舆情发生前后及时与媒体沟通，向上级主管部门汇报情况，邀请权威媒体发布正面信息，运用新媒体做好解释工作。

加强校园网站建设与管理。严格执行校园网络管理、审查制度，进一步加强对二级单位官方网站、官方新媒体平台的建设和管理，强化网络安全三级责任制；加强校园网绩效评估，今年学校网站主页改版上线，并定期对二级单位官方网站更新排名；继续推进中国大学生在线共建工作；加强校园网外文网站建设，提升学校国际话语权，督促各二级单位创办外语网站、专栏。

提升突发事件处置和公共危机应对能力。提升突发事件处置和公共危机应对能力。完善各类突发事件预警、防范和处置方案，进一步完善学校新闻宣传应急机制，进一步完善新闻发布和新闻发言人工作机制，完善《华中农业大学新闻发布与新闻宣传工作管理规定》，及时发布权威信息。

（二）新闻宣传与典型宣传

10 年来，以南湖新闻网为依托，坚持“内容为王”，整合新闻网、校报、广播和校园官方公众号及客户端等校园媒体。围绕深入学习贯彻十八大精神、十九大精神，围绕学校第九次党代会、高校思政工作会议、学习贯彻习近平总书记高校思想政治工作会议重要精神和建校 110 周年校庆、新中国成立 60 周年等重要节点，统筹专题内容采编。南湖新闻网重数量重速度，截至 2018 年 7 月初，南湖新闻网上稿 37 891 篇，阅览量 5 369 余万次，其中，新闻类发稿 27 572 篇，阅览量 3 744 余万次；校报重深度和权威性，突出史料留存功能和深度报道价值；2008—2017 年共出版校报 204 期 1 592 个版面。从 2006 年开始，坚持 12 年组织开展年度校园十大新闻，多件作品获中国高校新闻奖和湖北高校新闻奖，获奖数量均居全省高校前列；校园广播更加有温度、接地气，陆续创办了《南湖新视点》等新专栏和专题节目，加强广播员队伍建设，制订并完善台内工作与考核制度，邀请专业媒体老师对学生进行业务培训和指导。

立足“大宣传”格局，紧扣媒体快速变革趋势，深化媒体融合，为宣传思想文化工作构建支持系统。2010 年前后，新媒体发展迅速，学校在 2012 年前后开始组建新媒体团队，2013 年启动“新媒体传播平台建设工程”，积极探索利用微博、微信、手机报、客户端等新媒体推送新闻，提高新闻的传播力和影响力；自 2014 年开始，发布年度新闻策划方案和宣传月表，发放宣传部及新闻中心业务服务联系卡、通讯录，开展学习活动，加强战线人员联系；组织开展科学传播青年教职工培训项目，全年开展战线培训多场，邀请主流媒体资深记者、新闻舆论研究专家来校作新闻专题培训，为教务战线、学工战线、校团委等部门及部分学院作专场培训；不断创新战线工作人员的奖励机制，连续多年开展“优秀记者”“优秀编辑”“优秀教工通讯员”等评选表彰工作；加强学通社建设，举办学通社成立30周年等重大活动，成立学通社联合会，加强学通社校友联系，为学通社社员继续发展提供良好平台。

2008年以来，坚持“走出去、请进来”，学校深入构建媒体合作关系，重点加强同中央级媒体、具有影响力的行业性媒体和各类强势新媒体的联系，同时重视与地、市级媒体的联系，形成了“重点突出、层次分明、广交朋友、立体推进”的对外宣传态势；完善了对外宣传工作机制，制订《华中农业大学对外宣传报道管理试行办法》，实行院系部门对外宣传报备制度，有效提升了对外宣传信息来源质量。10年间，围绕学校重大科研成果突破、重要学术交流、社会服务模式探索、教育教学改革、校园文化活动、重大典型等，中央电视台新闻联播等各级各类媒体发表各类稿件万余篇。

学校先后树立和宣传退休20多年来坚持无偿为农民提供科技服务、助农增收近千万元的“棉花奶奶”李文英校友，扎根基层、情牵社会的“本禹志愿服务队”，以高度社会责任感致力于绿色超级稻研究的张启发院士，为中国油菜生产做出重要贡献的傅廷栋院士，用知识和智慧服务果农的邓秀新院士，力促“三创”教育改革、勇攀科研高峰的陈焕春院士，扎根建始县做好定点扶贫工作的教师群体、“小龙虾教授”顾泽茂、“鱼教授”张学振、何梁何利奖获得者金梅林教授、潜心研究中国萤火虫的付新华、“舍己救人优秀共青团员”张瑜、自强不息的“蜂蜜男孩”赵云逸、园林0801班、“自强男孩”何三杰、学农爱农的创业大学生张振华等一系列先进典型。《人民日报》、新华社、《光明日报》等新闻媒体多次予以报道。

习近平总书记给学校“本禹志愿服务队”回信发布后，2013年12月5日晚，中央电视台《新闻联播》栏目以5分钟时长进行了报道，国内各大媒体纷纷在报纸头版头条、网站头条、节目头条等重要位置、时段对该事件进行报道并配发评论员文章。《人民日报》等媒体在头版头条位置予以报道。习近平总书记给学校“本禹志愿服务队”回信在新媒体平台中也引起强烈反响，成为热门话题。教育部官方微博“微言教育”等官方微博均在第一时间发布相关内容。

（三）新媒体建设与网络文化建设

华中农业大学新媒体中心主要包括官方微信、官方微博、QQ公众号、今日头条、九派新闻、人民号等6个平台，隶属校党委宣传部，也是教育系统官微联盟成员之一。平台重点面向校内外师生校友及学生家长，及时传播校内信息，与校外各大媒体形成良好的互动沟通，以最迅捷的方式向世界传递“新鲜”华农校园资讯。

学校官方微信公众号于2012年12月开通，目前粉丝超过5.4万。在形式上推送以图文、视频、音频、html5为主要手段，在内容上，涵盖学校史脉、文脉、风物和人物等各方面，多角度全方位将华中农业大学展示给公众。推出了新媒体形象大使“大狮兄”。2015年荣获中青报全国微信公众号评选出的高校微信公众号百强荣誉称号，在2015年度湖北省高校网络文化建设优秀成果评选中荣获“我的中国梦特别奖”。在《中国青年报》全国普通高校微信公众号排行榜中周排名最佳成绩为全国第3,《华农一周说》栏目获评2017年度“教育好新闻”三等奖。腾讯官方微博自2010年2月创建以来，已有粉丝超过5.3万，发布微博近2万条，超过3.1万人订阅，近三个月内超过464万总阅读量，与100余所高校进行微博交流，与微博粉丝互动频繁。据清博大数据分析，官方微博在全国高校微博排名中最高曾排名位列第9。开设有《华农风光华农情》《我在华农那些事》《今日华农》等校园风情特色专栏，《狮兄解忧》等生活信息公告类专栏和《狮山兰芷》等农大特色专栏。华中农业大学官方微博曾荣获纪念中国工农红军长征胜利80周年纪念活动特别奖。2017年开通QQ公众号、今日头条、九派新闻、人民号等其他新媒体平台，各平台发展迅速，形成了宣传合力。学校荣获2017年度QQ智慧校园湖北地区新媒体最具影响力院校。

2014年12月，学校成立新媒体中心和新媒体联盟，目前共有50家联盟成员单位，秉承“创新、融合、互享”的原则，加强媒体的互通互联，实现学生媒体组织的交流交融，探索新媒体提升教育宣传的新途径，共同建设校园媒体资源共享的交流平台，每年开展新媒体建设立项、十佳新媒体、十佳新媒体工作者和十佳新媒体原创作品的评选；每年开展新媒体素养成长计划培训工作。新媒体联盟适时推出学校微信影响力排行榜，助推校园新媒体的健康发展。学校自2014年起为进一步规范新媒体管理工作，发挥二级单位在新媒体建设中的积极作用，每年列支经费专项支持思想引领类、科普教辅类、文化艺术类、创新创业类新媒体发展，并鼓励和扶持一批师生员工创办内容丰富、形式多样的自媒体。

近年来，学校新媒体中涌现一批特色鲜明，运营活跃的公众平台，如官方微信推出的华农版新闻联播“华农一周说”、华农版朗读者“朗朗狮声”“华农成果品鉴团”“叮铃听课”等系列栏目、祝鑫工作室的“鑫巴”及其周边文化产品、校团委新媒体工作室打造的青年引领服务平台“悦青媒”、红微工作室主推的校园评论品牌“红微夜话”和“狮子山下问教问学”策划的“名师有约”等。

以新媒体内容建设为抓手，积极培育健康向上的网络文化。开展网络安全教育，营造清朗网络环境；结合数字化校园建设，增强网络的服务、互动功能；实施特色网络文化工作室和优秀网络文化作品培植计划，支持优秀网络文化作品创作和“互联网+”创新创业项目，丰富优秀网络文化内容，增强网络文化育人功能，建设具有校本特色、文明健康、积极向上的新时期网络文化。

二、教师思想政治工作

学校高度重视教师思想政治工作，不断加强组织领导，完善“校领导分管，党委宣传部统筹，相关部门协同，学院主体，支部落实，校内外基地支撑”工作机制。2014年学校发文调整了学校师德建设工作领导小组，校党委李忠云、校长邓秀新任组长。2016年12月全国高校思想政治工作会议召开，学校以深入学习贯彻落会议精神为契机，深入推进教师思想政治工作，于2017年6月印发《中共华中农业大学委员会关于加强和改进新形势下思想政治工作的实施意见》，明确着力加强教师思想政治工作，引导教师把教书育人作为第一责任。2017年6月，学校启动了设置党委教师工作部的调研，2018年第6次校党委常委会研究，决定成立党委教师工作部，负责学校教师思想政治工作的具体组织落实，党委教师工作部与党委宣传部合署办公。

突出师德师风建设重点，将师德师风建设放在教师队伍建设的首要位置。2014年12月制订《华中农业大学建立健全学校师德建设长效机制实施办法》。不断创新师德教育，将师德师风教育贯穿教师职业生涯全过程，在教师岗前、职后的培训和考核中开设师德教育专题，每年新教工培训会邀请院士、校领导、教授等开展师德培训。2014年起，学校与所有在

2016 年 6 月，学校举办学习李保国事迹报告会

岗教师签订《岗位聘任协议书》，将师德师风作为重要内容。2015 年 5 月，学校开展“师德师风职业操守”专题教育、“最受学生欢迎教师”评选活动、青年教职工活动立项活动、教师言行规范专项检查、违反师德师风案例警示教育、课堂讲坛督导督查等十项活动。2018 年 6 月，学校开展师德建设长效机制贯彻落实专项督查。加强师德考评，把师德规范要求纳入入职、晋升、评优、人才推荐、导师遴选等考评环节，实施师德“一票否决”。坚持学术不端行为“零容忍”，2014 年 11 月出台《华中农业大学学术规范（修订）》和《华中农业大学处理学术不端行为暂行办法》。创新师生互动交流平台，建设以“共同空间”为代表的面对面思想交流平台，构建以“三田三早”为代表的手把手实践指导体系，营造以“从游文化”为代表的肩并肩育人文化，构建和谐的育人氛围。发挥典型示范引领作用，通过校园媒体关注年度人物、“我爱我师”“狮山之子”“一线华农人”等品牌栏目，广泛宣传模范教师的先进事迹，激发教师的职业神圣感和责任感，努力营造崇尚师德、争创师德典型的良好舆论环境和氛围。从 2009 年开始，学校坚持开展了四届师德标兵和师德先进个人评选，王石平、张献龙、钟涨宝等 3 人先后获“湖北省十佳师德标兵”。2011 年，时任教育部党组书记、部长袁贵仁同志来校考察调研时，对学校和谐师生关系给予高度评价。

以青年教师思想政治工作为突破，抓实教师育心、育情、育理、育行的“四育”思政。坚持贴近青年教师思想实际，以思想政治建设为引领，搭建好满足教职工精神追求、能力发展和实现价值需要的思想政治工作载体。持续开展对青年教工的思想动态滚动调查，及时了解青年教师群体的思想状态的诉求，抓好分类指导和分众化思政工作。充分发挥校工会、校团委、青年联合会、妇委会等组织在青年教师群体中的凝聚、服务、引领作用，定期组织青年教师开展思想交流、学术交流、素质拓展、志愿服务等活动，为青年教师成长成才搭建平台。以思想建设育心，自 2015 年起举办“青年教师国情考察专题和社会主义核心价值观践行”培训班，加强青年教师思想教育引导。以人文熏陶育情，依托学校国学部，举办“中华优秀传统文化教育”研修班，提升青年教师人文素养。以科学传播育理，自 2016 年起实施“科学智慧成长计划”，举办科学传播培训研修班，加强青年教师科技创新和科学传播能力培养。以耕读实践育行，完善中青年教师社会实践制度，以指导大学生暑期“三下乡”、精准扶贫、校史考察等社会实践活动为契机，引导师生深入“三农”一线，在服务中坚守使命。2018 年 5 月，教育部党组书记、部长陈宝生到恩施州建始县红岩寺镇学校猕猴桃示范基地调研定点扶贫工作，听取校党委书记高翅的专题汇报，充分肯定学校师生在建始县的定点扶贫工作。

三、学生思想政治工作

（一）学生思想政治教育工作机制

学校始终坚持立德树人根本任务，健全和完善大学生思想政治教育的工作机制，建立和完善党委统一领导、党政工团齐抓共管、学院党委具体落实、专兼职队伍相结合、全校教职员工紧密配合的工作格局。“视学生如己出”“人人都是育人环境”“学生至上”等理念得到进一步强化，促进学生健康成长成为师生员工的价值自觉，形成了全员育人、全过程育人、全方位育人的良好局面。

2010 年，学校制订《学生工作“十二五”规划》，系统规划未来 5 年大学生思想政治工作的目标和举措，提出加强队伍建设、第一课堂建设、学生事务管理、工作品牌建设和学生能力建设，深入推进实施管理创新、思想引领、读讲学写、精品活动、英才培育、温情服务、优质生源、质量提升和队伍建设等十项计划。2011—2015 年，学校围绕学生工作“十二五”规划，着力推动大学生思想政治工作改革创新，全面服务大学生健康成长成才。

2011 年上半年，学校举办大学生科技创新、大学生党建和教师教书育人三个专题研讨会。2011 年 5 月，学校召开大学生思想政治教育工作会议，时任校党委书记李忠云在会上作重要讲话，会议总结中央 16 号文件颁布以来学校大学生思想政治教育工作的成效、基本经验和问题不足，分析面临的形势与挑战，对未来一段时间大学生思想政治教育工作进行全面部署，评选表彰一批大学生思想政治教育工作先进集体、先进个人，相关部门和学院负责人进行工作交流。同时从 2011 年起，学校每年围绕新生思想政治状况、毕业生思想政治状况、学生日常思想政治状况开展专题调查，形成学生思想政治状况调查报告。学校党委常委会定期听取汇报，研究学生思想政治工作。

2017 年，学校围绕贯彻落实全国高校思想政治工作会议和《中共中央、国务院关于加强和改进新形势下高校思想政治工作的意见》精神，召开专题学习研讨会，制订《关于加强和改进新形势下思想政治工作的实施意见》。

（二）思想政治教育工作队伍建设

学校坚持立德树人，不断加强专业教师、思想政治理论课教师、专职思想政治教育工作队伍等三支队伍的建设，把思想政治工作贯穿教育教学全过程。学校党委要求专业教师做到“教书育人”，回答好“培养什么样的人，如何培养人以及为谁培养人”的问题，实现全员、全程、全方位育人。

学校高度重视思想政治理论课教师队伍，充分发挥思想政治理论课教学主渠道和主阵地作用。2012 年 3 月，学校成立了马克思主义学院，依托该学院，实施“马克思主义理论教育家培育工程”和“青年教师专业发展助力工程”，加大高层次人才的引进、培植力度，重点引进具有高级职称的思想政治理论课学术带头人和有发展潜质的优秀学术骨干。采取进修学习、岗位培训、集体备课、相互听课、科研资助与科研奖励等一系列制度和措施加强教师队伍建设。选拔政治素质过硬、教学科研业务水平高的青年骨干教师给予重点培养。坚持以教学为中心，坚持“教研立教、科研促教、全员全过程全方位全要素协同育人”，推进思想政治理论课专项建设，深化本科思想政治理论课重点课程和优质课程建设，强化研究生思想政治理论课重点课程和教学研究创新项目研究，用马克思主义中国化最新理论成果武装青年学生，培养中国特色社会主义事业的建设者和接班人。优化“主题体验，协同育人”实践教学模式，全面实现教材体系向教学体系，进而再向内化认同践行体系的有效转化，让学生在课程学习中系统掌握马克思主义理论的精神实质。

配齐配强辅导员和班主任队伍。坚持“高进、严管、优育、精出”的原则，加强辅导员选聘工作，切实把好政治关、考核关和入口关，10 年来共选聘辅导员 112 人、兼职辅导员近 400 人，辅导员学历结构、学缘结构和性别结构得到优化；支持辅导员职业化专业化发展，规定辅导员工作 4 年以上方可转岗，增强队伍的稳定性。班主任队伍配备得到加强，2017 年学校 621 个班级均配备了班主任，副高以上职称的班主任比例达 60% 以上，硕士学历及以上的班主任比例为 98.5%，专任教师担任班主任的比例为 91.6%，表彰校级优秀班主任 200 名，李国怀、王沫获湖北省“优秀班主任标兵”荣誉称号。

加强辅导员队伍建设顶层设计。不断完善学生思想政治工作队伍管理、考核和激励制度，2014 年以来，先后制订出台《学生工作、共青团工作目标考核办法》《辅导员专项奖励实施办法》《辅导员工作考评办法》《辅导员津贴差异化发放办法》《大学生思想政治教育成果出版资助办法》等制度。2017 年修订《思想政治教育系列专业技术职务评审条件（试行）》，更加突出业绩导向，坚持目标导向和过程管理相结合，激发辅导员潜心育人和静心工作的内生动力，畅通辅导员职业化专业化发展通道。

着力提升辅导员职业能力。实施辅导员职业能力提升计划，坚持选派辅导员到国家和省级培训基地培训。2012 年，开始举办校级辅导员职业能力大赛。加强优秀辅导员典型培育，2011 年、2014 年，向晋文、祝鑫分获全国高校辅导员年度人物提名奖，2011 年刘进获湖北省高校十佳辅导员；2014 年，祝鑫获全国教育系统先进工作者、全国高校优秀辅导员，在北京受到习近平总书记亲切接见；2018 年，祝鑫获评第十届全国高校辅导员年度人物。2016 年，胡小娱获全国高校第五届辅导员职业能力大赛三等奖、华中片区赛及湖北省赛一等奖；2017 年，詹慧光获湖北省高校第六届辅导员职业能力大赛一等奖。辅导员牵头主持教育部人文社会科学专项研究项目（高校思想政治工作）5 项，出版《爱的玫瑰》《鑫曰心语》《只为狮山花更好》《用一颗向上的心，做一个像样的人》等一批专著。

（三）学生思想政治教育

2008 年以来，学校学生思想政治工作不断适应时代变化和当代大学生的思想行为特点，努力做到理论与实践、育德与育心、课内与课外、线上与线下相结合。

理想信念教育和社会主义核心价值观教育是大学生思想政治教育的核心。以建党、建国、抗战胜利、红军长征胜利周年纪念和“烈士纪念日”“国家公祭日”等重要节点为契机，开展“我与祖国共奋进”“争做向上向善好青年”“与信仰对话”“我的中国梦”“四进四信”等系列主题教育活动。2008 年，举办“迎奥运”火炬传递活动；在“5·12”汶川地震发生后，立即发出紧急倡议书，号召广大青年学生用自己的实际行动为灾区贡献一份力量，奉献一片爱心。2010 年，实施“红色教育 4321 计划”，举办首届时政案例分析大赛，加强形势政策和爱国主义教育。2015 年 8 月，学校与武警武汉市支队船艇大队签署军地共建共育社会主义核心价值观基地协议。持续开展社会主义核心价值观学习宣传教育，指导学生定期召开社会主义核心价值观主题班会。加强青年学生理论武装，深化团组织主导、学生骨干带动、理论社团推荐、基层支部落实、广大团员参与的政治理论活动体系，组织系列党史国情、理论知识竞赛等活动，举办各类理论报告 200 余场。2017 年 11 月，成立华中农业大学习近平新时代中国特色社会主义思想青年研习社。邓小平理论研究会获评“全国大学生百佳理论学习社团”，2 个团支部获评全国高校践行社会主义核心价值观“示范团支部”。

公民道德教育和基础文明教育是大学生思想政治教育的基础。坚持举办“榜样的力量”全国道德模范报告会，聘请吴天祥、孙东林、杨小玲、赵广军等全国道德模范担任校外辅导员。持续开展诚信主题教育，举办诚信阅读、诚信雨伞、诚信超市、诚信班会、诚信贷款“五诚一做”主题教育活动。加强毕业生文明离校教育，从 2009 年起，组织学生团队编写《我们这一届》毕业纪念书籍。

坚持线上线下结合，强化网络思想政治教育和学生先进典型教育。以青年喜闻乐见的形式开展思想教育和价值传播，2013 年创办“悦青媒”，支持“祝鑫工作室”、红色微博等新媒体平台做大做强。加强网络宣传和新媒体工作队伍建设，定期举办新媒体专题培训班。2016 年《运用互联网思维打造大学生“梦想五维空间”》入选湖北省青少年思想文化活动和新媒体重点项目。

全面加强大学生心理健康教育。2008 年开设“大学生心理发展指导”“女性心理学”2 门公选课，2018 年增开“社会心理学”“生活中的心理学”“人际关系与爱情心理学”3 门公选课。通过专、兼、聘等形式充实心理健康教育工作队伍，新聘 3 名心理健康教育专职教师和 20 名兼职心理健康咨询师。2016 年心理健康教育与咨询中心整体搬进学生综合服务楼，设有 19 间功能室，面积近 500 平方米，专业设备配备齐全。2012 年以项目化方式对各二级心理辅导站进行滚动资助，定期考核评选优秀二级心理辅导站。建立健全“测评—筛查—干预”的危机预警干预机制、“学校—学院—班级”的快速危机反应体系、“心理健康教育与咨询中心—校医院—专业精神卫生机构”的快速危机干预通道。“大学生心理健康教育的探索与实践”等项目被评为湖北省大学生心理健康教育优秀成果奖。

构建涵盖“理论学习、创新创业、文艺体育、读书运动、公益实践”的青年学生荣誉体系，形成“培养—选树—宣传”的典型培育与作用发挥制度。10 年来，评选表彰“优秀共青团员”“十佳大学生”等 14 068 人次。举办“奋斗的青春最美丽”优秀学子成长报告会、“我的青春故事”优秀青年校友成长分享会 100 余场。2010 年 7 月 16 日，园艺林学学院 2009 级设施农业科学与工程专业学生张瑜舍己救人而献出了 20 岁的宝贵生命，张瑜的感人事迹引起媒体的广泛关注，被湖北省教育厅、省委高校工委和团省委追授为“湖北省舍己救人英雄大学生”“湖北省优秀共青团员”等称号。2014 年 5 月安玥琦荣获第九届“中国大学生年度人物”，受到时任中央政治局委员、国务院副总理刘延东亲切接见，该生 2013 年 12 月在贵州华农大石希望小学支教期间曾作为志愿者代表受到时任国家主席胡锦涛同志亲切接见；周怡、赵芸逸、周俊等先后荣获“全国优秀共青团员”“湖北青年五四奖章”“中国大学生自强之星”等荣誉。

推进社会实践育人和志愿服务育人，强化学校学生思想政治教育特色。2011 年，开展“寻访农村老党员、争做忠诚的青年马克思主义者，寻访基层老校友、争做学农爱农的华农新青年”“千村万户调查”等主题社会实践活动。2015年启动“与岗位科学家同行”特色社会实践活动，制订《大学生社会实践活动考核评价办法》，2016年出台《关于提升大学生社会实践质量的若干意见》，启动社会实践课程化建设，社会实践方法与调查培训实现全覆盖。10年来，围绕“科技支农”“爱心支教”“十题百村观察”“百企千生见习”等重点项目，共组织2 071支团队、55 000余名学生奔赴基层一线了解国情社情、服务社会发展。新增社会实践基地79个，307个团队和个人荣获全国和湖北省社会实践优秀团队或先进个人，学校连续被评为全国和湖北省优秀组织单位，2015年入选首批“全国高校实践育人创新创业基地”。

深入推进志愿服务组织、制度、基地、项目、文化体系建设。2010年成立本禹志愿服务基金，2011年7月1日研究生支教团党支部在贵州本禹希望小学成立，2012年7月联合共青团湖北省委、湖北日报社召开“华中农业大学大学生贵州支教十周年座谈会”。2014年3月，学校启动志愿服务“42321建设计划”，在团支部设立公益委员，创建命名“本禹志愿服务队”21支特色分队，建设“本禹志愿服务队”陈列室，成立湖北省本禹志愿服务总队和中国（湖北）本禹志愿服务基金；4月24日、5月5日“本禹志愿服务队”事迹报告会先后在洪山礼堂和清华大学举行；7月举办贵州华农大石希望小学建校10周年庆祝活动。2015年，学校出台《关于进一步加强志愿服务育人工作的意见》，成立教师志愿服务队，举办首届志愿服务项目大赛；召开“研究生支教团贵州支教十周年座谈会”“纪念赵福兵献身西部支教十周年座谈会”，并出版书籍《有一种青春叫奉献——本禹和“本禹们”的爱心接力》。2008年以来，选拔214名优秀毕业生参加西部计划和研究生支教团，数以万计的志愿者活跃在校园内外、农村社区和北京奥运会、广州亚运会、上海世博会、深圳大运会等活动中。着力建设“阡陌学堂”“留守儿童城市行”“乡村教师来汉培训”等特色志愿服务项目，在中国青年志愿服务项目大赛中获金奖3项、银奖5项。2008年，徐本禹当选第七届“中国十大杰出志愿者”；2010年，张瑜、鞠彬彬荣登“中国好人榜”；2012年，张瑜彬获“中国青年志愿者优秀个人奖”；2015年，安玥琦荣获“全国最美志愿者”；2016年，孙潇获“中国青年志愿者优秀个人奖”。2010年以来，学校三次荣获“中国青年志愿者优秀组织奖”。2011年以来，学校四次获评西部计划“全国优秀项目办”。2014年，学校被国务院扶贫开发领导小组评为“全国社会扶贫先进集体”，“本禹志愿服务队”被中共中央宣传部、中央文明办、中国志愿服务联合会联合授予“最美志愿者”称号。2015年，学校研究生支教团被光明日报、共青团中央评为“镜头中的最美支教团”，荣获“全国最佳志愿服务组织”“贵州社会扶贫先进集体”；时任贵州省委书记赵克志、时任湖北省委书记李鸿忠给研究生支教团回信。2016年，学校被中央宣传部授予“全国学雷锋活动示范点”。

（四）在暖人中育人

资助体系不断健全。随着学生资助工作形势的发展，2011年学校确立“由给予型、温饱型经济资助向回馈型、发展型经济资助转变，积极推进成长型资助模式，不断增强育人效果”的工作理念，构建“一体四翼”的立体化资助政策体系。在联动机制上，由经济帮扶、学业帮扶、心理帮扶“三助”联动发展为以经济资助为基础、心理帮扶为保障、学习帮助为关键、就业援助为重点的“四助”联动机制，同时增加以“经济资助制度建设、励志教育体系建设、工作考核体系建设、经济资助队伍建设”四个方面为主要内容的“四翼”辅助保障体系。提出“助学双百，育人双效”的工作目标，“助学双百”即提高受助群体覆盖率，实现分级资助、应助尽助，使受助群体的覆盖率达到100%；提高个体需求满足率，实现精确资助、全额助学，使个体需求的满足率达到100%。“育人双效”即既要使家庭经济困难学生受到经济资助，提高成才效果；又要使他们身心健康、全面发展，顺利成长，回馈和奉献社会，提高资助的社会效应。

资助力度不断加大。2008年至今，学校每年从教育事业收入中提取16%用于资助奖励学生。积极拓展社会资助资源，各类奖助学金数量从10年前的42个增加至118个，每年有14 000余人次获评奖助学金3 300余万元；累计有21 623名家庭经济困难学生获得国家助学贷款，做到了“应贷尽贷”；积极开拓勤工助学市场，每年开展校内外勤工助学招聘会，设立勤工助学固定岗位2 975个，有20 000多人次参加临时勤工助学活动；扎实推进基层就业、征兵入伍等政策宣传，10年来累计对1 780名在校生、毕业生减免、补偿学费或代偿国家助学贷款，金额达2 077万元。

物质帮扶精准落地。坚持定性与定量相结合开展困难认定，实现精准识别。2015年，开通数字化网上“绿色通道”；2016年，全面推行家访工作，家访地区覆盖全国27个省市，累计走访300余户贫困家庭。10年来，“绿色通道”每年帮助约15%的新生顺利入学，每年缓缴学杂费约400万元；在“绿色通道”及辅导员日常调研的“定性”识别基础上，2015年，启动“校园一卡通”消费数据参考，2018年，尝试采用大数据分析认定模型，每年有30%～35%的家庭经济困难学生通过精准认定获得资助资格。坚持显性资助与隐形资助相结合，实现精准资助。从2017年起，通过在校生一卡通消费数据比对，对餐均过低的学生经核实后将餐补直接打入学生校园卡，进行隐形资助；个性化定制公寓化用品助学礼包、寒衣寒被补助、毕业生求职补助、路费补助等，满足学生多样化需求，年均发放各类临时困难补助金额达到100万以上，受助学生超过26 000人次。

道德浸润润物无声。学校不断强化资助育人功能，结合学习贯彻党的十八大、十九大、习近平新时代中国特色社会主义思想和“两学一做”学习教育，举办系列主题实践教育活动，开展“中国梦”主题报告、“公益”求精分享会、“助学·筑梦·铸人”主题宣传活动；定期为家庭经济困难学生播放“励志电影”，组织欣赏音乐会、话剧等高雅艺术，陶冶高尚情操；开展诚信感恩教育系列活动，推进企业“六个一”感恩励志行动，成立“自强基金”，开展“微爱”支教、“善行100”、“青年梦想+”等公益活动，增强学生社会责任感教育。开展“自强之星”励志成长成才优秀大学生评选、“优秀资助宣传形象大使”评选等活动，引导学生自强自立和奋发成才，争做学生资助的“代言人”。实施勤工干部能力提升计划，加强对勤工组织学生的培养；全额资助家庭经济困难学生参加英语、计算机等基础知识与技能考试；定制“金种子”能力提升课程，开设包括兴趣培养、学习辅导、电脑技能提升、文化熏陶、就业创业、心理调适等8个板块的培训班，组建出国（境）交流团，拓展家庭经济困难学生国际视野。

10年来，学校资助育人取得了显著成效。家庭经济困难学生综合素质显著提升，毕业生每年就业率在96%以上。《教育部简报》、全国资助管理中心网站多次报道学校资助育人有关工作；学校被评为全国学生资助工作“优秀单位案例典型”，李璟获评全国学生资助工作“优秀个人案例典型”称号；学校连续四年蝉联教育部直属高校资助工作绩效考评优秀，累计获得教育部资助奖励3 880万元。

第五节　纪检监察工作

一、纪检监察机构建设

学校纪委办、监察处合署办公，为独立设置的正处级机构，是学校负责党内及党外监督的专责机构。2017 年 4 月之前，纪委办、监察处专职纪检干部编制为 4 人（不含纪委书记），其中纪委副书记（正处级）1 人，纪委办公室主任（副处级）1 人，监察处副处长 1 人，正科级纪检干部 1 人。2017 年 3 月，党委研究决定增加 1 个专职纪检干部编制。2017 年 6 月，新增干部到岗，专职纪检监察干部为 5 人。

全校 25 个基层党委、党总支均按规定设有纪检委员。2015 年 10 月，按照教育部党组要求，学校党委决定进一步加强兼职纪检干部队伍建设，纪委对学校各二级党组织纪检委员实行双重领导，明确二级单位纪检委员任职条件、程序和工作职责。2017 年学校对二级党组织进行调整，目前全校二级党组织纪检委员 22 人。

二、围绕党章赋予的职责，切实履行监督职责

十八大以后，学校纪委贯彻中央决策部署。积极推进“三转”，明确职责定位，强化监督执纪问责。

聚焦主责主业，明确职能定位。先后制订《中共华中农业大学委员会党风廉政建设监督责任实施办法》《中共华中农业大学纪律检查委员会落实党风廉政建设监督责任清单（试行）》。

聚焦“三转”，转变监督方式。厘清纪检监察与业务部门监管关系，制订了《华中农业大学纪委党内监督与行政监察共性事项清单》《华中农业大学纪委党内监督与行政监察特殊事项清单》。清理退出协调议事机构，对清理出的 34 个领导小组，退出 23 个，只保留参与上级规定有监督要求的涉及党建、大型国家考试、招生、基建、采购招标等 11 个领导小组，对退出的相关领域，工作重点转向履行“再监督”职责。

聚焦自身建设，规范执纪权力。按照《中国共产党纪律检查机关监督执纪工作规则（试行）》，参照相关党内法规精神，结合实际，编印《华中农业大学纪委监督执纪工作流程手册》，建构了完整规范的监督执纪工作流程，显著提高了学校纪委执纪工作的规范性和水平。加强兼职纪检队伍建设，制订《华中农业大学二级党组织纪检委员管理规定》，明确了二级党组织纪检委员产生方式、任职条件和工作职责。修订《中共华中农业大学纪律检查委员会会议议事规则》，切实发挥纪委委员作用。

加强干部监督，认真受理群众检举。认真开展干部任前廉政谈话、约谈、诫勉谈话，2016 年建立专门谈话室。严格把好领导干部廉洁从政、教师遵守纪律的信访审核意见关。同

时，拓宽监督渠道，运用网络信息技术，开发建设华中农业大学信访举报监督平台。信访监督工作着眼于抓苗头、管小节、纠小错，使党员干部知敬畏、存戒惧、奔高线，较好地防止了小错酿成大错。

扎紧制度笼子，加强对制度执行情况的监督和问责。协同有关部门加强对“三公”经费、干部兼职、因公出国等问题的监管，督促相关职能部门修订和出台有关制度，加强改进作风长效机制建设。加强对制度执行情况的监督检查，以强有力的问责督促二级党组织和校属各单位党政领导干部履行全面从严治党政治责任。

倡简戒奢，严格落实中央八项规定精神。坚持重大节日期间在校园网转发上级纪检机关关于严明纪律加强作风建设文件精神，一个节点一个节点地抓好落实，进一步要求全校党员干部严格遵守党的纪律和规矩，自觉做到令行禁止。学校纪检部门加强对制度执行情况的监督检查，对执行不力的严肃查处和问责。全校党员特别是领导干部以身作则，带头执行婚丧嫁娶等纪律规定，切实推动了作风转变。

三、加强党的纪律建设

学校纪委始终“挺纪”在前，牢牢抓住加强党的纪律和纪律建设不放松，努力做到遵纪强教，守纪有督，违纪必究，执纪从严，切实推进全面从严治党向基层延伸。

把严明政治纪律和政治规矩放在首位，加强对政治纪律和政治规矩执行情况的监督检查。2016 年以来，组织开展“严明政治纪律，严守政治规矩”主题教育等活动，引导党员干部进一步增强“四个意识”，特别是核心意识、看齐意识，提高政治站位和政治觉悟。加强对党员遵守党章、执行党纪特别是执行政治纪律情况的监督检查；坚持领导干部深入思想政治理论课堂听课，开展教育教学中遵守政治纪律情况的督查。协同有关部门对意识形态领域和宣传思想阵地开展督查。督促有关部门把好人才引进、对外交流等工作中的政治关口。

围绕党纪法规开展纪律教育，加强案件警示教育。采取集中教育和分层教育相结合，通过党内法规知识测试、参观警示教育基地、观看警示教育片、举办廉政专题报告会和廉政文化作品展、组织廉政征文、购买发放廉政书籍资料等形式多样的学习活动，增强了党员干部纪律规矩意识，营造了风清气正的政治生态。结合自办案件及时开展警示教育。案件办结后，对典型案件发生的原因和应汲取教训进行深入剖析，并通过校园网和全校干部大会对案情进行通报，要求各单位对照案件所涉及的相关问题进行全面自查，堵塞漏洞，警钟长鸣。

准确运用监督执纪“四种形态”，推进全面从严治党向基层延伸。协助校党委起草制订了《中共华中农业大学委员会践行监督执纪“四种形态”暂行办法（试行）》，要求各基层党组织和各单位主要负责人用准、用好、用足“第一种形态”，把全面从严治党的要求传导到每一个党员干部，谈话情况要记入《党风廉政建设主体责任纪实手册》，初步建立了层层落实、互相衔接的落实监督执纪“四种形态”责任体系。

依规执纪审查，进一步强化“不敢腐”的氛围。2008 年 1 月至 2018 年 3 月，共立案 13 件次，结案 13 件次；涉案 29 人次，给予党纪处分 23 人次，政纪处分 15 人次，司法机关处理 7 人次。对 2 起案件中因为履行主体责任不力的单位和领导干部个人进行了问责。认真处置巡视移交问题线索。对 1 起申诉件进行复查，维持原处分决定。通过严肃执纪，在学校不断形成违纪必究的强力震慑。

四、协助党委落实党风廉政建设主体责任，组织协调反腐败工作

党风廉政建设主体责任进一步夯实。学校纪委在确立职责、细化清单、检查考核和追责问责等各环节协助党委夯实主体责任。制订两个责任实施办法和细化两个责任清单，2014 年下半年，协助学校党委组织完成了中层干部换届后新任期内的党风廉政建设责任书签订工作。2015 年，敦促各单位完成了内部《党风廉政建设责任书》的签订工作，建立了三级责任体系，做到责任层层压实，落实到人。协助党委组织年终党风廉政建设主体责任检查考核，及时细化修正考核指标。加强考核结果运用，对落实主体责任不力的单位和个人进行问责。

建立健全惩治与预防腐败制度体系。协助党委对每年的党风廉政建设和反腐败工作进行任务分解。制订《中共华中农业大学委员会推进惩治和预防腐败体系建设 2016—2020 年工作规划》，对涵盖学校主体责任、监督责任、干部选任、招生录取、基本建设、采购招标、科研经费管理等 13 个方面的廉政建设工作提出要求，学校惩治与预防腐败体系制度建设得到健全完善，形成以工作规划为统领、百余项重要制度为支撑的惩防体系格局。

强化对权力运行的监督制约。2010 年始，在全校范围内全面推行廉政风险防控工作，制订《华中农业大学廉政风险防范管理办法（试行）》，在结合学校工作实践的同时，研究课题《建设有高校特色的廉政风险防范体系》获批省高等教育综合改革试点项目，荣获 2010 年湖北省纪检监察系统改革创新奖。2016 年，为适应新形势要求，开展新一轮风险点查找工作，同时修订《华中农业大学廉政风险防范管理办法》。学校构建了较为完备的廉政风险防控体系。

廉政理论研究有所突破。2016 年，学校纪委向首次聘任的 18 名廉政研究中心固定人员发放了聘书。将廉政研究课题列入学校人文社科自主创新基金立项范围。

2008—2013 年，在接受教育部对学校贯彻落实《加强高等学校反腐倡廉建设的意见》、《廉政准则》、“三重一大”决策制度等多次专项检查和对学校党风廉政建设情况的巡视中，学校党风廉政建设工作受到教育部、省纪委和高校同行高度肯定。学校在 2014 年、2015 年接受湖北省高校落实党风廉政建设责任制、推进惩防体系建设检查考评中被评为优秀，受到湖北省委的通报表扬。

第六节 统一战线工作

一、统战工作

学校党外教职工 938 人，占全校教职工总数的 36.36%。现有民主党派 7 个，民主党派成员 296 人，其中在职 206 人，占 69.6%。各党派均建立了基层组织，其中，中国民主同盟（以下简称“民盟”）、中国民主促进会（以下简称“民进”）、中国农工民主党（以下简称

2012 年 11 月，学校成立社会主义学院

“农工”）、九三学社设立基层委员会，中国国民党革命委员会（以下简称“民革”）、中国民主建国会（以下简称“民建”）和中国致公党（以下简称“致公党”）设立支部委员会。各民主党派成员中具有副高级及其以上职称的 172 人，占 58.1%。学校现有各级人大代表、政协委员 15 人，其中全国人大常委 1 人，省人大常委 1 人，市人大代表 1 人，区人大代表 1 人。省政协常委 1 人，省政协委员 5 人，市政协常委 1 人，市政协委员 1 人，区政协委员 3 人。湖北省政府参事 3 人。现有民主党派中央副主席 1 人，民主党派省委委员及以上职务 8 人。

两院院士中党外人士有 1 人，占 25%；“长江学者”特聘教授中党外人士有 10 人，占 35.7%；国家杰出青年基金获得者中党外人士有 8 人，占 46.67%；“千人计划”专家中党外人士有 16 人，占 64%，楚天学者计划（以下简称“楚天学者”）特聘教授中党外代表人士有 33 人，占 54.1%。党外处级以上干部 19 人，占学校处级干部的 9.5%，其中正厅级 1 人（校长），正处级 8 人，副处级 10 人。

全校教职工共有归侨侨眷 295 人；港澳台成员 73 人；武汉欧美同学会 · 留学人员联谊会 189 人；少数民族 77 人。

突出组织领导，深入推进保障体系建设。一是坚持示范引领。校党委高度重视统战工作，校领导带头参加统一战线重要活动，每人联系 2 名民主党派成员或无党派代表人士和 1 个党派社团。中央统战工作会议后，校党委认真落实习近平总书记关于统战工作“三个带头”的讲话要求，第一时间传达各级统战会议精神，校党委书记、副书记带头做专题辅导报告。二是完善工作格局。2012 年 11 月 2 日成立华中农业大学社会主义学院。2015 年 12 月 2 日成立华中农业大学统一战线工作领导小组。2016 年 12 月 29 日召开学校统战工作会议，印发《中共华中农业大学委员会关于进一步加强统一战线工作的实施意见》，部署构建学校大统一战线工作新格局。三是强化机制保障。加强阵地建设，校党委拨付专项经费修缮一栋面积 300 多平方米房屋为各民主党派设立专门的办公和活动场所。校党委长期坚持情况通报制度、征求党外人士意见制度、邀请党外代表人士列席和参加学校重要会议制度、校院两级党员领导干部联系人制度、基层党委书记兼任校统战委员制度等五项基本制度，并不断推进各项制度规范化和程序化。

突出理论学习，深入推进思想同心同德。注重加强政治理论学习，开展形式多样的学习教育活动，向统战成员传达中央精神，促进思想上同心同德。依托校内平台抓学习。社会主义学院成立后，每年举办一期统战成员骨干培训班，邀请省社会主义学院专家做学习辅导报告。不断拓展、创新培训形式和地点，2017 年第 6 期培训班，校党委副书记、纪委书记李名家率各二级党组织负责人及统战委员，民主党派负责人一行 43 人，赴延安干部培训学院开展了为期 5 天的培训学习。2018 年第 7 期培训班，学校各级人大代表、政协委员，无党派人士，民主党派，侨联、欧美同学会骨干成员当中的新归侨代表一行 18 人，赴五邑大学广东侨乡文化研究中心开展了为期 4 天的国情侨情教育培训。把握时政节点“引学习”。每年党代会、两会召开后，面向统战成员开展主委学习、全体统战成员会议精神传达、学习会议精神的新闻采访三个层次的学习活动。2015 年中央统战工作会议召开后，进一步深入学习贯彻会议精神和《中国共产党统一战线工作条例（试行）》精神，开展了形式多样的学习教育活动。购买辅导用书发放给民主党派、无党派人士，统战委员以及欧美同学会、侨联骨干成员进行学习；邀请校党委负责人和统战理论专家专门传达中央统战工作会议、省委统战工作会议精神，对《中国共产党统一战线工作条例》进行解读；举办学习宣传中央统战工作会议精神橱窗展览。组织各类培训促学习。每年平均选派 15 次、组织党外后备干部 30 余人次参加中央、省各级社会主义学院系统学习和培训。积极进行理论研究。10 年来，在湖北省高校统战理论研究会年会上，统战部撰写的 3 篇论文荣获一等奖，7 篇论文荣获二等奖，8 篇论文荣获三等奖。

突出宣传引导，深入推进广泛认同。通过多种形式宣传统战成员，不断提高统战成员的关注度、显示度和美誉度。学校划拨专项经费支持，前后酝酿 4 年，编撰出版《华中农业大学统一战线史稿》，校党委书记亲自指导、谋划，多次审阅，并作序。该书回顾了学校统战工作历程，总结了经验。积极向上级和高校信息刊物报送信息 500 余条，报送信息数量和质量均名列湖北省大专院校前列。2014 年、2016 年获评湖北省统战信息工作先进单位，2 人获评先进个人。2008 年起，每两年举办一次民主党派先进集体、先进个人评选活动，表彰一批在本职工作、参政议政等方面表现优秀的先进个人和先进集体，已连续举办 4 届。适时举办各种主题橱窗展览，宣传统战工作、统战成员。每两年举办民主党派先进集体和先进个人主题橱窗风采展；举办庆祝欧美同学会成立 100 周年主题橱窗展览；中央统战工作会议后举办学习宣传中央统战工作会议精神橱窗展览；举办纪念中共中央发布“五一口号”70 周年橱窗展览。党委统战部先后被省委统战部评为“全省统战工作优胜单位”“全省统战工作成绩突出单位”。

二、民主党派工作

（一）民革华中农业大学支部

2009 年，民革华中农业大学支部换届，胡荣桂接任支部主委。2016 年，胡荣桂连任支部主委。现有党员 31 人，其中具正高职称的 13 人，具有副高职称 15 人。

支部党员牢记使命，在参政议政的数量和质量上一直处在湖北省高校支部的前列。10 年来，支部提交的提案和双月座谈会文件40多件。其中“农田环境质量保护”等3提案，列入副省长督办提案。支部先后8次获得民革省委参政议政先进集体；2012年严煤获民革中央参政议政突出贡献奖，胡荣桂、贺立源、葛小东等多次获得民革省委参政议政先进个人。

（二）民盟华中农业大学委员会

2011年，民盟华中农业大学委员会换届，叶志彪任主委；2016年，民盟华中农业大学委员会换届，严建兵任主委。2008年以来，共发展盟员39人。现有盟员79人，其中具正高职称的36人，具副高职称37人。

民盟华中农业大学委员会充分发挥自身优势，始终把参政议政放在重要位置，通过多种渠道为学校建设和社会发展出谋划策。通过撰写提案议案积极建言献策，10年来向各级盟组织共提交调研报告、建议、提案等60多项，引起了各级部门高度重视。叶志彪等盟员向省委省政府提出的建议和对策，曾获得时任湖北省委书记李鸿忠、省长王国生等省领导的批示。民盟华中农业大学委员会多次获得民盟湖北省委颁发的“先进集体”“优秀奖”等，2009年被民盟中央授予“中国民主同盟盟务工作先进集体”称号。盟员邓秀新先后当选为中国科协副主席、民盟中央副主席和中国工程院副院长。

（三）民建华中农业大学支部

2012年，民建华中农业大学支部换届，严奉宪任主委；2016年，民建华中农业大学支部换届，严奉宪连任主委。10年来，共发展民建会员9人，民建华中农业大学支部现有会员20人，其中具有正高职称6人，副高级职称9人。

民建华中农业大学支部积极参政议政，为经济建设和社会发展建言献策。2011年5月，支部主委严奉宪教授作为会内专家，参加全国政协副主席、民建中央第一副主席张榕明同志率领的联合调研组，承担并完成湖北省调研子报告，为联合调研组报告贡献了重要思路和观点，调研成果得到时任中央政治局常委、全国政协主席贾庆林，中央政治局常委、国务院副总理李克强等国家领导人批示。独自完成的咨询报告《强化三种意识，促进我省武陵山区经济社会跨跃式发展》，受到湖北省委、省政府主要领导的高度重视。10年来，民建华中农业大学支部会员充分发挥专业特长，积极承担会中央和省委会的各类调研课题，提交了一批有影响的提案、议案、“双月”座谈会和政协常委会发言材料等参政议政成果，为政府决策与推动地方经济社会发展起到了积极作用。

10年来，民建华中农业大学支部2人被评为民建全国优秀会员，1人被评为民建全国参政议政先进个人。支部多次被民建湖北省委会评为先进基层组织。

（四）民进华中农业大学委员会

2012年，民进华中农业大学支部换届，刘汉兰连任主委；2016年，民进华中农业大学支部换届并升格为民进华中农业大学委员会，宋波涛任主委。现有会员33人，其中教授3人，副教授25人，讲师4人，15人具有博士学位。

民进华中农业大学支部关注民生，会员们结合自身的专业积极撰写提案议案、省政协大会发言材料以及信息等，积极反映社情民意。多项提案被列为省政协大会发言材料和重点提案，部分建议已被政府部门采纳。2015年12月协作起草了全国人大和全国政协提案“关于推进马铃薯主粮化战略实施的建议”和“关于强化科技创新对马铃薯主粮化的驱动作用的建议”。2016年通过调研参与起草“关于建立农业部中南马铃薯重点实验室的建议”，并在南方冬作区设立“农业部马铃薯生物学与生物技术专业性重点实验室”。主委宋波涛撰写的提案《关于加强湖北省马铃薯种薯质量管理的建议》被列为湖北省政协大会发言材料和重点提案。2016年，民进华中农业大学支部荣获民进中央颁发的“先进基层组织”称号。

（五）农工华中农业大学委员会

2011年，农工华中农业大学委员会换届，彭健担任第二届委员会主委；2017年换届，赵凌担任第三届委员会主委。10年来，共发展党员12名。现有党员42名，其中具有正高职称的17名，副高职称10名。

10年来，农工华中农业大学委员会鼓励党员关心国家经济建设和社会发展，与祖国的发展同呼吸共命运。2008年汶川大地震，农工华中农业大学委员会积极组织抗震救灾活动，被农工党湖北省委会评为“抗震救灾”先进集体。多位优秀党员为国家的科教事业呕心沥血，取得了瞩目的成绩。金梅林教授2011年和2016年两度以第一完成人获得国家科技进步二等奖，2016年度再度获得“何梁何利奖”。

（六）致公党华中农业大学支部

2009年1月5日致公党华中农业大学支部成立，马美湖任首任主委。2012年致公党华中农业大学支部换届，马美湖连任主委；2017年致公党华中农业大学支部换届，徐晓云任主委。近10年来，致公党华中农业大学支部共发展党员19人，其中正高级职称的党员有9人，副高级职称的党员有9人，所有党员均具有博士学位，是致公党唯一的“博士支部”，所有党员均具有海外经历。

支部党员利用自身特色积极献计献策、参政议政，多次受到致公党中央和致公党省委会的表彰。2014年被致公党中央授予“致公党全国先进集体”；2015年被致公党中央评为“社会服务先进集体”，并被授予“致公党扶贫开发工作先进集体”奖章。被致公党湖北省委授予“树立和践行社会主义核心价值体系，推进基层组织建设年活动先进集体”“2012—2017年度先进集体”称号，连续4年荣获“致公党湖北省委会参政议政先进单位”的荣誉称号。多位党员被致公党省委会评为“参政议政先进个人”。

（七）九三学社华中农业大学委员会

2012年，九三华中农业大学委员会换届，韩鹤友连任主委；2016年换届，王学路担任主委，现有社员52人。10年来，共发展新社员22人，转入2人，其中教授4人，副教授11人；博士14人，硕士8人。

10年来，九三学社华中农业大学委员会社员积极建言献策，提交专题报告2份，专题发言4份，集体提案及个人提案5份，其中3份提案获奖。组织社员投身于服务三农、科技扶贫的第一线，先后到东西湖、江夏、宜昌、襄阳、随州、广水、武穴、红安等地开展科技讲座58次；先后到新洲、沌口、宜昌、襄阳、大悟、应城进行科技咨询15次；水稻种植培训23场次，科普讲座2次。2011年，主办召开“2011年全国规模化水产养殖增效论坛”，吸引来自全国10多个省市的200多位水产业界代表参加。三次被九三湖北省委评为“先进基层组织”。

三、党外知识分子工作

突出全面培养，深入推进党外代表人士队伍建设。结合党外代表人士的新特点，牢牢把握增强党外代表人士队伍代表性这一基本要求，始终围绕提高素质、发挥作用的工作目标，着力强化理论培训和实践锻炼两大途径，紧紧抓住发现、培养、使用、管理四个环节，努力加强党外代表人士队伍建设。抓基础工作，做到心中有数。做到有目标的培养，有计划的培训，有统筹的安排党外代表人士，通过调查摸底，建立健全“党外知识分子数据库”“民主党派成员数据库”“无党代表人士数据库”和“党外代表人士队伍数据库”，每年更新《华中农业大学党外代表人士队伍名册》。组织部、统战部与基层党委充分协商，做好工作，尊重意愿，有意识地将一部分优秀的知识分子留在党外，注重培养党外知识分子代表性人士加入民主党派，为党派输送人才，保证党派领导班子的人才储备和政治交接工作。10 年来，共发展考察了 112 名新成员。

抓素质提高，促进全面发展。着力加强党外代表人士的政治培养，努力提高政治、思想和业务素质，使他们在政治上有归属感，思想上有认同感，专业上有成就感。通过省、市、校社会主义学院对党外代表人士进行多层面、分类别的培训，尤其是加大对民主党派新成员和民主党派骨干成员的培训，提高他们政治理论素养和开阔政治眼界，提高参政议政和政治协商能力。

抓活动载体，创新工作方法。每年坚持组织各类统战人员开展“三个一”实践活动：组织人大代表、政协委员开展一次实践活动；组织民主党派和社团负责同志开展一次“同心同行”主题实践活动；组织无党派代表人士开展一次校外社会实践活动。2013 年以来，组织党外专家分别赴东风汽车公司、西藏、广西、福建、延安、广东等地开展学术交流、科技服务等实践活动。抓党派换届，夯实队伍建设。2009 年协助成立了致公党华中农业大学支部。2012 年、2016 年顺利完成了两次所有党派换届，2016 年协助民进华中农业大学支部升格为民进华中农业大学委员会。抓条件保障，切实照顾同盟者利益。继 2007 年出台文件，对于保障党外代表人士参加必要的社会工作和社会活动给予必要的支持和补贴，2013 年又出台了《华中农业大学关于调整党外代表人士工作量补贴的规定》，对于补贴标准又适时进行了上调。

10 年来，学校重视党外后备干部的选拔、培养和举荐工作，目前学校共有 19 名副处级以上党外干部，其中全国人民代表大会常委、民盟中央副主席邓秀新院士担任校长，6 人担任学院正职院长，1 人担任职能部门实职正处。

四、留学人员、港澳台侨联工作

高度重视留学归国人员工作。2008 年成立了学校第一届欧美同学会·留学人员联谊会，校长邓秀新担任会长，2014 年底完成了第二届换届工作，由“千人计划”特聘教授彭少兵担任会长。针对学校的具体情况，结合留学人员特点组织一系列活动。依托学院开办各种留学人员沙龙。联合武汉欧美同学会·留学人员联谊会举办网球赛、羽毛球赛等体育联谊活动。2008 年来，7 位教授荣获湖北省“留学报国奖”。

2017 年 4 月，湖北省 37 家基层侨联组织来校研讨侨务工作

扎实推进港澳台侨工作。依托学校侨联、港澳台联络小组等组织开展工作。每年中秋节前组织港澳台联络小组召开“迎中秋、话团圆”茶话会。成功承办全国台联台胞青年千人夏令营湖北省分营开营活动。成功举办湖北省第十三次高校、科研院所、企事业单位侨联（小组）联席会议。协助学校侨联第四届委员会换届，产生新一届侨联班子成员，罗朝喜当选主席，郭爱珍、李国亮当选副主席。学校侨联荣获“2015 年全省侨联系统先进集体”称号。王革娇荣获“全国归侨侨眷先进个人”称号。10 年来，学校 63 位教授荣获“梁亮胜侨界科技奖励基金”，获奖人数在湖北省高校中排名前列。7 位教授荣获“中国侨界贡献奖”。

第七节　群团工作

一、工会工作

学校工会工作在聚焦主业中把握职责定位，坚持围绕中心、服务大局，坚持以问题为导向、以教职工需求为导向，不断提升组织教职工、引导教职工、服务教职工、维护教职工的能力，切实发挥联系教职工群众的桥梁纽带作用。

组织动员广大教职工建功立业。大力弘扬工人阶级伟大品格和劳模精神，号召教职工爱岗敬业、创新奉献，深入开展青年教师教学竞赛、医疗卫生和后勤服务岗位练兵等多种形式的劳动竞赛活动，团结凝聚力量推进学校事业发展进步。先后承办湖北省第一、第二、第三届高校青年教师教学竞赛以及第二届全国高校青年教师教学竞赛，1 人获第一届全国高校青年教师教学竞赛一等奖暨全国五一劳动奖章，2 人获湖北省一等奖暨湖北省五一劳动奖章。坚持开展劳模、师德先进个人、师德标兵、先进女教职工选育表彰活动，先后涌现出了王石平、张献龙、钟涨宝、赵书红、刘进、方红、李国怀、王沫等一批劳动模范、五一劳动奖章获得者和湖北省师德标兵。

教育引导教职工提升自身素质。组织开展培育和践行社会主义核心价值观活动，深入开展以师德师风为主要内容的职业理想和职业道德建设。结合纪念改革开放30周年、新中国成立60周年、中国共产党成立90周年，开展形势政策任务宣传教育，坚定广大教职工的共同理想信念。加强教职工思想政治工作，开展公民道德建设和法制宣传教育；依托教职工社团组织开展系列文体休闲活动，推进教职工文化建设，弘扬健康文明的生活风尚，营造团结进取的校园氛围。

有效深化维权帮扶工作。不断完善教职工群众权益维护机制，广泛听取教职工意见，代表教职工参与学校重大事项的协调监督，推动合理化建议纳入学校决策。加强劳动保护工作，维护教职工健康权益和生命安全，组织开展特殊劳动保护岗位教职工疗休养。健全帮扶工作体系，组织教职工实施医疗互助工作，受助教职工近800人次，走访慰问探视教职工约600人次，经济帮扶教职工近3 400人次。落实工会福利政策，做好重大节假日、观影、春秋游等福利工作。

夯实工会自身建设基础。遵循“党建带工建、工建服务党建”的方针，把工会组建和会员发展纳入学校党建工作责任制考评体系，做到学院党委与学院工会组建同步，推进基层党组织建设的同时带动工会组织的全覆盖。全校建有29个二级工会，教职工入会率达100%。按期召开学校第十五次、第十六次工会会员代表大会（以下简称“工代会”），选举产生学校第十五、第十六届工会委员会及经费审查委员会。加强领导班子和干部队伍建设，提高工会干部队伍的思想素质、理论水平和业务能力，校工会被授予“湖北省教育工会工运理论研究基地”。不断强化工会财务、资产监管等工作，有效保障服务教职工的物质基础，经费审查审计监督工作力度不断加大。

二、共青团、学生会工作

2011年12月3—4日，学校召开第十一次团员代表大会、第十二次学生代表大会，出席大会的团代表共311名、学代表共355人。大会选举了共青团华中农业大学第十一届委员会委员25人，华中农业大学第十二届学生委员会委员23人，李金发当选为团委书记，经济管理学院2008级学生洪慧敏当选为校学生会主席。2016年12月3—4日，学校召开了第十二次团员代表大会、第十三次学生代表大会，出席大会的团代表共295名，学代表共300人。大会选举了共青团华中农业大学第十二届委员会委员21人，华中农业大学第十三届学生委员会委员23人。张拥军当选为团委书记，工学院2013级学生郭歌当选为校学生会主席。

基层团建工作。2008年，编辑出版《大学生团课教程》，恢复新生团校，建立学院分团校；2010年，在全校团组织和团员青年中开展了以争创“团员先锋岗、团干示范岗、青年志愿服务岗、青年文明岗”为主要内容的“四岗”联创活动。2011年，为加强研究生共青团工作，理顺管理机制，成立研究生团工委。2016年，印发《关于加强基层团支部活力建设的意见》，修订《团支部工作条例》，启动“共青团基础基层工作试点”，支持基层团委围绕团校微课程设计、团支部志愿服务活动体系、团组织生活会活力建设等进行探索。2016年12月，学校召开党的群团工作会议，传达中央和省委有关会议和文件精神，对学校加强和改进党的群团工作做出部署；2018 年 1 月印发《华中农业大学共青团改革实施意见》。坚持每年举办团支部风采展、团支部书记培训班，评选“五四红旗团委”“五四红旗团支部”，5 个团支部获评全国高校“活力团支部”。2012 年 5 月、2018 年 5 月校团委获评“全国五四红旗团委”，多次获评“湖北省五四红旗团委”。规范推优入党工作，推荐 16 010 名优秀团员加入中国共产党。

团学干部能力建设。深入实施青年马克思主义者培养工程，抓好团干部培养工作，组织 90 余名团干部赴中央团校、井冈山接受培训，选送 15 名青年干部到团中央、四川宜宾、汉源、河北任县、湖北省建始县挂职锻炼。推荐 64 名青年骨干参加全国和湖北省“青马工程”“青社工程”“学生骨干培训班”。坚持举办“狮子山菁英学校”，累计培训学生骨干 8 000 余人次。加强对学生会、研究生会的指导，2016 年成立学生常任代表委员会，举办“共同空间”“校领导接待日”等师生交流活动，实施校团委机关干部联系团支部和“1+100”专职团干联系团员青年制度，开展“四点半有约”交流活动。

三、青年联合会工作

经校党委批准，2012 年 12 月 15 日，学校召开青年联合会成立大会。会议审议通过了《华中农业大学青年联合会组织工作细则》《华中农业大学青年联合会第一届主席团、常委选举办法》，姜道宏当选主席，李金发当选为常务副主席，曹胜波等 9 人当选为副主席，蔡鹏等 35 人当选为常委。2018 年 3 月 10 日，召开青年联合会第二届委员会全体会议，殷平当选为主席，张拥军当选为常务副主席，郭亮等 9 人当选为副主席，李博等 35 人当选为常委。

青年联合会重视思想引领，凝聚青年思想共识。从 2015 年起，每年组织青年教师赴井

2015 年 12 月，校青年联合会主办第五届“清涟”跨学科论坛

冈山开展国情社情培训。积极举荐优秀青年人才，蔡鹏、胡红红、严建兵、殷平等获评“湖北省五四青年奖章”，石炜、狄金华、万虎入选湖北青年英才计划。聚焦学术交流，拓展青年学术视野。创办“清涟”跨学科论坛，举办跨学科论坛 15 期，邀请一批校外中青年学者来校交流，3 000 余名师生参与。注重人文关怀，关注青年成长需求。组织举办“青年交友嘉年华”“短程徒步”“亲子游乐会”“清涟杯”足球赛等特色活动。定期举办“青联影院”，组织观看各类高雅艺术演出 60 余场。主动融入大局，服务学生成长发展。指导学生在各类竞赛获奖 699 项，其中国家级和省级金奖、一等奖 198 项。成立教师志愿服务队，225 位青年教师注册成为骨干志愿者，51 位青年教师结对帮扶 40 位贫困山区小学生。

四、妇女委员会工作

经校党委批准，2011 年 4 月 16 日，学校第一届妇女代表大会召开。102 名正式代表，47 人列席代表出席会议。会议全面总结学校妇女工作的成就和经验，提出未来妇女工作的目标和任务。大会选举产生华中农业大学第一届妇女委员会，王彩虹当选为主任，12 人当选为常务委员会委员。会议审议通过了《华中农业大学妇女委员会工作条例（试行）》。

2010 年 9 月成立学校农村妇女研究中心，围绕与农村妇女相关的热点问题进行基础理论研究和政策性研究，开展学术交流与合作，为社会提供有关农村妇女问题的咨询和信息服务。2012 年，承办了湖北省妇女理论研究会年会。2013 年 11 月，农村妇女研究中心实践基地在武汉市黄陂区王家河街正式揭牌。2016 年，承办第三届湖北高校性别平等论坛暨“妇联改革创新与社会组织发展”研讨会。

妇女委员会成立以来，创造条件全心全意为妇女办实事、解难事、做好事，切实维护妇女的合法权益，倡导平等，助推性别意识融入学校决策。发挥女性职工在学校事务管理中角

2011 年 4 月，学校召开第一届妇女代表大会

色和身份，第七、第八届教代会女代表各占代表总数近 30%；教代会代表对干部进行民主评议，适当考虑女职工代表。针对女性群体特点，采取妇委会常委项目负责的方式，开展丰富多彩的活动。先后组织主办“庆三八、话发展”妇女节座谈会、趣味运动会、女大学生导学交流会、新入职女教工座谈会、插花艺术讲座、职业女性服饰讲座、“共同空间”——女大学生成长对话活动、亲子阅读、牛肉品鉴、职业女性服饰讲座、自制家庭环保酵素等系列活动。同时积极宣传和推荐先进典型，开展 2 届“优秀女教职工”评选表彰活动。向湖北省、武汉市妇联积极推荐优秀妇女典型，王石平、赵书红分别获选省、市“三八红旗手”，王石平当选“湖北省劳动模范”。推选吴平等 3 名省、市妇代会代表。

第八节　离退休工作

一、离退休工作概况

学校现有离退休教职工 1 676 人，其中离休干部 32 人，退休教职工 1 644 人。离退休党员 713 人，占全校离退休人员总人数的 42.5%，全校离退休教职工中厅局级和正高、正处级共 266 人，副高、副处共 349 人。

10 年来，学校离退休工作秉承全心全意为老同志服务的宗旨，坚持实事求是、依法办事、民主集中制的原则，真心实意地为老同志办实事、办好事、解难事，逐步构建了包括校老年协会、老教授协会、老科技工作者协会、老年大学、老干处（离退休工作处）在内的“五老合一”的工作机制，在老年工作的传承和创新中，逐步形成了学校老年工作的特色和亮点。主要体现在以下几个方面：

坚持理论学习和思想引导。通过政治理论学习、形势政策教育、两会精神传达和各级各类辅导班等，教育引导广大离退休教职工牢固树立纪律意识和规矩意识，严守政治纪律和政治规矩，自觉在思想上政治上行动上同党中央保持高度一致，近 10 年未出现一起离退休教职工聚众影响学校和社会安全稳定的事故。

坚持校情通报制度。学校每年至少组织一次主要校领导的校情通报会和一次学校领导班子与离退休骨干座谈会，让大家及时了解学校改革发展建设情况，增强信心，使老同志更好地为学校的改革、发展和稳定做贡献。

坚持走访慰问制度。坚持每年在重要纪念日、重大庆典和重阳节、元旦、春节期间集中走访慰问高龄、独居、重病住院、长期卧床、生活不能自理、家庭出现重大变故等离退休职工，将组织的关爱送到每一位困难离退休教职工家中。

坚持参观学习考察制度。每年春季组织党委委员、所属党支部书记、老年协会理事和老年协会分会长等老年骨干，各分会或支部每年春秋季组织广大离退休职工就近参观经济社会发展成果、新农村建设及革命纪念地、纪念馆等红色教育基地，积极引导广大离退休教职工展示阳光心态、体验美好生活、畅谈发展变化。

2015 年 12 月，学校关工委、老年大学与红杜鹃爱心社共同举办活动

坚持开展祝寿活动。每年由分管离退休工作的校领导带队为满 80 周岁、85 周岁、90 周岁及以上的离退休教职工送祝寿辞和祝寿红包。每年离退休工作处为直属的离休分会和农场分会分别举办集体祝寿会，各二级单位根据各自实际情况，适时举办了形式多样的集体祝寿活动。

坚持开展争先创优活动。每两年在“七一”期间评比表彰一次先进党支部、优秀共产党员和优秀党务工作者，每两年在年初评比表彰一次离退休工作先进集体、先进工作者和优秀老年人，进一步激励广大离退休教职工思想常新、理想永存，有力地推动了各基层单位老年工作的开展。

坚持认真落实离退休教职工生活待遇。经校长办公会研究决定，自 2010 年 1 月 1 日起，学校规范了退休人员津补贴，每年按湖北省发文件，参照武汉市发文件按时足额调整离退休人员的生活补贴标准。同时，做到尽早宣传解读到位，调整落实到位，受到了老同志的好评。

坚持开展老同志喜闻乐见的各类文体活动。10 年来，连续举办十届离退休教职工趣味运动会，该运动会已成为学校敬老月和老年工作的特色活动，每次参加人数达千人以上。连续 10 年约请退休职工参加迎新春大型文艺汇演，还组织离退休教职工参加其他校内外的各级各类文体赛事和表演活动。

二、老年群团组织

（一）老年协会

校老年协会下设五个部门：组织权益部、宣教部、文艺部、体育部、有为部。2014 年成功召开了老年协会第七次会员代表大会，大会总结上一届老年协会的工作，选举产生新一届理事会理事，明确了今后老年协会的工作目标和任务。截至 2017 年底，校老年协会下辖 33

个分会。10 年来，校老年协会积极开展工作，收集老同志意见，反映诉求，较好地发挥了桥梁和纽带作用；先后组织离退休教职工参加省、市、区、学校组织的各种比赛活动，获得大小奖项近百个。

（二）老教授协会和老科技工作者协会

老教授协会和老科技工作者协会现有会员 200 多人，2009 年和 2017 年分别召开了老教授协会、老科技工作者协会第二次和第三次会员代表大会，并于第三次会员代表大会上将老教授协会和老科技工作者协会运行机制调整为“两块牌子一套班子”。10 年来，老教授们先后应邀到全国十多个省（区、市）和湖北省二十多个县市开展农业调查、生产指导、技术咨询、乡村规划、科技培训、新品种新技术推广、防灾救灾、经济评估、司法鉴定等多项服务活动，取得了良好效果，深受当地领导和农民的好评。10 年来，共举办各种培训班 100 多个，培训各类农业科技人员、农民技术员和庄稼医生等一万多人。

为探索服务“三农”新途径，协会于 2014 年开始与江夏区老科技工作者协会合作，以乌龙泉群建村为试点，努力把群建村打造成为都市型多功能科技示范村。

三、老年大学

10 年来，学校老年大学坚持校务委员会领导下的校长负责制，建立了一支包括教学管理人员、任课教师和班主任等在内的热心老年教育事业的专兼职工作队伍。近 10 年办学规模稳定在每年开班 45 个左右，入学学员每年 1 400 多人次。先后于 2010 年和 2014 年编印诗词集《湖山流韵》，于 2012 年和 2017 年老年大学建校十周年和十五周年之际编印书画集《晚霞红映狮子山》。2008 年学校老年大学先后获评“省老年大学示范校”和“市老年大学示范校”，2009 年学校老年大学校长陈德光获评“全国老年教育先进工作者”，2013 年学校老年大学被吸纳为湖北省老年大学高校办学委员会的会员单位。

四、关心下一代工作委员会

学校高度重视关心下一代工作委员会（以下简称“关工委”）的组织机构建设，完善了关工委校、院两级机构。学校各教学单位和附属学校全部成立二级关工委。学校关工委骨干队伍按主要工作内容划分共有 6 支，分别是党建组织员、“五老报告团”、本科教学巡视员、研究生教育督导员、科技咨询专家组和阳光家园。

2013 年，在湖北省五好关工委创建活动中获评“五好关工委”荣誉称号。2014 年，学校关工委报送的阳光家园案例《有爱者善终成五年公益做慈善》获教育部关心下一代工作委员会（以下简称“关工委”）工作十大品牌优秀案例。2016 年，学校关工委荣获“全国教育系统关心下一代工作先进集体”荣誉称号，“阳光家园”志愿者，计财处退休教师郑清香获评“全国教育系统关心下一代工作先进个人”。

第七章 精神文明与校园文化建设

第一节 精神文明创建

1996年前，学校的文明创建是奠定基础阶段，五讲、四美、三热爱是这个时期文明创建的主要任务和内容。1996年，学校被评为湖北省最佳文明单位。1996至2002年是规范建设阶段，物质文明和精神文明两手抓，成为这一时期的显著特点。文明创建工作与促进学校事业发展得到了有机结合。2003年底召开的第七次党代会描绘新时期学校“三步走”的奋斗目标时，提出“要巩固连续四次获得湖北省最佳文明单位的丰硕成果，争取用3年左右的时间，实现国家精神文明先进单位的建设目标。”创建国家精神文明先进单位成为四大工作目标之一，标志着学校文明创建进入打造品牌阶段，政治文明建设成为这一时期文明创建工作的新任务。2004年3月，学校党委和行政联合制订并印发《华中农业大学创建全国文明单位行动计划》和《华中农业大学文明单位建设管理试行办法》，推出了“五色校园”文明行动计划。

“五色校园”分别是指：加强党建和思想政治教育，坚持用马克思主义中国化最新成果武装师生员工思想，深入开展社会主义核心价值体系教育，创建正气高扬、奋发进取的“红色校园”；坚持育人为本、崇尚学术，创建人才辈出、成果斐然的“金色校园”；加强思想政治教育进网络工作，创建健康向上、品位高雅的“蓝色校园”；实施资源节约型和环境友好型校园建设，创建环境优美、生态文明的“绿色校园”；实施武汉市社区“883行动计划”，推进园林式科教人文型社区建设，创建文明和谐、舒适温馨的“橙色校园”。

“五色校园”文明创建工程的实施，促进了学校改革、发展和稳定，学校呈现出物质文明、政治文明、精神文明全面、协调、持续发展的良好局面。2005年，学校荣获全国精神文明建设工作先进单位称号，学校第七次党代会相关目标完成。2007年底，学校八次党代会工作报告明确提出了新的文明创建战略目标。“以建设和谐校园为目标，加强精神文明建设……争创全国文明单位。”到2008年，学校已连续七届蝉联湖北省最佳文明单位称号。

2008年以来，学校的文明创建工作传承弘扬百年华农的共同价值和华农人的共同价值追求，坚持以社会主义核心价值观和“勤读力耕，立己达人”为内核的耕读精神引领。以五色校园工程作为耕读精神之体，统摄文明创建，通过文明校园、生态校园、书香校园、平安校园、和谐校园“五位一体”融合建设美丽华农，把文明创建融入人才培养、科学研究、社会服务、文化传承与创新之中，文明创建工作常创常新，2008 年以来连续三次荣膺“全国文明单位”称号。2017 年，学校获评首届全国“文明校园”。

第二节 校园文化建设

一、文化建设成为学校事业发展主要任务

学校“十一五”事业规划首次将文化建设内容纳入学校事业发展的主要任务。学校第八次党代会以后，校园文化建设进入新的阶段。2008 年，学校暑期中层干部培训班设置了文明创建和文化建设专题，全校中层干部通过学习和讨论，一致认为要大力推进校园文明创建和文化建设。学校决定利用创建全国文明单位契机，在全校范围内开展一次“大学文化与大学精神”的研讨。学校深入学习实践科学发展观专题调研工作共有七个专题，“加强大学文化与大学精神建设”是其中之一。此间，面向全校师生开展了“大学文化与大学精神”主题征文活动，共收论文 135 篇，学校评选后由华中师范大学出版社结集出版《大学文化与大学精神》，收录相关论文 44 篇。

2009 年 11 月，校园文化建设指导委员会成立，启动了“悦雅计划”。2009 年 12 月，学校启动“大学文化与大学精神”相关专题研讨活动，设立大学文化与学校发展，学校学风、教风的内涵与特色，学校学术文化的建设与发展，新时期校园文化活动的理念、载体、途径

2009 年 12 月，学校举办“大学文化与大学精神”研讨会系列专题研讨活动

创新，后勤服务文化与大学育人等五个专题展开。12 月 30 日，召开学校研讨大会。大会分五个专题，汇报研讨成果，专家、教师代表、校友交流发言，形成了关于加强学校“大学文化与大学精神”建设的一批理论和实践成果。围绕学校中心工作，遵循文化建设规律，体现时代发展要求，学校文化建设工作呈现出新的面貌。

2014 年 3 月，学校组织召开学院文化建设研讨会，初步形成了“学院文化要立足于立德树人的根本，在专业和学科挖掘特色”的学院文化建设共识。2016 年，学校编制发布了“十三五”文化建设规划，提出精神文化建设、学术文化建设、网络文化建设和文化传播力提升五项主要任务。

2018 年 1 月 11 日，学校召开中华优秀传统文化研讨会，表彰中华优秀传统文化征文优秀论文，研讨学校进一步加强中华优秀传统文化教育工作的主要路径、有效措施和长效机制。校党委书记高翅强调，学校有工作基础、有一批志同道合的师生、有涵养文化自信的责任和使命，要进一步加强研究，探索行之有效、真正滋润学生心灵的中华优秀传统文化教育。

二、精神文化建设

10 年来，学校紧紧围绕立德树人根本任务，用校园文化涵育社会主义核心价值观。通过提炼学术精神、培育学术典型、营造学术氛围，引导师生坚持“育人为本 崇尚学术”的价值追求。

深入挖掘校本历史资源和文化内涵，以“勤读力耕，立己达人”为核心的华农精神、“育人为本 崇尚学术”的办学理念、“团结、勤俭、求是、奋进”的校风、“局部创优势、整体上水平”的办学方针，“现代生物科技与传统农科紧密结合互促共进”的办学特色、“围绕一个领军人物，培植一个创新团队，支撑一个优势学科，促进一个富民产业”的“四个一”发展模式，“不张扬、不浮躁、不盲从”的办学品格得到师生广泛认同，学校的办学理念、优良校风、办学方针、办学特色、发展模式、发展目标深入人心，成为鼓舞激励全校师生的精神动力。

2007 年 10 月 25 日，时任国务委员陈至立在时任教育部长周济等人陪同下视察学校，在参观校史馆时，周济临时“客串”讲解员，向陈至立仔细解释了“六个一”所代表的学校一批重大科技成果。26 日，在去宜昌视察的途中，陈至立与陪同的教育部和湖北省负责人聊起了高校发展模式的话题。陈至立说，高等学校发展还是要走特色之路，华中农业大学在这方面做的比较好，他们主要是围绕一个领军人才，带领一个创新团队，支撑一个优势学科，带动一个富民产业。由此，“四个一”的特色发展模式就这样传开了。2007 年 12 月学校第八次党代会报告中，正式载入了“围绕一个领军人物，培植一个创新团队，支撑一个优势学科，促进一个富民产业”的发展模式。2009 年 6 月 17 日，教育部属高校学习实践活动简报第 149 期刊发题为《华中农业大学着力强化“四个一”办学特色 推动学校科学发展》的文章，专题报道学校“四个一”的特色发展模式。

10 年来，学校加强对精神文化成果进行系统梳理和固化，举办生物技术中心成立 30 周年、作物遗传改良国家重点实验室成立 20 周年、陈华癸先生诞辰 100 周年等纪念活动，编写出版《陈华癸论文著作集》《漫游中国大学 · 华中农业大学卷》《激扬与追求——作物遗传改良国家重点实验室二十周年纪事》《追求卓越之路——华中农业大学生命科学技术学院成立二十周年纪实》《狮山兰芷》《有一种青春叫奉献》等一批校本文化书籍，举办多场文化活动和专题展览。在全国农林高校中率先开展“学校形象识别系统”设计和推广应用。学校文化建设成果《通过校史教育铸造大学文化内核的探索与实践》获 2010 年全国高校校园文化建设优秀成果二等奖。

三、文化体育活动

学校不断强化精品意识，进一步加强对校园文化活动的规范和指导，相继推出“狮子山讲坛”“清涟跨学科论坛”“悦雅计划”“悦创狮山”“耕读”、话剧《牵挂》等一批具有校本特色的校园文化活动；以校庆为契机，按照“学术活动重品质，文化活动重品位”的要求，开展一系列学术文化活动。110 周年校庆举办了“薪火相传 · 心手相印”校庆之夜晚会，活动内容包括火把巡游、焰火晚会、激光表演、广场文艺演出、广场电影、广场舞会等。

2017 年 12 月，学校举行 2018 年新年音乐会

2017 年 12 月，学校举办中外学生新年晚会

2017 年 11 月，湖北省歌剧舞剧院编钟国乐团专场演出

120 周年校庆文化活动以二十四节气为主线，持续、立体、全景展现学校的文化积淀和社会贡献。

学校持续开展“高雅艺术进校园”活动，邀请中央芭蕾舞团、中国歌剧舞剧院、武汉爱乐乐团等知名艺术团体来校演出 110 余场。2010 年 11 月学校与湖北美术馆、湖北省京剧院、武汉人民艺术剧院、武汉爱乐乐团、武汉戏剧家协会等文化艺术单位共同举行文化艺术共建单位揭牌仪式暨校园文化建设研讨会，全面推进“悦雅”计划，加强学生人文艺术素质教育。《实施“悦计划”，助力“悦成长”——“五悦狮山”文化育人实践》荣获 2016 年度湖北省高校校园文化建设优秀成果一等奖。加强“狮子山讲坛”建设，邀请李肇星、濮存昕、

2017 年 5 月，敬一丹等参加学校“狮子山讲坛”活动

周国平、葛剑雄、白岩松等 240 余位大家到校讲学，2011 年、2017 年出版《狮子山讲坛》第一辑、第二辑。2016 年开设“狮子山艺术讲堂”。

广泛开展读书活动，推进全民阅读活动，营造书香校园氛围。每年举办华农读书节，评选“十大阅读之星”；每年毕业季举办“青停图书馆”系列活动，每年授予 10 名毕业生“终身荣誉读者”称号；举办“全校共读半小时”活动、“智慧女性，书香家庭”诵读分享会，推广家庭阅读文化；以“山水有清音，书香满华农”为主题，初步形成了“清音真人图书馆”活动品牌。学校获评武汉市“十佳书香校园”。

深入开展丰富多彩的群众性体育活动，推进全民健身运动。坚持健身性、群众性、教育

2014 年 10 月，学校举行第 53 届田径运动会

2016 年 3 月，学校举行环校园长跑活动

性和娱乐性协调一致的原则，广泛开展学生体育活动，增强学生体质。每年开展“狮子山杯”羽毛球赛、篮球赛、足球赛、游泳赛、排球赛、乒乓球赛、射箭比赛、攀岩大赛等丰富多彩的校园体育比赛，赛事从每年3月份一直持续到12月底。组织评选“十大运动之星”，深入开展“走下网络、走出宿舍、走向操场”群众性体育活动。“赏校园美景，扬青春激情”春季环校园健康长跑、狮子山MINI马拉松等具有校本特色的体育文化逐步形成。

学校积极支持学生社团文化活动。2012年4月出台《关于进一步加强社团工作的意见》，制订《华中农业大学社团导师工作条例》，推行社团导师制。实施社团特色活动支持计划和社团课程立项，组织各类社团活动1000余场，裁判俱乐部等11个社团获评全国或湖北省优秀社团。

四、环境文化与文化场馆建设

学校围绕“校园环境一流”与“美丽华农”的建设目标，进一步加强校内湖泊、山体的功能规划，对文化环境建设开展规划设计，加大环境治理和文化景观建设力度。建设楼宇文化，对一批反映学校历史和文化特色的标志性建筑进行保护、维修和宣传。

学校进一步加强图书馆、校史馆、艺术馆、博物馆等文化场馆的建设。对图书馆空间统筹调整和建设，建设国学阅览室。创新性建设“汇雅书邨”“集雅书屋”“涵雅书舍”和“博雅书房”，充分发挥图书馆作为第三文化空间的价值。调整和充实原标本馆展品，建设华中农业大学博物馆。2013年，学校对原学生大食堂进行了整修，更名为艺术馆，功能定位为开放的艺术展示和创意中心。2014年1月，学校举办了艺术馆开馆展——“美丽华农”师生摄影作品展。以艺术馆为平台，组织开展了文法学院、园艺林学学院毕业设计展，“雷锋精神永恒”社会主义核心价值观书画展，女性画家水墨展等50余场以师生原创为主的文化艺术创意实践展示，引进11场高层次文化艺术展览。

学校加强校园景观的建设和管理。2009年3月31日，北京校友（联谊）会等25家单位

2018年3月，艺术馆举办“时令·意远”摄影展

捐赠的项目“气生万物——二十四节气柱”落成。此后，学校又相继建设了校友林、校训石等多处人文景观。2009 年 11 月 26 日，学校发布《校园人物雕塑管理暂行办法》，进一步加强和规范了校园人文景观的建设与管理。2016 年起，学校先后启动并完成了学校教学中心区域文化与环境整治与改造工程（一期）。对 24 节气柱区域进行环境改造；安装设置《小白塔记》景观石，记载和传承小白塔在学校事业的壮大与发展期间科研工作者们艰苦奋斗、敬业奉献、追求卓越的精神与情怀。在学校中心广场区域设置了校训石雕塑。2017 年，启动校园环境标识整治和导视系统升级工作。

五、发挥大学文化辐射功能

学校重视发挥大学文化的辐射作用，将文化建设与社会服务相结合，在文化服务新农村、公众科普等方面进行了有益探索。同时，组织专家、大学生艺术团、大学生社团、大学生社会实践小分队，深入农村、街道、社区开展科技文化服务和文明共建活动。“华农好人”“排队现象”产生广泛影响。志愿文化品牌——“本禹志愿服务队”成为全国志愿服务的旗帜。2013 年 12 月 5 日，习近平总书记给“本禹志愿服务队”回信。学校坚持德育与美育相融合，以“本禹志愿服务队”多年来的爱心接力故事为源泉，创作了话剧《牵挂》并赴京展演，时任国家副主席李源潮同志观看后高度评价了《牵挂》的思想性和艺术性。该剧荣获湖北省“五个一工程”奖。2015 年，校园文化成果《坚持德育与美育相融合大力培育和弘扬社会主义核心价值观——华中农业大学原创话剧〈牵挂〉的育人实践》荣获全国高校校园文化建设成果特等奖。

学校特别注重农业文明的承续与保护工作。2011 年 3 月起，张启发院士在充分考究相关古典文献和地方民俗后，联名国内水稻界 185 名专家学者，起草制订了《关于修订粳（gěng）字读音的建议书》呈送国家语言文字工作委员会、中国社会科学院语言研究所和商务印书馆，要求修改读音。此后，国家语言工作委员会启动新中国成立以来第三次普通话审音工作中，确定“粳”字读音被提上研究日程。经过反复论证，2016 年，确定“粳”字统读为 gēng。

2009 年学校支援洪湖市洪林村建立村史馆，2010 年支援沙洋县建立中国首个油菜博物馆，与襄阳市五山镇堰河村结对文明创建，以“111”计划和“双百”计划为纽带，深入推进社会服务、文化传承与创新。2012 年，校园文化建设项目《油菜花开醉荆楚——华中农业大学为地方建设油菜博物馆探索文化建设新途径》获全国高校校园文化建设成果一等奖。

学校一直坚持“科技创新、科学普及是实现创新发展的两翼”。2010 年，学校获批国家农业生命科学技术科普教育基地，2015 年，学校博物馆获批成为全国科普教育基地。依托两个国家科普基地，举办科普报告和科普展览，组织科普活动，出版科普图书，每年举办“未来科学家班”等大量科普活动，承担国家“十一五”重大科技成就展的转基因展区策划布展等多个重要科普展览，面向社会传播科学精神和先进文化。

第八章　现代大学制度建设与依法治校

第一节　大学章程建设

学校章程于2008年10月开始起草，2010年1月起正式实施。2010年，国家颁发《国家中长期教育改革和发展规划纲要（2010—2020年）》，把加强高校章程建设作为完善中国特色现代大学制度的重要任务。2013年以来，国家加快推进高校章程制订工作。教育部多次组织专题研讨、培训和部署，颁发《中央部委所属高等学校章程建设行动计划》（教政法〔2013〕14号）、《关于加快推进高等学校章程制订、核准与实施工作的通知》（教政法厅〔2014〕2号）等文件，明确要求“高校尽快实现一校一章程”，即2014年底之前完成全部“985工程”高校和“211工程”高校章程的核准工作，2015年底之前完成所有普通高校章程的核准工作。

在此背景下，2013年下半年，学校要求发展规划处牵头开展章程修订调研和起草准备工作。经充分调研论证，起草组五易其稿，2014年6月形成章程修订初稿。9月，学校印发《华中农业大学章程修订工作方案》，分别成立由校党委书记、校长为双组长的学校章程修订工作领导小组，校内外教师代表组成的专家组，相关职能部门负责人组成的工作组，统筹章程修订工作；明确章程修订核准的工作步骤和时间节点。10月16日，校党委书记李忠云主持召开领导小组会议，审议形成《章程修订草案》（征求意见稿）。10月21日，在学校办公系统公开向全校师生员工征求意见。10月29日至11月10日，先后召开离退休老同志代表、民主党派和无党派人士代表、教职工代表、学生代表、校属各单位主要负责人代表等5次征求意见座谈会，校务委员会、学术委员会和学位评定委员会等专题审议会，10位校领导分别出席座谈听取意见。11月21日，经学校第七届教职工代表大会主席团（扩大）会议专题审议，其后10个教代会代表团分别召开专题座谈讨论会，进一步修改形成《章程修正草案》（送审稿）。11月28日，经校长办公会审议、学校第九届党委第七次全体会议审定，并于11月30日报教育部核准。

2015年6月26日，教育部发布第68号《高等学校章程核准书》，核准书载明，《华中农业大学大学章程》经学校第九届党委第七次全体会议审议通过，教育部高等学校章程核准委员会评议，2015年5月26日教育部第22次部务会议审议通过，获得核准。

2015年7月6日，《华中农业大学章程》正式施行。原2009年12月18日公布、2010

年1月1日起施行的《华中农业大学章程》同时废止。

经核准的《华中农业大学章程》分为序言和正文两大部分。正文部分包括总则、学生、教职工、治理结构、学校与社会、资产财务与保障体系、学校标识、附则等八章，共计76条，全文10 400字。

为贯彻实施学校章程，校园网主页发布学校章程全文和解读，并通过校报、专题网、微信等多种媒体进行广泛宣传。发展规划处编印了《华中农业大学章程》单行本，利用暑期中层干部研讨班、新教工培训班、学生干部培训班、学生团支部组织生活会等多个平台组织学习，并发校学术委员会委员、校务委员会委员及参与学校章程论证的师生代表、民主党派负责人、离退休教职工代表等；教务处、研究生院将学校章程汇编入本科生手册和研究生手册。2016年10月，《华中农业大学章程》英文版正式公开发布。

第二节　完善治理体系

《华中农业大学章程》颁布实施后，学校按照“依法办学、自主管理、民主监督、社会参与”总体要求，以大学章程修订为契机，在法治原则和法定框架内，以自身“办学特色”“治理模式”和“管理创新”为重点，以促进改革、落实学校办学自主权为导向，着力完善内部治理体系和治理结构。

一、健全治理结构

坚持和完善党委领导下的校长负责制，明确大学治理结构的基本指向。《华中农业大学章程》第十一条规定，“学校实行中国共产党华中农业大学委员会领导下的校长负责制”。先后启动修订《华中农业大学党委领导下的校长负责制实施细则》《华中农业大学党委全委会议事规则》，充分发挥校党委的领导核心作用，坚持党管干部、党管人才，落实“三重一大”决策制度，进一步明确党委常委会和校长办公会的职责定位、议事规则和议事范围。

践行“育人为本、崇尚学术”的办学理念，建立和完善以学术委员会为核心的学术治理体系。《华中农业大学章程》明确载入“学校坚持教授治学，尊重学术自由，维护学术独立，完善学术管理体制、制度和规范，营造民主平等、开放包容的学术环境。”“学术委员会是学校最高学术机构，依法统筹行使学术事务的决策、审议、评定和咨询等职权。”经校长办公会审定，《华中农业大学学术委员会章程》于2015年2月修订出台，明确了学术委员会的组成规则、职责权限和议事规程，建立了校学术委员会会议开放、例会、决议公示与异议、相关委员回避、年度报告制度等多项制度。

2015年4月18日，学校第八次教职工代表大会暨第十六届工会会员代表大会上差额选举产生29名委员，组成学校第五届学术委员会，同时选举张启发为主任委员，陈焕春、张献龙、李崇光为副主任委员。委员涵盖14个一级学科；其中二级岗以上及特岗教授共计26

人，比例达到 89.66%；不担任学校、职能部门党政领导职务和学院（部）主要负责人的专任教师比例为 55.17%；1970 年 1 月 1 日后出生的委员比例为 17.24%。2015 年 7 月 18 日，学校召开华中农业大学第五届学术委员会成立大会，邓秀新校长为当选的校学术委员会主任委员、副主任委员颁发聘书，校学术委员会主任张启发院士为各专门委员会主任委员颁发聘书。

根据学术委员会章程的相关规定，校学术委员会下设学科建设委员会、教学指导委员会、科学研究委员会、学术道德建设委员会、学术评定委员会、科学伦理委员会等 6 个专门委员会。2015 年 12 月，校学术委员会正式发布《华中农业大学学术委员会专门委员会章程》，明确各专门委员会职责和议事规程。2015 年 3 月，院（部）学术委员会换届选举工作也正式启动，2015 年 6 月全部完成换届选举工作，并报校学术委员会秘书处备案。依法设立校学位评定委员会，决定学校学位的授予及撤销，通过授予名誉博士学位的人员名单，审议、处理学位授予中的有关问题。

不断健全教职工代表大会制度，遵循“党委领导、行政支持、工会运作、职工参与”的工作机制，依法保障教职工参与民主管理和监督，维护教职工合法权益。经学校第七届教职工代表大会第三次会议审议通过，于 2012 年出台《华中农业大学教职工代表大会实施办法》《华中农业大学教职工代表大会提案工作规定》《华中农业大学二级教代会实施细则》等管理制度，完善了教代会的组织与运行机制。

学校党政高度重视教代会工作，将其列入学校年度工作要点并按期召开会议，同时，纳入校院两级党建工作年度考核内容。围绕学校事业发展大局，扣准阶段性重点工作以及重大事项，明确教代会主题，集聚教职工智慧，积极为学校事业发展贡献力量。2008 年以来，三届教代会共受理提案 120 余份，主要涉及学科建设、人才培养、文化建设、福利待遇、校园环境整治、后勤服务保障等，提案办复率达 100%，部分优秀提案获学校表彰。2015 年，学校八届一次教代会设立权益保障与福利工作委员会；2017 年，学校八届三次教代会增设教职工权益保障工作委员会。除学校年度工作报告、财务工作报告必须向教代会报告外，2016 年、2018 年分别增加学校学术委员会年度工作报告、学校“十三五”事业发展规划年度报告，学校法治工作年度报告提交教代会审议。此外，教职工医疗互助基金、学校公费医疗管理办法、校园道路交通安全管理办法等与教职工权益密切相关的规章制度，提交教代会审议通过后予以实施。二级单位教代会制度规范运行，院务公开、民主管理监督等作用进一步发挥。

2008—2018 年学校教代会主题一览

时间	届次	主题
2008.03	六届二次	贯彻落实学校第八次党代会精神，加快特色鲜明的研究型大学建设步伐
2009.04	六届三次	坚持科学发展观，助推“学科建设上水平，特色办学创一流”
2010.12	七届一次	学习贯彻党的十七届五中全会精神，制订好学校事业发展“十二五”规划
2011.11	七届二次	贯彻落实《国家中长期教育改革和发展规划纲要（2010—2020 年）》，解放思想、更新观念，提高办学质量，促进学校“十二五”事业又好又快发展
2012.12	七届三次	依法治校，推进学校科学发展
2013.12	七届四次	推进内涵发展，全面提升办学水平

续表

时间	届次	主题
2014.11	七届五次	贯彻落实学校第九次党代会精神，推进学校体制机制改革，加快建成特色鲜明的研究型大学
2015.04	八届一次	深化学校综合改革，贯彻落实学校章程，全面推进依法治校，建立健全现代大学制度
2016.03	八届二次	凝心聚力制订“十三五”规划，为全面建成研究型大学贡献智慧和力量
2017.03	八届三次	认真实施学校事业发展“十三五”规划，全面深化学校综合改革，全面推进依法治校
2018.04	八届四次	推进“双一流”建设，喜迎“双甲子”校庆

推动校务委员会、理事会等咨询议事、社会参与机制建设，完善科学民主的大学治理内外部保障机制。第一届校务委员会成立于2003年，2009年12月修订《华中农业大学校务委员会章程》，2010年12月，学校组建第二届校务委员会，校党委书记李忠云任主任，张启发院士、陈焕春院士为副主任。经2015年第13次校长办公会审定，学校决定依据《华中农业大学章程》修订情况对校务委员会章程进行再次修订。修订后的《华中农业大学校务委员会章程》于2015年5月19日公布，规定校务委员会主要通过民主协商方式，对学校办学活动中的学校章程及其他重要规章制度、学校事业发展规划及校园建设等相关专项规划、学校综合改革方案、开展重大政产学研合作与协同创新、国际教育合作等重要事项和重大决策提出咨询意见、建议，行使咨询议事职责。2015年5月20日，学校组建第三届校务委员会，校党委书记李忠云任主任，张启发院士、陈焕春院士为副主任。第三届校务委员会每年召开1～2次全体委员会议，就学校非学术的重大事务等工作进行咨询和研讨。

进一步健全社会支持和监督学校发展的长效机制，完善学校治理结构、扩大决策民主、推进依法治校。依托校友会，坚持校友工作常态化，通过多种方式联系和服务校友，鼓励校友参与和支持学校建设与发展。2013年起，学校积极探索建立理事会制度。2015年10月，论证形成了《华中农业大学理事会组成方案（草案）》。至2017年年底，学校理事会组建的方案还在进一步研讨完善中。

推进校务公开，办学活动和管理行为主动接受全校师生员工、教育行政机关和社会的监督。2010年，成立由校长任组长的信息公开工作领导小组，明确校属各单位主要负责人是本单位信息公开工作的第一责任人，出台《华中农业大学信息公开实施办法（试行）》，不断健全信息公开的机构、方式、制度，不断增强校务公开的主动性、时效性，全面加强教育信息公开工作，将信息公开实行情况纳入监督、评估、考核工作中。所有重大改革决策、职称评审、人事分配、学校预算、部门预算、财务收支、福利待遇以及与教职工切身利益相关的校务问题，只要不涉密，均全部、全程、及时公开。2015年、2016年学校连续两年获评教育部教育信息工作先进单位。

二、调整机构和学院

学校根据精简、效能原则不断优化部门设置，根据办学活动和生活保障需要积极推进二级单位改革与调整。2010 年 1 月，决定将附属中学和附属小学合并成立华中农业大学附属学校，为正处级单位。3 月，决定将校医院升格为正处级机构，原有 6 个内设机构不变。4 月，决定成立新农村建设研究院，研究院下设办公室，办公室挂靠科学技术处，负责具体日常工作。办公室主任岗位为副处级。5 月，将学科建设与“211 工程”建设办公室由研究生处划转发展规划处，学科建设办公室原有的博士、硕士学位点授权申报、建设与管理职能归并到研究生处学位办公室。将校友联络办公室由挂靠发展规划处划归到挂靠学校办公室。

2011 年 5 月，决定成立国际学院，与国际合作与交流处合署办公，内设留学生办公室和对外合作办学项目办公室。11 月，决定成立研究生院，研究生院与党委研究生工作部合署办公，下设综合办公室、招生办公室、培养办公室、学位办公室和教育管理办公室。

2012 年 4 月，学校决定成立人文社会科学处；7 月，决定成立科学技术发展研究院，全面负责学校自然科学和人文社会科学的科技管理工作，科学技术发展研究院下设人文社会科学处、自然科学处、基地与重大专项处、成果与综合管理处、新农村建设办公室，其中人文社会科学处的级别为正处级，其他机构级别为副处级。9 月，学校决定成立社会主义学院，社会主义学院下设办公室，办公室挂靠统战部，与学校党校办公室联合办公。9 月，决定成立新农村发展研究院，下设办公室，撤销 2010 年学校成立的新农村建设研究院，原新农村建设研究院职能并入新农村发展研究院。10 月，决定成立信访工作办公室，挂靠学校办公室，级别为副处级。

2014 年 5 月，华中农业大学、武汉冈部投资有限公司和华中农业大学楚天学院三方签署了《关于终止合作举办华中农业大学楚天学院暨善后事宜协议书》，经校长办公会研究，同意华中农业大学楚天学院转设为民办普通本科高等学校；6 月，决定撤销学校驻北京办事处机构建制；6 月，为进一步加强校友和基金会的工作，将挂靠学校办公室的校友联络办公室改为独立建制，并更名为校友与基金工作办公室。

学校围绕人才培养的根本任务，根据学科专业发展和科学研究需要，不断完善校、院二级管理体制。2010 年 2 月，工程技术学院更名为工学院。2008 年 5 月，为了加强学校思想

2012 年 3 月，学校成立马克思主义学院

2013 年 9 月，学校成立公共管理学院

2014 年 4 月，学校成立信息学院

政治理论课的建设，学校决定成立思想政治理论课部，由学校党委和行政直接领导，正处级建制；2012 年 3 月，决定在思想政治理论课部基础上，组建成立独立建制的马克思主义学院。2012 年 6 月，决定体育课部更名为体育部，原有编制和机构级别不变。2013 年 9 月，组建成立公共管理学院，将原经济管理学院、土地管理学院下属的土地管理系、信息管理系、土地资源管理教学实验中心，调整到公共管理学院；其他下属单位，隶属经济管理学院管理。高等教育研究所整体调整到公共管理学院。2014 年 4 月，决定成立信息学院，将生命科学技术学院生物信息学教研室、生物信息学研究中心，理学院计算机科学与技术系、计算中心，整体调整到信息学院，将理学院数学与统计学系、化学系相关教师调整到信息学院。经过优化调整，全校现有植物科学技术学院、动物科学技术学院 / 动物医学院、资源与环境

学院、生命科学技术学院、园艺林学学院、水产学院、工学院、经济管理学院、食品科学技术学院、理学院、文法学院、外国语学院、马克思主义学院、公共管理学院、信息学院、继续教育学院、国际学院等学院和体育部。

第三节　现代大学制度建设年

学校首次开展全校性规章制度清理工作始于2009年4月。2015年，学校印发《华中农业大学“现代大学制度建设年”实施方案》，成立“现代大学制度建设年”领导小组和工作组，提出以《华中农业大学章程》施行为契机，以规章制度建设为抓手，全面审查清理学校规章制度、其他规范性文件及校属各单位内部工作制度，完善学校内部管理体制和运行机制，形成健全、规范、统一的规章制度体系。2015年4月18日，校党委书记李忠云在学校第八次教职工暨第十六次工会会员代表大会上做了《建设现代大学制度，全面推进依法治校》专题报告，强调加快现代大学制度建设，形成依章治校、依法办学的新机制、新常态。

学校先后召开各职能部门主要负责人参加的研讨座谈会和现代大学制度建设年工作组会议，部署落实规章制度清理工作。通过在全校范围内、系统清理规章制度及规范性文件，全面开展规章制度的“存、废、改、并、立”工作，共清理规章制度及规范性文件889件、内部工作制度1 001件，废除254件规章制度及规范性文件，其中宣布失效88件，废止86件，停止执行80件。对于确认保留和已经修（新）订完成的规章制度及规范性文件，按照大学治理核心规章制度、党政群团综合类制度、教学管理类制度、科研及学术管理类制度、学生管理类制度、人事管理类制度、国际合作与交流类制度、纪检监察类及审计类制度、资产财务类制度、后勤保障与安全保卫类制度等10个项目归类，进行电子版汇编，依法依章程面向社会公开。2015年8月6日，教育部官网专题报道“华中农业大学加快建设现代大学制度”。10月中旬，学校主页推出“现代大学制度建设”专题网。

第四节　健全规章制度建设的长效机制

为维护大学章程的权威，促进学校规章制度实体合法、程序正当、法制统一，2015年5月19日，学校印发《华中农业大学规章制度管理办法》，界定了学校规章制度的概念、基本范畴和制订流程，确立了“大学章程—规章制度—部门规范性文件和内部工作制度”为主要内容的“三级”管理制度框架。鼓励校属单位根据工作需要自主制订内部管理、战线管理制度和业务工作规则，形成部门规范性文件和内部工作制度，对于后二者实施备案管理。在全校范围内，探索建设以章程为核心，根本制度、基本制度和具体制度相互衔接、层次清晰、易于查询的规章制度体系。

《华中农业大学规章制度管理办法》还确立了规章制度年度立项建设、合法性审查与清理等常态工作机制。学校发展规划处、学校办公室组织编制规章制度年度立项建设计划，因法律法规政策调整确需在计划外开展建设的，应报主管校领导审批。规章制度的出台应当经过发展规划处（行政类）、学校办公室（党务类）合法性审查。发展规划处负责规章制度公开公示，监督规章制度实施、统筹规章制度清理与汇编。规章制度的审议程序逐步优化，由过去的批量集中审议，调整为“成熟一项提交审议一项”，审议规章制度成为学校党委常委会或校长办公会的常规议题。

学校编制了《规章制度制订工作流程》《规章制度合法性审查登记表》和《规章制度合法性审查意见表》。2016 年 4 月 14 日，公布《关于印发华中农业大学 2016 年规章制度立项建设计划的通知》，全年共立项 41 项；2017 年、2018 年分别立项 44 项、11 项。截至 2018 年 6 月，累计开展合法性审查 138 项；论证出台规章制度 102 项，其中 2016 年论证出台 62 项，2017 年论证出台 30 项，2018 年上半年论证出台 10 项。

第五节 深入推进法治建设

学校高度重视法治建设，把“深入推进依法治校”写入事业发展规划、写进年度计划、列入综合改革方案的重要内容，法治建设成常态，督办法治成重点。校党委书记、校长切实履行法治建设第一责任人职责，设立有三个系统协同负责法治工作：党委书记任组长的依法治校领导小组；党委书记、校长任双组长的普法教育工作领导小组；党委常委任组长的法治事务综合协调办公室。学校办公室、党委宣传部、发展规划处、保卫处等部门和有关系统明确分工、整体推进全校法治建设。2018 年 4 月，发布了《华中农业大学法治工作 2017 年度报告》（白皮书），并提交教代会审议。

学校积极推进干部学法、述法经常化、制度化。以校党委理论中心学习组、干部大讲台等为载体，校领导班子集体或校理论中心组集中学习宪法或有关法律法规。为干部、师生发放《中华人民共和国宪法》《中华人民共和国民法总则》《中华人民共和国教育法》《中华人民共和国高等教育法》等系列普法读物。落实“谁执法谁普法”的责任制，坚持分类指导，分层推进普法教育。抓住宪法日等重要时间节点，拓展校园媒介和微博、微信等新媒体，依托狮子山法治讲坛等宣讲平台，深入开展各级各类法治宣传教育活动，形成浓厚的校园法治文化氛围。

学校不断完善法律顾问制度，积极发挥公职律师作用。自 2002 年起，聘请常年法律顾问，为重要决策进行法律论证，为风险防控提出解决方案。2017 年出台法律顾问工作实施办法，进一步提高法律顾问工作的针对性、精准性、实效性。

学校大力推动平安校园建设。加快推动治安、消防、交通等校园管理法治化进程，建立

2012 年 12 月，学校承办湖北省“法律进学校”华中农业大学专场活动

完善“四级”责任体系，强化各项管理制度按要求落地、落实。分管校领导代表学校与全校二级单位的安全工作责任人签订责任书，各二级单位与下属单位签订责任状，做到责任逐级分担、压力逐级传导、工作逐级落实；还将各二级单位工作情况纳入年终综治考核，对考核不合格的单位实行“一票否决”，对成绩突出的单位和个人进行表彰，起到较好的示范效果，形成齐抓共管的工作格局。学校在省内高校率先推出“华农校园公共安全”微信平台，校园管理井然有序，大学生遵纪守法意识和安全防范意识明显增强，各类案件的年度发生率下降16%，明显低于同类单位平均水平。

2006 年，湖北省教育厅确定 47 所首批开展创建“湖北省依法治校示范校”的试点学校，学校是 15 所试点高校之一，并于 2008 年入选首批“湖北省依法治校示范学校”，是武汉地区教育部直属高校中唯一一所示范校。2009 年和 2011 年，学校先后荣获“湖北省‘五五’普法依法治理中期先进集体”“2006—2010 年湖北省法制宣传教育和法治建设先进集体”等荣誉称号，是全省唯一获表彰的高校。2012 年 12 月，学校承办由湖北省教育厅、湖北省司法厅、共青团湖北省委、湖北省依法治省工作领导小组主办的湖北省“法律进学校”专题活动，作为湖北省首批依法治校示范校在大会上受到表彰。2017 年 12 月，在全国高等学校法治工作会议上，学校被选定作大会交流发言。2008 年以来，学校在湖北省近年组织的 3 次平安校园创建评比和连续 4 年校园综合治理考核考评中均位居前列。

第九章　保障能力与支撑条件建设

第一节　校园总体规划与基本建设

一、校园总体规划

学校校园总体规划于 2003 年由上海同济城市规划设计研究院设计完成，到 2008 年规划任务已基本完成，但部分已实施项目由于地形需要及功能变化，与原规划存在一定的差别，部分拟实施项目由于各种原因亦需要做相应调整。根据学校事业发展需要，2008 年学校委托武汉市城市规划设计院对总平面规划进行了建校以来第四次修编完善，结合“十二五”基本建设规划，完善了校园交通组织和生态景观系统建设，2011 年 6 月通过武汉市规划局批准，并按要求报送教育部备案。

随着学校事业发展，原有规划已不能满足学校发展所需，2017 年，学校委托武汉市城市规划设计院对学校进行第五轮规划修编，2018 年方案已经上报武汉市规划局。在新的规划中，校园路网规划更加完善，房屋规划更加科学，土地利用率进一步提高。

二、基本建设

2008 年以来，学校基本建设工作不断加大人力、财力投入，建筑规模不断增大。新建教室、实验室、学生宿舍、还建楼等项目 28 个，新增建筑面积 434 868 平方米。截至 2017 年 10 月，学校实有房屋建筑面积达到 1 282 642 平方米，为 2008 年的 1.51 倍。学校先后完成 7 栋全额集资房的建设，天然气入户工程基本实现全覆盖；完成或启动第一综合实验楼、青年人才楼、大学生创业实训楼、体育训练馆、第三综合实验楼、工科创新与实训基地等基建项目，办学条件进一步改善。

2008—2017 年在建的主要基建项目表

序号	房屋名称	开工时间	竣工时间	面积 / 平方米
1	西苑 30、31，36 ~ 40，42 ~ 44 栋	2006 年	2008 年	58 716
2	第一综合实验楼	2010 年	2012 年	20 918
3	实验动物中心	2007 年	2008 年	4 000
4	附属学校教学楼	2009 年	2010 年	4 500
5	学生五食堂	2008 年	2010 年	8 192
6	主楼东附楼	2009 年	2010 年	3 740
7	西苑 47、48 栋	2007 年	2009 年	9 370
8	工科实习基地	2009 年	2010 年	2 144
9	兽医临床大楼	2005 年	2008 年	4 600
10	农贸超市	2011 年	2014 年	5 955
11	食品科学综合实验楼	2008 年	2009 年	5 615
12	鄂州实验猪场	2010 年	2014 年	23 206
13	教工食堂改扩建	2009 年	2010 年	5 092
14	荟园 15 ~ 17 栋	2011 年	2012 年	21 453
15	西苑 52 栋	2012 年	2013 年	8 890
16	青年人才楼 64 ~ 71 栋	2012 年	2014 年	30 660
17	饲料厂、菌种厂还建楼	2011 年	2012 年	4 136
18	桃园食堂	2011 年	2013 年	8 192
19	第四教学楼	2012 年	2013 年	25 643
20	第二综合实验楼	2012 年	2014 年	26 393
21	园林楼附楼	2014 年	2016 年	15 084
22	西苑 54 ~ 63 栋（自然村拆迁还建楼）	2014 年	2016 年	47 475
23	校医院改扩建	2014 年	2015 年	7 136
24	学生宿舍及综合服务中心	2014 年	2015 年	30 069
25	幼儿园改扩建	2014 年	2015 年	1 400
26	大学生创业实训楼	2015 年	2016 年	11 513
27	体育训练馆	2015 年	在建	16 998
28	第三综合实验楼	2017 年	在建	28 650
				合计：43 9740

注：以项目批复拟建设时间排序。

2008 年以来，学校共承担中央高校改善基本办学条件专项 244 项，中央财政拨款共计 8.961 5 亿元，同时还获批中央高校长效机制建设项目 1 项，资金 4 000 万元。10 年间，学校自主研发后勤管理服务网、水电抄表信息系统投入使用；在教育部支持下启动节能监管平台建设并于2014年建成使用；组织开发了职工货币补贴管理系统和房屋租金管理系统，加强了水电信息化建设，先后整合了收费系统、建设了水电费远程充值系统、柜员机系统，智能路灯系统、供水安全系统、智能泵站系统等，减少了水电收费财务风险，大大降低了路灯和供水系统能源消耗，确保了供水重地运行安全。

第二节 图书文献与信息化建设

一、信息化校园建设

随着信息技术快速发展，学校持续加大信息化建设力度，云计算、大数据、物联网、移动互联等信息技术得到有效利用，对学校教学、科研、管理与服务等工作发挥着重要支撑作用。

（一）网络与信息化基础设施建设

1. 推进公共硬件平台建设

应对信息技术快速发展和各单位对IT硬件资源旺盛需求，学校按照“集中建设、统一维护、动态调配”的思路，持续推进信息化公共硬件平台建设。目前，学校两个中心机房形成两地双活的数据中心架构，集中管理服务器、存储和网络设备超过550台，搭建了共享服务器群、集中存储和共享灾备平台，为全校80%的业务系统统一提供计算、存储和网络等硬件保障，缩短了业务系统部署时间，资源利用率与运维效率显著提高。

2. 完善基础网络建设

校园网络是学校重要基础设施，学校坚持建设与维护并重，已基本建成有线无线融合的校园基础网络。2015年，构建了基于同一基础物理链路下多家网络运营商共同运营的技术和管理模式，以市场换资源的方式，将校园网出口带宽由1.96G增加到6.42G。2017年利用银校合作经费实施了办公区校园网无线覆盖项目，完成了办公区58栋楼的室内区域以及狮子山广场等3个室外区域的无线覆盖，办公楼接入升级到万兆，大汇聚由原来的单机变为双机，进一步提升办公区校园网的性能和可靠性；实现一人一号实名制网络认证、安全防御等网络的融合和统一管理，部署了双活的智能DNS，提高了校园网DNS服务的稳定性和出口带宽的利用率。

（二）业务系统和应用服务建设

学校全面启动数字化校园建设。2008年，学校利用教育部修购专项完成数字化校园二期建设，完成统一信息门户、统一数据交换、统一身份认证三大平台的搭建，新建了教务管理系统、学工管理系统、研究生管理系统等业务管理信息系统。2010年，利用中心服务器区的安全建设项目完成网站群系统建设，统一信息门户平台，将分散的应用和校园动态、媒体动态、生活导航等信息资源进行了聚合，实现了电子邮件、BBS、图书管理、校园卡查询、研究生管理、房屋管理、人事管理、工资查询、数据交换平台等系统的单点登录。

2015—2016 年，学校按照湖北省统一要求，启动高校学生网格化管理试点工作，完成了学生综合服务平台建设，新建迎新、离校、网格化、宿舍管理和网上综合服务等业务系统，并与教务、学工、财务、图书、党员信息管理等系统全面集成，实现学生数据一体化流转。学校利用教育部改善基本办学条件专项经费，实施数据服务与辅助决策支持项目，围绕教师信息一表通，新建或升级科研管理系统、医疗管理系统、人力资源管理系统、资产管理系统等业务管理系统，部署了移动应用平台、流程管理平台、大数据分析展示平台、大型仪器设备共享平台、基于 GIS 校园公共管理与服务平台等。

2017 年，学校实施智慧校园升级改造工程。全面升级数字化校园三大平台，增加部署数据综合治理平台、统一用户权限管理平台、新一代网站群平台，搭建 PC 端、移动端、微信端一体化的信息门户平台，提升数据实时交互、服务整合能力；全面推进了后勤管理、后勤服务信息化建设，通过掌上华农、智慧后勤、无现金校园、后勤管理、华中农大微校园等移动平台推出一批移动应用和在线服务。

（三）“校园一卡通”系统建设

2009 年 9 月，学校与中国银行签订校银合作协议，启动“校园一卡通”系统建设。先后完成了一卡通金融专网、数据库管理系统、数据交换平台和校园卡专属软硬件设备安装等基础建设任务。

2010 年 6 月 18 日，“校园一卡通”系统正式投入运行，提供了食堂就餐、超市购物、校巴乘车等消费功能，门禁考勤、图书借阅、校医院就医、教室中控、环湖跑等身份识别功能，助学金发放、小额缴费等资金结算功能。

2017 年 7 月，学校全面升级“校园一卡通”系统，充分考虑稳定性、安全性、易用性、开放性和拓展性，加大校园卡系统软硬件定制性开发，采用 CPU 卡消除 M1 卡安全隐患，拓展在线支付、自助服务和移动应用等功能，为师生员工日常生活、教学和管理提供更多便利，为相关业务系统提供平台和数据支撑。

（四）信息化教学环境和课程资源建设

2010 年 7 月，学校启动了媒体资产管理系统的建设，将 20 余年间拍摄和收集的 3 000 余盘（20T）影音素材转码编目，促进媒体资源的有效利用；2016 年，完成录、编、播软硬件设备高清升级改造，提高教学、科研影音视频制作服务保障能力。

2013 年 11 月，完成了标准化考点一期工程建设；2014 年 9 月，第四教学楼投入使用，学校多媒体教室由原来的 180 间增加至 279 间，教室类型也由原来的 3 类增至 5 类；实现了四栋教学楼群多媒体设备网络智能控制，虚拟桌面、无线蓝牙扩音系统等新技术的运用，使教室运维效率与教学保障能力得到提升。

10 年来，学校大力推进各级各类优质课程资源建设，精品资源共享课程、精品视频公开课、精品实验课和“双百”案例课、慕课等网络课程资源日益丰富；先后建设了课程中心、外语网络教学平台、虚拟仿真实验中心等多个网络辅助教学平台。

（五）网络安全保障工作

2015 年 9 月，学校启动信息系统等级保护工作，完成了全校近 700 个固定 IP、域名、信息系统（含网站）向教育部和湖北省相关部门定级备案工作。2015 年 12 月，学校修订《华中农业大学校园网管理规定》，建立学校网络与信息安全三级责任制、网络与信息系统年审制度，完善校园网安全应急处置工作预案。

2016 年 11 月，学校委托第三方机构对学校 1 个三级系统、6 个二级系统进行了信息系统等级保护测评，按照第三方等保测评整改建议，于 2017 年实施了信息系统安全等级保护建设项目，完善了网络安全防护软硬件设施，进一步提升了网络安全主动防御和应急处置能力。

二、图书文献资源

2008 年以来，学校图书馆准确把握新时期高校图书馆的发展趋势，围绕服务转型和近年来学校“双一流”建设，推进智慧图书馆建设、优化文献资源配置、改善软硬件条件、拓展学科服务领域、打造第三文化空间。

（一）优化资源建设，增强文献保障能力

学校重视图书馆的建设和发展，文献资源购置经费投入逐年增加，从 2008 年的 600 万元增加到 2017 年的 1 300 万元，增幅 117%。随着条件的优化，图书馆不断提升馆藏资源多元化水平，完善馆藏资源结构，2008 年至 2017 年底，纸质图书从 120 万册增至 192 余万册。在保持纸质资源数量的同时，注重数字资源的建设，10 年来电子图书达到 110 万册，数据库从 68 个增加到 106 个，其中包含有电子期刊 61 960 余种、音视频 197 614 小时、学位论文 703 余万册。在不断丰富馆藏建设的同时，图书馆积极探索和开展文献资源需求调研长效

2017 年 6 月，图书馆举办第十届读书节系列活动

机制，通过调研、交流、现场采访、读者推荐邮箱、推荐信及学科馆员转达等多种途径了解广大师生的文献信息需求。开展现有馆藏各类资源的规模、结构及使用情况的统计分析，针对人才培养需求、科学研究和学科发展趋势，实施了一系列的改进措施，如规范电子资源购买前评估和使用后的评价工作，加强专题资源库、狮山文库、油菜特色库等一批特色库建设等，保障了学校教学、科研的顺利开展。

在中国高等教育文献保障系统（简称 CALIS）管理中心三期建设项目评优中，校图书馆荣获“CALIS 三期联合目录项目建设杰出贡献奖”“CALIS 三期联合目录项目业务培训卓越组织奖”和“名称规范数据库项目建设杰出贡献奖”。

（二）把握学科服务新需求，提高决策参考支撑能力

近年来图书馆学科服务不断稳步深度推进。启动了学科分析机制，跟踪世界前沿研究进展。撰写并发布《华中农业大学 SCI 论文分析报告》《华中农业大学 ESI 学科动态报告》《华中农业大学 SCIE 论文来源期刊分析报告》《学科学院贡献度分析报告》多份，分析学校和国内同类高校 SCI 的学术论文影响力及科研成果绩效，为学校领导、决策部门及广大师生提供决策依据和深度咨询。同时，图书馆面向学科需求，推送个性化服务，有针对性地开展学科跟踪服务。参与学校学科评估工作，发挥资源优势，为第四轮学科评估工作、为双一流建设提供服务保障。

（三）改善软硬件条件，推进智慧图书馆建设

申报并获批中央级普通高校改善基本办学条件专项资金项目“数字图书馆建设项目”。内容包含“智慧图书馆信息基础建设 1 期”“智慧图书馆数字阅读文化空间建设 1 期”和“基于物联网的智慧图书馆文献资源管理系统”三个子项目。2015 年引进全球图书馆运用最多的、最先进的 ALEPH500 集成管理系统，对图书馆进行集成化、系统化、扁平化的管理。高效实现与数字化校园门户、自助借还、随书光盘、门禁系统、一卡通系统、移动图书馆、空间管理、自助扣费等第三方系统的对接工作。

完成数字化校园统一身份认证的对接工作，完成了 Aleph、图书馆门户网站、学位论文系统、信息共享空间预约、移动图书馆、文献传递、校外远程访问 7 个信息系统的校园统一身份认证，进一步提升图书馆读者服务信息化水平。为推动图书馆数字化建设，2009 年购置了学位论文、特色数据库等建库软件，使学位论文数据库和特色数据库的建设更加规范。

建立“华中农业大学图书馆”微信公众号，开通“华中农业大学图书馆”官方 QQ 号，“华农图书馆交流群”等新媒体平台。微信实现了现实和虚拟世界的无缝有效连接，微信内容丰富多样，消息准确、新鲜，是新时代读者习惯使用的有创意的服务模式。在武汉高校图书馆中首家推出全自动化的空间预约方案，面向全校师生提供信息共享空间的预约使用，为个人、小组或学术团队的学习、讨论和研究等活动提供一站式服务。图书馆所有研修间的预约采用读者网上自行预约，既保证了图书馆空间的合理公平使用，又为读者提供了促进学习、交流、协作和研究的场所。

2015 年图书馆门户正式上线，新的门户经过了全方位的改版，涵盖信息更加全面，引进美国 EBSCO 公司出品的 EDS 资源发现系统，方便读者用最短的时间找到所需的研究文献，给读者带来更加快速、便捷的搜索体验。参与现代教育技术中心“云管理平台”项目的建

设，图书馆向现代教育技术中心申请虚拟服务器20个，并完成图书馆本地电子资源应用系统平台及数据的迁移工作。本着模块化、绿色化、智能化的思想，引进冷通道技术、智能化配电模块、采用全光纤集中式布线系统的解决方案建成无人值守的数据中心机房。

三、档案管理

学校档案馆现存有三个全宗，分别为武汉大学农学院全宗（1933—1952）、华中农学院全宗（1952—1985）、华中农业大学全宗（1985—）。现有库存档案包括党群、行政、教学、科研、基建、设备、出版、外事、财会、产品生产与科技开发和声像等11门类的档案。

（一）档案库房建设

档案库房建设、管理智能化和办公自动化建设得到加强，档案馆基础设施进一步完善。2008年完成C601、C701库房及办公室装修。2016年完成了C401、C501库房的装修、档案馆温湿度监控系统安装，正式投入使用，档案库房面积由500平方米扩大到1 100平方米。2017年对馆藏档案进行重新布局，设置财务档案专用库房。

（二）档案资源收集及数字化

根据档案管理法规的相关要求，2014开始逐步推进部门收集、整理、立卷归档制度，2016年所有归档单位全部实施部门收集、整理、立卷。至2017年12月库存档案78 102卷（不包括财务档案）。

加强档案数字化建设。2013年开始对库存档案进行扫描工作，至2017年12月，完成所有本科生成绩单及录取名册、研究生成绩单、答辩决议书及录取名册、基建图纸的扫描工作。

（三）档案利用服务

在档案利用和服务过程中，始终坚持热心接待每一位前来咨询、查阅档案信息的人员，及时提供所需要的档案资料。2013年7月起，取消除学历学位翻译和证明所有档案利用保管收费。2017年1月起，为更好地服务教职工，学校各单位及毕业学生，取消一切档案利用收费。2008—2017年平均每年档案调卷数达400余卷，外借120余卷、档案利用5 000多人、学历学位翻译和证明各200人次。

第三节　校园环境与治安综合治理

一、校园立体安防体系建设

学校积极构建“人防、物防、技防”全方位、立体化安全防控体系。2008年学校实施公共区域保安服务外包，2014 年启动校园治安“网格化”管理模式，采取治安巡逻、蹲点布控与网格管理相结合的人防措施，加大校园防范工作力度，2014 年以来学校案件发生率以每年 10% 以上的比例下降。2014 年 6 月—2016 年 6 月，学校启动并逐步完善校园停车收费服务系统，实现了整个校园全封闭式管理，并逐步在学生宿舍区、教学区建设红外对射、门禁系统、道路升降桩等物防设施，实现学生集中区域封闭式管理。学校逐步实施消防火警联动报警机制，安装联动烟感报警器 14 000 多个、火灾报警主机 70 多台、配备各类灭火器 13 019 具、室内消火栓 2 917 个、室外消火栓 369 个，并定期组织师生员工开展安全演练和讲座。学校不断加大技防设施建设，2012 年实施校园监控平台升级改造以来，已实现校园公共区域、教学科研大楼、后勤服务场所视频监控全覆盖，校园主要出入口、路口、重点区域高清摄像头全覆盖，目前校园共有摄像机 4 425 个，其中高清 3 457 个，安装全景鹰眼摄像机 2 个、人脸识别装置 29 套，一键式报警柱 10 个。

二、校园治安综合治理

学校不断强化资源回收、改善交通秩序，积极寻求地方政府与公安部门支持，通过“校地共建”解决综治疑难杂症。一是水土资源回收工作全面结束。2007 年学校组建水土资源管理科，与狮子山街道办事处城管中队联合成立校园城管执法分队，对校内的乱搭乱盖、占道经营、“五小”等不法行为进行管理，截至 2017 年底，共拆除违章搭建 10 000 余平方米，配合学校完成东边刘、万陈、周家湾、孙家窑、三胡村等 8 个自然村的棚户区改造，共回收原水产站、荟园学生区东南侧水土资源区 500 余亩，学校水土资源回收工作全面结束。二是交通管理措施持续创新。2015 年，在原水土资源科的基础之上组建秩序管理科，校园交通管理作为该科室的主要职责之一，成立交警驻校警务室，将校园学院路、狮子山大道及梧桐路等主干道纳入武汉市城市道路管理，通过设置辅警岗位、开辟曝光平台、采取“交通 + 网格”执勤模式等举措，不断加大交通执法力度，着力改善交通环境。三是实施“农改超”项目。学校自 2008 年启动“农改超”的建设申请工作，通过教育部及武汉市相关审批，于 2013 年 12 月开始拆旧建新，先后拆除原集贸市场、临时市场，2015 年 4 月启动农贸超市整体招租程序，2016 年 3 月开始全面运营，校园商业综合服务得到提档升级，步行街周边环境明显改善。

2017 年 2 月，学校在全国学校安全工作电视电话会议上就平安校园建设工作进行了典型发言，并多次在省高校安全稳定工作会议、省少数民族学生管理工作会议上进行典型经验交流。

三、校园环境建设

（一）校园拆迁工作

由于历史原因，学校校内存在 6 个自然村。为集约土地，提高土地使用效能，从 2004 年起，学校对校园内 6 个自然村及 1 栋知青楼实施拆迁还建，到 2010 年，完成周家大湾和周家小湾共计 145 户的拆迁。2011 年和 2013 年，学校分别完成万陈村、东边刘村共计 82 户和知青楼 20 户的拆迁工作。学校于 2010 年启动孙家窑村、三胡村拆迁工作，截至 2018 年 8 月，绝大部分拆迁还建工作已经完成，仅剩 2 户未签订拆迁还建合同。

学校于2008年规划启动校内猪场外迁工作，经多方商议讨论最终选址于鄂州市梁子湖区，占地面积300余亩，包括科研、生产、管理、实习等用房。2009年5月正式开工建设，当年底已基本完工。2010年，武汉市发布武汉农业知识产权战略，提出三环以内禁止发展畜牧业和水产业，三环与外环线之间发展集约化畜牧养殖小区和水产健康养殖区。最迟到2020年，三环线内将不再允许猪场、鸡场、鱼场存在。学校积极响应政府提出的武汉市三环之内不允许养殖生猪的要求，开始对校内猪场实施拆迁和搬迁，并在2014年9月完成所有搬迁工作。在此之前，学校于2012年对原位于校园西门入口处的鸡场进行拆迁，于校园南界选址建设更高标准鸡场，改善了西大门周边环境。

（二）环境整治与美化

2016年，学校联合洪山区政府，共同筹资建设了全长7 000余米的狮子山绿道，为师生休闲健身提供好去处。2017年，经校长办公会研究决定，启动校园道路黑化及雨污分流工程，实施对校园主干道及若干次干道建成高标准的沥青路面。同时，通过托管及开挖技术实施校园雨水、污水分流，学校雨污分流工程实验得到武汉市各级政府的高度认可和大力支持，2017年武汉市四水共治工作领导小组关于在汉高校校园雨污分流改造工作推进现场会在学校召开。2018年6月校园道路黑化及雨污分流工程全部完工，结束了校内生活污水直排南湖、野芷湖的历史。

（三）规范校园道路、建筑等名称

2017年5月，学校启动校园道路、建筑等规范命名工作，经前期调研、征名及梳理，并与武汉市相关部门沟通，形成了命名方案征求意见稿。经征求意见、专家评审、校务委员会咨询论证，按照《公共服务领域英文译写规范》要求完成英译工作后，方案于2018年5月经校长办公会审核通过。新一轮命名主要遵循了尊重历史文化，尊重师生约定俗成习惯；功能方位与寓意深刻并重，方便记忆和传播；道路原则上南北向以植物命名、东西向以校园历史文化命名；建筑原则上以功能命名，兼顾学校历史文化保护等原则。命名方案包括更名和

狮子山绿道

新命名道路8条、保留原名称道路11条，命名建筑64处、校门5处。

第四节　后勤保障与医疗服务

一、后勤保障与服务

（一）住房管理

学校自主开发华中农业大学周转房职工住房管理信息系统并完成两次改版升级，完成软件登记、成果鉴定，推广共享到兄弟院校应用；周转房服务注重细节，实行“七个一”服务标准，年均审核维修申请400余项；住房制度改革大力推进，住房货币补贴足额、及时兑现；房屋产权逐步落实，成本房办证工作已于2016年完成，集资房办证工作已进入办证通道，正积极推进。

（二）幼儿教育

学校幼儿园园所条件显著改善，2012年和2014年，学校先后投入一千余万元为幼儿园新建两栋教学楼，建筑面积约两千平方米，2013年扩建了约一千平方米的户外游戏场地，幼儿学习活动空间大幅拓展；办园规模逐步扩大，班级规模扩大到12个班，幼儿人数增加到351人；师资力量、水平逐步提升，从年龄老化、专业技能相对匮乏的职工队伍逐渐过渡到具备学前教育本科学历、专业素养较高的青年职工队伍，编外聘用人员已占全园职工总数90%，2016年，幼儿园全面深入推进薪酬制度改革，建立健全激励管理机制，师资力量进一步稳固；2012年，幼儿园被评为武汉市“示范性幼儿园”，实现了从普通“合格幼儿园”到市首批“一级幼儿园”，再到市“示范性幼儿园”的三级跳。

（三）后勤服务

2008年以来，学校后勤集团坚持“改革求发展、管理求效益、服务求市场、贡献求支持”的发展理念，不断深化后勤管理体制和运行机制改革。目前集团下辖9个实体中心、4个机关部门，有职工1 800余人，服务涵盖餐饮接待、超市购物、维修建设、物业管理、绿化保洁、公寓管理、交通运输、快递服务等业务。

集团资产总额从7 300余万元增长到1.85亿元，净资产总额从3 300余万元增长到1.03亿元，国有资产全部改造为优质资产。

集团产值从2008年1.35亿元增长到3.46亿元，总产值突破23亿元。累计返还学校水电费8 300余万元，累计返还学校工资1.1亿元。荣获“全国高校后勤十年社会化改革先进院校”“全国绿化模范单位”“全国校园物业服务百强单位”“高校后勤文化建设先进院校”“全国高校后勤信息化建设先进单位”等荣誉称号。饮食服务中心担任全国高等农业院校后勤管理研究会伙食专业委员会湖北省高校后勤管理研究会伙食管理专业部主任单位，绿化保洁服务中心担任湖北省高校后勤管理研究会绿化与物业管理专业部主任单位。

集团自身造血功能不断增强，近年来自筹资金1.6亿元用于改善校园环境和服务设施。更新校园环卫车、校园观光车，实现学生公寓热水、开水、空调、洗衣机、自助生活室全覆盖。大力实施智慧后勤建设，大力推进无现金校园支付。各中心引进行业先进管理体系，完善了财务管理、资产管理、人事管理、绩效分配等管理制度，服务质量与服务水平明显提升。

集团持续推进内涵式发展，开展了精细管理年、优质服务年、安全生产年、信息建设年、卓越品质年等系列主题年活动。实施“队伍强企计划”，打破人员资历和身份，面向社会公开选聘优秀人才，推行干部聘任制和聘期考核制，实施管理干部问责制，人才干部队伍结构得到优化，战斗力不断增强。接收学校分流转岗、复员退伍军人与引进人才家属。

集团党委高度重视党建和思想政治工作，下属党支部10个，党员134名。开展了后勤集团“党员示范岗”创建活动，引擎强劲、风清气正的红色后勤建设效果显著。通过教育培训、实践活动、技能比武等手段，大力弘扬“爱岗敬业、精益求精”的集团文化，物化一批优秀文化建设成果，先后完成了集团文化墙、集团形象宣传片、《我是后勤人》MTV的制作与集团文化手册编订。

二、华中农业大学附属学校

华中农业大学附属学校是2009年由原华中农业大学附属小学、原华中农业大学附属中学合并组建而成，现有1至9年级18个教学班，近800名学生；有教职工57人，高级职称13人，中级职称22人，其中研究生学历11人，党员36人，区级以上骨干教师12人，区级“名优班主任”6人、“名校长”1人。

学校始终贯彻“一切为了学生的终身发展，一切为了学校的持续发展”的办学理念，以建设精品学校为目标。学校办学条件逐步改善，实现了数字化、信息化教学体系，有科技创新实验室、录播室、理化生实验室以及体育、音乐、美术等功能教室12间。学校实施“有效德育”和“高效课堂”2项工程，开展国学、科技、体育、艺术及心理健康等主题教育活动，形成国学教育和科技教育特色，为武汉市科技实践活动试点学校、武汉市心理健康教育合格学校。

学校以质量立校，深化教学改革，完成市、区级规划课题14项，是洪山区课改样本校。近年来，中考升学率年均70%以上，2014至2018年连续5年居洪山区之冠，中考综合指标跻身武汉市二十强，2017年“名高升学率”居全市第9名，“示范高中升学率”居全市第12名。10年来，学校先后荣获湖北省素质教育试验基地学校、洪山区文明单位、中考立功单位、绩效管理先进单位、减负增效十佳单位等30多项荣誉称号。

三、医疗保健服务与计划生育工作

2010年3月，经学校党委常委会研究同意，校医院升格为正处级机构。提档升级后的医院机构按照“一科二部三室”的架构进行设置，包括公共卫生科、医疗部、护理部、医院办公室、医疗保险办公室和计划生育办公室。

（一）医疗保健工作

10年来，学校医院平均每年接诊病人14.2万人次，收治住院病人200余人次；完成各种治疗6万人次；化验、放射、B超等各项医疗检查6万人次；组织实施并完成教职工和大学生等各种体检1.77万人次。完成儿童、新生和辖区居民免疫接种工作。完成110周年校庆等各种重要学术活动的医疗保健任务。同时做好社区卫生服务工作，落实家庭医生制度，成立15个家庭医生团队。年均完成全科医生签约服务1.8万人；开展卫生宣教5.2万人次；建立、更新家庭健康档案2.1万人。2010年，组织开展主题为“走进社区，健康你我”社区卫生服务大型活动，获得武汉市、洪山区卫计委和学校的高度评价。2010年11月，组织全体干部职工在《政风行风医德医风承诺书》上签名承诺，是武汉地区第一所开展医德医风承诺签名活动的高校医院，多家校外媒体对签名活动进行了报道。2010年以来，多次被武汉市等上级主管部门评为医疗质量管理和社区卫生服务工作先进单位。

近10年来，校医院先后招聘医生12名，药剂师3名，护士12名。并按照“全科+专业特长”的模式，加强全科医护人员的培训，在大科类的基础上培养一批有专科特长的全科医生和全科护士，努力提高医疗服务质量和能力。2009年、2016年，先后两次对医院行政管理和医疗质量管理等各种制度进行了全面修订和完善。2009年、2013年和2017年，先后三次组织对学校公费医疗管理办法、教职工子女统筹医疗、离退人员和院士公费医疗办法进行了修订。2010年以来，完成大学生基本医疗保险和补充医疗保险理赔经费1 600余万元。在做好医疗服务和管理的同时，加强医院条件建设。先后投入960余万元，购置化验、放射、彩超、胃镜和康复等多种先进仪器设备。2015年，与相关职能部门共同完成医院门诊综合大楼建设和医院信息化建设，现有建筑面积近1万平方米。

（二）计划生育工作

学校、医院认真执行《人口与计划生育法》等法规精神，全面完成上级计生部门下达的各项任务。落实计划生育工作责任制，全校按时签定二级责任书。组织开展对教职工和大学生计划生育知识宣传普及和竞赛活动。认真做好育龄妇女避孕节育工作，计划生育知识普及率达95%以上。每年组织完成全校女职工妇科体检。加强流动人口常规管理及独生子女保健费和学费补贴管理。计划生育率、综合避孕率等都达到100%，没有计划外出生。

第五节　财务与资产

一、财务管理

10年来，学校财务工作按照“筹财要广、理财要清、用财要当、管财要严”的工作要求，认真履行筹资、保障、监管、服务职能。在“一保人员、二保运行、三保重点”的原则指导下，紧紧围绕学校事业发展目标和中心工作，保障人员经费后，资金投入重点面向教学工作、学科发展和基础设施建设，开源节流，增收节支，依法理财，科学管理。

（一）财力基本情况

学校收入、资产持续稳定增长。2017 年学校总收入 23.46 亿元，比 2007 年 6.83 亿元增加 16.63 亿元，增长 243.5%，其中：各项财政拨款增长 187.9%，事业及其他收入增长 328.5%。2017 年末，学校资产总额为 61.55 亿元，比 2007 年末 15.23 亿元增加 46.32 亿元，增长 304.1%。

（二）财务综合改革

一是深化预算改革，优化资金配置。紧紧抓住“预算”这个牛鼻子，建立全面规范透明、科学标准、约束有力的预算制度，有效加强预算执行，突出绩效管理，连续多年获得教育部预算执行绩效奖励。2013 年起将预算下达时间提前至元月份，并推行二级预算管理，使各单位能够结合事业发展需要统筹安排，合理使用资金；2015 年实行垂直预算管理，突出学院办学主体地位，并不断推进校内预算年度结余资金管理，提高资金使用效益；2016 年编制发布《学校财力与资源保障“十三五”规划》，提出了“十三五”期间财务和资源保障建设的指导思想、发展目标、主要任务和战略举措。二是完善组织机构，理顺财务管理机制。按照学校顶层设计和统一部署，2014 年设立“校企财务科”和“收入管理科”，将校医院财务并入学校财务；2017 年将基建财务账、学校人民防空办公室账务并入学校财务，向后勤集团委派财务总监，进一步完善了财务监管体系。三是严格财务公开，推行“阳光”财务。学校每年向教职工代表大会作财务工作报告；2012 年起，在学校网站按规范及时准确公布年度部门预算和部门决算；2017 年开始，在学校网站新设校内预算公开专栏，分部门（学院）公开年度预算情况，细化到支出项目，最大限度地公开学校公共资金的管理使用情况，接受全校师生监督，实行“阳光管理”。

（三）信息化建设

学校大力推进财务信息化建设，利用现代化手段提升工作效率和管理服务水平，有效防范财务风险。2011 年投入使用网络预约报账排队系统；2012 年开发启用财务数据远程异地备份、报账人员身份认证、项目负责人字迹比对及短信提醒 4 个系统；2014 年开通运行了学生网上缴费平台；2015 年实现财务系统与国有资产管理系统、科研管理信息系统的对接；2016 年拓展网上缴费平台功能，开通微信等第三方支付渠道，实现校园“一卡通”网上充值，建立到账经费认领系统；2017 年建立凭证影像化系统；2018 年建立网络报账系统、收入申报系统。

（四）监管服务水平全面提升

一是推行公务卡强制结算制度。2012 年启动试点，2016 年全面实行公务卡强制结算。二是完善内部控制体系，建立健全财务规章制度，将经济行为“关进制度的笼子”。10 年来，特别是党的十八大以来，制订或修订了涉及预算管理、财务核算、资金结算、科研经费管理、专项资金管理、基建财务、收费收入管理、票据管理等内容的 30 余项制度，并根据财政部颁发的《行政事业单位内部控制规范（试行）》要求，不断完善内控体系，2017 年发布实施《华中农业大学经济活动内部控制手册》，全面运行内部控制制度，加强了学校经济活动过程控制。三是适时开展财务专项治理，严肃财经纪律，贯彻落实中央八项规定精神。先后在全校范围内多次开展小金库全面自查和专项治理、收费全面清理和专项检查、财务票据和财务违规报销专项检查，并建立长效机制，全面规范财经行为。四是强化支出监管，认真贯彻落实中央厉行节约反对浪费的要求。严控“三公”经费和会议费支出，加强会计核算监督，严格票据审核，项目资金专款专用，有效规范支出行为，确保各项经济行为合法合规。五是持续改善优化财会服务。以“当家理财、服务师生”为宗旨，通过优化报账流程、节假日加班报账、全面实行无现金报账、推行预审“无等候”报账方式等，提高工作效率，多措并举解决“报账难”。

二、国有资产管理

10 年来，学校房屋、仪器设备、大型贵重仪器设备、图书等固定资产迅猛增长，为人才培养和科学研究提供了强有力的条件支撑。截至 2017 年底，学校固定资产总值为 31.86 亿元，其中房屋建筑面积 106.17 万平方米，15.77 亿元；仪器设备 95 469 台（套），14.50 亿元；家具 47 480 件，0.80 亿元；图书 0.77 亿元。与 2007 年底相比，学校固定资产总量净增 18.21 亿元，为 2007 年底的 2.33 倍。仪器设备、家具、图书资产价值为 2007 年底的 3.79 倍、1.70 倍和 1.75 倍。教学科研仪器设备中，10 万元以上的大型贵重仪器设备 1 896 台（套），7.07 亿元；50 万元以上的大型贵重仪器设备 276 台（套），3.35 亿元，资产价值分别为 2007 年底的 5.57 倍和 5.58 倍。

（一）进一步理顺国有资产管理体制

根据国有资产管理要求，进一步完善并细化学校国有资产管理体制，根据“统一领导、归口管理、分级负责、责任到人”的管理原则，明确了国有资产管理机构的职责，调整国有资产管理领导小组成员组成，负责学校国有资产的统一管理。成立经营性资产管理办公室，负责学校经营性资产的管理，加强了学校无形资产的管理，实现国有资产科学化、规范化管理。

根据资产的不同表现形式，明确学校办公室、计财处、科学技术发展研究院、基建处、图书馆、现代教育技术中心、后勤管理处、保卫处、经营性资产管理办公室、后勤集团等部门为相关资产的归口管理部门。实行国有资产四级管理，明确学校、学院（校属二级单位）、院属教学中心或科研团队、资产领用人的管理责任，对固定资产实行实名制管理，每位教职工可查询、统计、管理自己名下的资产。

（二）完善国有资产管理制度

先后出台了《华中农业大学国有资产使用与处置管理实施细则》《华中农业大学对外投资及所办企业管理办法》《华中农业大学大型设备开放共享管理办法》《华中农业大学教学科研房屋土地使用管理暂行办法》《华中农业大学公用房屋出租出借管理实施细则》，修订了《华中农业大学国有资产管理暂行办法》《华中农业大学固定资产管理实施细则》，进一步规范了国有资产管理程序，为实现国有资产安全完整、保值增值提供制度保障。

（三）推进资源使用综合改革

按照学校综合改革及学校“十三五”规划要求，规范教学科研房屋土地的使用，提高教学科研房屋土地使用效率。在摸清学校现有教学科研房屋土地家底的基础上，2016 年出台了《华中农业大学教学科研房屋土地使用管理暂行办法》，确定了归口管理部门和房屋土地使用原则，明确了定额面积、收费范围、超定额收费标准，促使教学科研房屋土地使用动态调整。2017 年共腾退、共享用房 6 000 多平方米。

2013 年出台《华中农业大学大型设备开放共享管理办法》，成立“华中农业大学仪器设备开放共享中心”，统筹大型仪器设备开放共享管理。建立校级、院级、科研团队等多级管理体系，明确开放共享管理职责。以机组为单元实施开放共享，制订统一的收费标准。研发大型设备开放共享系统，并实现与湖北省、教育部、科技部开放共享系统对接。截至 2017 年底，学校共有 80 个机组，300 位机组人员，纳入机组管理设备共 963 台（套），价值 3.80 亿元。自 2013 年正式实施开放共享以来，学校每年开放共享测试服务费收入约 1 500 万元，其中课题组内、学院内、校内、校外收入比例约为 10%、40%、20%、30%。

（四）强化实验室安全管理

2008 年以来，不断构筑实验室安全管理体系，加强制度建设，先后出台或修订了《华中农业大学实验室安全管理办法》《华中农业大学危险化学品管理暂行办法》《华中农业大学实验室危险化学品安全管理细则》《华中农业大学实验室安全检查实施细则》《华中农业大学实验废弃物回收处置细则》《华中农业大学辐射安全管理实施细则》《华中农业大学实验室突发安全事故应急预案》等实验室安全制度。

建立三级安全责任体系，落实四级安全责任人，明确实验室安全责任，实行实验室安全准入制考核，完成辐射安全环评，回收实验室危险废弃物，规范管理管制类危化品。采用实验室安全日常检查及专项检查相结合的方式，不定期对实验室安全隐患事项开展巡查，及时发现隐患落实整改，保障全校实验室安全管理全覆盖、无盲区，确保学校师生及校园环境的安全。

三、资产经营

2007 年 3 月，学校投资设立全资企业“武汉华中农大资产经营有限公司”（以下简称资产经营公司）完成工商注册。资产经营公司基本工作定位为组织和协调科技成果转化及产业化。作为学校所办一级企业，资产经营公司代表学校主要以科技成果无形资产开展对外投资，依法依规对持有的国有股权实施运营，并承担其安全完整和保值增值的责任。

2008 年 12 月，学校正式发文成立“三会”，即学校经营性资产管理委员会和资产经营公司董事会、监事会。2014 年 9 月调整成立资产经营公司第三届董事会和监事会，资产经营公司迄今已组织召开第三届董事会会议 10 次，对 43 项重要经营事项实施了审议和科学民主决策。2016 年 3 月学校发文，调整成立学校经营性资产管理委员会，承担经营性资产管理职责并履行资产经营公司股东会职权，并新设学校经营性资产管理办公室，作为其日常办事机构。2016 年 7 月学校印发了《华中农业大学对外投资及所办企业管理办法》，规范了学校对外投资经济行为。

2008—2018 年，学校所办且正常存续的一级、二级、三级企业分别为 6 户、16 户、1 户共 23 户。截至 2017 年底，学校对资产经营公司累计投资 3 607.74 万元，其中以货币资金投资 300 万元、以科技成果无形资产增资 1 640.40 万元、划转企业股权资产 1 667.34 万元；资产经营公司总净资产 8 912.87 万元，比 2008 年期初总净资产 289.30 万元增长了 30.8 倍；期间资产经营公司共取得经营收入 16 862.61 万元，累计向学校上缴资产收益 9 731.86 万元。

四、采购与招投标工作

学校自 2000 年开始，实行物资集中采购招标工作，经过不断探索和发展，于 2006 年底正式成立采购与招投标管理办公室，负责采购与招投标归口管理工作，具体采购招标业务工作由相关职能部门组织实施。2015 年成立物资设备采购项目组、新建工程招标项目组、修缮服务采购项目组、安保服务采购项目组、后勤大宗物资采购项目组，具体负责实施相关业务的采购与招投标工作。2018 年 7 月 15 日，学校决定将分散采购形式调整为集中采购，成立学校采购与招标中心，全面负责学校采购与招投标工作，同时撤销原采购与招投标管理办公室。

学校重视和加强采购与招投标工作规范化管理，先后制订了《华中农业大学集中采购管理暂行办法》《华中农业大学建设工程项目招标投标管理暂行办法》等制度。2017 年根据全面深化改革要求和落实推进“放管服”，及时修订出台《华中农业大学采购与招投标管理办法》《华中农业大学采购评审专家管理办法》，研究制订《华中农业大学 2017 年校内采购限额标准》《华中农业大学校内分散采购实施细则》等。

10 年来，采购部门与各学院、相关部门密切配合，实现采购招标工作全覆盖，不断规范招投标工作流程，努力提高管理服务水平和工作效率。按照国家相关规定，达到公开采购限额标准的采购项目，在湖北省公共资源交易中心或委托代理机构组织公开招标。采购限额标准以下的采购项目，按学校规定组织校内集中采购、业主自行采购或网上竞价采购，不断提高采购效率和效益。及时处理各种采购质疑及投诉工作。

学校根据采购招标工作的性质，将采购招标管理监督功能与采购业务实施工作分开，实行采管分离，各自完成相关采购招标任务。建立了从立项、发标、开标、评标、定标、合同等不同环节由不同职能部门和人员执行的相互制约、相互监督的采购招标工作模式，加强内控机制建设，防止了采购招标过程中的违规腐败行为，促进公平、公正、公开，形成了具有华农特色的采购与招投标权力制约机制，规避与防范了学校采购与招投标领域的廉政风险。

10 年以来，学校通过采购招标共完成了第一、第二、第三综合实验楼建设及配套项目，第四教学楼、鄂州猪场、学生公寓六期、大学生创业实训楼、学生宿舍区电控改造、学生五食堂和教工食堂的建设及配套项目、体育训练馆、青年人才楼、自然村拆迁还建房、国际学术交流中心、校医院维修改造工程、狮子山大道扩建工程、校园道路维修及黑化、校园雨污分流改造、图书馆中央空调系统改造等工程招标工作，完成大型电子显微镜等科研仪器设备、图书、医药等采购与招标工作，组织遴选了后勤大宗物资供应商、招标代理公司和审计会计师事务所、教工社保卡和一卡通合作银行、物业服务商等。累计完成采购与招标资金30.07亿元。

五、审计工作

（一）财务审计

2008—2017年接受学校组织部的委托，对离任和任期内处级干部开展经济责任审计54项，审计总金额326 298.84万元，查出财务处理不当金额654.4万元，违规违纪金额399.59万元，提出审计建议183条。

2008—2017年对学校下属单位开展财务收支审计12项，审计总金额53 444.77万元，查出财务处理不当金额726.67万元，违纪违规金额543.64万元，提出审计建议33条。通过审计，摸清了被审计单位家底，查出了财务管理方面存在的问题，有效地规范了财经行为。

为进一步规范预算经费使用和提高预算经费的使用效益，2016年开展了预算执行情况审计和预算使用绩效审计。其中，开展学院教学经费预算执行审计3项，审计总金额663.25万元，查出财务处理不当金额3.1万元，提出审计建议4条。开展引进人才科研启动费的绩效审计1项，审计金额3971万，提出审计建议7条。通过绩效审计，全面反映了2009年以来引进人才科研启动费的财务收支情况和经费使用取得的经济效益、社会效益，并针对经费使用不合规行为、内控建设和绩效管理提出审计意见和建议。

为进一步加强内控制度建设，防范财经风险，从2016年起开展了内部控制审计。2016年开展了资产管理内部控制审计1项，提出审计建议16条。通过资产内控审计，查出内控制度不够健全、资产管理不规范等问题，并提出相应审计建议，2017年开展了收费内部控制审计1项，查出归口管理部门设置不合理，立项授权审批程序不到位，票据管理缺乏监管等问题，并提出相应审计建议，进一步强化了收费的内控管理。

2008—2017年开展了科研经费审计60项，审计总金额6 870.31万元，查出财务处理不当金额25.13万元，业务手续不齐全金额9.19万元，查出违纪违规金额27.62万元，提出审计建议94条。

2008—2017年相继开展“211工程”三期建设项目经费审计、企业清算审计、固定资产清查审计、财经纪律专项抽查审计、竣工财务决算审计、收费审计等审计项目13项，审计总金额575 584万元，提出审计建议45条，查出财务处理不当金额80万元，业务手续不全金额4 783.62万元，业务处理不及时金额162.38万元，违纪违规金额105.29万元。

（二）建设工程项目审计

2009年起，对全校工程造价大于500万元的基建工程项目和工程造价大于50万元的修缮工程项目实施施工全过程跟踪审计，2013年开始拓展为工程造价大于10万元以上基建工程项目和修缮工程项目实施施工全过程审计。2014年开始对基建工程拦标价实施审核，2015年对修缮工程拦标价实施审核，2016年对拟签订固定价格合同的工程项目进行预算审核。通过实施预算审计、跟踪审计和结算审计，将事前审计、事中审计和事后审计有机结合起来，有效地控制了基建、维修项目工程造价。在此期间相继出台《华中农业大学建设工程项目全过程审计实施办法》《华中农业大学基建、修缮工程项目竣工结算审计的补充规定》《华中农业大学建设工程项目预算审核办法》和《华中农业大学建设工程管理审计暂行办法》。

10 年来，共实施基建工程结算审计项目 2 620 项，其中委托社会中介事务所审计 1 836 项，自审 784 项，送审金额 169 933.17 万元，审减额 15 669.46 万元，审减率 9.22%。

（三）合同审计

2014 年起，学校合同管理实行统一领导、分级分类管理，各负其责的原则，一般合同由承办单位和归口管理部门共同审核，重大合同及横向科研合同、建设项目施工合同实行承办单位、归口管理部门和审计处三级审核制，同时重大合同还经学校合同法律顾问审查。为加强合同内部控制制度建设，学校相继出台《华中农业大学加强涉外技术合同管理的若干规定》《华中农业大学合同管理暂行办法》和《华中农业大学合同管理办法（修订）》等合同管理制度。10 年来，共审计各类合同 13 923 份，其中：购销合同 4 513 份，科研合同 3 888 份，基建合同 4 136 份，涉外合同 174 份，其他合同 1 212 份，提出审计建议 2 182 条，促进增收节支 142.41 万元。

为进一步强化科研经费审计、预算执行审计和经济责任审计程序，提高审计质量，2008—2017 年，学校相继制订、修订《华中农业大学科技项目经费审计暂行规定》《华中农业大学预算执行与决算审计实施办法》《华中农业大学重大科研课题和大额度科研项目资金使用全过程跟踪审计暂行办法》《华中农业大学中层领导干部和企业领导人员经济责任审计规定》等审计制度。2012 年学校颁布了《华中农业大学审计结果公告试行办法》，2017 年颁布了《华中农业大学审计结果运用办法》。自 2014 年起对开展的财务审计项目均通过审计处网站上进行公示。

第六节　信息统计、机要保密及信访工作

10 年来，学校信息统计工作由校办牵头，统一领导、分级管理到具体科室，保证了数据的标准、统一及校内广泛应用，统计工作法制化、规范化，真实性、准确性及统计内容和使用范围逐年提升。学校高等教育事业统计表格增加 10 个、删除 5 个，涵盖从招生录取到毕业学位授予整个发展的重要指标。2008 年学校建立“华农教育信息统计”并加入“湖北省教育事业统计”QQ 工作群，2016 年建立重点部门年报工作集体审核会议制度。2008 年获得湖北省教育统计学会工作先进单位。

学校一直对保密工作高度重视。组织机构健全，责任层层压实；学校把保密工作列入年度学校工作要点，保密奖惩条例列入学校中层领导考核细则，推进保密教育进党委（组）中心组、进领导干部任前谈话。设施齐全完善，环境营造合规，保密室配备铁门、铁窗、报警器和视频监控。配备专兼职保密工作人员，完善了学校、学院及行政职能部门领导干部保密工作责任制。2011 年实现省直横向涉密文电传输。加大提高学校管网治网能力和力度，自查

常态化、规范化，切实做好重点保密部门风险防控。宣教积极多样，意识全面增强，保密教育进新录用教师岗前培训、进学生军事课堂。10 年来，学校未出现失密、泄密事件。

学校于 2012 年 10 月 15 日成立信访工作办公室，负责接待师生员工及公民与其他组织的来信来访，保证信访渠道畅通；完成上级机关及领导转办、交办的信访事项，督促检查领导有关批示件和重要信访事项的处理和落实情况；督促检查转办至校内各单位的信访事项，维护信访人的合法权益。2016 年，学校制订《华中农业大学信访工作规定》，开通华中农业大学信访监督平台，进一步规范信访工作，提高了信访办理工作效率。2015—2017 年，共召开突出疑难问题信访专题协调会 19 次，共接待受理群众来信来访 1 277 件（人）次。办理部、省、教育厅交办案件 58 件，对教育部等上级部门交办的信访件回复率均为 100%。对信访事件的处理，做到件件有落实，事事有回音。

第十章　校友与教育基金工作

第一节　校友工作

《华中农业大学章程》第五十九条明确规定“校友是指在学校学习或工作过的师生员工、获得过学校名誉博士学位或荣誉职衔的人士。校友是学校声誉的重要代表，是学校的宝贵资源。”120 年来，学校培养各级各类人才 20 余万人，这些有相同学缘关系的学生和曾经在学校工作过的教职工，共同构成华中农业大学庞大的校友群体。2008 年以来，学校进一步认识到，校友是学校文化向社会传播最具象的载体，是学校声誉的重要代言人，是学校事业发展的宝贵资源。校内形成了党政班子重视、分管领导直接负责、校友办指导协调、院系具体实施、职能部门积极参与的校友工作机制，校友与母校形成命运共同体、事业共同体、发展共同体的认识逐渐深入人心。

10 年来，通过深入挖掘校本历史资源和文化内涵，树立在校学生对学校价值导向和文化的认同，以此培育优秀校友文化；完善各级校友组织和工作机制，建立完善校外校内校友工

2017 年 1 月，校长邓秀新率队赴广西扬翔股份有限公司考察期间专门举办了校友座谈会

作网络和资源共享平台；举办品牌校友文化活动，利用新媒体手段加大优秀校友宣传力度，进一步团聚校友之心，增强校友归属感和认同感。

一、培育优秀校友文化

“今日的学生，明日的校友”，在校生是“在学习中的校友”。只有在校时对学校的核心价值追求和文化高度认同，走上社会后校友才会在日常遵循并乐于彰显母校的文化价值追求。学校通过“我为校庆献礼”“我爱华农，文明先行”“唱校歌、戴校徽、学校史、知校情”系列教育活动，激发广大青年学生爱校荣校的情感。2018 年毕业典礼特别设置了“毕业鼓励”群声互动环节，为参加毕业典礼的每位毕业生赠送一面带有百廿校庆标识、个人姓名学号的铃鼓，称“狮山铃鼓”，代表着母校与学子心有灵犀。党委书记高翅寄语“希望学子做一个灵魂高贵的人，母校永远为学子鼓与呼。”

学校通过各种渠道，促进校友与在校学生互动，培育优秀校友文化。组织大学生利用假期开展“寻访优秀校友”活动，聘请百余名校友担任“创业导师”、开设“创业案例课”；通过“狮子山讲坛”等渠道，邀请数百名校友回校做报告，这其中海内外院士，也有企业家，还有扎根基层的优秀典型，通过他们阐释对“勤读力耕，立己达人”为核心的学校精神的深刻理解，来进一步增强在校学生对学校文化的认同感，引导学生毕业后形传承学校文化，进而形成优秀的校友文化。

二、建立完善校友网络

2008 年以来，学校积极构建校友工作网络。以地方校友会、行业组织校友会为主干，搭建多层次、开放型的校外校友工作网络；同时以学院为基础、依靠师生员工，群策群力，推动校内校友工作网络系统的建设，共同开展校友工作。

2018 年 6 月，毕业典礼毕业鼓励环节

2008 年 10 月，各届校友纷纷以班级为单位组织返校活动

10 年来，校友会工作更加规范。制订颁发校友会章程，由校长任校友会会长，校友组织架构更加优化，各项制度更为完善，业务行为更加规范，实现大陆地区校友会全覆盖。2008 年以来，通过校友会平台，组织了各类校友活动 100 多个。目前，校友会不但是校友和母校联系情感的平台，也是广大校友业务、职场发展的交流平台。近年来，依托校友会，相继成立了中国光谷・华中农业大学校友创业服务中心、中法生态城・华中农业大学校友创新创业服务中心、江岸区濒长江新城创业中心、深圳金新农创业服务中心、苏州工业园校友创新创业中心园等校友服务交流平台，让校友在双创平台中互惠共赢。

校内校友工作网络系统建设注重强化全校师生的校友工作意识，形成全员参与的校友工作氛围。每年学校领导都坚持带领相关学院负责人和专家走访各地校友，转达母校对校友的关心，宣传学校改革发展的成就，增进情感。学校与学院领导出差访问时，一般都会把看望校友、组织校友座谈作为一项重要工作内容；各单位开展教学、科研、学科建设和就业创业工作，也会注重充分发挥校友的力量；从在校教职工中选聘校友联络员，充分发挥教职工在校友中的影响力；以建校 120 周年校庆为契机，以学院为基础推动建立校友信息数据库，建立校友名录，并在日常工作中不断充实修订和完善；利用校园媒体、QQ、微信等平台，注重日常联络，推送学校改革发展成就，增强校友爱校荣校情感；积极支持校友以年级或班级为单位的返校进行联谊活动，努力营造人人关心校友工作、人人参与校友工作的良好氛围。

2008 年以来，学校相继在 2012 年 10 月、2014 年 10 月和 12 月举办了水产学院办学 40 周年庆典、食品科技学院建院 30 周年庆典和生命科学技术学院建院 20 周年庆典。这些院庆活动进一步完善了校友网络，团聚了校友之心。

三、加大校友典型宣传

10 年来，通过校园网、校报、学校新媒体公众号、校友会网站和校友会刊物，相继推出了“创业华农人”“基层华农人”“戍边华农人”等专题；2017年暑假，组织6支团队分赴全国各地，采访报道各行各业涌现的优秀校友，宣传了近百位创新创业、奉献基层和边疆的校友的优秀事迹；2010年、2014年、2018年在毕业校友中开展三届十大创业先锋评选表彰，共评选表彰了30人；持续报道徐本禹、“棉花奶奶”李文英等典型，提升了学校的社会影响力。

10年来，校友的凝聚力进一步增强，广大校友充分认同学校核心价值追求，通过捐赠、提供信息资源、提供实习机会、提供就业岗位等方式，助力母校建设发展和人才培养工作。2017年11月12日，学校组织“武汉百万校友资智回汉”华农专场活动。邀请800余名海内外校友回汉投资，签约项目37个，其中6个智力合作项目，31个产业项目投资共600余亿元。

第二节　校友会工作

《华中农业大学章程》第五十九条对校友会同样有明确规定：“华中农业大学校友会是校友发起、依法成立的社会团体法人，依据国家有关规定和章程开展活动。校友会支持校友成立具有地域、行业、兴趣等特点的校友组织。”自成立以来，华中农业大学校友会坚持“服务母校，服务校友”工作理念，以“弘扬华农精神，扩大社会影响；宣传校友成就，服务校友发展；凝聚校友力量，促进学校发展”为主要任务，积极开展相关工作。

一、校友会建设

华中农业大学校友会筹建于2005年9月，同年11月14日在湖北省民政厅登记、注册。

2009年10月，学校成立北美校友会

2017 年 5 月，华中农业大学校友会第八次校友代表大会现场

2012 年 3 月，教育部同意筹备成立华中农业大学校友会，民政部正式批复学校筹备成立华中农业大学校友会。7 月，召开全国性校友会成立大会暨第一届会员代表大会，会议审议通过了《华中农业大学校友会章程》，91 名校友当选华中农业大学校友会理事，27 人当选常务理事，15 人当选副会长，邓秀新当选校友会会长，余思林当选为秘书长，2014 年陈胜接任秘书长。11 月 22 日，民政部正式批复华中农业大学校友会成立登记，并于同年的 12 月 10 日颁发登记证书，同时注销在湖北省民政厅登记注册的校友会。经各地方校友会推荐、民主协商，2017 年 5 月 20 日，校友会第二届会员代表大会在安徽合肥召开。171 名校友当选华中农业大学校友会理事，50 人当选常务理事，22 人当选副会长，邓秀新连任校友会会长，并对《华中农业大学校友会章程》进行修订，会员代表大会由 4 年变为 5 年召开一届，并在新章程中加入了党建工作内容。此选举结果经教育部批复，并获民政部核准并备案，2017 年 12 月 26 日起正式生效。

二、加强校友分会建设

2014—2015 年，各地校友会建设全面提速，学校党政领导和校友会十分关注各地校友会的建设，积极帮助、协调和支持各地校友分会建设。在收集校友信息的基础上，充分发挥教授和专家的作用，发现并培养一批热心校友工作的积极分子作为各地校友会负责人，并协助筹建所在地区校友会，在筹备期间校领导亲自带队协调走访，并出席校友会成立大会。2015 年 9 月 13 日，吉林校友会成立，标志着学校实现大陆地区校友会的全覆盖。

学校支持建设行业校友交流为主的联合会并积极建设海外校友会。先后成立了企业家联谊会、狮景会、MBA 联合会、学通会、狮山资环会、华食会等，成立了北美、加拿大、韩国、澳大利亚、巴基斯坦等海外校友会及欧洲、非洲校友筹备会。通过 10 年的建设，地方、行业、海外校友会共计 75 个。每年学校都会有计划的派员走访各校友会，参加校友分会的交流活动。每年召开一次校友代表大会，目前已经召开 9 次。

第三节　教育发展基金会工作

《华中农业大学章程》第六十条规定“华中农业大学教育发展基金会是学校发起、依法成立的社会团体法人。基金会依据国家有关规定和章程开展活动，吸纳捐赠，管理捐赠项目和资金，促进学校教育事业发展。”华中农业大学教育发展基金会是吸纳社会资源，促进学校教育、科技事业发展、师生员工个人发展、扶贫济困和支农支教的平台。成立以来，以“为校友、为学校、为社会”的宗旨和做好公益事业的使命，积极加强自身建设、广开渠道筹集捐款、扎实开展公益项目。

一、基金会建设

华中农业大学教育发展基金会筹建于 2009 年，同年 12 月 31 日在湖北省民政厅登记成立，为非公募基金会，原始注册资金 200 万元。2013 年 12 月，被湖北省民政厅评为 4A 级基金会，参加湖北省“三万”活动被评为先进集体。2014 年 12 月从湖北省民政厅注销，纳入教育部主管，民政部登记、注册的非公募基金会，原始注册资金 2 000 万元，为湖北地区高校第一家在民政部登记的高校基金会，获得公益性捐赠税前扣除资格和非营利组织免税资格，为中国高等教育学会教育基金工作研究分会理事单位，2015 年和 2017 年连续两年获评中国高等教育学会教育基金工作研究分会先进集体称号。自 2014 年 12 月 31 日在民政部登记成立后，截至 2017 年 12 月 31 日共收到捐款 65 010 814.99 元，投资收益 12 634 888.26 元，资产总额 100 086 643.03 元。

基金会多渠道筹集办学资金，争取企业、社会团体、个人的捐赠，服务学校事业发展，服务校友和社会。捐赠款主要用于奖学奖教、扶贫济困、科技发展、校园文化、抗洪救灾等。对特定的捐赠项目，按照捐赠者的意愿定向使用。基金会保证捐赠资金完全用于发展学校教育事业和社会公益项目，支持校友进步。

二、基金会基本概况

基金会业务范围包括：资助教学设施的改善；面向社会，奖励优秀学生和优秀教师，资助贫困学生；资助基础研究、教学研究和著作出版；资助教师、学生出国深造及参加国际学术合作和国际学术会议，资助教师、学生在一流学术刊物上发表论文，资助有利于学校发展的其他项目；资助大学生自主创业。

基金会组织管理机构为理事会，理事 14 人，其中理事长 1 人、副理事长 1 人、秘书长 1 人、监事 1 人。理事会下设基金会秘书处，有财务部、信息部、综合部等办事机构以及合作金融机构组成的咨询部，办理基金会日常事务。理事会成员没有领取任何薪酬和补助的情况。

基金会从成立以来严格规范管理，制订《华中农业大学教育发展基金会章程》《华中农业大学教育发展基金会财务管理办法（试行）》等制度法，参照执行学校“三重一大”等管理规章，严格按规章制度执行工作。每年接受上级部门、第三方会计事务所审计。建有华中农业大学教育发展基金会网站，华中农业大学教育发展基金会微信平台。理事会组成、捐赠信息、年度工作报告等需要公开的内容均在华中农业大学教育发展基金会网站、华中农业大学信息公开网、中国社会组织网等网络或媒体上公开，自觉、主动接受社会监督。

基金会先后为美国孟山都公司和陶氏益农公司设立奖学金，2014 到 2017 年合计 489 552.8 元（折算人民币）。基金会通过股权投资的方式投资了万绿生态园林股份有限公司和广西扬翔股份有限公司。其中，2014 年基金会出资 660 万元人民币投资万绿生态园林股份有限公司 100 万股，占该司 1.52% 股权，配股 70 万股；2015 年基金会出资 1 956.426 4 万元购买广西扬翔股份有限公司 889.284 7 万股股份，占该司 2% 股权。2016—2017 年累计分红 9 782 132.1 元。基金会均以成本法核算两项投资。

三、基金会开展的主要工作

积极为校友解决困难提供帮助。经常性地开展扶贫济困活动，例如，先后为尿毒症患者肖某、支教殉职赵某的父亲、脑梗患者韩某、癌症患者耿某、车祸受伤李某父子等重大病患组织等慈善募捐活动，并将善款送达相关人士手中。

支持学校人才培养、科学研究及其他公益活动。例如，联合贵州、咸宁校友会、正大集团把支农支教列入日常工作；推动咸宁校友会捐赠 120 颗桂花树。在校图书馆建立校友书屋，组织校友募捐书籍。接受熊猫等珍稀动物标本。协助惠州校友会捐赠小型博物馆测绘装备、校园景观刻石等。与鄂豫皖革命纪念馆开展共建活动，向该馆捐赠并共建学校党员教育基地。2017 年武汉出现严重洪灾，基金会及时拨发抗洪救灾款，用于转移安置危房的受灾师生、购买抗洪抢险物质、发放临时困难补助金，为定点扶贫地区湖北省黄梅县苦竹乡油铺村修建路灯、恩施摩峰小学修建水库等。

基金会与校友会相互促进，广泛劝募。积极主动加强与校友联络，宣传学校发展情况。针对性地开展校友、校友企业的活动，扩大募捐渠道。与各地校友会保持密切的联络，做好校友的捐赠工作。完善校友会的信息库建设，挖掘社会资源。改版基金会网站，宣传基金会政策。每年开展校友、基金年会，对从校友基金工作者进行培训。

进行资本运作，确保资金保值增值。由理事会集体讨论，确保资金运作安全的操作原则。进行了短期、中长期理财、校友企业股权等投资，保证了资金的保值增值，充分发挥资金的效益。2015—2017 年投资收益实际到账金额为 1 200 余万元，所持股增值 6 000 余万元。大额捐赠初见端倪，年度捐赠增多。例如，广西扬翔股份有限公司协议捐赠 4 500 万元、大北农公益基金协议捐赠 1 000 万元、康农种业公司协议捐赠 1 200 万、湖北格林凯尔农业科技有限公司协议捐赠 3 000 万元。

2018 年 4 月，中国高等教育学会教育基金工作研究分会第二十次年会在学校召开，来自全国 240 余所高校基金会的 456 名代表参加，兄弟高校 15 名校长参会。期间，套开了全国农林水高校、湖北地区高校基金会协作组年会。

每年进行中央级普通高校捐赠收入财政配比资金项目经费申报工作。自基金会成立以来共获得配比资金 7 747 万元。

第二篇

发展纪事

第一章　领导关怀

在学校发展的各个历史时期，党和国家领导人对学校办学和广大师生给予亲切关怀、寄予殷切期望。2008年以来，习近平、胡锦涛、刘延东、李源潮等同志先后以回信、听取汇报、到校视察和接见等形式对学校各方面工作进行了肯定和关怀，教育部、湖北省的主要负责同志也多次对学校各方面工作进行考察指导。

第一节　习近平同志给"本禹志愿服务队"回信

2013年12月5日，在中国青年志愿者行动实施20周年暨第28个国际志愿者日之际，中共中央总书记、国家主席、中央军委主席习近平给"本禹志愿服务队"回信。习近平总书记在信中肯定志愿者们在服务他人、奉献社会中取得的成绩和进步，勉励他们弘扬志愿精神，为实现中华民族伟大复兴的中国梦做出新的更大贡献，"与祖国同行，为人民奉献"。新华社全文刊发回信。

"本禹志愿服务队"的同学们：

来信收悉。得知你们在徐本禹同志感召下，积极加入青年志愿者队伍，走进西部，走进社区，走进农村，用知识和爱心热情服务需要帮助的困难群众，坚持高扬理想、脚踏实地、甘于奉献，在服务他人、奉献社会中收获了成长和进步，找到了青春方向和人生目标，感到十分欣慰。值此中国青年志愿者行动实施20周年之际，我向你们以及全国广大青年志愿者，致以诚挚的问候和崇高的敬意！

当前，全国各族人民正在中国共产党领导下，全面贯彻党的十八大和十八届三中全会精神，满怀信心为实现中华民族伟大复兴的中国梦而奋斗。你们在信中表示，要勇敢肩负起历史赋予的责任，积极投身改革发展伟大事业，奉献社会，服务人民，说得很好。

历史和现实都告诉我们，青年一代有理想、有担当，国家就有前途，民族就有希望，实现中华民族伟大复兴就有源源不断的强大力量。希望你们弘扬奉献、友爱、互助、进步的志愿精神，坚持与祖国同行、为人民奉献，以青春梦想、用实际行动为实现中国梦作出新的更大贡献。

习近平

2013 年 12 月 5 日

当日，校党委中心学习组在行政楼二楼会议室举行（扩大）会议。校党委中心学习组成员、各单位主要负责人参加会议。学习会上传达了习近平总书记 12 月 5 日给学校“本禹志愿服务队”的回信，并进行了热烈的讨论。会后，各单位通过专题学习、视频收看、座谈交流等形式，迅速掀起学习近平总书记回信精神的热潮。

时任湖北省委书记李鸿忠作出批示：习近平总书记的回信，情真意切，语重心长，体现了党中央对青年志愿者的亲切关怀和殷切期望，是对广大青年志愿者的热情鼓励，必将有力鞭策广大青年增强热爱人民、服务社会、报效祖国的青春责任和内在动力。全省广大青年和青年志愿者一定要将习近平总书记的关怀和勉励变成强大的精神力量，乐于奉献、情暖社会，心系天下、发奋有为，以激情奋斗实现青春梦想，以实干担当成就精彩人生，为“建成支点，走在前列”贡献青春力量。

“本禹志愿服务队”成立于 2005 年 5 月 29 日，是受“感动中国”2004 年度人物、学校 1999 级经济学专业学生徐本禹精神感召，由学校研究生支教团、红杜鹃爱心社、爱心协会等公益社团和 1 200 多名志愿者组成。服务队以“扶贫济困、奉献爱心、服务社会”为宗旨，通过汇聚社会爱心，致力于关心西部贫困地区儿童的教育以及社会弱势群体的帮扶。“本禹志愿服务队”是新时期以来，学校坚持把志愿服务作为培养学生社会责任感和提高育人质量的重要抓手，将志愿服务融入大学生思想政治教育全过程、学校人才培养全过程涌现出的杰出代表。

2014 年 5 月，“本禹志愿服务队”总队成立

第二节　胡锦涛同志听取张启发院士生物产业发展状况汇报

2011 年 6 月 1 日下午，在湖北省考察的中共中央总书记、国家主席、中央军委主席胡锦涛来到国家自主创新示范区武汉东湖新技术开发区，观看了园区内企业的科技创新产品展示。在生物产业展区内，展示的转基因水稻、杂交油菜、杂交棉花等成果均来自学校作物遗传改良国家重点实验室。张启发院士代表湖北省汇报了生物产业的发展状况。在汇报中，张启发向胡锦涛展示抗虫转基因大米样品，重点介绍了转基因水稻安全评价的过程。胡锦涛认真听取讲解，询问了安全评价的相关情况。在汇报最后，胡锦涛握住张启发的手，说："转基因水稻的研究工作要积极推进。"

第三节　其他领导同志关心学校发展情况

2010 年 10 月 29 日下午，中共中央政治局委员、国务委员刘延东在湖北省委书记罗清泉、湖北省省长李鸿忠、教育部副部长鲁昕、科技部副部长杜占元、国务院政策研究室副主任江小涓、武汉市委书记杨松、武汉市市长阮成发等领导的陪同下来校视察。

在作物遗传改良国家重点实验室报告厅，党委书记李忠云主持了汇报会。刘延东一行听取了李忠云对学校事业发展情况的简要介绍，并听取了作物遗传改良国家重点实验室主任张启发院士关于转基因水稻研究进展的汇报和振兴我国民族种业的建议。汇报结束后，刘延东发表了重要讲话。

刘延东说，华中农业大学建校已经有 112 年的历史，特别是在新中国成立 61 年来，学校紧紧围绕着国家的重大战略需求，自觉服务"三农"，在农业科技创新和农业科技人才培养方面都做出了很大的贡献。现在学校已经成为我国重要的农业科学研究基地和农业科技人才培养基地，在为国家提高自主创新能力、发展我们国家的种业和培养农业人才方面做出了独特的贡献。她对华中农业大学为国家农业科技事业的发展、农业人才的培养所作的贡献表示感谢，向全校师生员工表示亲切的问候。

刘延东充满感情地说，我父亲也是搞农业的，公公（杨显东同志，著名农业科学家，曾任华中农业大学前身原武汉大学农学院院长——编者注）也是搞农业的。我的公公当年就是在湖北省从事农业科研工作的，曾经也在这个学校里从事过教学工作，因此，我对学校有着特殊的感情。

刘延东指出，了解学校转基因水稻的研究情况，我对转基因的问题有了更深刻的认识。

我们国家经历了新中国 61 年、改革开放 30 多年，已经站在一个新的起点上。中国是一个农业大国，但还不能说是一个农业强国。特别是从当今的情况来看，粮食安全已经成了全球共同关注的重大战略问题。到 2020 年要实现全面建设小康社会的目标，“三农”仍然是发展的基础。通过农业科技的进步提高农产品的产量、质量，进而提高农民的收入水平，这是一个很重要的问题，党中央国务院十分重视，党的十七届五中全会还把加快发展现代农业写入了决议。

刘延东在讲话中说，华中农业大学过去为农业科技发展和人才培养做了很多有益的工作，今后还要做更多的工作。2020 年要实现全面小康的目标，本世纪中叶要基本实现中国的农业现代化，农业科技的发展、农业人才的培养，是非常重大的问题。因此，你们的工作不只是具有单个产业的意义，而且具有国家意义，关系到中国从农业大国向农业强国的转变，同时也具有世界意义，关系到全球粮食安全问题。

刘延东强调，中国要想真正转变发展方式，实现跨越式发展，必须把科技创新放在核心的位置。十七届五中全会把科技创新提到了很高的位置，把它作为加快转变发展方式的重要支撑；实质上就是核心和基础。我们的教育工作者、科技工作者都应该按照十七届五中全会的要求，真正贯彻科教兴国、人才强国的战略，要在提高自主创新能力上下功夫，要培养大量的创新性人才来适应我们国家未来的发展。因此，华中农业大学使命光荣，责任重大。衷心希望你们在原有工作的基础上再接再厉、再攀高峰，应该打造一个中国第一、世界一流的农业科学研究基地、农业科技人才培养基地。要紧紧瞄准国家的重大战略需求，坚持自主创新，发挥你们的特色优势，加大人才培养的力度，更好地使农业科技服务于国家的经济和社会发展，服务于国家重大战略目标。

最后，刘延东说，华中农业大学这么漂亮的校园，这么好的地方，真的是独一无二。7 000 多亩是教育部直属高校中最大的单体校园。她殷切希望全校师生在“十二五”期间，在未来的十年里，为全面建设小康社会做出更大的贡献；希望大家紧紧围绕十七届五中全会的精神，围绕新世纪的全国第一次教育工作会议精神，为贯彻落实国家教育规划纲要做出新的贡献。

汇报会后，刘延东参观了作物遗传改良国家重点实验室，同正在工作的师生亲切握手，并与水稻团队师生一起合影。

2010 年 11 月 1 日，学校党委、行政发出通知，要求各级党组织、各单位认真学习领会刘延东同志的讲话精神。校属各单位迅速行动，把刘延东同志重要讲话原原本本传达到每个师生员工。各单位采取专题学习、主题研讨、座谈交流等多种形式，利用各种有效载体组织集中的专题学习。各类学习活动较好地将贯彻刘延东同志重要讲话精神与深入学习党的十七届五中全会精神结合起来，与深入推进创先争优活动结合起来。刘延东关于“中国第一、世界一流的农业科学研究基地、农业科技人才培养基地”的要求，成为了学校总结“十一五”、科学谋划“十二五”的重要遵循。

2014 年 5 月 4 日，由团中央、教育部、中共湖北省委主办的青年志愿者之歌——话剧《牵挂》北京展演活动在中国人民大学举行。中共中央政治局委员、国家副主席李源潮观看并接见《牵挂》剧组和本禹志愿服务队报告团成员。李源潮指出，大学生自编自演，演大学生的事，说大学生的话，真实感人，现场青年学子反响强烈，传递了青春正能量。青年志愿者用青春实践证明当代青年是可爱、可贵、可信和大有作为的。当代青年在选择职业时，既

2012 年 2 月，教育部党组书记、部长袁贵仁考察学校

要有利于个人发展，也要服务于国家发展；在忠于爱情的同时，更要有对人民群众高境界的爱；在追求人生成功的过程中，要把精神收获作为第一选择。

2010 年 4 月 10 日上午，全国人大常委会副委员长、中国科学院院长路甬祥一行来校，考察学校农业生物技术研究进展。在作物遗传改良国家重点实验室一楼报告厅，路甬祥听取中国科学院院士张启发有关转基因水稻与中国生物种业的汇报。路甬祥说，华中农业大学在分子生物学、转基因水稻育种等研究领域处于国内领先水平，具有很强的国际竞争力，希望在今后的研究中不断有新的突破。他指出，学校要紧密结合国家战略需求，把科学研究与产业结合起来，实现农业绿色可持续的发展。路甬祥特别重视粮食安全问题，强调要从国家粮食安全的战略高度来认识生物种业的重要性和紧迫性。他希望，学校能在生物种业上为国家决策积极提供咨询意见。路甬祥特别指出，要高度重视转基因等农业生物技术的科普宣传，通过有效的科普宣传让公众更了解转基因水稻。陪同路甬祥考察的有全国人大常委会教科文卫委员会副主任委员程津培，全国人大常委会委员许智宏、丁仲礼、严以新等。

2016 年 5 月 17 日下午，全国政协副主席、民革中央常务副主席齐续春率调研组一行来校，就“加强农业科技自主创新，引领农业现代化”进行专题调研。齐续春一行考察学校作物遗传改良国家重点实验室，听取了中国科学院院士张启发关于科研工作的汇报以及对于农业科技自主创新的意见建议。

2012 年 2 月 28 日上午，教育部党组书记、部长袁贵仁一行来学校考察调研。袁贵仁一行先后参观了校园网络服务平台、南湖新闻网、南湖论坛和图书馆，考察调研了学校校园规划及建设情况。在学校现代教育技术中心的网络平台，袁贵仁详细了解了校园网的建设和应用服务情况。在南湖新闻网编辑室和南湖论坛值班室，袁贵仁与南湖新闻网值班编辑、南湖论坛值班管理员一一亲切握手，向在场的师生表示问候。袁贵仁一行考察了图书馆和学校校园规划及建设情况。考察过程中，学校党委书记李忠云、校长邓秀新等校领导汇报了学校工作。

2018 年 6 月，教育部党组书记、部长陈宝生考察学校定点扶贫工作

2018 年 5 月 27 日，教育部党组书记、部长陈宝生赴恩施州建始县红岩寺镇学校猕猴桃示范基地调研定点扶贫工作。他听取了校党委书记高翅、建始县委书记向红林的汇报，实地考察了红岩寺镇刘家坪村猕猴桃示范基地，与正在田间指导果农的学校园艺林学学院退休教授蔡礼鸿亲切交谈。陈宝生充分肯定学校“围绕一个特色产业，组建一个教授团队，设立一个攻关项目，支持一个龙头企业，带动一批专业合作社，助推一方百姓脱贫致富”的定点扶贫工作思路和成效，勉励学校继续加大帮扶力度，发展特色农业，助力建始县打赢脱贫攻坚战。陈宝生对学校 120 周年校庆致以祝贺。湖北省人民政府副省长陈安丽、湖北省教育厅厅长陶宏、教育部办公厅主任宋德民、教育部综合改革司司长刘自成等参加调研。

2010 年 2 月 12 日，中国工程院党组副书记周济来到学校，慰问春节期间坚持在一线工作的科技工作者。周济考察了作物遗传育种与改良国家重点实验室。座谈会上，学校党委书记李忠云、校长邓秀新汇报了学校在科学研究、技术推广、科学普及等方面的进展和规划，中国科学院院士张启发介绍了绿色超级稻构想与实践概况，重点汇报了两个抗虫转基因水稻品系获安全证书后的具体进展和现阶段工作重点。2011 年 1 月 22 日，中国工程院院长周济再次来校视察调研，并看望慰问院士、专家代表。傅廷栋、熊远著、陈焕春、邓秀新等院士，有关专家教授代表，以及部分职能部门负责同志出席调研座谈会。李忠云、邓秀新介绍了学校发展的基本情况，傅廷栋、熊远著、陈焕春、邓秀新等院士和专家代表分别就工程院的建设、学科发展、科技创新等方面提出了建议。周济对学校事业发展取得的成绩表示祝贺，特别指出学校的科研工作在服务国家战略、提升核心竞争力方面做出了突破性贡献。

2014 年 4 月 15 日，全国人大环资委副主任委员、湖北省原省委书记罗清泉一行来学校调研，并在国际学术交流中心六楼会议室召开了湖北省土壤污染防治研究座谈会。校长邓秀新介绍了学校在土壤污染防治研究等方面取得的新成就，在推进土壤污染调查、土壤修复技术、土壤污染法律法规建设等方面采取的新探索。黄巧云教授作《土壤污染调研》的报告。罗清泉在调研考察及座谈讲话时充分肯定了学校发展成绩，希望学校在环境资源人才培养、科技创新和成果应用推广服务等方面做出新的更大成绩。罗清泉一行实地考察了校博物馆和农业微生物学国家重点实验室。

2015 年 9 月 10 日，中央农村工作领导小组副组长袁纯清一行来校调研。在校调研期间，调研组先后考察了国家柑橘育种中心、柿子栽培基地、水稻基地、国家油菜工程技术研究中心等校内科研基地，听取了学校新农村发展研究院建设、定点扶贫建始县、科技特派员派驻以及农技推广等服务地方经济社会发展方面工作情况汇报，并围绕“十三五”农业农村发展规划、农村公益性推广服务体系建设等征求了学校意见和建议。

2013 年 6 月 9 日，湖北省委书记李鸿忠率队与农林经济管理 0901 班大学生交流。5 月 28 日，学校农林经济管理 0901 班 19 名党员联名给省委书记李鸿忠写信，讲述了在“史上最难就业季”的困惑与迷茫，对中国梦的憧憬与期待，希望李鸿忠给予辅导与帮助。李鸿忠一行与同学们就大学生的就业环境、观念与选择以及大学生基层就业创业展开了交流讨论。李鸿忠以自己思考的“智商与情商、种子和土壤、气量与器量、出彩与奋斗、就业和创业、成功与失败”等六个关系勉励大学生。此前的 2011 年 8 月 5 日，李鸿忠与湖北省长王国生等来到学校，参加省优秀大学生村官表彰暨 2011 年大学生村官岗前培训班结业仪式。

第二章　科学谋划学校改革发展

2008年以来，学校党委正确把握办学方向，坚持顶层设计，科学谋划学校改革发展。围绕特色鲜明研究型大学创建的目标，先后制订了学校事业发展“十二五”和“十三五”规划，确定了事业发展的战略与对策；召开了第九次党代会，确立“五个一流”的五年主要工作目标；制订综合改革方案，全面深化综合改革。围绕改革发展的重大议题，学校每年举办校领导班子务虚会、暑期中层干部学习研讨班、教代会等，前瞻谋划学校事业改革发展。

2016年7月，学校举办暑期中层干部学习研讨班

第一节　召开学校第九次党代会

2012年11月，中国共产党第十八次全国代表大会胜利召开。党的十八大提出全面建成小康社会，建设人才强国、人力资源强国和文化强国等战略目标，为学校事业发展赋予了新

使命。为了深入学习贯彻党的十八大精神，不断加强学校党的建设，进一步统一思想、形成共识、凝聚人心，推动学校事业不断开创新局面，取得新成效，经学校党委研究，并报中共湖北省委和教育部党组批准同意，定于2013年4月召开中国共产党华中农业大学第九次党员代表大会。

一、会议筹备

学校第九次党代会是在学校实施“三步走”发展战略即将进入第三步时召开的一次重要会议，是一次承前启后、继往开来的大会。2012年10月，学校向湖北省递交召开第九次党代会报告并获批准。2012年11月，学校全面启动了筹备工作，成立第九次党代会筹备工作领导小组和代表资格审查小组，学校党委书记李忠云和党委副书记、纪委书记李名家分别任组长。

2012年12月31日，第九次党代会党员代表选举工作结束，从26个选举单位6 286名正式党员中选举产生了200名党员代表。其中，在职教职员工党员代表168名，占代表总数的84%；离退休党员代表16名，占代表总数的8%；学生党员代表16名，占代表总数的8%；教师及各类专业技术人员党员代表80名，占代表总数的40%；在职处级及以上专职干部党员代表80名，占代表总数的40%；工人党员代表3名，占代表总数的1.5%；女党员代表46名，占代表总数的23%；少数民族党员代表8名，占代表总数的4%。

2012年12月，学校成立由党委副书记唐峻同志任组长的专题调研组，共分党建工作专题、宣传思想文化专题、发展战略专题、学科建设专题、本科人才培养专题、研究生人才培养专题、科技工作专题、管理服务专题8个调研小组，针对学校面临的形势和任务，开展了调研、系统分析和比较研究，提出了今后五年学校相关工作的目标思路和对策，并分别形成了调研报告。与此同时，纪委也在开展校内调研，收集相关资料。在此基础上，经过认真研讨，归纳梳理、反复修改形成了两个报告的初稿。2013年3月，党委报告征求部分基层党委、职能部门负责人意见；召开纪委全体委员会议征求对纪委工作报告意见。4月初，纪委工作报告面向全校广泛征求意见。4月上旬，党委组织报告咨询指导组成员开展封闭讨论，先后召开基层党组织负责人、职能部门负责人、离退休同志代表、民主党派和无党派人士代表、教师代表等不同层面的座谈会，征求对两个报告的意见。4月24日，党委全委会和党委常委会审定了党委工作报告和纪委工作报告。

二、大会基本情况

2013年4月27—29日，中国共产党华中农业大学第九次党员代表大会在国际学术交流中心一楼报告厅隆重召开。大会主题是：高举中国特色社会主义伟大旗帜，以邓小平理论、“三个代表”重要思想、科学发展观为指导，认真贯彻落实党的十八大精神，坚持改革创新，推进内涵发展，全面提升办学水平，动员和团结全校各级党组织、全体共产党员和广大师生员工，凝心聚力，克难攻坚，为建成特色鲜明的研究型大学而奋斗。出席大会的代表共234名，其中正式代表200名，列席代表17名，特邀代表17名，分成10个代表团。

校党委书记李忠云同志代表中共华中农业大学第八届委员会向大会作了题为《克难攻

坚、全面提升，加快建成特色鲜明的研究型大学》的报告。校党委副书记、纪委书记李名家同志代表中共华中农业大学纪律检查委员会向大会作了题为《加强党风廉政建设，为加快建成特色鲜明的研究型大学提供坚强保证》的报告。中共湖北省委组织部副部长陈绪群、湖北省教育厅副巡视员刘怀俊出席大会，陈绪群致辞，对大会召开表示祝贺。

大会审议通过了党委工作报告和纪委工作报告。大会依据《中国共产党章程》等有关规定，选举产生了中国共产党华中农业大学第九届委员会委员和纪律检查委员会委员。中共华中农业大学第九届委员会委员共 23 人。纪律检查委员会委员共 9 人。

在中国共产党华中农业大学第九届委员会第一次全体会议上，选举产生中国共产党华中农业大学第九届委员会常务委员会委员 11 人。李忠云任党委书记，李名家、唐峻任党委副书记。在中国共产党华中农业大学第九届纪律检查委员会第一次全体会议上，选举产生纪委书记和纪委副书记，李名家任纪委书记，宋能文任纪委副书记。

三、会议主要精神

第九次党代会报告（以下简称报告）提出，第八次党代会以来的五年是学校事业整体推进、综合实力快速提升的五年。学校党委正确把握办学方向，坚持用科学发展观统领事业发展全局，团结带领广大党员和师生员工，抢抓机遇，务实进取，完成了第八次党代会提出的各项任务，在学科实力、师资队伍、人才培养、科技创新、开放办学、管理创新、办学条件、文化建设、党建工作、思想政治教育和文明创建等方面取得可喜成绩。

报告指出，未来五年，是学校“全面提升、实现目标”的克难攻坚阶段。党的十八大提出全面建成小康社会，建设人才强国、人力资源强国和文化强国等战略目标，为学校事业发展赋予了新使命。国家推进“四化”同步发展和生态文明建设，实施创新驱动发展战略，为学校事业发展提供了新机遇。国家实施中长期教育规划纲要和“2011 计划”，推动高等教育

中国共产党华中农业大学第九次党员代表大会现场

内涵式发展，着力提高教育质量，对学校事业发展提出了新要求。教育、科技、行业的激烈竞争和高等教育国际化，对学校事业发展提出了新挑战。

报告提出，经过未来五年的奋斗，学校要建成特色鲜明的研究型大学，初步形成综合性大学学科布局，学校办学水平和国际影响力全面提升。力争在 2048 年（建校 150 周年）建成优势学科国际一流、特色鲜明的世界知名高水平大学。

报告确立了今后五年的“五个一流”主要工作目标：

优势特色学科一流。农业与生命科学学科达到国际先进水平。进入 ESI 前 1% 的学科领域达到 3 ~ 5 个，国家一级重点学科达到 4 ~ 6 个。

高端领军人才一流。领军人物具有国际重要学术影响，创新团队具有竞争优势，人才队伍具有创新活力。新增院士、“千人计划”特聘专家、“长江学者”、国家杰出青年基金获得者等高端领军人才 15 ~ 20 人。

人才培养质量一流。突出综合素质，打造一流本科教育；突出创新能力，培养一流研究生，新增全国优秀博士学位论文 4 ~ 6 篇。努力造就一批国家经济社会发展需要的精英人才。

自主创新能力一流。科技创新能力显著提高。新增国家重点实验室 1 ~ 2 个，力争国家认定协同创新中心 1 ~ 2 个；发表影响因子 5 以上的 SCI 收录论文 400 篇左右，在人文社科顶尖期刊发表论文 5 ~ 10 篇；获得国家科技成果奖 3 ~ 5 项。在农业与生命科学基础前沿、战略高新技术、核心共性关键技术等方面实现新突破，在植物、动物、微生物等领域取得一批新品种、新产品。

校园环境一流。精神文化、自然环境、人文景观有机融合，生态校园、平安校园、书香校园、文明校园、和谐校园五位一体，建成自然风景优美、基础设施优良、文化底蕴厚重、学术氛围浓厚、人与自然和谐的“美丽华农”。

报告提出，今后五年重点要做好八个方面的工作，构建综合性大学学科体系，全面提升学科发展水平；汇聚一流人才，全面提升人才队伍水平；培养创新人才，全面提升人才培养质量；推进质量兴研，全面提升科技创新能力；深化国际合作和社会服务，全面提升开放办学水平；推进管理创新，全面提升管理水平；改善办学条件，全面提升保障能力；加强校园文化和精神文明建设，全面提升学校软实力。

报告强调，学校事业发展，必须坚持党的领导，必须发挥思想政治工作优势。贯彻落实十八大精神，切实加强党的思想建设、组织建设、作风建设、反腐倡廉建设、制度建设，永葆党的先进性和纯洁性，全面提升学校党建和思想政治工作科学化水平。推进校院两级领导班子建设，不断提高办学治校能力；推进学习型、服务型、创新型党组织建设，切实转变工作作风；推进廉洁华农建设，全面营造风清气正的校园氛围；要加强思想政治工作，促进师生全面发展；推进民主政治建设，全面形成发展合力。

大会号召，全校各级党组织和共产党员要更加紧密地团结起来，在中共华中农业大学第九届委员会的领导下，高举中国特色社会主义伟大旗帜，以邓小平理论、“三个代表”重要思想和科学发展观为指导，深入贯彻落实十八大精神，进一步践行“不张扬、不浮躁、不盲从”的华农品格，坚定信心，凝心聚力，改革创新，克难攻坚，为加快建成特色鲜明的研究型大学而努力奋斗！

学校第九次党代会描绘了到建校 150 周年暨 2048 年的远景奋斗目标，全面部署了近期目标，科学规划了事业发展的时间表、路线图、任务书。大会提出未来五年的“五个一流”

的奋斗目标，科学回答了第三步如何走的问题，为实现整体水平全面提升、建成特色鲜明研究型大学制订了可靠路径；“五个一流”目标强调的一流意识，客观上也成为后来“双一流”建设的前奏和基础。

第二节　编制实施事业发展“十二五”与“十三五”规划

一、编制实施“十二五”规划

“十二五”时期，是学校事业发展“重点突破，全面提升”的战略机遇期，也是学校建设特色鲜明研究型大学的攻坚期。为全面推进改革发展，加快实现发展愿景，学校准确把握发展大势，科学分析现状，制订实施“十二五”系列规划，各项事业取得显著成绩。

（一）“十二五”规划编制

2010年3月，学校全面启动“十二五”事业发展规划的制订工作。2010年4—10月，起草制订了华中农业大学事业发展“十二五”规划征求意见稿，同时也完成了各专项规划和学院规划的征求意见稿。9月18—19日，学校领导班子召开务虚会，学习贯彻全教会精神和国家教育发展规划纲要，专题研讨学校“十二五”规划及远景发展目标。与会人员重点集中讨论学校未来五年的发展目标、发展思路、重点工作和重大举措。11—12月，学校事业发展“十二五”规划先后在校学术委员会全体会议、校友会代表大会、校长办公会、职能部门负责人座谈会、学院党委（直属党总支）书记座谈会、学院院长座谈会、学校教代会、青年教师代表座谈会、校务委员会全体委员会议等会议上进行规划解读，充分征求意见。

华中农业大学“十二五”规划体系表

规划体系		“十二五”规划名称	牵头单位
总体规划		华中农业大学事业发展“十二五”规划	发展规划处
专项规划	1	华中农业大学学科建设“十二五”规划	发展规划处
	2	华中农业大学师资队伍建设“十二五”规划	人事处
	3	华中农业大学党政管理干部队伍建设“十二五”规划	组织部
	4	华中农业大学科学技术发展“十二五”规划	科学技术处
	5	华中农业大学本科教育事业发展“十二五”规划	教务处
	6	华中农业大学学位与研究生教育事业发展“十二五”规划	研究生处
	7	华中农业大学继续教育事业发展“十二五”规划	继续教育学院
	8	华中农业大学国际合作与交流工作“十二五”规划	国际合作与交流处

续表

规划体系		“十二五”规划名称	牵头单位
专项规划	9	华中农业大学文化建设“十二五”规划	宣传部
	10	华中农业大学“十二五”基本建设规划	基建处
	11	华中农业大学学生工作“十二五”规划	学生工作处
	12	华中农业大校友工作“十二五”规划	校友办公室
学院规划		各学院（部）事业发展“十二五”规划	各学院（部）

2011年7月10日，学校召开党委全委会会议，对《华中农业大学事业发展“十二五”规划》（终审稿）进行集中审议。2011年7—12月，学校陆续发布学校事业发展“十二五”规划、专项规划、学院规划，并于2011年8月报教育部备案。

学校事业发展“十二五”规划共分为“十一五”事业发展规划执行情况，“十二五”学校事业发展面临的形势、指导思想与基本思路、发展目标与具体指标、对策与措施等五大部分，总计1.6万余字。提出了“九大战略任务”“五大战略对策”“五大重点工程”和“四大保障”。

规划确定了未来5年的发展目标为：到2015年，学校在学科建设、队伍建设、人才培养、科学研究、社会服务、开放办学、管理创新、文化传承创新等方面有重点突破，教育质量、学术水平、社会声誉和国际影响力有显著提升，初步形成综合性大学学科框架体系，基本实现特色鲜明研究型大学的主要指标。同时从学科建设、队伍建设、人才培养、科技创新、社会服务、国际合作、条件建设、管理创新、文化建设等9方面提出了具体指标。

规划提出了五大战略：实施特色强校战略，推进学科创新；实施人才强校战略，推进机制创新；实施“质量立校”战略，推进教育创新；实施“科技立校”战略，推进科技创新；实施国际化战略，推进开放办学等。提出了组织保障、资源保障、制度保障、文化保障等4个保障措施。

（二）推进“十二五”规划实施

为推进规划实施，学校制订了《华中农业大学事业发展“十二五”规划实施方案》，明确了规划实施的指导思想和组织领导，并对发展指标和任务进行了分解。2011年9月起，学校通过多种渠道在全校师生员工中宣传学校“十二五”规划的主要内容。发展规划处会同党委宣传部举办了以“勤读力耕肩重任，凝智聚力绘蓝图”为主题的回顾“十一五”、展望“十二五”主题展览；在校报466、467、468连续三期推出“解读学校‘十二五’规划”系列报道。2011年9—12月，先后在教育思想大讨论中作关于提高高等教育质量的辅导报告，在科级干部培训班、办公室系统干部学习班、学生工作系统干部学习班、“共同空间”等作了“十二五”规划的解读辅导报告。为提高各单位的规划管理意识，2012年10月，学校开展了“十二五”规划管理工作先进集体、先进个人评选活动，评选出教务处、资源与环境学院、水产学院、工学院、理学院等5个先进集体和10个先进个人。

2013年9月中旬到11月底，学校开展“十二五”发展规划实施情况中期检查工作，检查分自查和现场检查两个阶段。自查阶段由各规划编制牵头单位形成自查报告。现场检查阶段学校聘请10位退休老教授组成“十二五”发展规划中期实施情况检查组，原校长张端品

2013 年 10 月，学校举行“十二五”中期检查

教授担任组长，10 位校领导分别参加各自分管（联系）单位的现场检查工作。人事处、教务处、科学技术发展研究院、研究生院、计财处、发展规划处、国资设备处、国际合作与交流处等 8 个部门负责人会同检查组分别到 15 个学院（部）进行检查，各学院（部）主要负责人会同检查组对专项规划进行集中现场检查。在听取汇报的基础上进行现场质询、评议和评分。根据评审结果，学校表彰了 14 个规划中期检查先进单位，其中，专项规划先进单位 6 个、学院规划先进单位 8 个，在检查的基础上结合专家意见形成《学校事业发展“十二五“规划中期检查情况报告》，以《发展规划与学科建设参考》发全体校领导和正处级以上干部。

2016 年 7 月，学校开展“十二五”事业发展规划实施情况总结考核，重点对“十二五”目标任务执行完成情况，规划实施中存在的主要问题及原因分析等进行了总结评估。各专项规划牵头单位和学院（部）的主要负责同志汇报了“十二五”执行情况、事业发展面临的主要困难和问题，考核小组对“十二五”规划执行情况给予综合评分，评选出 11 个规划实施先进单位，其中，专项规划实施先进单位 5 个、学院规划实施先进单位 6 个。10 月召开表彰会议，校领导向受表彰的单位颁发了奖牌。

二、编制实施“十三五”规划

根据全国教育事业发展“十三五”规划编制工作的统一部署，2015 年 3 月，教育部办公厅印发《关于直属高校开展“十三五”规划编制工作的意见》（教高厅〔2015〕1 号），对直属高校“十三五”规划编制工作提出了指导性意见。学校结合自身改革发展实际编制事业发展“十三五”系列规划。

（一）编制“十三五”规划

2015 年 7 月 5 日，学校召开 2015 年第 17 次校长办公会，审议并通过《华中农业大学关于编制事业发展“十三五”规划的通知》，明确了规划编制的指导思想、主要任务、编制原则、规划体系、组织领导、工作进程、工作要求等七个方面的内容。“十三五”规划体系包括总体规划、专项规划、学院（部）规划组成。

华中农业大学“十三五”规划体系表

规划体系		“十三五”规划名称	牵头单位
总体规划		华中农业大学事业发展“十三五”规划	发展规划处
专项规划	1	华中农业大学学科建设“十三五”规划	发展规划处
	2	华中农业大学师资队伍与人力资源建设“十三五”规划	人事处
	3	华中农业大学本科教育事业发展“十三五”规划	教务处 学生工作处
	4	华中农业大学学位与研究生教育事业发展“十三五”规划	研究生院
	5	华中农业大学科学技术发展“十三五”规划	科学技术发展研究院
	6	华中农业大学国际合作与交流工作“十三五”规划	国际合作与交流处
	7	华中农业大学基本建设“十三五”规划	基建处
	8	华中农业大学财力与资源保障“十三五”规划	计划财务处 国资设备处
	9	华中农业大学信息化建设“十三五”规划	现代技术教育中心 图书馆
	10	华中农业大学文化建设“十三五”规划	党委宣传部
	11	华中农业大学党建与思想政治工作“十三五”规划	学校办公室 党委组织部
学院规划		各学院（部）事业发展“十三五”规划	各学院（部）

学校成立“十三五”规划编制领导小组和办公室，加强对规划编制工作的统筹协调，采取自上而下与自下而上相结合的方式逐步开展规划编制工作。

2015 年 7—9 月，学校的暑期中层干部学习研讨班、学校领导班子务虚会和校务委员会先后专题研讨了“十三五”学校发展的重大问题。与此同时，各专项规划和学院规划也在不同层面开展交流和研讨。

2015 年 11 月，学校完成学校事业发展“十三五”规划的初稿。12 月 30 日，2015 年第 28 次校长办公会专题讨论审议学校事业发展“十三五”规划的草案。2016 年 1—3 月，先后召开学术委员会、校务委员会、职能部门和直属单位主要负责人座谈会、各学院（部）主要负责人座谈会、民主党派代表座谈会、离退休教职工代表座谈会、本科生和研究生代表座谈会等 7 个专题会议征求意见，并在校园网上公开征求意见。2016 年 3 月 24 日，学校第八届教职工代表大会第二次全体会议专题审议学校事业发展“十三五”规划。

专项规划和学院规划召开不同层面的座谈会研讨。2016 年 4—6 月，各学院围绕学科建设开展学院事业发展“十三五”规划的校内外专家论证工作。2016 年 4 月 14 日，学校党委全委会审定事业发展“十三五”规划，进一步修订完善后，4 月 18 日，报教育部备案。5 月

25 日，学校“十三五”事业发展规划定稿，发布实施。2016 年 4 月 10 日，教育部官方网站以《华中农业大学以五大理念为学校“十三五”谋篇布局》专题报道学校规划编制情况。

2016 年 7 月 4 日下午和 7 月 5 日下午，学校利用两个单元时间，分别集中开展专项规划和学院（部）规划的“十三五”规划研讨论证工作，重点论证专项规划和学院（部）规划发展思路的清晰性、主要目标任务的科学性、战略措施的可行性，相互之间及与学校总体规划和综合改革方案的衔接性。同时组织相关专家对专项规划、学院（部）规划进行审核，重点审核落实总规划的情况及规划之间的衔接；组织专项规划牵头起草单位对 16 个学院（部）规划进行全面、认真的审核，重点审核学院规划落实专项规划情况。2016 年 10 月，先后发布实施专项规划和学院规划。

学校事业发展“十三五”规划共分为“十二五”学校事业发展规划执行情况，“十三五”学校事业发展面临的形势、总体战略、战略对策、保障举措、组织实施等六大部分，总计 1.7 万余字。

在发展总体战略中，明确提出“到 2020 年，全面建成特色鲜明的研究型大学，基本形成综合性大学学科布局，努力创建一批处于国内前列、若干处于国际先进水平的一流学科，办学特色、社会影响力和国际知名度明显提升，为建设优势学科国际一流、特色鲜明的世界知名研究型大学奠定坚实基础”的发展目标，并从学科建设、队伍建设、人才培养、科技创新、社会服务、国际合作、条件建设、校园环境、管理创新、党的建设、思政工作、文化建设等 12 方面进行定性定量设定主要发展指标。

规划提出实施六大战略：实施特色立校战略，建设一流学科；实施人才强校战略，汇聚一流师资；实施质量立校战略，培育一流人才；实施科技强校战略，产出一流成果；实施开放办学战略，提升国际影响力；实施信息化战略，推进智慧校园建设。

规划提出了四大保障举措：全面加强党的建设，强化组织保障；不断完善治理体系，强化制度保障；改革创新配置机制，强化条件保障；培育现代大学精神，强化文化保障。

（二）推进“十三五”规划实施

学校事业发展“十三五”系列规划发布后，学校采取多种措施促进规划实施，确保各项目标任务的落实。成立由党委书记和校长任组长的“十三五”规划工作领导小组，强化规划实施的宏观指导和统筹协调。将推进规划实施纳入学校领导班子务虚会和暑期中层干部学习研讨班重要议题，就重点问题进行专题研讨解决。

2016 年 5 月，编印事业发展“十三五”规划单行本（白皮书），发放中层以上领导干部、新教工和学生骨干。2016 年 7—12 月先后在机关党委学习活动、新教工培训班、学生骨干培训班、共青团华中农业大学第十二次代表大会和第十三次学生代表大会第二次全体会议等进行学习解读。在校园网首页头条位置开设“十三五”学习宣传专栏，并刊载长篇特别报道《描绘发展图，构筑华农梦》；设计制作规划纲要概览，通过学校官方微博、微信、展览等形式对规划进行解读宣传。

学校在“十三五”专项规划中编制了财力与资源保障规划，强化预算与规划实施紧密衔接，将每年财务预算与规划的重大工程和重点任务挂钩，未列入规划的项目原则上不予立项建设。2015 年开始实行垂直预算管理，扩大学院经费统筹使用自主权，授权其在学校一级和二级分配的各类预算下达后，可根据本学院事业发展规划自主使用经费，切实提高经费使用效率。建立健全年度报告、中期检查、总结评估“三位一体”的监督检查机制。发布“十三五”规划2016年度和2017年度报告，主要对标学校“十三五”整体规划目标任务编制，直观描述规划各指标的进展情况，并交学校教代会审议。

第三节　全面深化综合改革

2014年下半年开始，按照国家教育体制改革领导小组和教育部要求，学校积极谋划推进综合改革。学校成立综合改革领导小组，党委书记李忠云和校长邓秀新任双组长，党委副书记李名家、副校长高翅任副组长，成员包括学校领导班子成员和相关职能部分负责人组成，领导小组办公室设在发展规划处。

2014年7—8月，学校各单位围绕深化改革议题，以党政班子研讨、教师代表座谈、各战线交流等多种形式，召开务虚会、研讨会近50场，对深化综合改革进行了深入的研讨；9月1—2日，学校召开务虚会专题研讨深化综合改革，全体校领导和相关职能部门主要负责人参加会议，确定了人事干部制度改革、人才培养机制改革、科技体制改革、内部治理结构与管理机制改革、资源配置机制改革等5个深化综合改革的重点领域。

学校成立由分管相关工作的校领导负责、相关单位组成的5个专项工作组，涉及单位分头研究制订战线专项改革方案。在此基础上，学校综合改革领导小组办公室制订《华中农业大学综合改革方案》(以下简称《综改方案》)草案。2014年10月16日，校党委书记李忠云主持召开领导小组会议，讨论审议了《综改方案》草案。此后，学校先后召开离退休老同志代表、民主党派和无党派人士代表、教职工代表、学生代表、校属各单位主要负责人代表等5次定向征求意见座谈会；召开校务委员会，学术委员会、学位评定委员会进行专题审议会；召开教职工代表大会主席团（扩大）会议2次；2014年11月21日，学校第七届教职工代表大会召开专题会议，讨论审议《综改方案》；同时在校园网上公开征求意见。

经校长办公会审定和党政主要领导审核后，2014年12月26日，学校将《综改方案》上报教育部，教育部综合改革司会同部内其他与高等教育工作相关的司局对《综改方案》进行审阅并修改。2015年3月2日，教育部综合改革司将经部党组成员审定后的《综改方案》“花脸稿”反馈学校。2015年3月9日，学校将修改后的《综改方案》(备案稿)报送国家教育体制改革领导小组办公室，进入审核备案程序。2015年3月18日，国家教育体制改革领导小组办公室下发《关于同意〈华中农业大学综合改革方案〉备案的函》(教改办函〔2015〕8号)。同时要求学校坚持正确改革方向，细化落实改革措施，逐项制订实施方案，进一步明确改革的时间表和路线图，探索授权备案机制，做到重大改革于法有据，主动做好舆论引导，有针对性地及时回应广大师生的关切，切实加强组织领导，整体推动学校综合改革工作。2015年5月20日，学校下发《关于全面推进华中农业大学综合改革的通知》，正式印发《综改方案》及组织领导和任务分解方案。

《综改方案》分为改革思路、改革任务、组织实施3部分，1.3万余字。明确了推进综合改革的指导思想、改革目标、基本原则；确立了人事制度、人才培养机制、科技体制机制、内部治理结构、资源配置机制等5个领域重点改革任务。从加强组织领导、完善联动机制、加强监督检查、营造良好氛围等4个方面推进综合改革的实施。

《综改方案》明确了学校深化综合改革的总体目标，即建立健全具有中国特色、华农风格的现代大学制度和治理体系，探索在行业特色型大学建设优势学科国际一流、特色鲜明的世界知名研究型大学的发展模式。从2014年开始，率先以干部人事制度、资源配置机制改革为突破口；2015年，全面启动以教师队伍为重点的人事制度改革，开展人才培养机制、科技体制机制、内部治理结构等领域的改革；到2017年，基本完成干部人事制度、资源配置机制改革；到2020年，基本完成其他各项综合改革任务，建立健全现代大学制度，在建设高水平教师队伍、培养高素质人才、开展高层次科学研究等方面有实质性突破，办学质量、综合实力、国内外声誉显著提升，为实现学校发展愿景奠定坚实基础。

《综改方案》提出了5个领域40项重点改革内容。根据《综改方案》所绘就的改革蓝图，学校以干部人事制度、资源配置机制改革为突破口，蹄疾步稳的推进方案所提出的改革任务，努力实现《综改方案》所确定的目标。截至2018年7月，《综改方案》任务已完成13项，部分完成26项。

在干部人事制度改革领域，推进基于合同管理的岗位聘用制度改革，推进“聘约制”管理，实现由身份管理向合同管理转变，实行新进教师“首聘期”管理，实行“师资博士后”制度；实行了“代表性成果”评价制度和岗位、学科“双分类评价制”；改革了评价考核组织与程序；启动了“狮山硕彦计划”；实施“自然科学杰青培植计划”“人文社科优青培植计划”，实行青年教师“双导师制”，实行教师出国研修奖励制度，成立教师教学发展中心，实施“实验技术人员提升计划”；推进了收入分配制度改革，坚持一流人才一流薪酬，实行协议工资制、年薪制，实行校内高层次人才津贴和新入职教师生活补贴制度，推进奖励性绩效改革。

在人才培养机制改革领域，动态调整招生专业，建立红黄蓝三级招生专业预警制度；推行了本科大类招生；实行研究生招生基础性指标、竞争性指标和指令性相结合的招生指标分配制度；探索推进博士研究生招生“申请－考核”制试点工作；试行“1.5+2.5”专业大类人才培养改革；构建校校、校企、校所、校地协同育人模式；构建“三田三早”实践育人模式；探索慕课、翻转课堂等教学模式改革，拓展学生自主学习空间；完善实践育人平台体系，强化“百门精品实践课程”“双百案例课程”等实践课程建设；重建通识教育课程体系；积极推进本研贯通培养；稳步推进分类培养模式改革；加强研究生培养环节管理和质量；构建研究生培养质量保障体系；改革教师教育教学评价体系；推进创新创业教育。

在科技体制改革领域，完善了科技管理体制；相继建立了“中美DVM计划”“中美联合研究中心”“中英联合实验室”“中澳兽医流行病学培训中心”，积极推进国际协同创新；以国家级协同创新中心申报和省级协同创新中心建设为契机，完善国内协同新机制；成立生物医学中心、乡村振兴战略研究中心、宏观农业研究院、双绿双水研究院等研究机构，完善校内协同新机制；完善科技项目与经费管理机制，着力构建以战略科学家、科技领军人才、青年拔尖人才为重点的“三级科技创新人才培养体系”，实施“科技创新团队培育计划”；加大对新入职青年教师的支持；建立分工合作的技术转移服务体系；完善科技成果转移转化工作机制。学校获批首批中央级事业单位科技成果使用、处置和收益管理改革试点单位，理顺知识产权管理、科技成果转让、许可、入股等体制机制；通过制度建设，明确了学术活动“规矩”和“红线”，增强了学术不端行为处理的刚性，深入推进学术道德宣传教育；在对口建始的定点扶贫工作实践中探索形成了“围绕一个特色产业，组建一个专家团队，设立一个攻关项目，支持一个龙头企业，带动一批专业合作社，助推一方百姓脱贫致富”的“六个一”产业精准扶贫模式。

在内部治理结构与管理体制改革领域，建立健全了以学校章程为统领的现代大学制度体系，修订核准发布了学校章程；2015 年开展“现代大学制度建设年”活动，开展了制度清理工作，出台实施了《规章制度管理办法》，发布了学校规章制度制订工作流程，开展规章制度立项建设工作；进一步完善了大学治理体系，厘清了学术权力与行政权力的关系，特别是加强校学术委员会建设，修订《学术委员会章程》，在学校教代会上选举产生新一届校学术委员会委员，确立学术委员会是学校最高学术机构；建立健全学科分类建设机制，动态调整学科专业结构，拓展了生命科学等学科领域，优化调整学院结构，先后组建马克思主义学院、公共管理学院、信息学院；健全党委领导下的校长负责制；落实学校党委主体责任，成立主体责任办公室并配备专职正处级干部；加强学院党政联席会议制度执行情况的检查监督；落实周四下午理论学习、集体研讨制度；健全党建工作责任制；优化基层党组织设置。

在资源配置机制改革领域，重点推进土地和房屋资源配置机制改革，2016 年 12 月出台《华中农业大学教学科研房屋土地使用管理暂行办法》，按照“归口管理、分类核算、有偿使用、动态调整”的原则，进一步明确了各单位管理职责，科学核定了教学科研资源人均使用配额，建立了土地、房屋、附属设施等资源有偿使用机制、动态调节机制；完善校内预算分配制度，实行垂直预算分配；统一规划和建设大型仪器设备开放共享平台，以机组为单元实施开放共享。

第三章　高层次人才引进与培养

第一节　人才工作理念

一、人才强校战略提出

2007 年 12 月，学校第八次党代会明确把“人才强校战略”作为学校四大战略之一，提出了“人才资源是第一资源，是学校事业发展最宝贵的财富；要切实把人才建设放在优先位置，以创新的思路和举措抓人才工作；要正确处理好人才引进、培养、使用的关系，造就领军人才，引进拔尖人才，培养中青年人才，用好现有人才”，“要充分发挥领军人才的引领作用，特别要为年轻人才脱颖而出、施展才干提供更大的舞台和更多的机会”。

2008 年 7 月，邓秀新校长在暑期中层干部研讨班上强调：“高校学科建设需要大师，但一味靠引进是行不通的，要更重视对现有人才的培养。不重视人才的引进工作要不得，但重引轻培更要不得。”

二、重视人才引进达成共识

2009 年 8 月，学校召开校领导班子务虚会，会议强调“关于人才强校战略和人才建设工作，必须转变观念，坚持以人为本，树立人才资源是第一资源，人才引进是最有效的引进，人才开发是最大的开发，人才投入是最有效投入的观念，在人才引进和学科建设上特别重视发展中学科，积极支持后发展学科。”

2009 年 9 月，学校印发《华中农业大学关于加强海外高层次人才引进工作的意见》，加强学校海外人才引进工作，文中提出“人才投资，是一种最有效益和可以获得持续回报的投资，也是一种风险投资，高风险才有高回报。各级领导要树立战略眼光，抓住当前有利时机，要有敢担责任、敢冒风险的决心，要不惜代价、不计成本、不怕打破现有平衡，突破思想上、心理上既有束缚，彻底解放思想，更新观念，抢抓机遇，力争在海外高层次人才引进上取得突破。”

2009 年 10 月，学校召开了 2009 年度人才引进工作总结暨 2010 年度人才引进工作部署会议，会上提出了要树立“聚八方硕彦，促协调发展”的人才理念，强调以实施“千人计划”为突破口，抓住有利时机，引进一批能够带动学科发展、突破关键领域、发展高新技术的战略科学家和学科领军人才。

三、烧炉子理论提出

2011 年 7 月，校长邓秀新在暑期中层干部培训班上提出了“烧炉子理论”，加强引进人才支持力度——“我们把人才比作蜂窝煤，一个蜂窝煤丢到燃烧得很旺的炉子里，一进去就能发光发热。如果丢到一个冷炉子里面，还要找柴火把它引燃，等炉子烧热了，煤也烧完了。”校党委书记李忠云提出，要营造人才成长的软环境，对人才不能求全责备，更不能“吹糠见米”，要把“崇尚学术、尊重人才、主动服务人才”融入到学校治理体系的方方面面。

四、以才引才、以才育才、以才聚才理念形成

2011 年 7 月，副校长高翅在暑期中层干部培训班上讲话，提出了“坚持以才引才，引导青年才俊走近大师，感悟大师，接受大师熏陶、洗礼。大师之所以备受尊崇，除了具有一流的学术、严谨的学风和学术道德外，还有卓越的领导才能、塑造团队的强大凝聚力、崇高的价值追求和坚韧的拼搏毅力等人格精神。”

2012 年 3 月，副校长高翅在接待福建农林大学副校长林思祖来校考察交流时，表示“做好人才工作的关键在于解放思想，要始终坚持‘育人为本、崇尚学术’的办学理念，营造学人乐土；要坚持党管人才，学校党委在人才工作方向、政策等方面把握大局，增强对人才的吸引力和凝聚力；要坚持‘用当适任、用当其时、用当尽才’的用人观；要坚持‘人皆可以成舜尧’的成才观，建设人才成长支持体系。”

2012 年 6 月，副校长高翅在学校人事人才工作会议要求各学院坚持“以才育才、以才引才、以才聚才”的理念，坚守人才工作中好的举措，时刻保持危机感、紧迫感、责任感，远谋慎行，结合学院和学科的发展目标来考虑人才的引进，建立人才发展的长效机制，努力创建人才富集区，共同促进学校事业蓬勃发展。

五、高端领军人才一流理念提出

2013 年 4 月，学校第九次党代会报告将“高端领军人才一流”作为奋斗目标，提出“坚持高端引领，引育并重，引进和造就一支整体素质高、学术实力强、具有国际影响力的师资队伍”。

第二节　人才工作机制与政策

一、人才工作机制

2008年，学校党委成立以党委书记为组长，校长、分管校领导为副组长，战略科学家及教学、科研等相关部门主要负责人为成员的人才建设领导小组，统筹、组织和协调学校人才队伍建设工作。《华中农业大学关于加强海外高层次人才引进工作的意见》明确“学校党委书记和校长是海外高层次人才引进工作的第一责任人，领导和统筹学校海外高层次人才引进工作；分管领导作为直接责任人，督促和负责落实引进工作的具体实施；各学院党政一把手作为具体责任人，负责实施海外高层次人才的引进工作。”2009年9月，建立“特聘专家”领导联系制度，明确对“千人计划”等高层次人才入选者，学校和学院确定一名联系领导；对高端人才，党委书记亲自联系协调、督办，让人才“引得来，留得住，干得好”。

2008年，学校第八次党代会提出，人才工作经费每年单独列支，上不封顶。第八次党代会报告明确表示“未来五年，学校投入1亿元左右，大力加强人才队伍建设”；第九次党代会报告提出“未来五年，学校投入人才队伍建设经费2亿元”。近年来，每年学校人才引进经费支出都在2 000万元以上，仅高层次人才引进方面，2012—2017年投入1.7个亿元，用于启动费、安家费。利用中央高校基本业务费，2012—2017年累计投入逾2亿元。2013年8月，学校根据2013年暑期中层干部研讨班形成的原则意见和各引才单位实际需要，为各学院（部）设立人才引进专项工作经费，加强人才引进工作。

近年来，学校每年都会更新1～2次人才政策，确保学校在薪酬待遇、人才发展支持等方面的政策具竞争优势。2013年，学校办公会明确，对于高层次人才相关支持政策，原则上实行“一人一议，一事一议”的制度，条件可以谈、要求可以提，科研启动费、薪酬、职称、住房、配偶、子女等予以妥善安排，让人才舒心工作。

2014—2015年，为有效改善教师底盘偏小的发展瓶颈，夯实人才队伍基础，学校提出年度引才目标引进百人的工作要求，并具体分解到各学院，年终进行考核奖惩；2014年引进专任教师100人，2015年引进专任教师105人。

学校实行青年教师导师制，指导青年教师科研起步、教学过关。2008年开始，建立“长江学者”特聘教授配套经费支持机制。2015年，适时调整新引进教师科研启动费资助力度和支持周期，鼓励人才开展自主选题研究；建立定期回访机制，2014年，开展新进教授后期资助，解决人才现实困难；2016年，开展高层次人才科研启动费绩效审计，促进经费规范使用，提高资金效益。不断强化聘期交流与考核，进一步营造“人人关心和支持人才、人才潜心学术和育人”的氛围。

二、人才引育政策

学校相继实施了“卓越 2512 人才工程”，制订出台了海外人才引进支持、人文社科优秀人才引育、人才团队支持和人才安居等系列政策。

2011 年 1 月，学校发布《华中农业大学师资队伍建设“十二五”规划》，决定实施“卓越 2512 人才工程”，提升师资队伍质量。“2”：具有国际竞争力的战略科学家 20 人左右。其中，新增“两院”院士及有效候选人 5～10 人、“创新人才推进计划”科学家 1～2 人、“千人计划”入选专家 4～6 人。“5”：具有国内一流水准的二级学科带头人 50 名左右。其中，新增“长江学者”5～10 人、国家杰出青年科学基金获得者 5～10 人、“创新人才推进计划”中青年科技创新领军人才 5～10 人、湖北省“百人计划”入选专家 5～10 人、“国家教学名师”3～5 人。“1”：在某一研究领域或方向具有引领能力的学术带头人 100 名左右。其中，新增“楚天学者”20～30 人、“新世纪优秀人才支持计划”20～40 人、湖北省杰出青年基金获得者 20～40 人、“现代农业人才支撑计划”农业科研杰出人才 20～40 人、“湖北省教学名师”5～10 人。“2”：具有国际视野和创新潜能的青年教学、科研骨干 200 名左右。

2009 年，建立海外高层次人才“特聘专家”制度，引进海外高层次人才首聘期不明确具体的岗位级别，不占校内人才的岗位职数，实行协议工资制、年薪制，保证一流人才享受一流薪酬。2010 年，学校专门制订“青年千人”引进政策，明确支持条件，加大支持力度；后续 4 次适时调整政策待遇，充分保持薪酬待遇的竞争性。2012 年学校规定，给予海外引进博士提供 2 000 元 / 月人才津贴，发放期限 36 个月。

2012 年启动了“人文社科优青培育计划”，支持我校人文社会学科青年优秀人才成长。2017 年校长办公会研究决定，人文社科类学科从海外引进国际知名高校（或机构）获得博士学位的 35 岁以下青年学者，从基础年薪、安家费、人才启动费等方面给予重点支持。实行

2013 年 6 月，学校举行“千人计划”特聘教授授聘仪式

研究生招生指标倾斜，教授直接给予博士生导师招生资格，首聘期内每年博士招生指标一般不少于2个、硕士生招生指标不少于3个；博士后招收规模不受限制，工资给予全额资助。2009年，学校出资190万，为19套人才引进预留房进行装修；2012年，建成青年公寓楼238套；2013年，学校建成40套人才房，并对其进行了基础装修。

第三节　人才发现遴选

一、利用各级各类平台选才育才

坚持用好国家和湖北省高层次人才平台，通过“千人计划”“万人计划”“长江学者”“楚天学者”引进和培养高层次人才。“十二五”期间，学校新增各级（类）高层次人才199人次。其中，“千人计划”创新人才长期项目入选者和短期项目入选者7人、“长江学者”特聘教授和讲座教授15人、“万人计划”领军人才20人、“国家杰青”获得者12人、“国家教学名师”2人、“青年千人”17人、“万人计划”青年拔尖人才8人、“国家优青”12人、“农业科研杰出人才培养计划”18人、湖北省“百人计划”9人、“楚天学者”91人。

二、坚持走出去、引进来，多渠道引才聚才

2013年，学校办公会决定，通过以才引进，发动专家引进人才。要求学科责任专家开展定向搜索，利用参加国际学术交流的机会引进人才；凡成功联系有效候选人的给予一定奖

2018年4月，诺贝尔化学奖得主让－皮埃尔·索维奇受聘学校名誉教授

励，成功引进 2 人及以上的，学校奖励来往机票额度的经费给予个人。2016 年，学校举行首届“南湖国际青年科学家论坛”，邀请海内外青年学者相聚华农，进行学术交流，物色合适人选。2017 年，学校举办了第二届南湖国际青年科学家论坛。2015 年，学校承办全国生命科学博士后论坛，邀请海内外优秀青年人才进行学术交流。

三、注重以团队形式引才

2008—2017 年，学校先后引进生物信息学张红雨团队、微生物学赵开弘团队、预防兽医学傅振芳团队、发育生物学王学路团队、作物遗传育种学李霞团队，带动了学科整体发展。

四、博士后逐步成为引育人才的蓄水池

紧紧围绕构建极具活力的学校专职科研队伍、打造人才引进蓄水池这个使命，不断提升博士后队伍质量、改善结构，淬炼博士后学术水平、综合素养，博士后发展势头良好。

截至 2017 年，学校有博士后流动站 13 个，博士后规模达到 226 人。10 年间新增国家博士后创新人才支持计划 5 人，博士后国际交流项目引进计划 2 人、派出计划 4 人，“香江学者计划” 1 人。举办“纪念博士后制度 30 周年系列活动之‘全国生命科学博士后论坛’”，吸引来自海内外 30 所高校的 200 余人参会。以国家“一带一路”倡议及相关政策为契机，积极推进博士后工作国际化。与埃及本哈大学达成战略合作协议，联合培养博士后；积极推荐博士后申报国际项目，2 人入选“国际杰青计划青年科学家项目”。

博士后科研产出水平和培养质量进一步提高。2015 年全国博士后基金受资助比例居全国第二，2017 年获批 41 项国家自然科学基金，受资助率 47.1%，获批数量占学校总数的 18.6%。毕业出站的博士后群体已成为高校、科研院所、企事业单位的中坚力量，涌现出了“973 计划”首席科学家周锐、“国家优青”罗智、吉林省住房和城乡建设厅副厅长赵四海、

2015 年 11 月，全国生命科学博士后论坛在学校举行

中国农业科学院科技管理局副局长李新海、新南方公司董事长喻正军等优秀人才。

2015 年 1 月起全面实施师资博士后制度，发挥博士后人才“蓄水池”作用，已出站博士后有 49 人留校任教。

在全校上下的共同努力下，学校的人才工作取得了可喜成绩。10 年间，共引进专任教师 743 名，其中正高职称教师 91 人；截至 2017 年 12 月 31 日，学校有“两院”院士 4 人，美国国家科学院外籍院士 1 人，第三世界科学院院士 2 人，“千人计划”特聘教授 7 人、“青年千人”17 人，“万人计划”领军人才 20 人、青年拔尖人才 8 人，“国家杰青”20 人，“国家优青”12 人，“长江学者”特聘教授 15 人、讲座教授 8 人、青年学者 5 人，国家人才计划项目入选者数量居全国“农林地矿油”类院校第二名。

第四章　教育教学改革创新

学校始终视人才培养质量为学校的生命线。围绕“人才培养质量一流”目标，学校坚持立德树人，相继在2011年、2015年开展两次教育思想大讨论，2011年开始连续开展教学主题年活动，不断更新教育教学理念，积极推进教育教学改革创新，努力打造“出类拔萃，卓尔不群”的一流本科教育。

第一节　开展两次教育思想大讨论

自1997年开展“提高质量意识和加强素质教育”为主题的首次教育思想大讨论以来，学校相继在2001年、2005年、2007年开展了教育思想大讨论，主题分别是“发展·创新·质量”“新目标·新理念”“实践·创新·质量”。

1997年的大讨论推动了学校的教学改革，通过改革推动了系列教育思想、教育观念的更新，多年来，学校教学成果奖位列全国农业院校之首、湖北省前茅。2001年的大讨论形成了学校的办学理念，“育人为本，崇尚学术”深入人心。2005年为迎接本科教学工作水平评估组织了大讨论，通过讨论凝练了学校的办学特色，形成了“勤读力耕，立己达人”的校训。2007年的大讨论，推动了“质量工程”的进程。历次教育思想大讨论是学校按照高等教育发展规律、主动适应对接国家人才需求变化，每一次大讨论都有办学思想的积累、办学理念的收获，每一次讨论都有物化的成果。110周年校庆以后，学校又相继在2011年、2015年开展两次教育思想大讨论。

一、“实践·创新·融合·提升”为主题的教育思想大讨论

2010年7月29日《国家中长期教育改革与发展规划纲要（2010—2020年）》（以下简称《纲要》）出台，高等教育进入了新的改革与发展阶段。《纲要》中指出：“深化教育体制改革，关键是更新教育观念，核心是改革人才培养体制，目的是提高人才培养水平。”提高质量作为高等学校教育改革发展最核心最紧迫的任务。学校第八次党代会提出了建设特色鲜明

2011 年 10 月，学校举行教育思想大讨论工作推进会

研究型大学的奋斗目标，要实现办学目标，首先要把专业办好，把人才培养放到重要位置。而学校在人才培养环节还存在领导、教师和学生投入不足，教学中心地位面临严峻挑战等亟待解决的问题。在高等教育改革形势发展和学校顺利实现新的办学目标的双重需要的背景下，2011 年初，学校把教育思想大讨论作为重点列入工作要点，明确了“实践·创新·融合·提升”的讨论主题。

2011 年 3 月下旬至 12 月中旬，学校分两个阶段组织开展了教育思想大讨论，其中教育思想大讨论的集中阶段自 9 月 30 日开始。广大师生围绕创建特色鲜明研究型大学的目标，以“促进学生知识创新、能力构建和素质提升、提高学生实践创新能力”为主线，以学生健康成长成才为落脚点和着力点，聚焦“实践·创新·融合·提升”主题和“提升质量”“学术育人”“实践育人”等议题，通过专家报告、专题研讨、征文等形式展开了充分的研讨，在 180 余场研讨会、600 余篇文章中各抒己见，畅谈教育思想发展观点，献言献策。

校党委书记李忠云、校长邓秀新担任大讨论领导小组组长，校党委理论中心组多次专题研讨教育思想大讨论工作。各职能部门和各学院（部）认真落实，组织开展了系列交流研讨和改革实践活动。七届二次教代会、第十一次团代会、第十二次学代会均把转变教育思想观念、提高人才培养质量作为重要议题，广泛收集教师和学生意见建议。教师们通过教授论坛、记者访谈、撰文等多种形式畅谈教育思想。学生们自主学习、主动实践、积极参与。学校创建了专题网站，编发简报 14 期，全面报道大讨论工作动态。先后举办了 7 场专家报告，组织了“科教融合学术育人”“管理育人质量至上”等专题研讨座谈 7 场，征集师生征文 600 余篇，结集出版了《新理念　新实践》教育思想大讨论文集。12 月 15 日下午，学校举行 2011 年教育思想大讨论总结交流大会。

通过大讨论，教学工作的中心地位、人才培养质量的首要地位和教学投入的优先地位得到进一步确立，“育人为本质量至上”“协同创新实践育人”“科教融合学术育人”得到广泛认同，形成了《华中农业大学关于提高本科人才培养质量的若干意见（讨论稿）》和《华中农业大学关于进一步加强本科实践教学工作的若干意见》。

二、“创新方法提升质量”为主题的教育思想大讨论

2012年，《教育部关于全面提高高等教育质量的若干意见》(简称“高教质量30条”)颁布和“2011计划”的实施，我国高等教育进入以提高质量为核心的内涵式发展新阶段。2014年，高等教育毛入学率已达到34.5%，高等教育逐步实现了大众化，人民群众对优质高等教育的需求同优质高等教育资源不足的矛盾日益凸显。“MOOC”“翻转课堂”等全新教育教学方式风靡全球，高等教育信息化对提升高等教育质量带来了诸多新挑战。

2015年3—6月，为落实学校第九次党代会提出的“五个一流”，尤其是“人才培养质量一流”要求，应对信息化发展对教育教学提出的新挑战，深入推进“教育教学方式方法、学生学习方式方法、师生考核和评价方式方法”等综合改革，进一步巩固人才培养中心地位，提升人才培养质量，学校组织开展以“创新方法提升质量”为主题的教育思想大讨论。

本次教育思想大讨论，先后邀请了中国教育学会会长钟秉林、中国高等教育学会会长瞿振元及教育部科技发展中心主任李志民等知名专家作专题辅导报告，学校层面、学院层面共举行专题报告58次。依托“名师讲坛”“名师示范课”，邀请名校名师举办讲座35期，畅谈教学理念、教学艺术、教学方法和教学实践，与学校青年教师开展交流2 683人次。应对信息技术挑战，组织慕课、微课制作与应用等系列培训，覆盖教师1 000余人次。开展师生交流活动45次，教师层面召开各类研讨会85次，学生层面召开各类座谈会500余次。依托“共同空间”“千问计划”等17个校院两级师生交流平台，邀请校领导、院士、“教学名师”、“长江学者”等与学生畅谈“乐学”“慧学”“善学”“智学”等。推出“名师有约”41期，邀请历届校教学质量一等奖获奖教师与学生深度互动。通过“开学第一课”“我有话说”“2015年度最受学生欢迎老师”评选、“推门听课”“奉献者之歌”等形式聚焦方法创新，深度挖掘

2015年3月，学校举行2015年教育思想大讨论专家报告

了师生典型人物和课堂典型案例，彰显了课堂魅力。建立“2015 年教育思想大讨论”专题网站，创建“狮子山下问教问学”微信公众平台，打造新媒体。面向全校师生开展了主题征文活动，共征集论文 158 篇，结集出版《创新方法 卓尔不群》教育思想大讨论文集。

通过大讨论，广大师生共同推进了教、学、评三位一体综合改革，全面促进了信息技术与教育教学的深度融合。初步形成“创新方法卓尔不群”的教育发展观，推动以“教”为中心的教学模式向以“学”为中心的教学模式转变。凸显出“学院主体、教师主角、学生主人、典型示范、媒体推进、战线协同”等六大特点，为“十三五”学校推进本科教育事业发展和新形势下学校教育教学改革奠定了良好基础。

第二节　开展教学主题年建设活动

2011 年起，学校以第九次党代会提出的“一流人才培养质量”为目标，聚焦本科教学质量持续改进提升的重难点，着力推进培养模式改革、专业内涵建设、课程体系建设、实践教学改革、新型师生关系、创新创业教育、学生自主学习能力提升等重点，每年一个主题，开展教学主题年建设活动。

每个教学主题年活动按照“启动、深化、完善、固化”四阶段的改革路径持续推进。努力打造“出类拔萃卓尔不群”的一流本科教育。启动之年，聚焦一个主题，研讨改革方案，出台改革政策，启动实施；深化之年，分析凸显问题，抓住关键要素，推进改革纵深发展；完善之年，回看主题改革规划，对照查找改革盲区，完善改革举措；固化之年，总结改革成效，把改革成果固化到人才培养方案和日常教学管理中。2015 年，《教育部简报》专题报道了学校教学主题建设年情况。

一、实施“实践教学年”，全面推进实践教学改革

2011 年，按照“科教结合，产学融合”思路，学校启动实施了实践教学年，全面加强实践教学建设与改革。一是推进校地、校企、校所协同育人，全面实施“135 工程”，即重点建设 10 个示范性核心校外实习基地，30 个重点校外实习基地，50 个省部级挂牌优质农科教合作人才培养基地。至 2018 年 6 月，已建成 245 个校内外稳定的实践教学基地，学生往年实习“走不出、走不远、走不长、走不进”的现象得以彻底改变。二是着力建设 6 个实践教学大类平台。“十二五”期间先后投入 9 000 多万元，新建一批创新实验室，加强了工科类校内实习实训基地建设，逐步形成农科、工科、生物学、理化、信息、人文社科等 6 个实践教学大类平台。三是创新实践教学管理。建设实践教学管理平台，推进实验教学中心化运行，强化实践教学的过程管理，实现实验室时间、空间、内容三开放，提高实践平台管理效益。四是开展专业实践技能竞赛。通过精品实践课程建设和专业技能大赛，强化专业技能培养。学校要求每个专业建设 1 ~ 2 门精品实践课程，培养学生“看家”专业本领。

二、实施“课程建设年”，全面提升课程建设质量

2012 年，按照“增加总量，优化结构，提高质量”原则，学校启动实施了“课程建设年”，结合学科和专业建设发展，围绕专业人才培养目标和要求，完善课程建设管理办法，多途径增加课程总量。一是以新一轮人才培养方案修订为契机，优化课程科类、必修与选修、理论与实践结构。二是以精品开放课程建设为主体，全面推进本科教学工程，加强课程中心建设，建立集“教学、辅导、交流、考核”为一体的网络课程中心平台，全面推进各级各类精品资源共享课、校级重点建设课程、优质课程等课程录像及资源上线工作，促进优质资源共享。三是以项目为驱动，启动“双百案例课”和“百门精品实践课”建设，丰富课程种类，提高课程质量。四是加强教材建设与管理，重点加强精品教材、实验实践教材、数字化教材建设，推进优秀外文原版教材选用，提高新版优秀教材选用率。至 2018 年 6 月，学校共建成 32 门国家精品资源共享课，10 门国家精品视频公开课，9 门国家精品在线开放课程，41 门湖北省精品资源共享课，12 门湖北省精品视频公开课，161 门“双百案例课”。

三、实施“专业改革建设年”，全面加强专业内涵建设

2013 年，按照“调整、优化、提高”总体思路，学校启动实施了“专业改革建设年”，全面加强专业内涵建设。一是以国家专业综合改革试点项目、卓越农林人才教育培养计划项目、卓越工程师教育培养计划项目为龙头，强化优势，彰显特色，提升内涵，在人才培养模式、教师队伍、课程教材、教学方式、教学管理等影响专业发展的关键环节开展综合改革。二是以新一轮人才培养方案修订为契机，进一步清晰培养目标，强化实践教学，建立校级专业质量标准，制订了“可描述、可测量、可区分、可评价”培养目标实现矩阵。三是积极推进校企协同育人，校企联合制订专业质量标准，共同实施培养过程。学校组织了 15 个应用性较强的专业开展了本科人才培养方案行业（企业）论证会，邀请教育部相关教指委主任委员、院士、“千人计划”专家、教学名师、科研院所负责人等学术专家，有关行业主管部门领导，包括世界 500 强企业的企业家及学生家长为本科专业人才培养方案提出意见。

四、实施“深化师生交流年”，全面构建和谐师生关系

2014 年，学校启动实施了“深化师生交流年”，充分利用课堂、课外、实践、网络四渠道，全面深化师生交流，营造师生共同面对知识，共享人格魅力，共悟精神价值的良好氛围，有效促进了教育教学质量的提升。一是通过课堂互动深化师生交流。积极推进研究型教学、讨论式教学和翻转课堂教学模式。积极推进小班授课和教授上讲台。张启发院士带头为本科生开设导论课，倡导师生课堂互动交流。二是通过课外互动深化师生交流。学校构建了专家学者下寝室、品牌空间活动、学术论坛三位一体课外互动体系。开学和期中教学检查时组织院士、长江学者、名师等专家教授深入学生寝室。打造了“共同空间”“问学斋”“绿博轩”“知行苑”“耕读茶室”“梦想空间”等 17 个师生交流品牌活动。三是通过实践互动深化师生交流。进一步优化了“三同 + 三早”立体互动实践育人体系。建设国家级、省部级、校

级校内外实践教学基地245个，教师与学生在实践实习中同吃、同住、同实践。利用国家创新性实验计划项目、SRF项目吸纳本科生走进实验室，实现早进实验室、早进团队、早进课题组的实践育人模式。四是通过网络互动深化师生交流。学校建立了集“教学、辅导、交流、考核”为一体的网络课程中心平台，全面推进各级各类精品资源共享课、校级重点建设课程、优质课程等课程录像及资源上线工作，通过“线上”与“线下”结合，推动师生互动纵深化发展。利用东西部高校课程共享联盟等平台，试点“翻转课堂”“慕课”等新兴教学模式。

五、实施“教学方法改革年”，全面提高课堂教学效果

2015年，学校启动实施“教学方法改革年”，积极探索提高课堂教学质量的新方法、新模式，全力应对信息化对本科教育教学提出的新机遇、新挑战。一是开展“创新方法，提升质量”主题教育思想大讨论。通过教育思想大讨论，进一步巩固人才培养工作的中心地位和本科教育的基础地位，引导广大师生员工树立“以学为中心”的理念，推进信息化背景下教、学、评三位一体综合改革，促进信息技术与教育教学的深度融合，双轮驱动、协同推进教育体制改革与教育教学改革。二是推进教育教学方式方法创新。进一步推进小班教学，引导教师结合人才培养目标和需求，推进在线开放课程共享与应用，探索“大课讲授、小课研讨”“课外大作业，课内研讨”“翻转课堂”等教学模式，拓展学生自主学习空间，促进师生线上线下的深度互动。加大“双百案例课”“百门精品实践课”建设，将国际前沿学术发展、最新科研成果、企业实践经验融入课堂教学，注重培养学生的批判性和创造性思维，激发创新创业灵感。三是推进学生学习方式方法创新。引导学生开展探究式学习，鼓励学生质疑批判和发表独立见解，提高以探究和反思为基本特征的学习能力。引导学生开展网络化学习，探索制订学生修读在线开放课程的学分认定办法。鼓励学生利用新媒体平台，推进网络自主学习、进阶式学习等新的学习形式，营造“要我学习”到“我要学习”的驱动环境，激发学生学习创新的热情。

六、实施“创新创业改革提升年”，全面提升学生创新创业能力

2016年为“创新创业教育改革提升年”。实施创新创业教育“101计划”，通过将创新创业教育纳入本科人才培养方案，建设创新创业课程，增加创新创业训练，确保100%的学生在校接受到创新精神、创业意识和创业能力培养，力争1%的毕业生投身自主创业。一是强化创新创业指导力量，成立创新创业教育指导委员会，创建大学生创新创业教育研究中心，开展有校本特色创新创业教育研究实践。二是将创新创业教育纳入本科人才培养方案，贯穿人才培养全过程，设立创新创业学分，实现创新创业教育全覆盖。三是建设创新创业课程，建成“双百案例课”161门，包括“科研案例课”119门、“创业案例课”42门，建设创新性实验教学项目课程237门，引进创新创业类通识课程13门。四是强化创新创业训练，引导学生参加“国家级大学生创新创业训练计划”项目、大学生科技创新基金（SRF）项目，引导各学院开展以创新创业为主题的师生专题研讨、举办创新创业主题专家讲座、学术沙龙，学校每年开展“三创”文化节系列活动，表彰创新创业优秀师生。《教育部简报》以《华中

2018 年 1 月，学校 2015 级学生彭晓参加教育部 2018 年首场新闻发布会发布会，介绍慕课学习体会

农业大学全面推进创新创业教育改革》为题对学校创新创业教育进行报道。

七、实施“学生自主学习提升年”，全面提升学生自主学习能力

2017 年为“学生自主学习提升年”。应对信息化发展对学生学习提出的新要求，实现以教为中心向以学为中心转变，提升学生学习的自主性和开放性，为学生成长成才创造条件，营造自主学习氛围。一是加强在线开放课程建设。成立“狮山课栈”，立项建设 120 门校内在线开放课程。目前已有 49 门课程在“中国大学 MOOC”上线。二是推进在线开放课程应用，面向社会共开设 MOOC 课堂 39 个，上线学习人次超过 46.5 万。全年面向校内学生开设 SPOC 课堂 116 个，涉及课程 52 门，参加在线学习学生达 1.5 万余人次。三是丰富学生自主学习资源。自 2015 年起开设暑期课程项目，每年开出 30 ~ 40 门全英文专业课程和英语口语课程。四是引导教师开展课程改革。充分发挥教学指导委员会咨询、指导、评估、服务等作用，举办“名师讲坛”，邀请校内外国家级、省级教学名师奖获得者来校讲授，近千名青年教师参与交流。2017 年，学校 9 门课程获批国家精品在线开放课程。

八、实施“教师教学能力提升年”，全面提升教师教学能力

2018 年为“教师教学能力提升年”，通过“名师示范课堂”“特色示范课堂”“名师讲坛”“名师示范课“实践教学示范课”“跨学科体验式教学实践活动”等形式进行示范、培训，推进教师改进教学、提升教学能力。一是建设“名师示范课堂”“特色示范课堂”。大力推进习近平新时代中国特色社会主义思想进教材、进课堂、进头脑，建设一批思政课骨干教师“名师示范课堂”、社会科学“特色示范课堂”，引导广大教师牢固树立“四个意识”，坚

定“四个自信”，坚持“四个服务”，在教育教学中充分体现习近平新时代中国特色社会主义思想。二是组织开展教学示范与培训。邀请校内外教学名师开展“名师讲坛”“名师示范课”“实践教学示范课”，组织教师参加国内外提升教学能力相关培训与活动，引导教师积极应对信息化挑战，更新教学理念、优化教学内容、创新教学方法、改革教学手段等。三是搭建“名师有约”平台。聘请教学名师、省级及以上精品课程主持人担任教学顾问，启动“名师预约制”，为教师提供个性化教学咨询、指导和帮助。四是开展教师跨学科体验式教学实践活动。积极联系校友企业、校外实习实训基地，将教师跨学科体验式教学实践活动拓展到校外，促进教师深入生产、经营管理一线，开展跨学科体验，提升教师跨学科意识和能力，推进跨学科合作。五是组织评选优秀教学设计，完善教学评价。组织首批教学设计专项立项，遴选优秀作品参加全国高校微课教学比赛，优化基于翻转课堂、混合式教学等新型课堂的评价指标体系，完善课堂教学评价方式。

第五章　基础研究取得系列突破

2008 年以来，学校高度重视基础研究和原始创新能力。2010 年发布的《华中农业大学科学技术发展“十二五”规划》中明确提出“实施学术拓展战略”，学校事业发展“十三五”规划中提出“强化自主创新在建设研究型大学中的关键作用，大力加强基础研究，着力提升原始创新能力，建设知识创新体系”。10 年来，围绕特色鲜明研究型大学建设，针对农业产业发展的重大问题和前瞻性技术、核心技术和共性关键技术，前瞻部署和组织实施重要科技任务，鼓励科技人员加强基础研究，争取基础研究重大基金和发表高水平论文，取得一系列重要突破。

2008—2017 年，学校学术论文数尤其是高水平学术论文数逐年上升，共发表影响因子大于 9 以上的学术论文 127 篇，覆盖主要农作物重要性状的遗传学基础和功能基因组、园艺作物的基因发掘和园艺生物学研究、重要人兽共患病防控基础、畜禽功能基因组、植物和动物发育的调控机理、农业微生物学及其应用、植物病害生物防治基础理论、土壤生物与生物化学、土壤化学与环境、农业生物信息学、结构生物学、纳米功能材料与生物学分析等诸多研究领域，呈现出多点开花局面；2011 年学校首次实现在社会科学引文索引（Social Sciences Citation Index，SSCI）期刊发文，至 2017 年，在食品经济与管理、农业经济理论与政策、农业技术经济与现代农业产业发展、农业资源与环境经济、土地资源管理与公共政策、教育资源配置与社会公平等研究方向共发表 SSCI 期刊论文 106 篇。2012 年和 2016 年，学校先后实现 *Science* 和 *Nature* 发表论文零的突破。学校自主完成了中国第一个果树作物基因组序列图谱，也是世界上目前最为完整的甜橙全基因组序列图谱；与国际社会共同完成了甘蓝型油菜（*Brassica napus* L.）的基因组解读；参与完成了“国际家猪基因组计划”，联合绘制了首张山羊全基因组序列图谱。

第一节　*Science* 杂志首次发表学校研究成果

2012 年 9 月 14 日，*Science* 杂志发表了中国科学院院士张启发教授率领的课题组关于水稻籼粳亚种间生殖隔离的机理的最新研究成果。论文题为“A killer-protector system

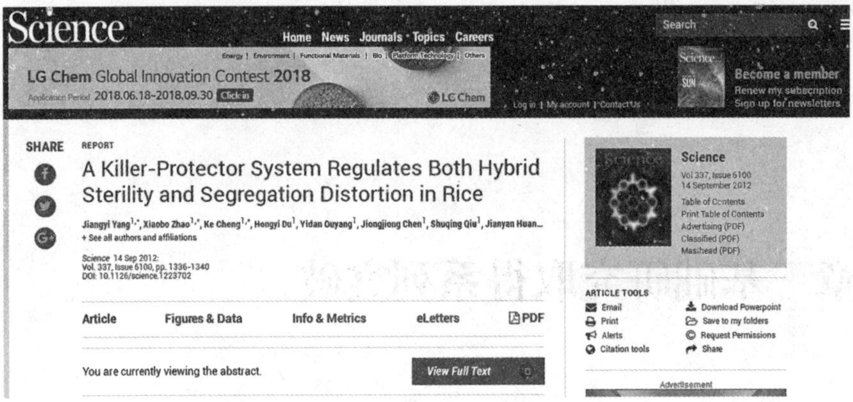

Science 杂志刊发学校论文截图

regulates both hybrid sterility and segregation distortion in rice”。学校博士研究生杨江义、赵晓波和程珂为该文章共同第一作者，张启发教授为通讯作者。这是学校研究成果首次在 *Science* 杂志发表。

亚洲栽培稻分为籼稻和粳稻两个亚种，籼粳亚种间的杂种优势要远大于籼粳亚种内的优势。但由于自然界普遍存在的亚种之间生殖隔离法则，籼粳稻亚种间杂种育性下降，结实率很低。受此制约，长期以来，杂交水稻的育种工作基本限制在亚种内进行，亚种之间更加强大的杂种优势难以得到利用。后来，科学家发现存在着能突破生殖隔离的水稻资源，被称为广亲和品种。水稻科研工作者在 1980 年代就发现，*S5* 基因可能是控制水稻籼粳杂种不育性状，导致广亲和现象的主效基因位点。鉴于广亲合基因的重大价值，1987 年国家启动“863”计划时，就将分离克隆该基因列入研究计划。

从 1990 年开始，张启发课题组对广亲合基因 *S5* 的研究长达 23 年。2008 年，经过长期不懈的努力，并与多家研究单位合作，课题组成功克隆了 *S5* 位点的 *5* 号基因，该成果当年在《美国国家科学院院刊》(*PNAS*) 发表。然而，仅 *5* 号基因的作用无法解释该位点引起杂种不育的机理，课题组再次出发，又历经 4 年，终于发现 *S5* 是同一位点 3 个基因共同作用的结果。此次发表的最新成果表明，两个与之紧密连锁的基因（*3* 号和 *4* 号基因）与 *5* 号基因协同作用控制杂种不育及广亲和现象。

生殖隔离在物种进化和新物种的形成中起着十分重要的作用，一直是生物进化研究中的重要课题。国外对生殖隔离基因的研究主要集中在果蝇，在植物中研究很少。水稻籼粳亚种间杂种不育是生殖隔离的一个典型例子。*S5* 位点同时具备了籼粳不育基因和广亲和基因，“造物主”制造了亚种之间的隔离，却又留下了跨越鸿沟的桥梁，这种看似矛盾的存在是生物进化中很奇特的现象。*4* 号基因和 *5* 号基因组合产生了生殖隔离，使籼粳稻分化，造就了遗传多样性和丰富的稻种资源，而广亲和品种的存在则给籼粳亚种间基因交流提供了桥梁，保障了稻种的整体性，由此形成了多样性与整体性的统一。

该研究从分子水平对 *S5* 的作用机理进行比较完善的阐述，揭示了水稻籼粳杂种育性调控的分子机制，为有关籼粳杂种不育、物种生殖隔离分子机理、生物进化的研究提供了借鉴和参考。该项成果在水稻品种改良中有广阔的应用前景，其有关信息可被直接用于发掘其他广亲和基因，培育广亲和品种，进而有效地跨越生殖隔离，克服水稻籼粳亚种间杂种的不育性，利用籼粳亚种强大的杂种优势提高水稻产量。

S5 作用机理的研究是水稻团队功能基因组研究中的代表性工作。水稻功能基因组研究被形象的称为“解码水稻天书”，功能基因的鉴定犹如对词义的破译和字典的编撰，每一个基因的解码，都意味着人类对水稻功能基因组这部天书的认知又前进了一步。团队构建了突变体库和全基因组表达谱平台，应用新一代测序技术构建超高密度连锁图，构建水稻遗传基因组学研究平台，在水稻表观基因组研究上有突破，分离克隆了出了控制水稻株高、抽穗期和每穗粒重的 *Ghd7* 等 106 个水稻基因，是国内外克隆作物基因最多的单位之一。其中多效性基因 *Ghd7* 的研究成果入选 2008 年度中国基础研究十大新闻，正调控水稻种子大小、粒重和产量的 *GS5* 基因克隆与功能研究入选 2011 年度“中国高等学校十大科技进展”。

第二节　*Nature* 杂志首次发表学校研究成果

2016 年 5 月 25 日，*Nature* 杂志在线发表了殷平教授领衔的结构生物学团队关于 N6 腺嘌呤甲基转移酶 METTL3-METTL14 蛋白复合体晶体结构的最新科研进展。论文以“Structural basis of N6-adenosine methylation by the METTL3-METTL14-complex”为题，首次报道了 METTL3-METTL14 蛋白复合体晶体结构，该结构揭示了 RNA N6 腺嘌呤甲基化修饰过程中的结构基础，并为进一步研究 m6A 功能和药物筛选提供思路。此研究是表观遗传学领域的一项突破。这也是学校首次以第一完成单位在 *Nature* 杂志发表成果。

RNA（核糖核酸）是生命遗传信息有效翻译的基本载体。其中许多生物的 mRNA 中存在一种至关重要的化学修饰，即 N6 腺嘌呤甲基化修饰。该修饰非常保守，在病毒、细菌、酵母、拟南芥、水稻和人中普遍存在。越来越多证据表明，RNA N6 腺嘌呤甲基化修饰与生物的生长发育息息相关。它起到一个开关的作用，决定特定基因的表达或失活。信使 RNA 甲基化水平在胚胎发育过程中也发挥着重要作用，甲基化模式的紊乱与许多发育失调综合征

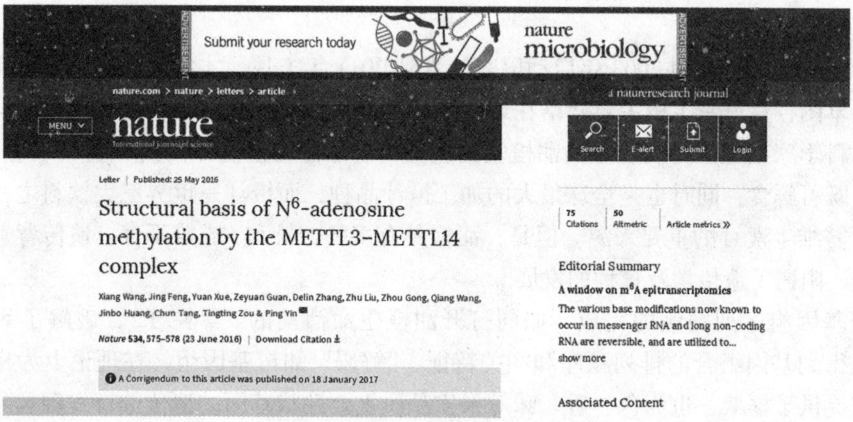

Nature 杂志刊发学校论文截图

有密切关系。在人体内，该修饰主要由甲基转移酶复合体完成，其中 METTL3 和 METTL14 为该复合体的核心成员。

多年前，有研究就已经鉴定出甲基转移酶 METTL3，而另一个甲基转移酶 METTL14 最近才鉴定出来。为什么该修饰中会同时存在两个甲基转移酶，该甲基转移酶的作用方式究竟是怎么样的？这些问题一直没有合理的分子机制解释。从 2014 年开始，殷平教授课题组同时针对水稻和人源 N6 甲基转移酶的作用机制展开研究。其中，关于人源 N6 甲基转移酶复合物率先取得突破。最终，综合利用结构生物学、生物化学等研究方法，揭开了这一谜底。

通过结构研究发现，尽管 METTL3–METTL14 蛋白复合体中存在两个甲基转移酶，但只有 METTL3 的催化中心结合了反应底物 SAM（*S*– 腺苷甲硫氨酸）而 METTL14 中没有 SAM，生化实验也表明 1 分子的 METTL3–METTL14 复合体只结合 1 分子 SAM。进一步研究表明 METTL3 和 METTL14 这两个甲基转移酶在复合体中存在着功能分化，METTL3 主要起到催化作用，而 METTL14 主要提供了结合底物的平台。这一发现为全面了解 N6 腺嘌呤 RNA 甲基化修饰奠定了基础。除此以外，该课题组针对水稻中的 N6 甲基化机制也有一定进展，初步显示存在着一种不同的调控方式。

学校蛋白质平台为该研究的开展提供了强有力的支持，其中昆虫细胞表达平台的建设对研究顺利完成起到了关键作用，促进了各项基础研究的发展。

第三节　全球最完整的甜橙基因组序列图发布

2012 年 11 月 26 日，*Nature Genetics* 杂志在线发表题为“甜橙基因组图谱”（The draft genome of sweet orange）的研究论文。这项学校主导完成的果树基因组图谱研究，是中国自主完成的第一个果树作物基因组序列图谱，是世界上第一例芸香科植物基因组图谱，也是世界上目前最为完整的甜橙全基因组序列图谱。

此前，在 2012 年 3 月 21 日，甜橙基因组网站上线，面向国内外专家学者，为学术研究提供免费数据平台。

国际柑橘基因组计划 2003 年启动以来，直到 2011 年 1 月，才释放了克里曼丁橘和甜橙的基因组草图，克里曼丁橘主要栽培在地中海地区，只占世界柑橘产量的不到 10%。一直以来，各国科学家期望获得高质量的甜橙基因组图谱。甜橙占全世界柑橘产量 66% 左右，“伏令夏橙”既可鲜食，同时也是全球最大的加工橙汁品种，而橙汁是世界三大饮料之一，是提供人类所需维生素 C 的重要来源。但是，甜橙具有多胚、雄和 / 或雌不育、遗传背景高度杂合等特点，阻碍了遗传学及育种的发展。

甜橙基因组序列图谱的完成，如同打开甜橙生命活动的“黑匣子”，破解了甜橙基因“密码”，得到基因组合的排列顺序和相关特征。“解码”甜橙基因组，在理论上为柑橘基因功能研究提供了框架，也为色、香、味等果实品质重要性状基因的遗传选育发掘及品种改良提供重要平台。在之后的研究中，科研人员可以利用基因组，有意识地锁定甜橙成熟期、色

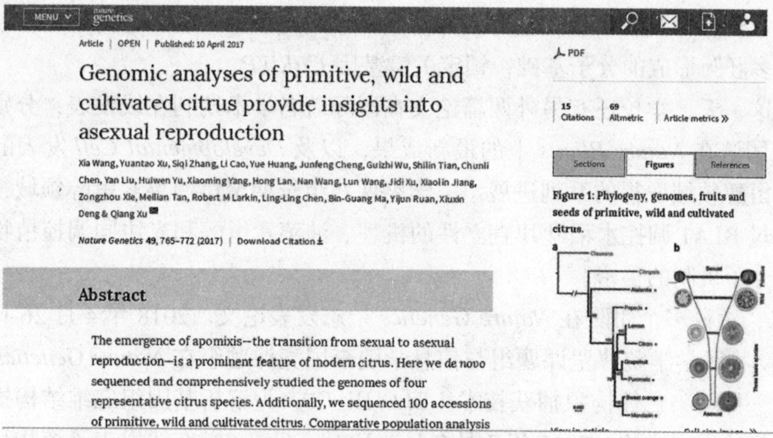

MENU nature genetics

Article | OPEN | Published: 10 April 2017

Genomic analyses of primitive, wild and cultivated citrus provide insights into asexual reproduction

Xia Wang, Yuantao Xu, Siqi Zhang, Li Cao, Yue Huang, Junfeng Cheng, Guizhi Wu, Shilin Tian, Chunli Chen, Yan Liu, Huiwen Yu, Xiaoming Yang, Hong Lan, Nan Wang, Lun Wang, Jidi Xu, Xiaolin Jiang, Zongzhou Xie, Meilian Tan, Robert M Larkin, Ling-Ling Chen, Bin-Guang Ma, Yijun Ruan, Xiuxin Deng & Qiang Xu

Nature Genetics 49, 765–772 (2017) | Download Citation

Abstract

The emergence of apomixis—the transition from sexual to asexual reproduction—is a prominent feature of modern citrus. Here we *de novo* sequenced and comprehensively studied the genomes of four representative citrus species. Additionally, we sequenced 100 accessions of primitive, wild and cultivated citrus. Comparative population analysis

PDF

15 Citations | 69 Altmetric | Article metrics »

Sections | Figures | References

Figure 1: Phylogeny, genomes, fruits and seeds of primitive, wild and cultivated citrus.

甜橙基因组论文截图

泽、含糖量、产量、抗病性等农艺性状，有可能培养出更好、更健康的品种。

“揭秘”甜橙基因，标志着中国在柑橘基因的基础研究上与国际先进水平接轨。中国虽然是柑橘生产的第一大国，但目前栽培的柑橘品 80 多个品种中，有 40%来自国外，而柑橘产量的 50%也是由国外品种产生。

该项目由学校邓秀新院士和“千人计划”特聘专家阮一骏教授领衔完成，参与的团队包括学校的柑橘研究、园艺学和生物信息学的科研团队以及相关的国际合作机构。团队经过一年多的攻关努力，完成甜橙基因组序列图谱的绘制及分析。团队采取全基因组鸟枪法（WGS）的策略，结合长片段 DNA 的双末端测序技术，对团队 2010 年获得的甜橙双单倍体纯系材料进行测序。经过努力，完成甜橙基因组序列图谱的构建，拼接后的序列覆盖约 90%的柑橘基因组，获得注释的基因近 3 万个。通过遗传标记和染色体原位杂交分析，将基因组序列整合到 9 条染色体。通过比较发现，甜橙和葡萄、草莓的共有基因分别为 81% 和 83%。团队还发现，甜橙基因组中有 51% 的基因位点处于杂合状态。据此提出甜橙起源的新理论，即甜橙来源于柚做为母本和橘杂交，其后代再与橘杂交而形成的杂种。

学校柑橘研究团队长期坚持柑橘种质资源与遗传改良研究。自 2003 年起，积极参与国际柑橘基因组合作计划，此后由于国家经费管理制度等原因，团队逐渐退出了这一计划。2009 年，学校构建生物信息平台，引进张红雨等生物信息学者。2011 年引进了“千人计划”、基因组学研究领域国际知名科学家阮一骏教授，他建立了先进的基因组学研究方法体系——全基因组双末端标记测序系统（Paired-End-Tag，PET）。2011 年，学校组织园艺学、基因组学和生物信息学的科研人员启动甜橙基因组计划。柑橘研究团队徐强博士具体主持项目研究，与生命科学技术学院阮晓安博士主导的 DNA 测序和陈玲玲教授参与的生物信息分析，一同充实了甜橙基因组团队。

经过 4 年多的努力，柑橘团队自主完成 5 例基因组研究，从上游到下游建立起一套适合于多年生果树作物开展正向遗传学研究的方法，并在果实品质和无性生殖研究取得新进展。2017 年 4 月 11 日，*Nature Genetics* 再次在线发表团队的论文，徐强教授为该论文通讯作者，学校博士生王霞、徐远涛、张斯淇及西南大学曹立副研究员为论文并列第一作者。信息学院马彬广、陈玲玲，生命科学技术学院陈春丽等多位老师及研究小组参与完成该项目。这项工作以柑橘原始种、野生种和栽培种的基因组为基础，采用比较基因组、遗传学和转录组等方法解析了柑橘“多胚”形成的分子基础，锁定关键基因 *CitRWP*。

巧合的是，这一天，学校还有另外两篇论文在国际著名学术期刊在线发表，分别是前文述及的殷平教授团队在 *Nature Plants* 上的最新成果，以及 *Developmental Cell* 发表的王学路课题组在油菜素甾醇领域取得的系列进展。王学路课题组长期聚焦油菜素甾醇领域，先后发现油菜素甾醇通过 RLA1 调控水稻叶片直立性的机理、油菜素甾醇和光协同调控植物生长发育过程的细胞和分子机制的秘密。

2008 年以来，学校多个团队在 *Nature Genetics* 杂志发表论文。2018 年 4 月 26 日，动物科学技术学院 / 动物医学学院曹罡课题组与信息学院李国亮课题组在 *Nature Genetics* 联合发表论文，介绍了一种新染色体构象捕获技术（DLO Hi–C），为解析基因组三维结构提供了一种新型高效、经济的研究方法。2017 年 3 月 7 日，*Nature Genetics* 在线发表了植物科学技术学院张献龙教授领导的棉花团队的最新研究成果，该研究不仅首次提出了棉花纤维驯化的遗传学基础，而且阐述了驯化对基因转录调控的影响。2008 年 5 月 5 日、2011 年 10 月 23 日、2014 年 3 月 16 日和 2014 年 6 月 9 日，*Nature Genetics* 先后在线发表成水稻团队论文，分别报道了团队首次发现并成功克隆同时控制水稻株高、抽穗期和每穗粒数的 QTL（quantity trait loci，数量性状位点）基因 *Ghd7*，克隆正调控水稻粒重的数量性状基因 *GS5*，克隆了第一个稻米垩白率的主效基因 *Chalk5* 和系统揭示了水稻代谢组自然变异的遗传和生化基础，论文通讯作者分别为邢永忠、张启发，张启发、何予卿，何予卿，练兴明、罗杰。此外，2012 年和 2014 年，植物科学技术学院严建兵教授、园艺林学学院叶志彪教授及其合作者先后在 *Nature Genetics* 发表论文。

近年来，基础研究领域的突破不但强化了学校农科和生命科学学科的优势，而且带动相关基础理科等学科取得了长足进步。2016 年至 2018 年 4 月，理学院教师共发表影响因子 9.0 以上 SCI 论文 14 篇。

第六章　服务地方经济社会发展取得新成效

长期以来，学校坚持纾民生之困的传统，不断探索服务“三农”和地方经济社会发展的新方式。自 1980 年代起，学校就致力于服务国家《八七扶贫攻坚计划》，参与实施“大别山道路”。1990 年代，组建宣恩扶贫开发团、红安扶贫开发团，持续服务“三农”。几辈学人在三峡地区、赣州老区等地区开展产业扶贫，章文才、夏仁学等人获评全国扶贫状元。跨入 21 世纪后，学校进一步加强了对社会服务的顶层设计，全面实施“社会服务能力提升行动”，完善了社会服务的组织体系，不断拓展社会服务领域。

2009 年，成立“新农村建设研究院”，设立新农村建设办公室，启动“111”计划和“双百”计划；2012 年，由中央政治局委员、国务委员刘延东授牌成立华中农业大学新农村发展研究院，校党委书记李忠云兼任新农村发展研究院院长；2012 年年底，启动了定点建始的精准扶贫工作。在此过程中，学校以人才、学科、科技等优势为依托，围绕新农村建设、“一带一路”倡议、“长江经济带”、“乡村振兴”等战略，综合运用技术支持型服务、示范辐射型服务、教育培训型服务、网络信息型服务、物质资源型服务、对口援助型服务、发展规划型服务、战略合作型服务等多种社会服务方式，丰富发展了“围绕一个领军人物，培植一个创新团队，支撑一个优势学科，促进一个富民产业”的“四个一”发展模式的内涵，诞生了一批标志性成果。

第一节　标志性成果带动富民产业

“四个一”的特色发展模式勾连起领军人才、团队、学科和产业。领军人才和战略科学家引领学科发展、凝聚人才队伍、组织科技攻关、带动产业发展，主动面向农业的重大创新需求，组建全产业链和跨学科组合的研究创新团队，建立“科研试验基地 + 区域示范基地 + 基层推广服务体系 + 农户”的链条式服务方式，促进科技与生产相结合，切实破解农业技术推广“最后一公里”的难题。学校坚持用创新成果培植区域重大产业，带动一方百姓致富，而在服务全产业链的过程，反过来又逐渐培育形成了学校标志性成果。

傅廷栋院士于 1972 年发现了国际上公认的“第一个有实用价值的油菜雄性不育类型”

2013 年 5 月，傅廷栋院士（右起第三人）获评“中国种业十大功勋人物”

波里马细胞质雄性不育类型（Pol CMS）。在世界油菜杂交种应用的第一个十年（1985—1994 年），只有中国、加拿大、澳大利亚、印度等油菜主产国共审定了 22 个油菜三系杂交种，其中 17 个注明不育系来源的杂交种中，就有 13 个是利用 Pol CMS 育成的。2001 年美国种植的油菜品种中 61% 为 Pol CMS 杂交种。尽管目前国外转基因不育系、萝卜质不育系（Ogu CMS）等杂种发展很快，但占中国总油菜面积 70% 的杂交种中，仍有 60% 左右是各单位育成的 Pol CMS 杂交种。傅廷栋院士利用 Pol CMS 育成“华（油）杂 4 号”“华（油）杂 62 号”等 15 个优质油菜杂交种，累计推广面积约 1 亿亩，其中“华杂 4 号”是我国连续 4 年（2001—2004 年）推广面积最大的油菜品种；“华油杂 62 号”连续 5 年被农业部和湖北省推荐为主推品种，是近年全国推广面积最大的几个品种之一，累计推广面积超过 2000 万亩，已被引种到蒙古国。他预测到根肿病对油菜生产的巨大危害，和团队成员合作于 2016 年育成我国第一个大面积推广的抗根肿病油菜品种“华油杂 62R”。

傅廷栋院士为首的油菜研究团队，注重理论与实践相结合，是国内外发表油菜相关 SCI 论文最多的研究团队，也是国内培养油菜研究方向研究生最多的团队，共培养硕士、博士 500 多人。他领衔的油菜科研团队共选育出 60 多个油菜品种，年均推广面积 1200 万亩，累计推广面积约 3 亿亩。近年来团队在开展油菜基因组学、分子生物学研究的同时，采用常规技术与分子生物学结合的方法，选育更优品质、适合机械化生产的油用和饲用油菜品种。还育成油酸含量超过 72%、品质与橄榄油相当的高油酸品种，正在大面积示范、推广中。团队积极回应农村劳动力日趋短缺的变化，选育抗除草剂、适合机械收割的抗倒伏及抗裂角等资源，并应用于品种改良，同时与学校农业工程学科专家合作，开发新型油菜播种、收获机械。目前，油菜全程机械化的问题已初步解决。

为推进粮改饲和农业种植结构调整，傅廷栋领衔在北方利用秋闲地（7 月麦收获后至严冬来临之前的 2 ~ 3 个月）和在南方利用冬闲田（10 月稻、玉米收获后至来年 3、4 月），复种一季饲料（绿肥）油菜，既不影响粮食生产，又增加大量优质饲料，有利于发展农牧业，农民增收和盐碱地修复。团队先后在东北、西北以及湖北等地召开饲料（绿肥）油菜现场会、技术培训会 20 余次，建立百亩以上示范点（片）64 个，累计推广麦后复种饲料（绿肥）油菜 100 多万亩。现场测产每亩产饲料油菜 3.5 ~ 5.5 吨，可供饲养 3 ~ 5 头羊羔的青饲料。2017 年在新疆石河子 pH 为 10.2 ~ 11.2 的盐碱荒地示范种植“华油杂 62 号”（饲油 2 号）340 亩，7 月中旬播种至 9 月 18 日测产（只生长 60 多天），现场测产 3.2 ~ 4.5 吨 / 亩。专家认为，饲料（绿肥）油菜具有耐低温、耐盐碱、生长迅速、生物量大、营养品质好、成本低等特点。对利用盐碱地解决冬春饲料缺乏难题，保护生态环境，发展畜牧业，增加农民收入有重要现实意义。仅饲料一项可使农民每亩增收 300 元，加上饲养效果可达 2 000 元 / 亩以上。相关技术已在甘肃、新疆、内蒙、宁夏、西藏、黑龙江、湖北等省（区、市）扩大示范和推广。

邓秀新院士领衔柑橘团队，始终注重对柑橘产业顶层设计，科学把握产业发展方向，规划了我国两横两纵的柑橘优势产业带，并充分利用云南等低纬度、高海拔地区以及三峡库区大水体独特生态条件，发展特早熟和特晚熟柑橘，通过品种熟期配套、合理区域分布，技术上基本实现了国家鲜食柑橘的周年供应。

从章文才先生开始，团队数十年一直坚持免费为各大产区提供优良品种和实用新技术，为各大柑橘产区提供 30 余个品种类型的无病害优质接穗（芽）累计 1 000 余万个；在湖北、江西、云南、福建等省区建立一批高标准的柑橘生产基地，示范推广柑橘室内采穗、隔年交替结果等新技术；针对劳动力紧缺、生产成本上升等突出问题，研发和示范了轻简化修剪、果园机械化运输、节能环保贮藏技术，采后生产的自动化和智能化等具有国际先进水平的技术和装备，大大节省了人力、降低了生产成本。

如今，在赣南、闽西、湘南、桂北、黔东、滇西南等革命老区、少数民族贫困地区和三峡、丹江口库区等国家重点工程的移民聚居区，昔日的荒山秃岭已绿树成荫、花果飘香，农民生活丰饶富足。团队重点服务的主产区江西赣南，丰产园每亩纯收益超过 1 000 元；很多橘农年收入达到 50 万甚至 100 万以上，部分村庄家家有小车。三峡库区秭归县归州镇果农依靠种柑橘致富，自发组织为章文才先生塑造了青铜雕像；2014 年，郭家坝和水田坝等乡镇

2011 年 11 月，邓秀新院士（前中）在赣南指导果农生产

脐橙销售人均增收 6 000 元以上，部分村整村柑橘年收益突破 10 万元 / 户。

陈焕春院士团队针对严重危害养猪业的病毒病、细菌病和寄生虫病，深入开展病原学与流行病学、病原组学与网络调控、致病与免疫机理、新型疫苗与诊断技术研究，取得一系列国际领先研究成果。

通过多年持续的监测弄清了规模化猪场重要猪病的流行特征、制订了综合防控方案并示范应用，取得了良好的社会经济效益；率先确定了猪流行性腹泻病毒变异株是引起近年来我国仔猪腹泻病爆发的主要病原并成功分离到病毒。针对结核、链球菌病、流感、乙脑、狂犬病、弓形虫病等重要人兽共患病防控的国家重大需求，开展了我国最为系统的牛结核分枝杆菌病原生态学与流行病学研究，并在国际上率先构建了结核分枝杆菌全局性调控网络；在链球菌、乙型脑炎病毒、狂犬病毒等重要神经嗜性人兽共患病病原逃逸天然免疫识别、入侵神经系统、诱导炎症反应机制等领域取得系列具有国际影响力的研究成果；在动物流感的遗传演化、致病机制、诊断制剂创制与疫苗研发领域取得重要突破。

陈焕春院士带领团队专家深入生产一线，以“诊断清楚、治疗明白、免疫有数、净化根除”为理念，为养殖企业提供技术咨询、指导与解决方案，显著提高了养猪企业的猪病综合防控能力，产生了巨大的经济和社会效益。2012 年以来，在广西、浙江、湖北等地共建立 17 个院士专家工作站，培训基层专业技术人才 20 余万人，发放养殖与疾病防治类实用书籍 1 万余册，提供现场技术服务 1 万余场次。建立了一批猪伪狂犬病和猪瘟综合防控集成示范基地。2016 年以来，陈焕春院士提出未来我国养殖业要走生物防控、生物治疗、科学管理、无抗养殖道路，为消费者提供安全优质的肉蛋奶高蛋白食品。

熊远著院士率领的学校畜牧学科和专家团队针对畜牧行业产业发展的关键技术瓶颈和前沿科学问题，开展了持续和深入研究，形成了以猪遗传育种为传统特色和优势，服务生猪养

2010 年 9 月，陈焕春院士（右二）考察指导黄羊养殖产业发展

2013 年 3 月，熊远著院士（中）到种猪场指导生产

殖科技水平全面稳步提升的发展格局，取得了一系列国际先进的研究成果。

团队解析了猪重要经济性状的遗传基础和分子调控网络，鉴定了一批重要功能基因和分子育种标记，开发了猪全基因组选择、基因编辑脱靶效应预测等新算法与软件并取得良好应用效果；培育出我国高瘦肉率母本新品种“湖北白猪”及相关品系，为猪种资源创新做出了重要贡献；提出我国供港活猪策略与技改方案，培育的杂优“杜湖猪”畅销香港和澳门地区；将生物技术与常规育种相结合，培育出瘦肉猪抗应激新品系等多个瘦肉猪专门化父母本品系，形成了各具特色的多元配套系；制备了一批针对肉质、肌肉生长等性状改良的基因修饰猪育种新材料；开展了清平猪、通城猪、恩施黑猪等地方种质资源的开发与利用和新品种选育工作；团队专家坚持为生猪行业提供全方位服务，从遗传育种与繁殖、营养与饲料、设备与环保等多方面入手，为政府、企业和养殖户提供专业服务，校企共建养殖技术学院培养应用型技术人才。

团队注重科研成果转化，立足湖北辐射全国，社会经济效益显著。至 2017 年底，获批专利 80 余项，专利和成果转化近 30 项，开展种猪质量监督检验 3 000 多次，饲料化验检验 2 000 余份，建立了 8 个院士专家工作站和 30 余个科技推广基地，召开各类技术推广培训和讲座 100 余次，培训行业各类技术人员超万人。

张启发院士领衔的水稻团队，提出并实践了绿色超级稻的战略构想。团队与国内外同行合作，将品种资源研究、基因组研究和分子技术育种紧密结合，加强重要性状生物学的基础研究和基因发掘，进行品种改良，在现有的“高产、优质”水稻的基础上，实现“基本不打农药，大量少施化肥，节水抗旱”的目标。绿色超级稻培育的构想得到了湖北省委省政府的高度重视和支持，正在逐步成为国家行动。2008 年 12 月 23 日，湖北省绿色超级稻工程技术研究中心在学校挂牌成立。2009 年，科学出版社出版了《绿色超级稻的构想与实践》一书，系统总结了国内外水稻功能基础研究的成就，以及绿色超级稻的培育进展。

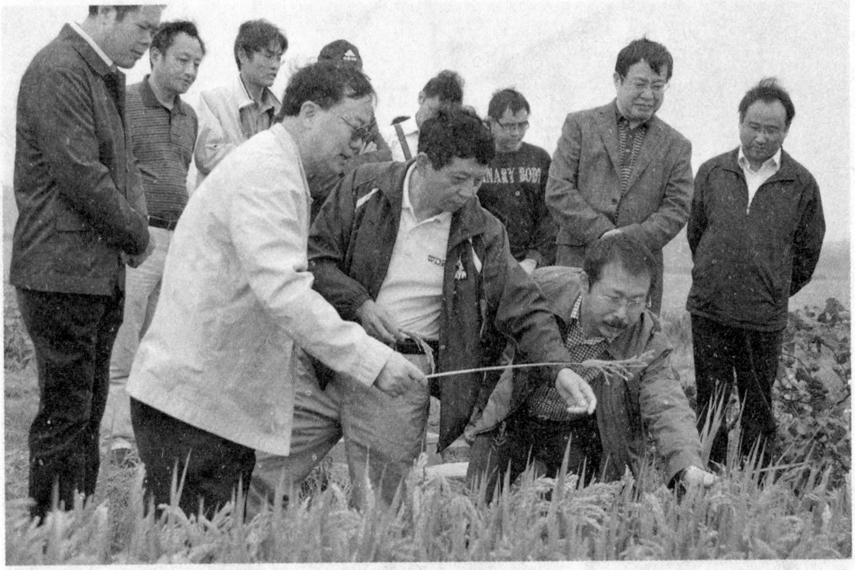

2011 年 10 月，张启发院士（前排左一）指导水稻生产

2009 年，比尔和梅琳达·盖茨基金会资助了题为“非洲和亚洲资源贫瘠地区培育绿色超级稻”的国际合作项目。2010 年科技部批准立项国家“863 计划”重点项目“绿色超级稻新品种培育”（2010—2012），2014 年，“绿色超级稻新品种选育”（2014—2018）作为“863 计划”现代农业技术领域的唯一重大项目得到科技部的延续资助。学校作为主持单位联合国内 27 家水稻育种和科研院所共同承担该项目的研究。截至 2017 年，已经培育 75 个绿色超级稻新品种，通过国家和省级审定，获得新植物品种保护权 82 项，在广东、安徽、湖南、湖北等地累计推广面积达 9 000 万亩。应用绿色超级稻新品种配套高效栽培技术，与传统生产模式相比，据统计，可减少农药和化肥的施用量 30%，节约灌溉用水 30%，降低播种、插秧等用工投入，每亩节本增效近 270 元，新增产值近 300 多亿元。与此同时，绿色超级稻已经走向非洲、东南亚等水稻产区，累计推广面积达到 210 万公顷（3 150 万亩），与当地品种相比，普遍增产 20% ~ 30%，农民预计增收 5 亿美元。

近年来，“千人计划”专家彭少兵等人在再生稻产量形成生态生理与机械化栽培技术研究方面的突破，丰富了绿色超级稻的内涵，催生了新的产业。再生季稻基本不需要投入，只管收割；再生季稻不用农药，施肥很少；两季亩产达到 1 000 公斤。再生季水稻灌浆时光照好、昼夜温差大，有利于营养物质的形成和积累，生长出更优质的稻米，口感也比头季稻更好。湖北省再生稻面积从 2013 年的 44.7 万亩增至 2017 年的 230 万亩。绿色超级稻战略构架下近年来发展出了新的模式，比如“双水双绿模式”。“双水”即养殖水稻和水产品，“双绿”即水稻不打农药、不施化肥，水产品不喂药物、少喂饲料，与水稻互补互生。2018 年 3 月 29 日，学校成立华中农业大学“绿色水稻、绿色水产品”研究院（又称“双水双绿研究院”）。聘任顾泽茂为研究院院长，余四斌为研究院副院长；聘任张启发、肖长惜等 12 人为研究院科学技术委员会委员；聘任张启发、顾泽茂等 9 人为研究院院务委员会委员。

优势学科团队的发展带动一批相关学科团队的发展。围绕油菜、柑橘的产业链条中的机械化、营养与环境、产品加工与采后保鲜、病虫害防控等问题，学校组织农业工程学科、农

2018 年 3 月，学校成立双水双绿研究院

业资源与环境、食品科学与工程、植物保护等学科专家攻关，取得一批成果，促进相关学科的快速发展。如农业工程学科围绕油菜机械化问题，先后开发了 2BFQ-4/6/9/19 型、2BYM-6/8 油麦兼用型、2BFL-6/8 型精量联合直播机等系列化产品，能一次性完成油菜种植的所有环节，省工省种省肥，实现了精量联合直播机的系列化、功能部件的模块化。其中，枝状阀式离心集排器等多项精量排种技术和纵横向组合的分段收获输送技术居国际领先水平，所制订的《油菜精量联合直播技术规程》等相关标准和规范均已由农业部颁布实施，油菜精量联合直播技术被农业部列为主推技术。

到“十二五”末期，学校推广水稻种植面积 800 万 ~ 1 000 万亩；推广以 H318 为代表的棉花品种 6 个，累计推广面积 400 万亩以上；推广以华育 11 为代表的玉米品种 8 个，累计推广面积 800 多万亩，产生经济效益约 30 亿元；推广以香菇秋 6、香菇 L205 为代表的食用菌优良品种 5 000 万瓶，栽培规模达到 5 亿袋以上，产量较常规品种提高 7%，新增产值约 2 亿元，推广食用菌高产优质栽培技术规模达到 2.5 亿袋以上，产量提升 10% ~ 15%，新增产值约 5 亿元；推广脱毒马铃薯约 2 580 万亩，产生经济效益约 49.5 亿元；生产和销售自主研制的兽用动物疫苗 4.2 亿头份、诊断试剂盒 1 000 万头份，创造利润约 1 亿元。在湖北省恩施市、宜昌市、十堰市、黄冈市、咸宁市、利川市、竹山县、长阳县、秭归县、红安县、竹溪县等 30 多个茶区和贫困山区推广茶园面积 100 多万亩，新增产值 4.0 亿元以上。

第二节　实施“111”计划与“双百”计划

2009 年，在应对全球金融危机大的背景下，学校结合国家重要战略需求，继续深化了对“四个一”的特色发展模式的探索。6月24日，学校召开服务社会主义新农村建设工作会，正式启动“一院带一村，辐射一个县”服务新农村建设行动计划（简称“111”计划）和“百名教授进百企”科技支撑企业发展行动计划（简称“双百”计划）。

“111”计划的主要做法是：围绕地方特色产业，结合学校优势学科，组织学校相关学院专家深入若干个乡村，通过建设农业科技创新基地、农业新品种及新技术示范推广基地，推动乡村经济升级，带动周边乡村产业发展，辐射整个县域特色产业，促进农民增收、农业增效。

“双百”计划的主要做法是：以学院为单位，发挥科教优势，以项目为纽带，组织相关专家，进驻企业。通过产学研结合，为企业提供智力支持和科技支撑，促进企业技术升级和改造，提升企业创新能力。

依托两个计划，以科技特派员、国家现代产业技术体系岗位科学家和“三区”科技人才为抓手，学校先后组织20个学院和部门在湖北省内27个县市区的42个村镇开展结对科技与农技推广服务工作。

学校与全国47个县市签订校地合作协议，与中粮集团有限公司、中国烟草总公司、安琪酵母股份有限公司、广西扬翔股份有限公司、大北农集团、海大集团等上千家企业建立产学研合作关系。2014年，由潘思轶教授领衔完成的“生物法制备大米多肽系列产品”成果转化，项目总投资5.16亿元。2013年，襄阳市委、市政府致信学校，表达对学校积极参与襄阳成功创建百亿斤粮食大市的感谢。

学校与国家重点龙头企业广西扬翔股份有限公司在猪场生物安全、猪病防控与净化、生猪健康养殖等领域开展协同联合攻关和全面的战略合作。2009年至今，学校共向广西扬翔股份有限公司输送毕业生77人，他们大多已成为广西扬翔股份有限公司的中高层领导和业务骨干；组建成立了9届“扬翔班”，先后选派了400余名大学生去广西扬翔股份有限公司实习实践和参观学习，每年坚持组织“研究生扬翔行”活动，培训一线员工1 000余人。双方共建了生猪健康养殖协同创新中心、扬翔地方猪创新研究院、陈焕春院士工作站等合作平台。目前有10名教师常驻广西扬翔股份有限公司工作，全面参与公司的生产、经营、管理、研发、技术服务等方面的工作，建立并持续完善广西扬翔股份有限公司现代化猪场生物安全与疾病防控体系、猪场养殖生产管理体系、现代化猪场人工授精体系、粪污处理体系、大数据体系、养殖设施设备体系等，培训一线员工。2009年以来，基础母猪群从1万头增长到2017年年中的6.32万多头，每头母猪每年提供的商品猪数（MSY）已由16头增长到24.7头，每头母猪每年提供的活仔数（PSY）由20.08增长到25.6（最高达到30.99），窝均产活仔数由9.89增长到11.99，分娩率由82.74%增长到89.34%。2012年至今无重大疫情和疾病重大损失，兰耳病生产猪母猪实现非免疫无疫，成功净化伪狂犬病，获得“猪伪狂犬病净化示范场”称号。哺乳仔猪成活率达到96.42%，断奶到出栏为96.33%，全程成活率达到93%，处于国内领先水平。2017年1—6月全程综合成本降到10.72元 / 千克。扬翔农牧成为首批通过“规模化养殖场主要动物疫病净化创建场”评估认证的原种猪场、首批挂牌的“动物疫病净化创建场”和首批进入“农业部畜禽标准化养殖示范场”，扬翔原种场被评为“国家地方品种猪养殖综合标准化示范区”。2015年11月，人民日报等对学校服务广西扬翔股份有限公司的成效进行了专题报道。

学校与海大集团联合创办“海大班”，探索创新型人才、高技能应用型人才培养新模式；

合作设立“海大研究院”，共建科研试验示范基地，联合开展科技攻关，示范推广成熟适用技术，先后获批湖北省研究生教育创新基地、湖北省淡水水产健康养殖协同创新中心、湖北省团头鲂良种场、武汉市武昌鱼繁育工程技术研究中心、华中农业大学武汉大宗淡水鱼农科教合作人才培养基地等，为企业和学校发展带来重大效益。

为感谢学校对地方经济发展发挥的支撑作用，阳新县平原村和黄梅县新安村村民自发将本村的村级公路命名为“华农大道”。

第三节 定点扶贫建始

学校于2012年11月开始参与定点扶贫建始县。湖北省恩施州建始县地处集中连片特困地区——武陵山区，属于国家级贫困县，有14万农村贫困人口，扶贫攻坚压力巨大。

学校成立由校党委书记和校长任组长、分管科技和社会服务工作的校领导为副组长、多个部门主要负责人为成员的扶贫工作领导小组，确保对定点扶贫工作的领导。2012年12月至2013年1月，学校组织一个由多学科专家组成的专家团，赴建始县开展自然资源调查，组织多轮论证，最后校地共同编制了《定点扶贫建始县工作规划（2013—2020年）》，确立了增强县域造血功能，以产业精准扶贫为载体，8年后实现建始整体脱贫的奋斗目标。为贯彻落实这一规划，校地坚持“一张蓝图干到底”，每年联合制订年度计划，坚持因人因地施策，根据贫困户的不同情况选择不同扶贫策略，明确具体工作目标、工作重点和工作要求。

一、“三个一批”教育扶贫

扶贫先扶智，治贫先治愚。学校在建始县着力实施“三个一批”教育扶贫行动计划，即输入一批技术力量、培养一批技术骨干、浇灌一批祖国花朵，阻断贫困“代际传递”，增强建始“造血”功能，为脱贫致富注入源动力。

至2017年年底，学校先后向建始县选派挂职干部22人次、博士服务团6批、科技服务团队13支、科技特派员31人次、“三区”科技人才计划50人次。这些科技人员和挂职干部被建始县委书记向红林亲切地称作“华农的建始人”。他们扎根建始，为农民朋友量身制订专属脱贫致富计划，研发“傻瓜”式操作技术，编印实用技术手册，建立特色产业试验示范基地，协助搭建企业科技平台，推动建始县农业产业提档升级，涌现出一批饱含深情、技术过硬、真抓实干的优秀代表。第五批博士服团成员张学振教授，在服务期满时，考虑到建始县冷水渔业刚起步，主动申请“留级”，成为第六批博士服务团成员，继续服务当地渔民。年近70岁的蔡礼鸿教授“退而不休”，已成为建始县“常住人口”，每年在当地工作100余工作日，随身携带的日记本，记载了他在建始扶贫的点点滴滴。

学校以专题培训、现场示范讲解等形式为建始县培养一批特色产业人才、技术服务人员、专业合作社带头人、农业大户。坚持做给农民“看”、带领农民“干”、帮助农民“赚”。

2016 年 12 月，学校专家在建始县进行扶贫

5 年来，累计为建始县培训管理干部、技术人员 400 余人次，培训特色产业人才、专业合作社带头人、种养植户 11 700 余人次。产业扶贫教授的“徒弟”中，已有一批成长为技术能手和致富带头人。中央电视台等媒体多次专题报道学校教师在建始县开展教育扶贫的事迹。

5 年来，学校先后派遣五批共 20 名“本禹志愿服务队”研究生支教团志愿者赴建始县官店镇摩峰小学开展接力支教工作。志愿者们扎根山乡，潜心育人，任教科目多次获全镇、全县第一；在摩峰小学建立亲情小屋，一对一结对帮扶留守儿童；在摩峰小学建立“阡陌学堂”在线课堂，扩展孩子们知识视野，并带领学生走上中央电视台网络春晚；开展“乡村教师来汉培训”志愿服务项目，促成 75 名建始县乡村骨干教师到武汉学习交流；还与社会爱心企业共同发起“大手牵小手、笑眼看世界”留守儿童城市体验行活动；为摩峰小学筹募新校舍资金 182 万元，募捐近 20 万元物资。2015 年，时任湖北省委书记李鸿忠同志给建始县摩峰小学支教团志愿者写信，勉励他们坚定理想信念、砥砺高尚品格，脚踏实地、扎根基层，为实现中国梦贡献自己的力量。2017 年 1 月，中央电视台新闻频道“身边的网络正能量”栏目的报道，让全国电视观众听到了建始乡村学生的声音。

二、“六个一”产业扶贫

学校在建始县探索实践“围绕一个特色产业，组建一个教授团队，设立一个攻关项目，支持一个龙头企业，带动一批专业合作社，助推一方百姓脱贫致富”的“六个一”产业扶贫模式。主要做法是：因地制宜选择地方优势或特色农业资源，以贫困户、贫困人口覆盖面广的产业为培植对象；对应产业发展瓶颈问题，设立产业攻关项目；组建相关学科知名教授为骨干的科技服务团队，开展关键技术研发，推进技术引进与更新；联合产业龙头企业实施技术集成与示范；推动产业龙头企业网络专业合作社，以专业合作社吸纳贫困人口进入产业链条，将产业发展受益面向在册贫困户、贫困人口覆盖，以“龙头企业 + 基地 + 专业合作社 + 贫困农户”方式，辐射带动贫困户或贫困人口提高收入，实现“发展生产脱贫一批”的工作目标。

自2013年起，学校在建始县先后组建13支科技服务团队，设立产业攻关项目24个，共开展科技服务3700余人次，累计投入项目资金1 177.32万元，重点扶持景阳鸡、玉米、魔芋、猕猴桃、茶叶、高山蔬菜、甜柿、枸杞、冷水鱼、饲料油菜、马铃薯等特色产业发展。以24个项目为纽带，将13支科技服务团队与贫困县特色资源、本土企业、贫困人口联系起来，激发其开展科技扶贫的主观能动性，推动自发地、有计划地开展科技服务。截至2017年，"六个一"产业扶贫模式为全县培育了魔芋、猕猴桃、高山蔬菜、茶叶、玉米等10个优质、高效、高附加值的农业产业，其中规模过亿元的产业5个，扶贫的产业总产值达14.52亿元，累计带动17 061户共68 561人脱贫。

三、"科技＋产业＋文化"扶贫

学校努力推动人文社科学科教师与建始对接，探索并建立"科技＋产业＋文化"的文化扶贫模式，助推一、二、三产融合，实现文化价值、企业品牌、产业效益、贫困人口收入四个提升，助力精准脱贫。学校先后组建4支教授团队，设立攻关项目5个，支持在非物质文化遗产保护与开发、品牌建设与传播以及农村社会学领域开展文化扶贫工作。

依托产业扶贫、教育扶贫工作基础，重点完成建始猕猴桃、枸杞珍酒、马坡茶、甜柿、冷水鱼、高山蔬菜、景阳鸡等七个扶贫产业品牌视觉形象设计。为建始三里乡马坡茶先后完成系列包装、LOGO、宣传页、淘宝网店设计等，通过品牌形象提升，拓展茶叶销量，2018年春季短短两个月完成以往一年销量，使用新包装后单品价格也增收20%。挖掘本地非物质文化遗产（以下简称"非遗"）资源的经济价值，将非遗文化元素融入建始现有科技扶贫产业。以"黄四姐"非遗元素为核心，围绕建始业州竹编手工艺、西兰卡普艺术、建始传统小吃－桃片糕开展帮扶，提升当地特色农产品、旅游文创产品品牌形象。

2015年12月11日，国务院扶贫开发领导小组在北京召开中央单位定点扶贫工作会议，学校因产业定点扶贫建始县取得初步成效，而作为企事业单位唯一代表被推荐在大会上作典型发言。《大力实施"六个一"模式提升产业精准扶贫效能》入选教育部直属高校精准扶贫精准脱贫十大典型项目。2018年5月27日上午，教育部党组书记、部长陈宝生来到恩施州建始县红岩寺镇学校猕猴桃示范基地调研定点扶贫工作，听取了校党委书记高翅的专题汇报，对学校在建始县的定点扶贫工作给予了肯定。

第四节　开展"三农"问题研究与决策咨询服务

学校整合自然科学、工科、人文社会科学等学科力量，联合开展"三农"问题战略研究。2016年，学校牵头建设的湖北生态发展研究院获批成为湖北省首批重点智库；2017年10月31日，学校成立华中农业大学乡村振兴战略研究中心，是全国首家成立的服务和践行"乡村振兴战略"的智库平台。中心努力探索"乡村振兴战略"的实施路径和具体举措，为贯彻落实党的十九大战略部署提供智力服务。2017 年，学校自主设立相关研究项目累计形成各类有影响力的调研报告、政策建议等研究成果 30 多项，向各级政府提交政策咨询报告 30 余份。学校始终着力提升服务政府决策能力，组织专家参加教育部、全国哲学社会科学规划办公室、省委宣传部等组织的高层论坛活动。加强湖北省“理论热点面对面”示范点建设，开展多次理论宣讲、社情民意调查和产业发展咨询活动。

围绕粮食与种业安全、畜牧健康养殖、农村环境保护和转基因等议题，学校专家开展了产业经济、知识产权、科技传播等方面的政策研究并提出了咨询建议。2008 年 6 月，胡锦涛总书记在新华社“傅廷栋院士提出发展油菜生产的建议”内参上作了重要批示，农业部和科技部等有关部门落实了相关实施计划；张启发院士 2009 年主持的“转基因生物研发与产业化可持续发展研究”等中国科学院咨询项目的咨询报告受到中央政治局委员、国务委员刘延东批示；张启发院士 2013 年联合 61 名院士上书国家领导人，呼吁积极稳妥推进转基因产业化；围绕农业和兽医学科发展战略，陈焕春院士牵头组织了近 10 项战略咨询研究和科技部 3 个“五年计划专项建议”，相关建议得到国家领导人重要批示，专项建议获得批复实施。学校提交的“生物质能源研发相关建议”“振兴湖北省房地产市场的对策与建议”“湖北食品安全的现状分析与对策建议”等均得到了湖北省主要领导的签批；制订的“948 项目”立项和验收评价体系及标准被农业部所采用。

农业资源与环境学科专家利用专业优势，连续在全国政协会议上提出与农村环境相关的提案，就制订可行的农村垃圾和废弃物管理措施，完善相关法律法规，提高农村环保意识，加大农村环境监管力度、增加资金投入等方面呼吁政府重视、媒体及社会关注农村环境问题，努力争取国家政策支持。农林经济管理等学科专家主动结合学校优势成果，为政府决策提供“智力 +”支撑，完成的《关于推进“资源节约型、环境友好型”农业生产体系的建议》的建议，获国家领导人批示；《打造国家种业中心研究》《加快发展湖北省设施蔬菜产业的对策研究》获得湖北省委主要领导批示，推动了有关产业政策的制订。公共管理等学科的湖北省农科教结合研究、长江经济带城市地价动态监测、国家扶贫工作成效第三方评估等成效显著。

第七章　重要学术会议与学术交流活动

2008 年以来，学校相继实施国际化办学战略和开放办学战略，采取“走出去，请进来”的办法，举办高水平的学术会议和学术交流活动，积极营造国际化的校园氛围。

学校鼓励支持教师和学生走向世界，鼓励教师带着科研任务开展国内外学术合作，展示学校的科研与学术水平；有计划地选派教师到国外进修、访学、研究，学习和吸取国际最新科研成果和教学思想、方法；鼓励支持学科团队承办重要国际国内学术会议；围绕“一带一路”等重大战略谋划国际化项目；积极创造条件邀请包括科学杂志主编、诺贝尔奖获得者等海外知名学者来校进行访问、讲学，各种学术报告使学校师生与世界同步掌握着知识创新体系发展动态，拓展了学校的国际视野，扩大了学校的国际影响。

第一节　重要国际学术会议

2008—2017 年，学校共举办 88 场国际学术会议，这些会议承办层次高、范围广、影响大，彰显了学校在优势特色领域的学术地位，比较典型的有国际柑橘学会主办的第十一届国际柑橘学大会（11th International Citrus Congress），中国科学院与美国国家科学院联合主办的全球转基因农作物发展现状和未来展望国际研讨会（International Workshop on Global Status of Transgenic Crops），以及亚洲猪病学会第 8 次学术会议（8th Asia Pig Veterinary Society Congress，APVS）。

一、第十一届国际柑橘学大会

2008 年 10 月 26 日下午，由国际柑橘学会主办、中国柑橘学会和华中农业大学承办的第十一届国际柑橘学大会在武汉市科技会展中心开幕。1 000 余名专家参加了为期 5 天的会议，其中包括 600 余名外宾。会议主题是“多样性与发展”。这是学校继 2007 年 3 月承办第 12 届世界油菜大会后的又一次学术盛会，也是 110 周年校庆系列学术活动的重头戏和收官之作。

第十一届国际柑橘学大会开幕式现场

国际柑橘学会是一个世界性的学术组织，成立于 1969 年。学会的宗旨是服务于柑橘产业。国际柑橘学会每四年召开一次学术大会，从研究到市场的各环节专业人员均视该大会为本领域水平最高、信息量最大的专业会议，有媒体将柑橘学大会称为“国际柑橘学界的学术奥林匹克运动会”。1981 年经农业部批准，学校章文才教授率队一行 4 人参加了在东京召开的第四届会议，这是我国科学家首次参会。在 2000 年美国佛罗里达召开的第九届大会上，中国、西班牙和乌拉圭等国家均意向承办 2008 年第十一届柑橘学大会。2001 年，华中农业大学和中国农业科学院柑橘研究所通过农业部，向国务院递交了在我国举办第十一届国际柑橘大会的报告，获农业部和国务院批准。随后，中国政府意见被正式通告国际柑橘学会执委会。2001 年 11 月 13 日，国际柑橘学会执委会表决同意在中国举办第十一届国际柑橘大会。2004 年 4 月，在摩洛哥举办的第 10 届国际柑橘学大会上，邓秀新教授正式接任了国际柑橘学会主席职务，同时也担负起 2008 年第 11 届国际柑橘学大会的组织工作。2005 年 10 月，拟定将会议主会场设在武汉。

柑橘学大会能够在武汉召开，归功于柑橘团队几代学人数十年出色的工作。在国际柑橘研究领域，邓秀新发表的论文数量此时已排在了世界首位，他与团队成员郭文武教授多年来一直为国际柑橘科学研究最为活跃的成员。他主持选育的“红肉脐橙”“HB 柚”“清江椪柑 1 号”和“纽荷尔”脐橙等柑橘品种有效地改善我国柑橘品种的结构，延长了鲜果供应期，提升了柑橘品种和产业竞争力。到 2007 年，中国柑橘产量达到了 2 059 万吨，种植面积和产量均成为世界第一，解决了 800 万劳动力就业，产值 200 多亿。2018 年 4 月 2 日，邓秀新院士获湖北省科学技术突出贡献奖。

大会紧锣密鼓筹备期间，2008 年 1 月 3 日起，中国发生大范围低温、雨雪、冰冻等自然灾害，柑橘等产业遭遇重创。春节前后，学校积极组织相关学科的专家深入灾区一线，科学指导农业抗灾救灾。院士教授深入田间地头抗灾，开展了多种形式的技术服务工作。油菜专家中国工程院院士傅廷栋教授，柑橘产业首席科学家、中国工程院院士邓秀新教授，园艺林学学院蔬菜专家叶志彪教授、徐跃进教授等深入湖南、广西和湖北武汉、咸宁、宜昌等地指导抗灾救灾。相关专家通过电话连线江西、重庆等地农业部门，询问柑橘灾情，开展技术指导服务。学校组织有关专家团队配合地方政府农业部门，对灾情进行科学分析、客观评估，主动参与制订抗灾救灾和春季生产技术方案，并积极恢复校园科研基地储备良种，为灾区重建提供优质种质资源支撑。在全省抗雪救灾工作取得阶段性胜利之后，2008 年 3 月 21 日，省委组织部、省委宣传部、省人事厅联合表彰了一批全省抗雪救灾先进集体和先进个人，邓秀新院士获评全省抗雪救灾先进个人。

2008 年 9 月下旬，第十一届国际柑橘学大会召开前夕，四川省广元市旺苍县果农发现“蛆柑”，大实蝇疫情爆发，全国柑橘产业遭遇了毁灭性的打击。进入 10 月，疫情信息迅速发酵，一些谣言将大实蝇疫情和汶川特大地震灾害联系起来。实际上，旺苍县当地的疫情处理此时已接近尾声。大约在 10 月 20 日，一条内容惊悚的“别吃橘子”的短信开始病毒式传播。在湖北省，约七成柑橘无人问津，损失或达 15 亿元。柑橘学大会组委会迅速行动起来，学校果树团队举行了邀请果农、市民进国家柑橘育种中心，到武汉市中山公园为市民普及柑橘食用及选购知识等多种科普活动。邓秀新等专家通过中央电视台、新华社等媒体，分析虫害原因，为虫害防治献计献策，呼吁市民保持购买、恢复食用柑橘的信心。10 月 26 日下午的开幕式前，大会特别设置了品尝环节为柑橘产业正名打气。农业部副部长危朝安与美国加州大学河边分校教授、国际柑橘学会秘书长劳尔·劳沃特（Carol J. Lovatt）等外国专家一起品尝了宜昌的柑橘，大家对中国柑橘（University of California，Riverside，USA）的品质大为赞赏。

第十一届国际柑橘学大会期间外国专家品尝宜昌蜜橘

第十一届国际柑橘学大会闭幕式上，邓秀新获“国际柑橘学会荣誉会员”

大会的议题包括：遗传改良与育种、生物技术与基因组学、生理生态、栽培技术、病虫害及防治、经济贸易与政策等。会议安排了多场主题报告，参会代表到华中农业大学柑橘基地和我国多个柑橘产区参观考察、展览等。10 月 29 日，第十一届国际柑橘学大会的代表到学校参观柑橘基地和作物遗传改良国家重点实验室。

10 月 30 日晚，第十一届国际柑橘学大会闭幕。闭幕式上，邓秀新为美国佛罗里达大学教授（University of Florida，USA）、第十届国际柑橘学会主席吉恩·阿布瑞格（Gene Albrigo）颁发了“Fellow of ISC”的奖牌。第十二届国际柑橘学会主席路易士·纳瓦罗（Luis Navarrol）等为邓秀新颁发了“国际柑橘学会荣誉会员”奖。该奖项是国际柑橘学界的最高荣誉，用于表彰对国际柑橘学会有卓越贡献的科学家。在接过奖牌后，邓秀新发表感言：“Honor belongs to China（荣誉属于祖国）”。现场的国内外代表报以热烈的掌声。

二、全球转基因农作物发展现状和未来展望国际研讨会

2014 年 10 月 16、17 日，中国科学院与美国国家科学院联合主办的“全球转基因农作物发展现状和未来展望国际研讨会”在学校举行。与会科学家围绕转基因农作物“发展现状与趋势”“各国发展状况”和“生物安全管理及争议话题”3 个主题做了主题演讲，并发表中美科学院转基因“武汉共识文件”。

共有来自中国、美国、英国、巴西、比利时、南非、荷兰、印度、瑞士、墨西哥等 10 个国家的 20 名生物技术、生物多样性、食品与环境安全评价与管理、农业经济等领域的权威专家参加了“全球转基因农作物发展现状和未来展望国际研讨会”。其中包括转基因技术发明人之一、2013 年世界粮食奖得主马克·冯·蒙塔谷（Marc Van Montagu）以及密苏里植物园荣誉主席彼特·雷文（Peter Raven）等多名美国国家科学院院士，许智宏等中国科学院院士。在一天半报告的基础上，来自世界各地的与会专家和学者经过广泛讨论，对转

“全球转基因农作物发展现状和未来展望国际研讨会”现场

基因作物的发展现状和未来发展趋势形成了 8 点共识，指出“所有的科学证据都显示，用于特定作物改良的转基因方法对人和动物没有任何负面影响”。17 日下午 16 时，全球转基因农作物发展现状和未来展望国际研讨会举行新闻发布会暨媒体记者见面会，专家们呼吁有关转基因的争论应该放在科学和理性的基础之上。人民网等对研讨会进行了现场直播。会后，中美科学院转基因国际会议共识文件分别在《中国科学报》等媒体和《生命科学》杂志上发表。

“全球转基因农作物发展现状和未来展望国际研讨会”参会代表研讨共识文件

全球转基因农作物发展现状和未来展望国际研讨会举办期间，全国媒体记者转基因报道研修班同期开班，包括新华社、中央电视台、人民日报、光明日报、人民网、果壳网在内的50余家媒体集中研讨了科学新闻和转基因报道的话题。研修班由北京科技记者编辑协会、中国晚报科技记者编辑协会等主办，学校生物科学传媒中心协办。

为期2天的研修班上，中国科学院院士、中国农业科学院副院长吴孔明做了题为“理性看待转基因——事实澄清”的讲座。巴西农业科学院（Academy of Agricultural Sciences, Brazil）研究员亚历山大·利马·内波穆塞诺（Alexandre Lima Nepomucenózuole）介绍了“巴西生物安全法规与转基因作物的应用”。农业部科教司转基因生物安全管理与知识产权处处长寇建平详细介绍了“我国转基因生物安全管理与食用安全性”相关情况。中国科学院遗传与发育研究所高级工程师姜韬作了“转基因技术的科学基础”专题报告。期间，中国科学院遗传与发育研究所朱桢研究员、中国疾病控制预防中心杨晓光研究员回答了研修班记者的提问。学员们全程听取了全球转基因农作物发展现状和未来展望国际研讨会专家报告，并组织了集中研讨。

研讨会和研修班是在转基因争论继续发酵的背景下举办的。2014年3月，网上发布了一部赴美考察拍摄的纪录片，随后该片被指存在大量科学和逻辑硬伤，混淆了相关性与因果性，还有翻译错误，但仍然极具煽动性，形成新的反对转基因的舆情。研讨会后，在网上和线下都形成一轮更为客观的理性支持转基因的科学传播热潮。

2014年12月25日，北京市科学技术协会组织评出“2014十大网络科学传播事件”，人民网对全球转基因农作物发展现状和未来展望国际研讨会的直播入选。

三、亚洲猪病学会第8次学术会议

2017年5月13—15日，学校承办亚洲猪病学会第8次学术会议。来自18个国家和地区的1 600余名代表参加会议，本届会议主题为“健康养猪，安全猪肉，健康人类”。此前在2007年4月，学校曾承办亚洲猪病学会第三次学术会议，主题为“亚洲一体，高效发展健康养猪”。

1969年，第一届世界猪病大会（International Pig Veterinary Society Congress，IPVS）在英国剑桥举行，后演化成为全球从事猪病防治研究的学者以及养猪相关生产、管理人员两年一次的盛会。亚洲是世界上最重要的养猪地区之一，是全球猪肉供应的主要组成部分，但世界猪病大会难以轮到亚洲举办，亚洲各国学者和养猪业人士参加世界猪病大会存在诸多现实困难。在2001年第16届世界猪病大会上，韩国、菲律宾、中国等亚洲国家代表一起，提出成立亚洲猪病学会，为亚洲同行们搭建学术交流平台，传播亚洲猪病防控最新理念和信息。2002年，亚洲猪病学会成立。2003年，第一届亚洲猪病学会学术会议在韩国首尔召开，并决定此后每两年举办一次亚洲猪病学会学术会议。在2003年的首届亚洲猪病会议上，由学校牵头，中国申办获得2007年会议举办权，陈焕春院士任大会主席。2015年，华中农业大学再次提出申请承办亚洲猪病会议。在菲律宾马尼拉举办的亚洲猪病学会第7次学术会议上，学校代表何启盖教授接过了亚洲猪病会议会旗。

能够两次承办亚洲猪病会议，与陈焕春院士率领团队在动物疾病的预防和控制领域所做的突出贡献密切相关。多年来，陈焕春院士在动物流感、动物结核、乙型脑炎、猪链球菌病

2015 年 10 月，亚洲猪病学会第 7 次学术会议上，学校代表接过了亚洲猪病学会旗

亚洲猪病学会第 8 次学术会议会场

等重大人畜共患病，以及猪伪狂犬、猪兰耳病等新发重大动物疫病等方面，开展全面、系统、深入研究，并十分注重创新、创造、创业“三创教育”，致力将研究成果产业化，产生了较好的经济与社会效益。2014 年 2 月 25 日，陈焕春获湖北省科技突出贡献奖。

借助亚洲猪病学会平台，陈焕春院士率领的团队引领着亚洲同行协同防控猪病。就在此次大会召开前不久，一家菲律宾的养猪场爆发猪流行性腹泻后，发病信息、临床症状和病理照片通过互联网发送给学校猪病防控研究团队，并根据学校专家给出的诊断建议开展疾病防控，取得了良好的效果。团队与越南胡志明市农林大学建立师资培训关系，并接收越南籍留

大会主席陈焕春院士致辞

学生来校学习。同时，还计划在越南建立猪疫病诊断分中心。

本次大会主席为陈焕春院士，何启盖教授担任会议秘书长。会议秘书处包括 2017 亚洲猪病学会，以及农业微生物学国家重点实验室、预防兽医学湖北省重点实验室、生猪健康养殖协同创新中心等学校重要的科研平台。

2017 年 5 月 13 日，亚洲猪病学会第 8 次学术会议在武汉东湖国际会议中心荆楚会堂开幕。来自 18 个国家和地区的 1 600 余名代表参加了会议，其中境外代表 465 人，与会人数创历次亚洲猪病大会历史新高。

陈焕春教授作了题为《中国猪病流行现状与防控措施》的主题报告。来自日本、韩国、菲律宾、中华台北等 7 个国家和地区的代表也相继作了有关报告。主题报告后，大会分呼吸系统疾病、消化系统疾病、繁殖系统疾病、病毒性疾病、细菌性疾病、猪寄生虫病及其它疾病等多个分会场，47 位专家学者进行了分组报告。大会共收到 262 篇论文，论文来自中国、韩国、日本、越南、美国、比利时等 18 个国家和地区。

会议十分重视与产业的互动，强调开放协作。武汉科前生物股份有限公司等 6 家金牌赞助商召开了 6 个企业卫星会议。共有 29 家企业参加了大会展览，500 多个一线规模养殖企业到会场观摩学习。

第二节　主动响应“一带一路”倡议

学校主动响应“一带一路”倡议，整合资源，集成校内学科特色优势，与埃及、巴基斯坦、泰国、以色列、澳大利亚、苏丹、喀麦隆、尼日利亚等国家和地区开展广泛的引智计划与学术互动，驱动着前沿学术交流和新兴学科生长，服务国家外交大局。

一、与埃及的学术互动

学校与埃及的学术互动始于与埃及本哈大学（Benha University，Egypt）。2015 年 5 月，埃及本哈大学副校长苏莱曼教授率团来访，与学校签订框架合作协议。作为两校合作的开端，本哈大学选派 7 名优秀博士来学校从事博士后工作研究。这是本哈大学与中国高校签署的第一个合作协议。

2016 年 4 月 5 日，第三届农业生物技术应用国际学术会议在埃及本哈大学开幕，校长邓秀新院士应约并作了大会特邀学术报告。从此，翻开了两校深入开展学术交流与科技合作的新篇章。此后，双方签订合作协议和备忘录，实质合作更加紧密。

也正是在这次会议上，邓秀新校长表示，要进一步扩大学校在埃及的“朋友圈”，让中埃的科研互动频繁起来。以本哈大学为埃及的战略支点，以埃及为北非的支点，学校与埃及的合作拓宽到更多高校和地区。本哈大学、艾因夏姆斯大学（Ain Shams University）、米希尔科技大学（Misr University for Science & Technology）、农业研究中心（Agricultural Research Center）、国家研究中心（National Research Centre）、国家水资源研究中心（National Water Research Centre）、沙漠研究中心（Desert Research Center）等 7 所大学和科研机构陆续与学校建立关系，越来越多的埃及学者到访学校进行科研合作和学术、教学交流。

2016 年 12 月 12—16 日，中埃农业科技合作论坛在学校召开。来自埃及的 23 位专家学者齐聚狮山共同探讨中埃农业科学技术合作。1 个主会场、5 个分论坛、6 场特约报告、58 场专家特约报告，2 位院士、5 位“长江学者”、70 余名教师从不同角度分享了科研成就。论坛期间，埃及本哈大学与学校签署双边合作协议，两校共同创建中埃科教基地（SECRE），加强在科研、培训、师资交流等方面合作交流。基地的目标是搭建平台，推动两校合作研究

2016 年 12 月，学校成立中埃农业科教中心并举办中埃农业科学技术合作论坛

项目，促进两校科研人员之间的合作交流。

学校与埃及学术圈的合作建立在互惠互利的基础上。2017 年 1 月，双方共同申请国家科技部“一带一路”科技合作项目，6 个大项目，每个项目获资助 50 万到 100 万不等。依托这些项目，学校将国内农业科技领域的专家介绍给埃及，务实推进两国科研合作，中埃农业科技的深度合作从此打开。以园艺学为例，在交流过程中，埃及学者能够与国内柑橘学界一起讨论分享柑橘研究的最新成果。

2017 年 10 月 4—9 日，中国工程院院士、校长邓秀新教授率团到埃及访问，并前往本哈大学参加第二届中埃农业、兽医科学与工程国际大会。中国驻埃及使馆、埃及教育与科研部、农业与土地部、国家教育质量保障与鉴定中心、盖勒尤卜省、埃及相关大学和研究单位、大会组织方代表参加了会议开幕式。邓秀新代表学校致辞，张献龙、王卫民应邀作大会主题报告，罗朝喜等 26 位教师应邀分别在 20 个分会场作报告，并与本哈大学师生进行了广泛交流。中国国际电视台进行了长达 3 分钟的专题报道。

在埃及期间，邓秀新一行先后访问了艾因夏姆斯大学、沙漠研究中心、迪娜农场（Dina Farms）、本哈园艺农场（Benha Horticulture Farm），与艾因夏姆斯大学签署了合作协议备忘录，与国家水资源研究中心、沙漠研究中心达成了交流合作意向。

二、举办“中巴农业论坛”

2017 年 12 月 4—8 日，“一带一路”中巴农业论坛在学校举行。论坛由学校与巴基斯坦国家生物技术与基因工程研究所（National lnstitute for Biotechnology and Genetic Engineering）、穆罕默德·谢里夫农业大学（MNS University of Agriculture，multan）、费萨拉巴德政府学院大学（Government College University，Faisalabad）、皮尔阿里·沙阿·干旱农业大学（Pir Mehr Ali Shah Arid Agriculture University）联合发起。来自巴基斯坦 4 所科研院所的农业研究专家和学校学者聚焦现代农业教育和国际农业合作项目，共话推进“一带一路”框架下的两国农业合作。

6 日上午，论坛在学校学生综合事务大楼报告厅开幕。副校长张献龙出席会议并致辞。巴方科研院所代表分别介绍了各自单位情况、畅叙两国友谊，表示将在“一带一路”框架下拓展合作领域，推动两国高校在农业领域师资建设、人才培养、科学研究、学术交流等方面的交流合作。巴基斯坦驻华大使馆科技参赞阿塔·拉赫曼（Ataur Rahman）对论坛的成功举办表示祝贺。

论坛期间，学校与巴方代表签署了合作框架协议；举办了园艺林学分论坛、植物科学分论坛、食品科学分论坛，两国学者在三个分论坛进行了深入交流。巴基斯坦代表参观了作物遗传改良国家重点实验室、农业微生物学国家重点实验室、园艺植物生物学教育部重点实验室、校史馆、图书馆，举办了巴基斯坦秀晚会。

第三节　重要学术来访

一、*Science* 杂志主编来校访问

抗虫水稻安全证书发放后，引发了舆论的高度关注。此时转基因负面信息主导舆论场，妖魔化转基因技术、反复炒作已为国际科学界严格检验而多次否定的所谓“转基因安全”事件，各类恶意编造、耸人听闻的谣言和阴谋论充斥着公众和社会舆论。通过网络、电子邮件等渠道对转基因科学家进行的人身攻击不停出现，甚至发展到冲击学术活动现场。2009 年 12 月，学校成立了生物科学传媒中心，协助水稻团队处理媒体采访和舆情应对工作，开展现代农业生物技术科学传播的理论研究，策划组织科普活动，其中包括举办生物技术与现代农业科普与传播研讨会，邀请 *Science* 杂志主编、美国国家科学院前院长布鲁斯·艾伯茨（Bruce Alberts）博士参会并发表主题演讲。

2010 年 10 月 11 日，布鲁斯·艾伯茨博士应邀访问了学校。上午九点，艾伯茨博士参加了生物技术与现代农业科普与传播研讨会。会上，艾伯茨作题为“美国国家科学院与转基因技术研究”的报告，他说：“在转基因工作上，我们需要各方意见的表达。我们会尊重科学家的意见，同时我们也会考虑到谈论的议题等，会非常谨慎。我们需要能理解（转基因）又能代表公众的人作出一些评论，以确保全面的信息来源。这需要转基因科研一线的人员加

2010 年 10 月，科学杂志总编辑、美国国家科学院院士布鲁斯·艾伯茨博士在学校发表主题演讲

人，以打消人们对转基因作物的疑虑。”

随后他与学校相关领域的知名教授、中青年教师10余名代表座谈。圆桌会议上，艾伯茨博士就学校学者向*Science*投稿提出了自己的忠告：论文题材不应太窄，要富有创新性，在某个领域能引起人们思考。他笑言：“中国的年轻学者对老师太尊重了，挑战权威的魄力可能就不够。”会后，艾伯茨博士欣然为《华中农业大学学报》和《华中农业大学学报》（社会科学版）题词。

11日下午两点半，湖北省省长李鸿忠在武昌东湖宾馆会见了艾伯茨。接着，艾伯茨博士参观了学校作物遗传改良国家重点实验室，与张启发院士交谈，并在办公室门外的“绿色超级稻的构想与实践”宣传展板旁合影。

晚七点半，艾伯茨在图书馆二楼报告厅面向学校师生和湖北科技界作了主题演讲，张启发院士主持演讲活动。面对着连过道都挤满观众的会场，他鼓励在场的科研人员：“要成为一个好的科学家，首先就要有科学的信念和信心，只有满满的自信才能保证自己不被科学探索之路上的难题压倒。”

艾伯茨博士在接受学通社记者采访时说：“我看到了这里（华中农业大学）有很多优秀的科研人员和人才，有超世界一流水平的转基因水稻研发团队。我这次行程中看到一个小册子，详细记录到农村推广科学技术的情况。能够到乡村去深入农民，进行科技传播，这是很了不起的。科学研究不能止步于实验室，而是要让技术更好地推广开来，让新技术惠及更多人，应用到实践当中去。”

生物技术与现代农业科普与传播研讨会由学校和中国科学院《科学新闻》杂志社联合主办，是国内首次以现代生物技术的科学普及与传播为主题，科学家、媒体、管理机构、消费者共同参加的学术对话与研讨。100余名国内外相关领域的知名科学家，农业与食品安全管理专家，相关领域的资深媒体人士和环保团体参会，其中还包括20家国内主流媒体的资深科学记者。与会者围绕共商“生物技术与现代农业：科普中的对话”主题进行了为期两天的讨论。除了布鲁斯·艾伯茨博士的主题报告外，中国科学院院士、北京大学原校长许智宏，中国科学院院士张启发，英国Sussex大学环境政策高级研究员Erik Millstone，中国科学院农业政策研究中心主任黄季焜，中国疾病预防与控制中心研究员杨晓光，*Science*杂志亚洲编辑Richard Stone等就“中国转基因水稻研发现状”“科学证据在转基因食品决策中的应用、理解和传播”“转基因食品健康安全的研究”“与转基因和食品安全有关的媒体活动的争议：现状和挑战”等具体议题做大会报告。

二、2016年诺贝尔化学奖得主索维奇来访

2018年4月16日下午，诺贝尔化学奖得主让－皮诶尔·索维奇（Jean-Pierre Sauvage）教授来校参加“庆祝建校120周年诺奖学者进校园”活动，以“生物与化学中的分子机器”为题作学术报告，并受聘为学校名誉教授。校长邓秀新院士致欢迎辞，并为其颁发聘书，副校长张献龙教授主持报告会。

让－皮诶尔·索维奇是著名的化学科学家，法兰西科学院院士、欧洲科学院院士、法国斯特拉斯堡大学名誉教授，主要从事机械立体化学研究，是超分子拓扑化学物研究的开拓者。他开发了分子识别与组装过程中模板合成机械互锁型分子的方法，推动了该领域的发

2018 年 4 月，索维奇教授报告现场

展。因在分子机器设计与合成方面的突出贡献，让－皮诶尔·索维奇获得 2016 年诺贝尔化学奖。

在报告中，索维奇教授由两个简单的例子引入分子拓扑学和分子机器的概念。随后，他介绍了其团队由 1983 年索烃的合成突破，到后来轮烷、分子马达的研究，一步步实现分子运动的可控性，将分子机器的设计与合成变为现实的研究历程。索维奇教授还展望了分子机器在电子储存器、模拟生物马达等研究领域的潜在应用。

报告最后，索维奇教授展示了获得诺奖的美丽花絮，以此来激励在场师生以追求创新为人生目标，勇于探索魅力无限的学术生涯。

来校期间，索维奇教授与学校师生热烈互动，参观了作物遗传改良国家重点实验室、理学院，考察了校园环境，并欣然为学校 120 周年校庆题词。

第八章　获批我国首张主粮转基因安全证书

2009 年 11 月，学校转基因抗虫水稻获农业部颁发的中国首张主粮转基因安全证书。此后，转基因争议逐渐演变为了持续的公共话题。学校践行"科普是科技创新的两翼"精神，充分整合学科资源，进行一系列以转基因技术科普为主要内容的科学传播活动，回应公众重大关切。

第一节　两次获批转基因安全证书

2009 年 11 月 13 日，农业部科技教育司副司长石燕泉等专程到华中农业大学作物遗传改良国家重点实验室，向张启发等人颁发了"转 *cry1Ab/cry1Ac* 基因抗虫水稻华恢 1 号在湖北省生产应用的安全证书"和"转 *cry1Ab/cry1Ac* 基因抗虫杂交稻组合 Bt 汕优 63 在湖北省生产应用的安全证书"。这是中国首次颁发的首张主要粮食作物的生产应用安全证书。此前，只有转基因棉花、木瓜等极少数作物获准在国内进行大规模生产。

2009 年 11 月，农业部科技教育司领导向学校颁发转基因抗虫水稻安全证书

获得安全证书的两个品系采用基因枪介导的共转化技术，受体品种为明恢 63，使用的外源基因是人工合成的 *cry1Ab/cry1Ac* 杀虫基因。该类水稻能够高效杀死二化螟、三化螟和稻纵卷叶螟等鳞翅目类害虫，减少农药 8 成以上使用量，增产 8% 左右。稻纵卷叶螟、二化螟和三化螟等鳞翅目害虫是水稻生产上的主要害虫，是目前导致水稻减产的主要原因之一。水稻中至今未发现能够有效抵抗此类虫害的育种资源。*cry1Ab/cry1Ac* 杀虫基因是一种苏云金芽孢杆菌（*Bacillus thuringiensis*，BT）的基因。早在 1901 年，人类就发现了这种细菌。其窄谱杀虫活性，对环境友好、对人体安全，已被广泛安全应用超过半个世纪。

水稻团队研发转基因抗虫水稻始于 1990 年代初。两个品系的转基因抗虫水稻 1999 年通过成果鉴定后，开始了长达 11 年的安全评价过程，评价内容主要包括食品安全性和环境安全性。经过中间试验、环境释放、生产性试验后，2004—2005 年，农业部转基因生物安全检测机构对转基因水稻的抗虫性进行了检测验证；2007—2008 年对其分子特征、环境安全和食用安全的部分关键指标进行检测验证。此后农业部组织安委会进行了安全评审和审批，2009 年 8 月 17 日，农业部批准了转基因抗虫水稻在湖北省生产应用的安全证书，其商品名为“华恢 1 号”（恢复系亲本）和“Bt 汕优 63”（杂交组合）。证书有效期到 2014 年 8 月 17 日。

在“绿色和平组织”等社会团体介入下，转基因在公众中引起了很大争议，对转基因抗虫水稻的研发和应用造成了严重干扰。在安全证书的有效期内，两个品系未能进行商业化生产。水稻团队向农业部提出了两个品系安全证书的续申请，后续申请中进一步充实了环境安全评价数据，增加了两代动物繁殖试验数据，进一步证实两个品系生产应用的安全性。

2015 年 1 月 4 日，学校水稻研究团队收到由农业部颁发的“转 *cry1Ab/cry1Ac* 基因抗虫水稻华恢 1 号在湖北省生产应用安全证书”（农基安证字（2014）第 29 号）和“转 *cry1Ab/cry1Ac* 基因抗虫水稻 Bt 汕优 63 在湖北省生产应用安全证书”（农基安证字（2014）第 30 号），安全证书的有效期为 2014 年 12 月 11 日至 2019 年 12 月 11 日。

2018 年 1 月 20 日，美国食品药品监督管理局（FDA）公布其对学校提交的转基因抗虫水稻“华恢 1 号”安全性和营养评价报告咨询的卷宗及相关信函，通知学校已完成对“华恢 1 号”安全性评价的咨询。根据该函件，FDA 认同学校提交的关于“华恢 1 号”的安全性评价的资料，认为来源于“华恢 1 号”稻米无论是作为人类食品还是动物饲料在安全性、营养成分、抗营养因子等各种相关参数与原品种无实质差异。

美国转基因产品的入市主要受 3 个部门监管，即食品药品监督管理局（FDA）、环境保护局（EPA）以及农业部（USDA）。FDA 主要负责上市前的自愿咨询程序。企业为了其产品能够得到消费者的认可，一般都会与 FDA 进行上市前的咨询程序。EPA 负责确定转基因产品中外源目标成分的允许残留限量以及接触允许残留限量。此前，学校咨询了 EPA，EPA 在给学校的回信中申明：“华恢 1 号”所含的 Cry1Ab/Cry1Ac 蛋白质适用联邦管理法规环境保护法 40 CFR 174.510 法条中对 Cry1Ac 的残留限量豁免。EPA 所说的残留限量是指杀虫剂等在食品和饲料中允许的最大残留值，而残留限量豁免是指不需要设定最大残留值，回信中提到对“华恢 1 号”所含有 Bt 蛋白质的残留限量豁免，即不设最大残留量，并免于在 EPA 登记。USDA 管理转基因作物在美国的种植。如果“华恢 1 号”水稻要到美国种植，则需要 USDA 的审批。

转基因抗虫水稻“华恢 1 号”通过了美国 FDA 和 EPA 的安全性审查程序，意味着“华恢 1 号”大米及其制品已可以出口美国，进入其市场并面向普通消费者直接销售。这也表明我国检测机构对“华恢 1 号”水稻进行的食用饲用安全评价以及营养评价的实验方法和数据，得到美国相关机构的完全认可。

第二节 转基因科普工作

2009 年获批转基因抗虫水稻安全证书后，转基因争议逐渐演变为了持续的公共话题。学校一直践行“科普是科技创新的两翼”精神，整合作物遗传改良国家重点实验室、生命科学技术学院、国家农业生物技术科普基地、生物科学传媒中心等机构与国内主要生物技术研发单位紧密合作，充分整合学校生物学、法学、传播学等学科资源，进行一系列以转基因技术科普为主要内容的科学传播活动，回应公众关切。

这一时期的主要工作有：组建科普专家团主动发声。张启发、郑用琏、林拥军、彭光芒、刘旭霞等专家主动发声，以举办公益报告、领导机关讲座、公开品尝转基因大米饭、接受媒体采访等多种方式对社会上关于转基因技术安全性质疑及时正面回应，坦诚与公众沟通。从 2009 年至 2016 年以后在全国 40 多个县市举办百余场讲座，受众超过 10 万人。2012 年，作为发起单位之一成立全国农业生物技术科学传播平台，1 人受聘为平台专家。

细分受众，针对重点人群精准科普。以青少年与媒体记者为重点人群，开展多层次科普活动。2010 年起，坚持每年与武汉晚报联合举办“寻找未来科学家班”，每届吸引数百个中小学生家庭参加，通过指导中小学生亲自动手栽培转基因水稻、提取 DNA 等多种充满趣味的科学探索活动，努力拉近生物科技与公众心理和生活的距离。组织大学生科普志愿服务队，在 15 省（区、市）开展宣传调研。2010 年，举办生物技术与现代农业科普与传播研讨

2010 年 4 月，张启发院士参加“小谷围科学讲坛”为公众开讲转基因

2010 年 9 月，首届“寻找未来科学家”班学员及家长参观学校转基因实验室

会，并邀请 *Science* 杂志主编、美国国家科学院前院长布鲁斯·艾伯茨博士参会发表主题演讲等。2011 年，承办“十一五”国家重大科技成就展和在北戴河、长沙等地举行的全国巡回展转基因展区，多位国家领导人和逾 10 万各地群众参观。2014 年，主编转基因科普传播手册，举办全国媒体转基因报道研修班。2016 年，举办《永续农耕——作物遗传育种史与转基因科普展》。

开展科学传播理论与实务研究，开拓新媒体科普阵地。针对新媒体环境下的生物技术传播问题开展理论研究，在《新闻与传播研究》等权威期刊发表论文 5 篇。开设“种田农民”博客、“寻找未来科学家班”博客等，充分利用微博、微信和手机客户端等媒体形态，组织适合碎片化传播的科普内容进行“微传播”。设计转基因卡通形象代言人、科普扑克牌获国家专利。组织编写了《转基因十问》等科普手册，编写的《转基因作物与我们的生活》获湖北省优秀科普作品奖。

学校水稻团队专家为推进转基因生物育种，促进我国种业发展积极建言献策。2009 年和 2014 年，张启发院士先后牵头主持“转基因生物技术研发与产业化可持续发展研究”“全球转基因农作物发展现状和未来展望国际研讨”两项中国科学院咨询项目，提出要从国家粮食安全的战略高度，抢抓机遇推进转基因生物育种成果的产业化，做大做强中国种业。2013 年，张启发院士还联合 61 名院士上书国家领导人，呼吁积极稳妥推进转基因产业化，得到党和国家领导人回应。

2010 年设立的国家农业生物技术科普基地，获全国优秀科普基地、湖北省“十二五”科学素质工作优秀组织单位，2015 年获中国科协批准续建。“科学普及助力生命科学创新”入选 2016 年启动的全国第四轮学科评估学校生物学社会服务典型案例。

第九章　获评全国文明单位与全国文明校园

第一节　连续三次荣膺全国文明单位

全国文明单位是全国企事业单位的最高荣誉之一，由中央文明委组织评选，每两年申报评选一次。2008 年 4 月 22 日学校召开创建全国文明单位工作座谈会，会议指出："文明创建要成为推动学校事业发展的强大精神动力和思想保证，要让全校师生在文明创建中切切实实得到实惠"。此后，5 月 5 日的校党政联席办公会、5 月 8 日的各单位主要负责人会议、6 月 19 日的党委理论学习中心组扩大会议、7 月 7 日的暑期中层干部学习研讨班等各级会议均以"文明创建"为主题进行了专门研讨。

与此同时，学校成立由学校党委书记和校长任主任的精神文明建设指导委员会，建立校、院两级领导干部文明创建工作责任制。文明创建工作专项经费逐年增加，制订实施《华中农业大学创建全国文明单位暨迎接武汉市争创全国文明城市的活动方案》等制度近 40 项。将 2008 年 5—7 月定为学校文明创建季，集中组织开展一系列师生文明创建活动，内容包括礼仪教育、文明养成、校园卫生安全环境整治、校园形象识别系统的清理规范以及爱心帮扶活动等，并深入开展"我为创建加一分"的主题活动，师生文明创建知晓率和支持率均接近 100%。"软环境也是硬实力"成为广大师生普遍共识，挖掘和弘扬大学精神和大学文化成为师生强烈的精神需要。

2008 年 7 月 22 日，经湖北省精神文明建设指导委员会组织评审并经中共湖北省委常委会讨论批准，湖北省拟推荐申报的 43 个全国文明单位进入公示期。学校榜上有名，成为湖北省推荐申报全国文明单位的唯一高校。

2008 年 10 月 2 日当晚数万人参加了校庆之夜活动，现场秩序井然，气氛欢快祥和。22 点活动结束后，广场和主干道干净如常，没有留下垃圾杂物，现场开放的绿化带没有出现损坏践踏，充分诠释了文明华农的魅力。

2009 年 1 月 20 日上午，全国精神文明建设工作表彰大会在北京隆重举行。华中农业大学荣膺全国文明单位，校党委书记李忠云赴京参加表彰大会并作为高校唯一代表上台领奖。此次评选表彰的全国文明单位共 1 343 个，湖北地区高校仅华中农业大学一所。

2011 年 7 月，学校作为湖北省高校唯一的第二批全国文明单位接受复查考核，2012 年顺利成为第三批全国文明单位。省文明办负责同志对学校的文明创建工作给予高度评价，认为学校高度重视文明创建工作，树立新理念，形成“人人讲文明，事事创文明，处处见文明”的创建工作新格局；推行新举措，加强学术活动的制度文明建设，加强文明创建的社会辐射，加强文明创建中的党组织建设；大学文化认同达到新层次，和谐师生关系步入新阶段，先进典型培育取得新进展；“五色校园”文明创建工程取得新成果，红色校园耀眼夺目，金色校园成果斐然，蓝色校园健康清新，绿色校园生机盎然，橙色校园舒适温馨。2015 年 3 月 31 日，湖北省深化精神文明创建工作会议上宣布，学校学校已通过全国文明单位复查，第三次荣膺“全国文明单位”称号。

第二节　获评全国文明校园

2017 年，根据《教育部　中央文明办关于深入开展文明校园创建活动的实施意见》的文件精神和中央文明委《全国高校文明校园测评细则》的工作要求，学校积极参与首届全国文明校园的申报工作。在学校领导高度重视、校内广泛动员、各单位协同联动、全体师生员工共同努力下，学校凭借在文明创建方面扎实的工作基础和学校师生广泛的认同感，学校的自查报告和各单位提供的支撑材料得到专家考评组的肯定与认可，最终通过中央文明办会同教育部严格审核，学校获评首届全国文明校园。

2017 年 11 月 17 日，全国精神文明建设表彰大会在京举行。会前，中共中央总书记、国家主席、中央军委主席习近平亲切会见参加大会的新一届全国文明城市、文明村镇、文明单位、文明校园、未成年人思想道德建设工作先进代表和全国道德模范代表。中共中央政治局常委、中央文明委主任王沪宁参加会见并出席表彰大会。会上，中央政治局委员、国务院副总理刘延东宣读表彰决定，华中农业大学荣获首届全国文明校园称号。

第十章　举行建校 110 周年校庆与迎接建校 120 周年校庆

第一节　举行建校 110 周年校庆

2008 年，华中农业大学迎来了建校 110 周年华诞。百年校庆后的 10 年，我国经济社会跨越新世纪，高等教育迅猛发展，学校抓住实施科教兴国、人才强国的历史机遇，整体建制划转教育部直属管理，跻身“211 工程”整体建设行列，逐步摆脱了办学资源匮乏局面，各项事业进入了发展快车道。

建校 110 周年校庆筹备工作始于 2007 年初。经多方反复讨论，学校确定了“隆重、务实、俭朴、高效”的校庆工作原则，纪念系列活动以学术为魂、文化活动为载体，主要目的是凝聚人心、积淀校园文化。2007 年 9 月 26 日，学校发布通知，成立华中农业大学建校

2008 年 10 月 2 日，庆祝建校 110 周年大会现场

“校庆之夜”火把巡游点火仪式

800 名学子手举火把在校园巡游

“心手相印”万人手印长卷仪式

110 年校庆之夜的广场

110 周年校庆筹备委员会及其工作机构，校党委书记李忠云、校长邓秀新担任校庆筹备委员会主任，周承早任筹备委员会办公室主任。设综合组、秘书组、校友联络组、文化宣传组、学术交流组、工程项目组等 6 个工作小组。此后，学校又陆续发布了《华中农业大学 110 周年校庆活动方案》，推出“花开一百一十季　情传无限山水间”主题口号、校庆 LOGO 和校庆专题网站。2008 年 8 月 29 日、9 月 3 日，相继在《中国教育报》《光明日报》头版上刊载了校庆公告。

2008 年 9 月，出版《华中农业大学校史（二）》，推出校报校庆特刊，总结回顾学校发展历程尤其是近十年建设发展成果。学校邀请武汉乐团对校歌进行专业编排，完成校歌管弦乐总谱的编写，录制校歌大合唱版、伴奏版、管弦乐演奏版；完成校庆邮册和画册的设计和制作；调整和充实校史馆资料和展品。

北京、上海、广州、云南、河南等地 29 个校友（联谊）会相继成立。校庆牵动着海内外校友的心，学校收到了校友捐赠的历史文献，二十四节气柱、校友林等景观设施，以及奖助基金，成立了合作研究机构。9 月 25 日，武汉市台湾事务办公室文宣处处长任健代表 20 名台湾老校友献上“大哉华农，百又十庆，作育英才，日新又新”的牌匾，表达对母校最诚挚的祝福。湖南校友会捐赠了校庆之夜的焰火晚会。

2008 年 10 月 2 日校庆日前后的校园，处处绽放鲜花，飘扬彩旗，洋溢着节日喜庆的氛围。在引用灯笼、彩虹门、气球等传统节庆元素的同时，对学校标志性科研成果进行卡通艺术设计和展现；在校门、广场、体育馆等重点场所，设计布置了象征学校“五色校园”文明创建成果的 5 色落地巨型气球；寓意人才辈出、“群星璀璨”的星型氢气球群和校庆“110 模型”将狮子山广场装饰一新。在学校老宿舍旁的栏杆围墙上布置了学校不同历史时期毕业生合影的老照片墙。

10 月 2 日上午 10 时，华中农业大学庆祝建校 110 周年大会在学校体育馆隆重举行。中央政治局委员、国务委员刘延东发来贺信，向全体师生员工和海内外校友表示热烈祝贺。湖北省常务副省长李宪生出席校庆典礼并致辞，教育部副部长陈小娅、湖北省副省长汤涛、湖北省人大副主任刘友凡、副省长郭生练、湖北省政协副主席周宜开等出席。

曹文宣院士和学校培养的院士张启发、陈文新、邓子新、刘更另、傅廷栋、范云六、熊远著、陈焕春、邓秀新等出席庆典。学校校友，农业部原部长陈耀邦，科技部原副部长韩德乾及各地校友代表，上海交通大学、中国农业大学等 83 所兄弟院校领导，新华社、人民日报、光明日报等 20 余家新闻媒体记者，在校工作过的历任老领导、历届校友、各界来宾代表共计 3 000 余人参加了庆典。

党委书记李忠云主持了庆典。会上，教育部副部长陈小娅宣读了中共中央政治局委员、国务委员刘延东的贺信。刘延东在贺信中说：

“值此你校建校 110 周年之际，谨向全校师生员工和海内外校友致以热烈祝贺！建校一百多年来，华中农业大学秉承‘勤读力耕，立己达人’的校训，勤俭办学，艰苦奋斗，形成了‘团结、勤俭、求是、奋进’的优良校风。新中国建立以来，特别是改革开放以来，学校坚持社会主义办学方向，认真贯彻党的教育方针，扎实工作，锐意进取，教育质量和办学水平不断提高，科研实力和社会服务能力明显增强，为国家培养了大批优秀人才，为经济社会发展和服务‘三农’做出了重要贡献。”

“解决‘三农’问题是国家工作的重中之重，教育是国家发展的基石。希望你们高举中国特色社会主义伟大旗帜，深入贯彻落实科学发展观，紧密结合我国农业现代化建设战略需求，突出特色，弘扬传统，深化改革，努力培养大批农业科技人才，创造和推广更多的高水平农业科技成果，为夺取全面建设小康社会新胜利，为中华民族的伟大复兴做出新的更大的贡献！”

校长邓秀新在致辞中回顾了学校 110 年来的办学历程，提出“争取到建校 120 周年把学校建设成为整体水平国内一流、优势学科达到国际先进水平、特色鲜明的高水平研究型大学。”

中共湖北省委常委、常务副省长李宪生致辞。教育部原副部长、中国高等教育学会会长周远清，武汉市委秘书长彭丽敏，中国农业大学校长柯炳生教授等先后在庆典上致辞。

校友代表、中国科学院院士、上海交通大学生命科学技术学院院长邓子新教授，教师代表、中国科学院院士、华中农业大学生命科学技术学院张启发教授致辞。邓子新说，“每个校友的人生旅程中，母校永远是我们感念的心灵港湾，永远是我们景仰的精神家园，永远是我们奋发进取的不竭动力，永远是我们事业发展的坚强后盾”，“为母校争光添彩已成为自己毕生的自觉行动”。张启发说，“华中农大 110 年，是华农人勤读力耕的一副画卷，是华农人立己达人的一首赞歌，是华农人宏农学、扬国光的一部史诗”，“此时此刻，我怀着一份深切的感恩之心，感激培养我的学校和教育我成长的一代代的老师”。在校学生代表，华中农业大学 2007 级农业经济管理专业硕士研究生闵锐在会上发言，表示要用青春书写学校灿烂未来。

会上还宣读了国家教育部、国家农业部的贺信。

10 月 2 日下午，陈文新、范云六、邓子新、陈焕春等 4 位院士校友共同出席“微生物学科院士论坛”并做了报告。10 月 1 日到 10 月 3 日，学校共举办化学生物学前沿展望学术报告会、生物技术产业高峰论坛、水产发展研讨会、中央农业干部教育培训中心华中农业大学分院成立 30 周年庆典暨现代农业与新农村建设论坛、土壤科学前沿学术报告会、现代农业与继续教育发展论坛、农业工程论坛、“科学发展与高校管理”论坛、公益与绿色植保研讨会、畜牧兽医科技前沿进展报告会等 33 场学术报告，主题涵盖农、理、工、文、法、经、管等多个学科，较好地贯彻了校庆学术为魂的原则。

10 月 2 日下午，学校相继举行著名微生物学家和农业教育家陈华癸院士、著名真菌学家杨新美教授、著名农业经济学家沈达尊教授塑像揭幕仪式。在青年湖畔，举行了校友林揭幕仪式；在人文社科楼与图书馆建筑群南面，举行了二十四节气柱奠基仪式。

当晚举行了“薪火相传 · 心手相印”校庆之夜晚会，活动内容包括火把巡游、焰火晚会、激光表演、广场文艺演出、广场电影、广场舞会等。全场数万名校友、师生和社会各界人士参加校庆之夜活动。

校庆之夜晚会上，校党委书记李忠云、校长邓秀新、傅廷栋院士等在主楼前点燃火把，800 名学子手举火把在校园内巡游，最后回归狮子山广场，在师生中选出的 22 名点火手依次点燃矗立在广场上、象征华农 110 周年辉煌历程的 11 座火炬塔。“心手相印”万人手印长卷活动仪式上，曹文宣、傅廷栋、张启发、陈文新、邓秀新、邓子新、刘更另、范云六、熊远著、陈焕春 10 位院士们在布幅上印下手印并签名，向现场观众展示。晚会结束后，手印长卷由校史馆永久收藏。北京电影制片厂根据 2004 年感动中国人物徐本禹的经历改编拍摄的电影《燃情岁月》也于当晚在狮子山广场首映。

校庆之夜晚会吸引武汉市民从四面八方聚集到狮子山，110 周年校庆也成为市民的节日。有媒体估计，校庆之夜到场的市民、校友超过了 10 万人。活动规模之大在学校历史上前所未有。

新华社等众多媒体大篇幅报道了校庆活动。其中，中国青年报刊登的《华中农业大学：花开一百一十载》一文中首次提出“不张扬、不浮躁、不盲从”的华农品格。

10 月 31 日，学校举行 110 周校庆工作总结表彰。植物科学技术学院等 12 个单位获建校 110 周年校庆工作先进集体单位称号，彭光芒等 60 人获建校 110 周年校庆工作先进个人称号，魏丹丹等 102 名志愿者获建校 110 周年校庆工作优秀志愿者称号。

第二节　迎接建校 120 周年校庆

“十三五”以来，学校开始谋划建校 120 周年“双甲子”校庆。在校园基本建设、自然村拆迁、道路管网建设、校园环境建设、有关楼栋维修等方面做了系列工作；围绕国内外各级校友会建设、校友联络、优秀校友事迹整理宣传、学校办学历史及文化传承研究等方面做了大量基础性工作。2017 年，学校将 120 周年校庆正式提上工作日程，多次召开专门会议，广泛走访各地校友，共同研究谋划校庆工作。

2018 年 1 月 29 日，学校发布 120 周年校庆工作方案，成立 120 周年校庆工作委员会，校党委书记高翅、校长邓秀新同志任主任委员，李忠云同志任顾问，其他学校领导任副组长，各单位负责人、部分校友会负责人为委员，全面领导校庆工作，决策校庆重大事项。委员会下设校庆办公室，成立综合事务、文史材料、校友联络、文化宣传、学术交流、校园建设、捐赠筹资、志愿服务、后勤保障、安全保卫等 10 个工作组。校庆工作动员部署大会后，全校各单位、各系统的校庆工作迅速展开，各学院成立由主要领导牵头负责的校庆工作专班，结合各自实际制订学院工作方案、制订了校友联络日程表、确定了校庆特色活动路线图，10 个工作组进一步细化工作方案，各项工作有序展开。3 月中旬，学校领导到每个学院现场办公，专题研究、全面推进校庆工作。3 月下旬，各工作组及职能部门领导召开校庆工作进展交流会。

遵从“育人为本，崇尚学术”的办学理念，学校确立学术校庆、人文校庆、校友校庆的主基调，提出“学术主导、文化传承、隆重喜庆、雅致简朴”原则，按照“学术活动重品质，文化活动重品位”的要求，开展一系列学术文化活动，重点邀请国内外院士和各领域顶尖学者来校开展学术交流和学科建设发展咨询活动，通过“双甲子”校庆助力“双一流”建设。2018 年 3 月至 6 月，相继举行了中国规模猪场智造论坛、作物科学高端论坛、整合生物学前沿论坛等高层次学术活动，至 6 月底，已举办 110 余场学术报告，两个月内到校讲学的国内外院士 14 人次。

4 月 16 日下午，诺贝尔化学奖得主、法兰西科学院院士、欧洲科学院院士、法国斯特拉斯堡大学名誉教授让 – 皮诶尔・索维奇（Jean-Pierre Sauvage）教授来校参加“庆祝建校 120 周年诺奖学者进校园”活动，以“生物与化学中的分子机器”为题作学术报告，并受聘为学校名誉教授。学校还与 *Nature* 等世界顶尖学术期刊开展合作。

建校 120 周年校庆贯穿全年，校庆活动以二十四节气为主线进行安排。2018 年 2 月 4 日立春时节正式发布了校庆一号公告、专属标识和主题网站，当天即有 10 万以上人次点击阅览，广大校友留下了感人的感悟与祝福。全年文化活动持续、立体、全景展现学校的文化积淀和社会贡献，如“百廿校庆时令芳华”系列活动、“百廿校庆悦雅之行”系列活动、“百廿校庆激越之行”系列活动、“百廿嘉年华”系列活动等。在雨水、惊蛰、春分等节气中，学

2018 年 4 月，中央歌剧院“激情燃烧的岁月・世界经典歌曲音乐会”现场

校向师生送春福，发布校史文化《耕读遗珍》读本，开展阳光体育运动活动，面向在校生启动“爱校荣校兴校”主题教育，举办名家摄影展、“礼敬先贤雅士”、中央歌剧院《激情燃烧的旋律·世界经典歌曲音乐会》华农校庆专场、爱乐狮山交响音乐会、“耕读百廿”书画艺术展等各类活动。校庆日将举办“百廿嘉年华”主题活动。各学院积极行动，走访联络各地校友工作，部分学院成立了行业产业校友联络组织。

第三篇

学院（部）发展简况

第一章 植物科学技术学院

2008年以来，学院弘扬“艰苦奋斗、团结协作、理论联系实际”的优良传统，坚持“学术立院、科技兴院、人才强院、特色建院”的办学思想，提出了“复兴作物学科，振兴植保学科”的战略目标，凝心聚力，攻坚克难、锐意进取，各项事业快速发展。

学院设遗传育种与种子工程、农学和植物保护共3个系，有作物栽培、生态耕作与气象、植物生理生化、遗传、育种、种子科学与工程、植物病理、昆虫、农药、应用真菌、药用植物和作物信息学等12个教研室，现有作物学、植物保护2个一级学科博士点、2个博士后科研流动站，开设农学、植物保护、植物科学与技术、种子科学与工程4个本科专业。学院现有教职员工204人，其中专任教师166人，教授（研究员）73人，副教授（副研究员）70人，讲师23人。共有全日制在校本科生1650名，研究生1267名，留学生127名。

一、学科专业建设

2008年以来，学院持续加强学科建设。作物学曾被评为国家一级重点学科、国家“211工程”第三期重点建设学科、湖北省高校优势学科；植物保护曾是湖北省一级重点学科，植物病理学、农业昆虫与害虫防治曾是湖北省高校特色学科。学院注重新兴学科的培育，自主设置植物检疫与生物入侵、药用植物学、作物生物技术、种子科学与技术、应用真菌学等5个二级学科和生物质能1个交叉学科。

作物学和植物保护2个一级学科的交叉、融合，学科的综合实力和核心竞争力得到进一步提升。作物学学科围绕国家重大需求，面向行业主战场，巩固和提升主要作物研究优势和特色，形成了“作物种质资源创新与利用”“作物遗传学与基因组学”“作物育种理论、方法与实践”“作物高产高效栽培与可持续耕作制度”等4个主要研究方向。植物保护学科立足于现代农业产业发展需求，开展植保相关基础及应用研究，形成了“作物与有害生物互作机制”“作物病虫害综合治理”“农药毒理学及有害生物抗药性”“应用真菌基础及关键技术开发”等4个主要研究方向。两个学科为学校植物学与动物学进入ESI全球排名前1‰、农业科学进入ESI全球排名前1%做出了重要贡献。

2012年学院圆满完成“211工程”三期建设项目总结验收工作，作物学、植物保护2个学科通过了学校和教育部组织的考核评估；2012年教育部第三轮学科评估中，作物学排名全国第3，植物保护排名全国第7；2017年教育部第四轮学科评估中，作物学入选A−行列，植物保护入选B+行列。

二、师资队伍建设

近年来，通过培养、引进等多种途径，学院师资力量不断发展壮大，组成了一支以院士、“千人计划”、“长江学者”、“国家杰出青年基金”获得者、“国家教学名师”领衔的高水平教师队伍。学院现有中国工程院院士、发展中国家科学院院士 1 人；“千人计划”特聘专家 1 人，“青年千人”2 人；“长江学者”特聘教授、讲座教授 8 人；“国家杰出青年基金”获得者 2 人，“国家优秀青年基金”获得者 3 人；“国家教学名师”2 人；“万人计划”专家 5 人；“新世纪百千万人才工程”4 人；中国科学院“百人计划”1 人；学院建有国家级教学团队 2 个。

先后聘请中国工程院院士吴孔明、喻树迅、黄璐琦等担任学院兼职教授，聘请了澳大利亚南十字星大学 Graham King 教授、加拿大萨斯喀彻温大学 Yangdou Wei 教授、韩国东亚大学 Byung Rae Jin 教授等 11 名专家为学院“楚天学者”讲座教授，其中，Byung Rae Jin 教授因贡献突出荣获湖北省政府在鄂工作外国专家最高荣誉“编钟奖”（2011 年）。

三、人才培养

学院秉承“手脑并用，知行合一”的办学理念，围绕培养学生“爱农的情怀、兴农的使命、强农的能力”，坚持“科教融合、协同育人”，不断探索出实践育人新路径。

2011 年起学院承办国家人才培养模式创新实验区“张之洞班（农科）”，同时学院实施“本 – 硕 – 博”贯通培养拔尖创新人才“硕彦计划”，启动校企共同培养农业产业创新创业领军人才的“硕果计划”。2014 年农学、植保专业分别获批国家首批卓越农林人才拔尖创新型和复合应用型试点专业；2017 年农学、植保专业作为首批试点，通过国家本科专业认证。

学院紧紧围绕“让学者走进学生，增进师生交流；让学生走进学者实验室或团队，实现个性化培养”的目标和任务，以加强师生面对面交流为基础，突出学术实践活动的推进和学术文化育人机制的保障，构建独具特色的“问学 +”师生交流平台和育人文化。围绕“问学 +”平台，拓展育人思路，先后举办院士、“千人计划”专家、“长江学者”和“国家教学名师”走进“问学斋 · 迎新专场”7 次。“问学斋”至今已开展活动 200 余期、“三农讲坛”学术交流 300 余期、作物科学和植物保护高端讲坛 34 期，同时举办以“昆虫分类比赛”“昆虫标本制作大赛”“昆虫宴”“植物标本制作大赛”“专业行业产业知识竞赛”等为主题的植保专业技能大赛和作物学技能大赛，提升学生实践能力。“问学 +”平台育人工作 2013 年入选教育部青年教师教书育人工作案例，2015 年入选湖北省学生研究会学生工作案例。2016 年教育部思想政治司工作总第 1 259 期简报以“问学斋”“硕彦计划”等工作为主体，专题报道学校发挥专业教师在大学生培养中重要作用的做法。中央电视台、中国教育报等媒体，都分别对本成果进行了报道。

良好的教风学风推动学院涌现了一批先进典型，傅廷栋院士（2009 年，首届）、曹凑贵教授（2012 年，第二届）、姜道宏教授（2014 年，第三届）、彭少兵教授（2016 年，第四届）先后荣获“学校师德标兵”称号，张献龙教授 2014 年荣获“湖北省师德标兵”称号，彭少兵教授 2017 年荣获“湖北省师德先进个人”称号，2014 级农学专业本科生张振华获评“中国大学生创业英雄年度 10 强”，2012 级植保专业本科生郑宏运获评“湖北省优秀共青团员”。

2008 年以来，学院建设国家级精品视频公开课 2 门，国家级精品资源共享课 7 门；主编出版教材 17 部，其中国家级“十二五”规划教材 4 部、农业部“十二五”规划教材 1 部、高等教育出版社和科学出版社“十二五”规划教材 12 部，主编出版的《植物生理生化实验原理和技术（第 2 版）》和《作物栽培学》先后入选国家普通高等教育精品教材。先后投入近 400 万元对校内基地进行建设、维护，改造、升级了基地灌溉系统，打造校内“现代农业园”“生态农业园”和“科技示范园”，建成国家级作物学实验教学示范中心 1 个，湖北省实验教学示范中心 1 个。校外的武穴市、黄冈市农业科学院实验实习基地获批教育部农科教合作人才培养基地，武穴市实验实习基地获批国家农业科技创新与集成示范基地，鄂州现代农业科技试验示范基地成为学院核心校外教学实习科研试验基地，与湖北省种子集团公司、湖北省农业科学院等企事业单位共建校外教学实习基地 35 个。2018 年学院与隆平农业高科技股份有限公司联合开办“隆平班”，并以此为依托，推进双方在大学生创业、课程体系改革和海外人才培养等多方面的合作。

四、科学研究与社会服务

学院围绕国家农业产业发展战略的重大需求，面向行业主战场，坚持“研究对准前沿、技术服务产业、推广扎根大地”的科研理念，推动产学研相结合。

2008—2017 年，学院先后承担“863 计划”、“973 计划”、“948 计划”、农业公益性行业专项、国家科技攻关、国家自然科学基金以及国际合作与交流项目、省部级科研课题等各类研究项目 2 944 项，批准经费达 121 605.44 万元。在油菜、水稻、棉花、玉米、麦类（大、小麦）、苎麻、食用菌等多种作物上育成新品种 114 个，其中 2013 年玉米新品种“华玉 11”技术转让费达 1 000 万元，创下学校当时单个品种转让费纪录。获授权专利 185 项。获国家科技进步特等奖 1 项（参与）、二等奖 6 项（主持 2 项、参与 4 项），国家技术发明二等奖 1 项（参与），主持或参与省部级科技奖励 61 项。累计发表 SCI 论文 1 610 篇，其中影响因子≥5.0 的 201 篇，单篇最高影响因子达到 31.477。创建高产高效栽培模式 5 套，推广各类高效栽培模式 1.5 亿亩，新增效益 120 多亿，机收再生稻丰产高效技术和灯光诱杀技术先后被农业部列为主推技术。

学院现有国家现代农业产业技术体系岗位科学家 14 位、湖北省“双百”计划岗位特聘人选 2 人、湖北省农业科技创新中心创新团队 1 个、湖北省产业体系创新团队首席专家 4 人。学院教职员工积极参与“脱贫攻坚”倡议、“一带一路”倡议、长江经济带等国家战略，累计参与培训基层干部、技术人员近万人次。学院向各级政府提交产业发展战略咨询报告 11 项，推动项目投资 2 亿多元。主持中国工程院《经济作物发展报告》，同时还参与了梨、食用菌、油菜和柑橘等国家“十三五”产业发展规划制订，多次就油菜籽进口检疫问题向农业部和国家质检总局提供咨询和技术服务。向习近平总书记提交的“主要农作物强优势杂交种创新计划”被列入国家重大研发计划。向湖北省委提交的“湖北省再生稻现状与推进发展的建议”得到时任省委书记李鸿忠同志的批示并立项。傅廷栋院士获评“中国种业十大功勋人物”（2014 年），傅廷栋院士、张献龙教授获评全国首届“创新争先奖”（2017 年），王沫教授（2013 年）、张献龙教授（2015 年）先后获评“湖北五一劳动奖章”。

学院致力于将优质的科研平台和科技资源转化为教学资源，实现科教融合，协同育人。拥有一批多学科、多层次的科研基地群，为人才培养提供重要支撑，包括作物遗传改良国家重点实验室、农业微生物学国家重点实验室、国家农作物分子技术育种中心、国家植物基因研究中心（武汉）、国家油菜工程技术研究中心、微生物农药国家工程研究中心、药用植物繁育与栽培国家地方联合工程研究中心（湖北）等 7 个国家级重点实验室与研发中心，油菜教育部工程研究中心等 14 个省部级重点实验室和研发中心以及 9 个校级研发中心，为学生实习实训和创新创业能力培养提供平台保障。2017 年，学校研究决定将在建的第三综合楼整体交由学院使用，第三综合楼建筑面积近 3 万平方米，拟于 2019 年交付使用。

五、开放办学与合作交流

学院先后与美国、加拿大、韩国等国家和地区的 100 多所大学、研究机构建立了长期稳定的科研、人才交流与培养合作关系。实施了 100 多项国外著名专家来院讲学和技术协作项目，获得了国家重大对外交流合作专项。与美国加州大学戴维斯分校等签订了学生交流、互换协议。多名专家在国际学术组织机构中任职，如国际油菜研究咨询委员会（GCICR）主席傅廷栋，国际油菜研究咨询委员会（GCICR）理事周永明、杨光圣，美国农学会（ASA）、作物学会（CSSA）资深会员彭少兵等。学院成功举办了全球气候变暖与水稻研究对策国际学术研讨会（2009 年）、国际生物质能与生物技术学术会议（2011—2017 年）、第十五届国际核盘菌研讨会（2013 年）、中加芸薹属基因组学和油菜遗传改良研讨会（2014 年）、国际棉花基因组大会（2014 年）、全球作物产量差国际学术研讨会（2014 年）、第四届国际真菌病毒学研讨会（2017 年）等国际性会议，承办第六届全国高校农学院院长年会（2012 年），举办了作物学、植物病理学、棉麻、食用菌、昆虫等学科领域的全国性、省部级学术年会和专题研讨会。

六、党的建设与管理服务

学院领导班子在学校党委的坚强领导下，紧紧围绕学校、学院中心工作，不断加强党的执政能力建设和党风廉政建设。高度重视领导班子建设和制度建设，坚持党委会、党政联席办公会和教代会制度，推进党务公开、院务公开，坚持每年举办学院发展研讨会，实现党委对学院事业的全面领导，教授参与学科建设和事业发展各方面工作。

学院曾被授予“全国教育系统先进集体”（2008 年）、“湖北省思想政治教育工作先进基层单位”（2009 年）和学校“精神文明单位”（2011 年）等荣誉称号。植物保护系教工党支部荣获“湖北省高等学校先进基层党组织”荣誉称号（2011 年），举办了《在全面深化教育改革实践中高扬鲜红党旗》展览，先后向中央组织部原副部长陈向群同志（2014 年 11 月）和教育部原党组副书记、副部长杜玉波同志（2015 年 4 月）汇报教工党支部建设工作。学院多次被学校授予先进基层党组织、学生工作和共青团工作先进集体、社会实践优秀组织单位、科技创新优秀组织单位，多次被评为英语学习先进集体、考研工作先进集体、考风考纪先进集体、军训工作先进单位、就业工作先进集体。

七、校友工作

学院先后输送毕业生 2 万余人，培养造就了一大批国内外著名的农业科学家和党政领导干部。学院高度重视校友工作，通过走访慰问和校友联络员制度，建立校友与母校的联系；发挥校友主动性，积极开展校友通讯录整理和校史编纂工作；通过校庆专题网站、校友 QQ 群和微信群等，实时传递校友关心的新闻和信息。为搭建校友交流平台、共同助力校友发展，学院于 2017 年 11 月成立了学院行业校友会，通过成立各地分会、开展优秀校友成长分享报告会、校友回家等系列活动，宣传校友典型事迹，营造浓郁的校庆氛围，召唤八方校友同回母校、共庆母校 120 周年华诞。

展望未来，学院将以改革创新为动力，以提升人才培养质量为根本追求，坚持走内涵发展的道路，持续推进制度文化建设，大力实施国际化战略，力争建成整体水平国内一流、优势特色领域国际一流的更高水平的研究型学院，为服务国家战略和社会经济发展做出更大的贡献。

第二章　动物科学技术学院/动物医学院

10 年来，学院师生积极弘扬“动科动医永争第一”的办学精神，坚持“创新、创造、创业”的办学理念和“有特色、高水平、研究型”的办学定位，主动适应经济社会发展新常态，大力实施“特色立院、质量立院、人才强院、科技兴院”战略，凝心聚力，不断推进特色鲜明的研究型学院建设。

学院设动物遗传育种学系、动物繁殖与特种经济动物学系、动物生产与畜牧工程学系、动物营养与饲料科学系、基础兽医学系、预防兽医学系、临床兽医学系、兽药科学系等 8 个系。现有在校学生 2 498 人（含留学生 64 人），其中本科生 1 410 人，硕士生 825 人，博士 263 人。在岗教职工 197 人，其中专任教师 155 人，中国工程院院士 1 人，教授 62 人、副教授 83 人、讲师 10 人。学院建立了“本－硕－博”的完备人才培养体系，设有动物科学和动物医学 2 个本科专业，拥有畜牧学、兽医学 2 个一级学科博士学位授权点，兽医博士 1 个博士专业学位授权点，畜牧学和兽医学 2 个博士后科研流动站，8 个二级学科博士学位授权点、硕士学位授权点，2 个专业硕士学位授权点。其中，动物科学和动物医学专业均为国家国家特色专业和湖北省品牌专业；畜牧学和兽医学一级学科均入选国家“双一流”建设学科，在全国第四轮学科评估中，均获评为 A+。

一、学科专业建设

学院坚持“强优支重、以重带新、协同发展、全面提升”的学科专业建设思路，主动对接国家战略与行业产业需求，积极谋划、凝练学科和专业方向，促进学科和专业交叉融合，扎实推进学科和专业振兴计划的落地实施。2008 年，动物科学实验教学中心被评为“湖北省实验教学示范中心”。2008 年，动物科学专业获批国家特色专业建设点立项，动物医学专业通过省级品牌专业验收。2009 年，动物医学专业获批国家特色专业建设点立项。2010 年，“动物科学战略性新兴（支柱）产业人才培养计划”项目获湖北省立项建设。2012 年，动物医学国家实验教学示范中心获批立项建设。2008 年和 2012 年，畜牧学、兽医学在教育部第二、第三轮一级学科评估中均位居全国前列。2013 年，畜牧学被评为“湖北省一级重点学科”，动物营养与饲料科学、临床兽医学获批“楚天学者计划”设岗学科。2017 年 9 月，国家“双一流”建设高校及建设学科名单公布，畜牧学、兽医学均入选“双一流”建设学科；同月，基本科学指标数据库（ESI）发布显示，学校植物学与动物学进入 ESI 全球前 1‰，学院相关学科为重要贡献力量。2017 年 12 月，全国第四轮学科评估结果公布，畜牧学、兽医学双双获评 A+。2018 年 3 月，新增了兽医博士的博士专业学位授权点，形成了完备的兽医人才培养体系。

二、师资队伍建设

学院始终把人才队伍建设作为强院之本，坚持“引培并举”，大力引进高水平拔尖人才，着力培育优秀创新团队，积极营造人才成长发展的良好氛围。学院教师规模不断扩大，结构进一步优化，标签人才和创新团队培育成效显著。学院教职工总数比 2008 年净增加 33 人，专任教师人数比 2008 年净增加 47 人，教授人数比 2008 年净增加 32 人，副教授人数比 2008 年净增加 48 人，高级职称专任教师实现了倍增。2008 年以来，先后引进、培养“千人计划”“长江学者”“杰青”等各类拔尖人才 10 余人次，创建、获批部（省）级以上创新团队 9 个。1 人当选西班牙皇家兽医科学院外籍院士；2 人获得国家杰出青年科学基金资助；2 人受聘为“长江学者”特聘教授，6 人入选国家“千人计划”项目；1 人荣获第三届中华农业英才奖，1 人获第八届中国青年女科学家奖和第十二届中国青年科技奖；1 人受聘为“长江学者”青年学者，4 人获得国家优秀青年基金资助，3 人入选“万人计划”领军人才和青年拔尖人才，2 人入选科技部“创新人才推进计划”；1 人当选为联合国粮农组织与世界卫生组织食品添加剂和污染物联合专家委员会委员；2 人新当选为国家农业转基因生物安全委员会委员；1 人入选国务院学位委员会学科评议组成员；8 人相继增选为国家现代农业产业技术体系岗位科学家。“动物重要病原分子生物学及致病机理”创新团队，2011 年入选国家自然科学基金委创新研究群体，2012 年入选湖北省首批“双百”计划项目和第四届中国侨界创新团队。“猪种质创新与遗传改良”团队，2009 年入选教育部创新团队，2015 年入选农业部“农业科研杰出人才培养计划”创新团队。“猪基因组与育种”团队 2016 年入选科技部“创新人才推进计划”重点领域创新团队。“牛病防治基础与技术”“动物病毒与宿主免疫系统的相互作用研究及新型疫苗创制”团队 2015 年入选农业部创新团队。“猪的营养与饲料安全”“动物病毒与宿主免疫系统的相互作用研究及新型疫苗创制”“猪细菌病的病原生物学与致病机理研究”“动物寄生虫病综合防控”“生猪精准饲养”“猪繁殖性状基因组学与种质创新”等 6 个团队先后入选湖北省自然科学基金创新群体。

三、人才培养

坚持“科教融合、校企联合、师生契合、知行耦合”的人才培养路径，深入推进教育教学改革。教育教学体系不断优化，人才培养质量进一步提高。2008 年以来，学院建设有国家级精品资源共享课程 5 门，省级精品课程 7 门；出版教材 22 部，其中《畜禽解剖学》等 4 部教材获评国家普通高等教育精品教材；获国家教学成果奖二等奖 2 项、湖北省教学成果一等奖 2 项。

2009 年，在学校率先聘请企业高管担任企业班主任。2012 年，获批教育部、农业部武汉生猪农科教合作人才培养基地建设项目。2015 年，1 人当选为教育部高等学校动物生产类专业教指委主任，1 人当选会为秘书长，并在华中农业大学组织召开了该教指委的第一次工作会议。2017 年，学院分别成立动物科学专业和动物医学专业本科生教学指导委员会。先后与广西扬翔股份有限公司等4家企业签订研究生联合培养基地共建协议，共同培养研究生；累计50余家企业在学院设立企业奖助学金，累计捐资近2 000万元奖励资助学院品学兼优的学子。

学院在校本科生先后获得全国大学生动物医学类专业技能大赛特等奖3项，动物科学类专业技能大赛特等奖1项；在团中央牵头举办的四届“创青春”（“挑战杯”）全国大学生创业大赛中，斩获金奖2项、银奖2项；两届“挑战杯”全国大学生课外学术科技作品竞赛荣获一等奖和三等奖各1项。在校研究生荣获全国优秀百篇博士学位论文提名奖6项、兽医专业学位优秀硕士学位论文奖2项，湖北省优秀硕博士论文奖35项。先后4人入选国家留学基金委“中美联合执业兽医学博士教育项目”，其中2人已学成回校任教，成为新中国成立以来首批获得美国执业兽医学博士学位的中国学生。毕业生就业率持续保持在95%以上，每年升学率均在50%左右，连年被评为校“本科生就业工作先进集体”和“研究生就业工作先进集体”。

四、科技创新与社会服务

学院大力实施科技兴院战略，依托自身优势整合多方资源，构筑高水平科研平台，提升协同创新和联合攻关能力。学院的科学研究水平和社会服务能力不断增强。2008年以来，学院先后主持“973”、“国家重点研发计划”、国家自然科学基金等各级各类科研项目1 684项，总经费11.77亿元，年均经费1.177亿元；新获批建立国家生物产业基地华中农业大学实验动物中心、动物疫病防控技术国家工程实验室、农业部动物疫病与人畜共患传染病重点开放实验室、动物生物药物教育部工程研究中心、农业部畜禽产品质量安全风险评估实验室、湖北省生猪健康养殖协同创新中心、农业部生猪健康养殖重点实验室（广西扬翔股份有限公司联合申报）生猪精准饲养与饲料安全技术湖北省工程实验室等重要科研平台10余个，动物育种与疾病防治技术国际科技合作基地、兽医流行病学国际联合研究与培训中心、动物遗传育种与繁殖国际联合研究中心等国际科技合作基地3个。年均发表SCI论文160余篇，单篇最高影响因子32.438；获批各类鉴定成果18项，授权发明专利288件，新兽药证书11项；荣获省部级以上科技奖励69项，其中国家科技进步二等奖2项，国家科技发明二等奖1项，湖北省科学技术突出贡献奖1项，湖北省高校十大科技成果转化项目奖3个。1人荣获何梁何利科学与技术进步奖。1人获首届全国创新争先奖。1人获第十二届光华工程科技奖。先后培育研发了瘦肉白猪（“一头猪”）、动物疫苗（“一支苗”）等深受市场信赖的科技产品，产生了显著的经济效益和社会效益。

2008年以来，学院坚持举办全国规模化猪场主要疫病防控与净化研讨会、中国武汉种猪拍卖展销暨学术交流会、全国牛病防治及产业发展大会、中国奶业协会繁殖技术学术年会、全国生猪精准饲养与饲料安全技术研讨会、全国饲料霉菌毒素危害及防控研讨会等行业会议，连续10年坚持开办动物科学与动物医学行业高级人才技术培训班、种猪生产性能测定员培训班，并与全国畜牧总站、中国动物疫病预防控制中心、湖北省畜牧兽医局、武汉市兽医协会、大北农集团等企事业单位合作开办畜禽健康养殖、动物疫病防控、宠物临床诊疗培训班23期，服务行业技术与管理人才能力提升。2009年，学院与广西扬翔股份有限公司签订“产学研”战略合作协议，选派专家驻企工作，正式开启校企深度融合、协同发展的新征程。2012 年以来，学院积极推进科研成果的落地转化，先后转化科研成果 10 余项，累计金额近亿元。2015 年，学院将兽医院更名为“动物医院”，深入推进动物医院的改革，着力发挥其社会服务功能。2016 年，学院与广西扬翔股份有限公司的合作进一步上升为学校行为，与广西扬翔股份有限公司签订了《校企合作推进高效低成本养猪联合攻关的协议》及 4 500 万元的捐赠协议，校企双方的合作进一步深化。2016 年 12 月，学院成为湖北省畜牧兽医学会秘书处挂靠单位，并组织举办了学会第十三次会员代表大会暨学术交流会。2017 年 7 月，学院与上海新农饲料股份有限公司签订“产学研”全面战略合作协议及 1 000 万元的捐赠协议，选派专家长期驻企工作。2017 年 11 月，学院成为湖北省养蜂学会秘书处挂靠单位，并组织召开湖北省养蜂学会第八次会员代表大会暨学术交流会，面向蜂农开展技术培训。

五、开放办学与合作交流

学院坚持“走出去”和“引进来”相结合，加快推进办学社会化和国际化进程，着力加强与国内外同类院校、科研机构、行业企业的科研与教学合作。2008 年以来，学院坚持打造教授论坛（“创新创造创业”高端论坛）等一批高端学术交流平台，深化拓展与美国爱荷华州立大学、佐治亚大学、奥本大学、堪萨斯州立大学、明尼苏达大学，英国皇家兽医学院、诺丁汉大学，澳大利亚西澳大学、默多克大学，加拿大阿尔伯塔大学、萨斯喀彻温大学等 10 余所知名院校实质性合作交流；先后邀请 300 余位国（境）内外专家来院进行学术交流，有 200 余名师生赴国（境）外研修、游学和开展合作研究，招收了 120 多名外国留学生；举办了中英动物高效养殖与疾病防控技术国际研讨会、中加动物基因组学学术研讨会、“中美加三边反刍动物环境生理与健康”学术研讨会、“从干细胞、系统生物学到猪生产”中英双边学术研讨会、猪营养与肠道健康国际学术研讨会、寄生原虫病原生物学国际研讨会等一系列颇具影响的国际会议。2017 年 5 月，学院承办亚洲猪病学会第 8 次学术会议，来自 18 个国家和地区的 1 600 余名代表参加了会议。

六、党的建设与管理服务

2008 年以来，通过理论学习中心组学习会、支部组织生活会、党员专题报告会、牧医红讲堂等形式，组织学院师生认真学习贯彻党的路线、方针、政策和习近平总书记系列重要讲话精神，不断增强学院师生党员的理论水平和党性修养，为学院事业发展提供可靠的思想和政治保障。通过开展“基层组织建设年”、党支部立项、党建“ATP”等活动，不断优化基层组织结构，提高党员发展质量，充分发挥党支部与党员的战斗堡垒和先锋模范作用，为学院事业发展提供可靠的组织保障。通过组织开展党的群众路线教育和“两访两创”、“三严三实”、“两学一做”学习教育等系列主题教育活动，认真落实党风廉政建设主体责任，不断健全完善学院制度体系，进一步加强和改进作风建设，为学院事业发展营造风清气正的干事创业氛围。不断加强和改进宣传思想工作、群团组织工作及师德师风建设，充分发挥工会、共青团、学生会等群众组织及教代会在学院事业发展中的重要作用，凝聚师生力量，建设和谐学院。全院师生在各条战线上都发挥了较好的模范带头作用，党组织和学院师生的创造力、凝聚力和战斗力得到进一步增强，学院党委先后多次被授予“湖北省高校先进基层党组织”“湖北省大学生思想政治教育先进单位”等荣誉称号，多人获得“中国青年志愿者优秀个人奖”“全国科技助力精准扶贫工作先进个人”“荆楚楷模”“湖北省师德先进个人”“全国高校辅导员年度人物提名奖”等荣誉。

七、校友工作

学院注重加强同校友的情感联系，主动关心关注校友的成长发展，积极发挥校友对于学院事业的促进作用。2008 年以来，学院积极利用校友返校和行业会议等契机，积极搭建校友沟通交流的平台，营造校友互助共进的氛围。学院领导坚持每年定期走访校友和校友企业，深化校企合作，先后同广西扬翔股份有限公司、上海新农饲料股份有限公司、深圳金新农科技股份有限公司等近 30 家校友及校友所在企业建立了深度的产学研合作关系，10 余家校友企业在学院设立奖助学金；邀请校友及校友所在企业设立在校正大班、扬翔班、新农班、回盛班、利华班等一批企业班级；聘任一批优秀校友担任企业班主任，返校与学生面对面交流，指导学生开展生涯规划和求职就业。学院有 8 位校友被评为华中农业大学“毕业生十大创业先锋”。2017 年，学院筹资成立“焕春基金”，校友们率先响应，出资捐款，力促基金成立，累计筹资近 1 600 万元。学院一批优秀校友活跃在各地校友会和畜牧兽医行业一线，在凝聚校友力量、提升学校办学声誉方面发挥着积极的作用。

未来，学院将继续坚持立德树人，着眼“四个服务”，聚焦国家发展战略，围绕“双一流”建设核心任务，进一步强化学科建设，壮大人才队伍，推进国际交流与合作，创新人才培养模式，提升科学研究水平，力争早日建成国内领先、国际知名的高水平研究型学院。

第三章 资源与环境学院

资源与环境学院发扬“笃实·尚新”的精神，坚持“寓教于研，知行合一”的办学理念，秉承“有特色、高水平、研究型”的办学定位，主动适应经济社会发展新常态，经过多年的发展，学院已由单一的农业科学院系发展成为农、理、工相结合的教学研究型学院。

学院设土壤与植物营养系、生态环境系、资源环境信息系等3个系。现有本科生1 258人；研究生626人，留学生32人，相比2008年底分别扩大1.73倍和4.7倍；教职工130人，专任教师102人，其中教授28人、副教授58人，拥有“学士－硕士－博士－博士后”完整的人才培养体系。设有本科专业5个、一级学科硕士点3个、二级学科硕士点7个、一级学科博士点2个、二级学科博士点4个；博士后流动工作站2个；湖北省一级重点学科2个，湖北省特色二级学科2个，国家特色专业1个，湖北省品牌专业1个，湖北省专业综合改革项目2项，国家级教学团队1个。

一、学科专业建设

学院坚持以“农业资源环境为优势、生态环境为主体、农业信息为特色”的学科建设思路，注重学科的内涵建设和外延发展，突出特色，促进学科交叉融合。2011年，学院获批自主设置资源环境信息工程、农业环境工程2个二级学科博士点，环境规划与管理二级学科硕士点。2012年，生态学一级学科转由学院建设。至此，学院有农业资源与环境、生态学2个博士后流动站，农业资源与环境、生态学2个一级学科博士点，土壤学、植物营养学、资源环境信息工程、农业环境工程4个二级博士点，环境科学与工程一级学科硕士点，土壤学、植物营养学、资源环境信息工程、环境科学、环境工程、环境规划与管理、水土保持与荒漠化防治等7个二级学科硕士点。2008年，农业资源与环境一级学科获批湖北省级重点学科，土壤学、植物营养学获批湖北省特色学科，资源环境信息工程作为农业信息化主干学科获批国家“211工程”三期建设；2013年，农业资源与环境、生态学一级学科获批湖北省省级重点学科。2015年，学院召开农业资源与环境和生态学2个一级学科点“十三五”发展规划论证会，剖析学科发展现状和面临困难，明确了发展方向。农业资源与环境学科在全国第四轮学科评估中获B+。2017年环境科学 / 生态学首次进入ESI全球排名前1%。

二、师资队伍建设

学院重视师资队伍建设，通过引进国内外高水平人才和培养现有教师，师资规模不断扩大，结构不断优化，形成了一支以中青年高级职称教师为主的学术队伍，多个科研团队齐头并进，综合竞争力不断增强。按照“教师人人进团队，教授个个带团队”的思路，引导新进教师根据学院学科方向，结合自身实际定位，选定主攻方向，确定研究领域，进入学科团队。

2008 年以来，学院专任教师由 60 人增加到 102 人。其中教授新增 9 人，达到 28 人；副教授新增 30 人，达到 58 人；新增“长江学者”特聘教授 1 人、国家杰出青年科学基金获得者 3 人、国家现代农业产业技术体系岗位科学家 3 人、“万人计划”科技创新领军人才 1 人、“长江学者”青年学者 1 人、国家优秀青年基金获得者 1 人、“万人计划”青年拔尖人才 1 人，“楚天学者”特聘教授 1 人、讲座教授 1 人，教育部“新世纪优秀人才支持计划”7 人；霍英东高校青年教师基金获得者 3 人，湖北省杰出青年人才基金获得者 3 人，湖北省首届“十大科技扶贫功臣”1 人。20 多人次在国内有关学术机构任正、副主任、理事长、理事，10 多人次任国内外学术期刊编委等。一批教授被聘为全国和湖北省测土配方施肥、湖北省水土保持等专家组成员。

三、人才培养

学院坚持教学工作中心地位，不断深化教学改革、强化教学管理、提高人才培养质量。按照“夯实基础、强化核心、加强实践、突出个性”的基本思路，学院从 2015 年开始按照“1.5+2.5”培养模式试行大类招生，完成大类招生本科专业人才培养方案及分流方案制订，全面推动本科人才培养模式改革。新增环境生态工程专业。2009 年，农业资源与环境本科专业获批国家特色专业建设，“土壤学”获批国家精品课程和国家双语教学示范课程；2010 年，土壤学教学团队先后获批湖北省教学团队和国家级教学团队，“土壤肥料学”获批湖北省精品课程；2011 年，“环境监测”获批湖北省精品课程、《地质与地貌学》获评全国高等农业院校优秀教材；2012 年，“寓教于研培养农业资源环境类创新人才”获湖北省教学成果一等奖，《土壤学》获批普通高等教育“十二五”国家级规划教材，《农业资源利用技术》获批农业部规划教材；2013 年，农业资源与环境专业入选湖北省高校“专业综合改革试点”项目，环境工程专业入选湖北省高校战略性新兴（支柱）产业人才培养计划，“地质地貌学”“土壤学”获批国家级精品资源共享课；2014 年，“土壤肥料学”入选全国高等农业教育精品课程资源建设项目，《土壤肥料学》获 2014 年全国高等农业院校优秀教材；2016 年，“地质作用与奇观”入选国家精品视频公开课，“地质与地貌学”在“爱课程”网站中国大学资源共享课成功上线；2017 年，遴选首批本科生开展“华癸创新计划”，探索本研衔接培养模式，提升学生实践创新能力和科研素养。

学院有农业资源与环境、环境科学与工程、地理信息科学 3 个实验教学中心以及咸宁市贺胜桥土壤与环境野外实习基地，其中农业资源与环境实验教学中心 2014 年获批湖北省重点实验教学示范中心。2014 年以来，学院利用中央高校改善基本办学条件专项 1271 万元及学院教学经费、事业发展费等，对植物营养与肥料教学实习基地进行整体搬迁改造，加强环境及地理信息科学实践教学条件建设，每年新增1～2个实习基地，学生实践条件得到改善。

10年来，学院累计培养各类毕业生7 000余人，其中博士生216名，硕士生1 124名，本科生2 904人，非全日制专业学位研究生174人，成教自考生2 561人，留学生62人（博士生40人，硕士生18人，本科生4人）；获全国百篇优秀博士学位论文奖1项，提名奖2项，湖北省优秀博士论文奖25项；获数学建模竞赛国际一等奖1项，全国一等奖8项、二等奖19项；全国挑战杯二等奖1项、三等奖1项；连续2年获招生宣传工作先进集体、连续5届获五四红旗团委、连续5年获英语考试先进单位、连续6年获本科就业工作先进集体、连续6年获社会实践优秀组织单位、连续9年获本科考研录取率先进单位。

四、科技创新与社会服务

学院科研平台不断完善，科研实力日益增强。学院参与建设“作物遗传改良国家重点实验室”“农业微生物学国家重点实验室”“园艺植物生物学教育部重点实验室”。2011年在原农业部亚热带农业资源与环境重点开放实验室基础上，重新优化组合而成并获批成立农业部长江中下游耕地保育重点实验室。2012年，新型肥料湖北省工程实验室获省发改委批准成立。2016年，先后获批成立湖北省土壤污染修复工程技术研究中心和土壤环境与污染修复湖北省重点实验室。“重金属污染土壤的化学与生物修复”“作物微量元素营养机理与微肥施用”与“水土保持与环境生态创新”团队先后于2009年、2012年和2014年入选湖北省自然科学基金创新群体，2012年，参与建设的“作物－环境互作机理及其调控”团队获批教育部创新团队。

学院现有仪器设备4 093台套，总价值8 200余万元。其中激光共聚焦拉曼光谱仪、液相色谱－质谱仪、等离子质谱仪等单价40万元以上仪器35台套。2008年以来，获批各类项目840余项，其中国家重点研发计划项目3项，国家基金151项；总经费达3.9亿元，2017年获批经费突破亿元大关。共发表SCI论文782篇，SCI论文发表数量和质量稳步提升，从2008年24篇到2017年137篇，年均增长21.35%，影响因子5以上49篇，最高影响因子突破13.00。授权专利77项，主编或参编专著44部，制订地方标准1项，通过省级成果鉴定5项，成果评价国际先进2项。主持湖北省科技进步一等奖1项、湖北省科技进步二等奖5项，参与国家科技进步二等奖1项、湖北省科技进步一等奖2项、二等奖3项、三等奖3项，中国土壤学会科技二等奖1项，农业部农机推广成果三等奖1项，中国农业科学院科技成果奖1项。

学院积极开展科技培训、科技指导、科技推广等工作，依托国家农业产业体系岗位等多位教授分赴全国各地开展测土配方施肥培训、农田重金属修复指导，为农业增效农民增收做出积极贡献。以学校“111”计划和“双百”计划为平台，2009年和2013年先后启动了与利川市天上坪村和恩施州双寨子村的“111”计划，以专家为支撑、以项目为纽带、以技术为核心，通过自身智力优势助力精准扶贫。2016年学院联合75家涉农科研院所、企事业单位和媒体机构牵头成立中国中微量元素及肥料产学研创新联盟。

五、开放办学与合作交流

学院坚持开门办学，加强对外交流与合作，先后与美国、加拿大、英国、澳大利亚、法国、荷兰、新西兰等 10 多个国家和地区及国内一批高校、科研院所建立联系并保持长期的合作交流。已与美国奥本大学、日本山形大学和北海道大学、韩国忠北大学、澳大利亚西悉尼大学和格里菲斯大学等签订了合作办学协议。每年 4 ~ 8 人赴海外开展一年以上合作科研，40 人次赴国外讲学、访问和参加国际学术会议，20 多人次外籍专家来院讲学。

学院先后举办了 10 余场国际和全国学术会议。2013 年 10 月，举办第 21 届环境生物地球化学国际学术研讨会，来自美国、加拿大、德国、瑞典等 23 个国家和地区的 80 余名专家以及 200 多位国内学者参会，这是该学术会议首次在中国召开。2009 年 7 月，召开海峡两岸三地环境资源与生态保育学术研讨会，包括 20 多位港台地区代表的 120 余名学者参会。2011 年 10 月，召开中国土壤学会土壤化学、土壤环境专业委员会学术研讨会，来自全国 60 多所大学和科研机构的 280 多名专家学者和学生参加了本次会议。2012 年 10 月，召开第五次全国农业高校资源环境学院院长联席会暨农业推广硕士农业资源利用领域协作组会议，来自全国兄弟院校 60 余名代表出席会议；随后召开第十二届中国青年土壤科学工作者暨第七届中国青年植物营养与肥料科学工作者学术讨论会，近 400 名学者参会。2014 年 5 月，为纪念陈华癸先生诞辰 100 周年，召开了“第三次全国化学肥料研究与应用学术研讨会”和“第七次全国土壤生物与生物化学学术研讨会暨第二次全国土壤健康学术研讨会”。2016 年 8 月，承办由教育部高等学校自然保护与环境生态类专业教育指导委员会主办的全国“土壤学”课程师资培训研讨班，共有来自全国 48 所高校及科研院所的 156 名教师参加。2017 年 12 月，承办“生物质炭与生态功能”全国学术研讨会。

六、党建与管理服务

学院党委深入开展党建和领导班子建设，统一思想、凝聚力量，营造“笃实 · 尚新”的文化氛围。为提高生源质量，2011 年，出台应届本科生报考本院研究生奖励办法并设立土壤学研究生奖学金。2011 年，在全省率先成立湖北省高校首个家长委员会，2012 年编撰《家长手册》，2013 年召开华中农业大学家校联合教育专题研讨会，搭建家校合作新桥梁。2012 年学院成立生态学系，新组建了学院学术委员会、学位委员会以及学术道德委员会。2013 年，学院成立大学生党总支，进一步规范和完善学生党建的各项规章制度，在全校率先成立第一个学生社团党支部——绿协党支部，学院二级心理辅导站“知心阁”全面投入使用。2015 年，针对大一学生启动“绿苗计划”，支持学生早进实验室、早进课题、早进团队；为使学生更加全面详细了解学院科研平台、研究方向和奖励政策等信息，学院按专业组织了“导师面对面”系列宣讲会，多渠道、全方位动员本院学生保送和报考本校研究生，提高优质生源比例。2017 年，启动优秀青年人才培植计划，每年遴选 2 名左右 35 周岁以下青年教师进行为期 2 年的培植计划。

七、校友工作

通过优秀校友事迹分享会、企业案例课、企业导师等活动，先后邀请王富华、白勇、佟颖瑞、严森等校友走进课堂，为在校生分享职场经验、启迪职业生涯规划。周文龙被评为华中农业大学十大创业先锋（2018 年）。为进一步加强校友联系，整合校友资源，搭建交流平台，学院在广东、河南、江西、山东、湖南、江苏、上海等地成立华中农业大学资源与环境学院校友会（简称狮山资环会），其他地区校友会也在筹备中。为庆祝百廿校庆和七十周年院庆，狮山资环会（广东）校友共同集资设立专项奖学金并捐建文化石。

学院按照“稳定规模，提高质量，优化结构，凸显特色”的宗旨，努力将传统优势学科建成整体实力居国内同类学院前列，新学科专业具有明显特色优势，2 ~ 3 个学科方向在国内领先，国际上有一定影响、特色鲜明的研究型学院。

第四章　生命科学技术学院

2008年以来，生命科学技术学院抓住生命科学蓬勃发展的历史时机，以建设研究型学院为目标，坚持“建设一流学科、培养一流人才”办学理念，以学科建设为龙头，以师资队伍建设为重点，以人才培养为根本，以条件建设为保障，各项事业取得了长足进步。10年来，学院事业取得了新进展，综合实力稳步提升，学科建设成效显著，师资结构得到优化，人才培养质量不断提高，科学研究实力增强。

学院现设3个系（生物科学、生物技术、生物工程），8个教研室（生物化学、分子生物学、微生物学、遗传学、发育及细胞生物学、发酵工程、微生物工程、植物学），2个实验教学中心（生物学、生物工程）。目前在读本科生1 335人，研究生1 087人。现有教职工139人，其中专任教师107人。

一、学科专业建设

学院以研究型学院建设为中心，以建设国内领先、国际一流的生物学基础理论研究和人才培养基地为目标，积极加强学科前瞻布局，注重发挥现有特色和优势，不断调整优化学科结构，拓宽学科内涵，促进学科交叉融合。学院加强学科顶层设计，制订2个一级学科发展规划（2013—2017），明确学科发展路线图。学科平台得到持续改善：2011年学院搬迁到第一综合楼；2015年微生物农药国家工程研究中心通过国家验收；2016年国家重点实验室评估，作物遗传改良国家重点实验室获评优秀，农业微生物学国家重点实验室获评良好；2016年成立整合生物学研究中心、生物医学中心等校级科研机构。学院积极建设代谢组学平台、蛋白质组学平台、流式细胞平台等院级科研公用平台。

学院建立了从分子和细胞到个体和群体水平、从原始理论创新到重要应用研究的立体研究格局。依托14个国家级科研平台以及国家级生物学实验教学示范中心、生物学博士后流动站，建设起了“本－硕－博”贯通培养的完善人才培养体系。着力为现代生物技术提供新理论、新技术、新途径、新材料，为农业生产提供新品种和新方法，为建设“资源节约型、环境友好型”农业生产体系做贡献。

学科建设有力支撑了学校生物学与生物化学、分子生物学与遗传学、微生物学、植物学与动物学、农业科学、环境科学与生态学、化学等7个学科领域进入ESI前1%。生物学一级学科发展迅速，在前三轮学科评估中一直位居前列，第四轮学科评估结果为A，2017年入选国家“双一流”建设学科。生物工程一级学科在产学研结合方面形成优势与特色。2011年获轻工技术与工程一级学科硕士授予权。2016 年撤销轻工技术与工程一级学科，改建生物工程一级学科。2018 年获得生物工程一级学科博士学位授予权。

二、师资队伍建设

学院始终把人才资源作为学院事业发展的第一资源，逐渐形成了“以才引才，以才聚才，以才育才、人尽其才”的队伍建设理念，充分发挥知名专家教授在人才引进和培养中的重要作用。学院出台《人才引进实施细则》（2010 年 6 月）、《关于引进人才条件及程序的补充说明》（2012 年 8 月）、《人才引进委员会管理条例》（2014 年 3 月）等文件，规范人才引进程序，将人才引进与学科布局紧密联系，保证引进人才的研究方向符合学科发展规划。出台《师资博士后引进及管理办法》（2014 年 12 月），吸引优秀博士后作为师资储备人才。

学院深化人事体制改革，遵循“效率优先、兼顾公平”的原则，摸索出一套以科研产出和科研业绩为主要依据，科学合理分配相关资源的工作方法。出台《教师高级职务评审任职条件》（2010 年 8 月）、《岗位聘任业务总分计算细则》（2013 年 9 月）等文件，鼓励提升科研产出质量，倡导能上能下，合理流动的人才工作机制。出台《博士研究生导师考核细则（试行）》（2013 年 5 月），优化导师队伍结构，提高研究生培养质量。修订《关于青年教师发展的若干意见（试行）》（2018 年 7 月），关注青年教师成长成才。

10 年来，学院教师规模和人才结构发生了巨大变化，学术竞争力和国际影响力大幅提升，人才强院战略正在变为现实。目前学院专任教师 107 人，其中教授 56 人，副教授 42 人，讲师 9 人。形成以院士为学科领军人才，“千人计划”专家（4 人）、“长江学者”（9 人）、“国家杰青”（8 人）、国家现代农业产业技术体系岗位科学家（2 人），“国家教学名师”（2 人）为骨干，“青年千人”（8 人）、“国家优青”（4 人）、“长江学者”青年学者（2 人）、“万人计划”青年拔尖人才（4 人）、海外名校背景 PI 为中坚的高水平师资队伍。4 名专家入选 2014–2017 年度 ELSEVIER 中国高被引学者榜单。2012 年，张启发院士获国际作物科学学会（the International Society of Crop Science）授予的“杰出作物科学家奖”，该奖项授予在全球范围内享有卓越声誉的作物科学家。学院拥有国家自然科学基金创新研究群体 2 个、科技部创新团队 1 个、农业部创新团队 7 个、国家级教学团队 1 个。

三、人才培养

学院根据“理农结合，科教融合、师生互动，校企联合”的建设思路，以国家生物学理科基地和国家生命科学与技术人才培养基地为依托，实施“生物学拔尖创新创业人才培养计划”，用好国际国内两种资源，培养引领生物学学术发展的拔尖创新人才和推动生物产业发展的拔尖创业人才。新增本科专业 1 个（生物信息学），于 2011 年开始招生，该专业于 2014 年转入信息学院。10 年来，获批生物学拔尖人才培养项目 1 项、生物工程国家专业综合改革试点 1 项、生命科学与技术人才培养试验示范区 1 项、湖北省品牌专业 1 个（生物学）。

学院以国家重点实验室等高水平研究平台为载体，建立课程学习、科研训练、出国交流、毕业论文、保研深造一体化的培养机制，扎实推进生物学“本 – 硕 – 博”贯通人才培养模式。2008 年以来，立项支持学生科研训练课题 426 余项，本科生发表学术论文 90 余篇，以本科生为第一作者的学术论文在 *Nature*，*Nature Communications*，*Genome Research* 等权威期刊上发表。本科生参加国际遗传工程机器大赛（iGEM），4 次获得全球金奖；在美国大学生数学建模竞赛、全国“挑战杯”、湖北省大学生生物学实验技能竞赛等各类学术类竞赛中获奖 40 余项，获批“小平科技创新团队”1 个。

学院以提高研究生的理论水平和创新科研能力为目标，修订完善研究生培养方案与教学大纲，提高研究生尤其是博士生的津贴标准，重点培植一批科研潜力好的博士研究生。研究生获得全国优秀博士论文 2 篇、提名 5 篇，吴瑞奖学金 2 项，中国青少年科技创新奖 1 项，中国高校十大科技进展 1 项。承办 2012 年全国博士生学术论坛。博士毕业生近 80% 进入高校和科研单位，50 余人已成长为“长江学者”“国家杰青”等知名学者。

学院重点建设高水平教学团队和品牌专业核心课程群，积极推进研究性教学和信息技术与教学的深度融合，不断提升课程教学质量，改善实验教学条件。获得国家级教学成果奖 3 项，出版教材 14 部，建成国家级精品课程 7 门，国家双语教学示范课程 1 门，发表教学改革研究论文 25 篇。建成国家级实验教学示范中心 1 个、湖北省名师工作室 2 个、教育部首批虚拟仿真实验示范项目 1 个、国家级精品资源共享课 5 门、中国大学 MOOC 4 门，获批国家级教学团队 1 个、“国家教学名师”1 人、“湖北省教学名师”3 人。

四、科学研究与社会服务

以水稻、玉米和大豆等主要农作物、农业微生物为研究对象，形成了作物功能基因组研究、杂种优势与雄性不育研究、作物杀虫抗病微生物和农业环境微生物等传统优势学科方向，近年来在各种组学、整合生物学、生物信息学、生物医学等交叉学科领域，也取得了长足进步。

学院建立较完善的水稻和玉米功能基因组研究技术和资源平台，克隆了 30 多个控制重要性状的关键基因并揭示了它们的作用机理，为绿色作物品种的培育奠定了基础。致力于将现代生物技术运用于农业生产，2009 年 8 月获得中国首张转基因水稻安全证书，2014 年 12 月获得续签。功能基因组研究在引领学科发展方面发挥重要作用；以水稻为模式研究籼粳亚种间杂种不育和生殖隔离的分子机理，用于籼粳亚种间杂种优势利用；牵头提出“绿色超级稻”的理念，围绕水稻生产中“少打农药、少施化肥、节水抗旱、优质高产”的战略目标取得一系列进展，绿色超级稻的理论与实践正在引领作物育种目标和育种方式的变化。

在农业微生物学研究方面，形成具有鲜明特色和优势的研究工作，在蓝细菌光合作用捕光传能机制的解析、豆科植物共生固氮信号途径和根瘤发育机制、结核分枝杆菌生长和耐药调控机制的揭示等领域取得了原创性成果，得到国际同行的高度评价与认可。在作物病虫害的微生物防治、畜禽粪污处理、微生物肥料、土壤重金属污染及水体富营养化的生物治理等方面的理论创新、共性关键技术突破和新产品创制中做出了重要贡献，并将继续服务于国家生态文明建设。

学院承担国家重大科研任务的能力不断增强，高水平科技产出不断涌现。10 年来，学院承担了包括“973 计划”、“863 计划”、转基因重大专项、农业部公益性行业专项、国家自然基金创新群体等一批重大项目科研项目，共计 866 项，经费合计 10.71 亿元。科研产出方面，学院近年来年均产出 SCI 论文超过 130 篇，10 年来共计 1248 篇，其中影响因子 9.0 以上 SCI

论文 84 篇，包括 *Science* 1 篇，*Nature* 1 篇。主持或参与国家级或省部级科研奖励 20 项，其中国家自然科学二等奖 2 项，国家技术发明二等奖 2 项，中国高等学校十大科技进展 1 项，湖北省自然科学一等奖 3 项，湖北省技术发明一等奖 1 项。获得授权专利 230 项。

五、开放办学与合作交流

学院积极推动国际学术交流与合作，10 年来承办了大量有影响的国际会议和学术论坛，为国际同行搭建交流合作平台，提升学科国际影响力，不断拓展农业生命科学国际话语权。开办植物生物学、微生物学和整合生物学三大前沿论坛，邀请美国国家科学院前院长布鲁斯、中国科学院院士许智宏和施一公等数百名海内外知名专家来校交流。教师参加境外学术会议 530 人次，做学术报告 310 人次，18 人次在国际组织任职，35 人次在国际学术期刊任职。2008 年以来共举办国际会议 15 次，8 个国家的 2 400 余位学者来学校参加会议。

引领水稻等作物功能基因组学术发展。2003 年张启发院士为首发起首届国际水稻功能基因组大会，2015 年学校承办第 13 届大会，16 个国家地区的 400 多名专家学者参加。2014—2015 年，举办两届国际三维基因组学研讨会，推动国内三维基因组学研究及国际交流。主办 2 次基因组学及作物遗传改良系列国际学术交流会。

推动探讨全球转基因作物未来发展方向。2014 年与中国科学院、美国国家科学院联办全球转基因农作物发展现状和未来展望国际研讨会。来自美国等 10 个国家的 20 位著名科学家参会。与会科学家对转基因作物的发展现状和趋势形成 8 点共识，分别以中英文在《中国科学：生命科学》及《科学通报》杂志上发表。

开展组织激素、生物光合作用领域国际对话。牵头承办第二届国际油菜素甾醇会议（2015 年），15 个国家的 200 多名专家参会；承办第十届光和生物四吡咯光受体国际会议（2013 年），13 个国家 70 多名中外代表参会。

学院与国外 10 多家著名学术机构保持着良好的合作关系。与美国丹佛植物科学中心、美国亚利桑那大学以及英国洛桑实验站以“项目 – 基地 – 人才”三结合模式建立了联合实验室（合作中心）。与英国伯明翰大学、英国杜伦大学、美国佛罗里达大学等 5 所海外知名高校建立联合培养本科生机制。

积极拓展留学生教育，来自美国、埃及、巴基斯坦、朝鲜、韩国等十余个国家和地区的 100 余名留学生来院学习，建设了分子生物学、发育生物学、光生物与光遗传、结构生物学等一批留学生骨干课程。

六、党建和管理服务

学院顺利完成党政班子和党委换届调整工作，充分发挥党委的政治核心作用，完善党委会、党政联席会的议事规则。认真做好基层党组织建设，按照“双带头人”标准选优配强基层党支部书记，积极推动教工和学生党支部开展基层组织活动立项，实现了党支部活动形式多样，收效良好。扎实做好党风廉政建设，切实贯彻执行“八项规定”，坚持勤俭办院、廉洁工作。积极推进民主决策、院务公开，特别是针对职称评定、津贴分配、基地班分流、奖学金评选、党员发展等涉及师生切身利益事项及时进行公示。全面规范科研经费管理和使用，开展科研经费违规使用案例警示教育，建立健全防腐拒腐的工作机制。

学院在人才引进、师资培养、职称评定、岗位职责等方面已经制订了一套行之有效的内部管理规范。制订了《生科院学术委员会章程》和《生科院教授委员会章程》，成立新一届学术委员会，各项专门委员职责分工更加明确。着力塑造“实事求是，追求卓越”的办院精神，继承和发扬“卓越文化”“团队文化”“诚信文化”等优秀传统文化，在老中青的传帮带中实现学术文化的传承。

七、校友工作

2014 年，学院举办建院 20 周年庆典大会，70 余家海内外知名高校、企业界代表，海内外校友代表，离退休老同志代表，在校师生等共计 1 000 余人参加庆典大会；新建院名石、院友照片墙；出版《追求卓越之路》，回顾学院发展历程；举办高水平学术论坛，7 位院士同台报告。

为迎接 120 周年校庆，学院依托“华中农业大学校友之家”等学校平台，充分发挥校友联络员和研究生导师的纽带作用，联络校友，完善校友信息档案。积极走访和联络校友，赴中国科学院、中国农业科学院、清华大学、中国农业大学、中国地质大学、安琪酵母股份有限公司等单位走访校友。举办“校友一席谈”，邀请校友回校，与在校生交流学业与职业规划。举办京津冀地区生命科学校友发展论坛、生物工程专业本科生毕业十周年聚会、酶分子工程实验室校友聚会等活动。

学院将继续坚持社会主义办学方向，根据“学术立院、人才强院”的建设思路，以研究型学院建设为中心，以一流学科建设和拔尖创新人才培养为重点，以制度建设和管理服务为保障。力争在本世纪中叶，学科建设进入世界一流学科前列，学院成为引领全球农业生物领域发展、进行前沿重大基础理论研究、解决农业重大问题的知识创新基地和高端人才培养基地。

第五章　园艺林学学院

2008 年以来，学院秉承百年办学传统，紧紧围绕建设综合实力和整体水平国内一流、重点学科国际一流，特色鲜明的研究型学院为目标，坚持以培养具有国际视野的拔尖创新人才为根本，以全面提升学科实力为核心，在人才培养、科学研究、社会服务、国际合作与交流、文化传承等方面开展了务实有效的工作。

学院现有果树系、蔬菜系、园林系、风景园林系、林学系和茶学系等 6 个系，设有园艺、林学、园林、风景园林、茶学、设施农业科学与工程 6 个本科专业，拥有园艺学、林学、风景园林学 3 个一级学科，其中园艺学、风景园林学具有一级学科博士学位授予权，林学具有一级学科硕士授予权，同时具有农业硕士、林业硕士、风景园林硕士专业学位授予权。截至 2017 年底，学院有教职工 172 人，其中专任教师 139 人（其中教授 48 人，副教授 48 人）；现有全日制在校本科生 1 771 人，硕士研究生 622 人，博士研究生 292 人，留学生 41 人。

一、学科专业建设

坚持“学科发展与国家战略需求和产业重大问题相结合”的建设思路，夯实发展基础，整合研究领域，突显研究特色，大力推进学科建设。2008 年，果树学获批为湖北省高校优势学科，园艺学获批湖北省一级学科重点学科。2011 年，风景园林学获批全国首批风景园林学一级学科博士学位授权点。2012 年，在全国第三轮学科评估中，园艺学排名全国第 1。2013 年，风景园林学被评为湖北省一级学科重点学科。在全国第四轮学科评估中，园艺学获评 A+，风景园林学被评为 B+；2017 年在世界大学排名中心（CWUR）公布的学科排名中，园艺学排名全球第 1；园艺学入选国家“双一流”建设学科。

办学条件不断改善。2016 年园林楼南楼建成投入使用，学院教学科研用房面积增加 15 000 余平方米。2017 年，完成南湖基地和野芷湖基地两块新基地基础改造工程，新增校内教学科研基地面积 415 亩。2010 年和 2016 年，园艺植物生物学教育部重点实验室连续两次被评为优秀类教育部重点实验室。2011 年，与中国农业科学院联合申报组建了“农业部华中地区园艺作物生物学与种质创制重点实验室”，并于 2017 年升格为农业部园艺作物生物学与种质创制（果树）重点实验室。2017 年，新批农业部华中都市农业重点实验室、农业部马铃薯生物学与生物技术重点实验室和湖北省林业信息工程技术研究中心。

专业实力逐年提升。10 年来，园艺、园林专业先后被评为国家特色专业，园艺、园林、林学、风景园林专业先后被评为湖北省品牌专业。2012 年，园艺专业被评为湖北省普通高等学校战略性新兴（支柱）产业人才培养计划本科项目建设点。2014 年，园艺专业入选教育部“拔尖创新型农林人才培养模式改革试点”项目，园林专业入选教育部“复合应用型农林人才培养模式改革试点”项目。2015 年，风景园林专业入选湖北省“本科高校专业综合改革试点”项目，设施农业科学与工程专业被评为湖北省普通高等学校战略性新兴（支柱）产业人才培养计划本科项目建设点。同年，为促进专业快速发展，学院将原林茶系分为林学系、茶学系。2017 年，风景园林系被授予“湖北省风景园林教育科研卓越成就奖”称号。

二、师资队伍建设

师资是学院发展的根本所在，学院高度重视师资队伍建设，不断加大人才引进力度，加强青年教师培养，强化团队建设，优化师资队伍结构，成效显著。拥有中国工程院院士 1 人，“长江学者”特聘教授 3 人，国家杰出青年基金获得者 2 人，国家“百千万人才工程”第一、二层次人选 2 人，国家级有突出贡献中青年专家 2 人，“973”首席科学家 1 人，“青年千人”2 人，国家优秀青年科学基金获得者 2 人，“长江学者”青年学者 1 人，“万人计划”科技创新领军人才 4 人，科技部中青年科技创新领军人才 3 人，教育部“新世纪优秀人才支持计划”入选者 6 人，农业部有突出贡献专家 3 人，“楚天学者”特聘教授 1 人、讲座教授 3 人、楚天学子 1 人，中国科学院“百人计划”1 人，农业部“农业科研杰出人才”3 人，国家现代农业产业技术体系岗位科学家 9 人，国家林业教学名师 1 人，其他省部级人才 11 人，6 人享受国务院政府特殊津贴。建有国家自然科学基金创新研究群体 1 个，教育部创新团队 2 个，农业部创新团队 3 个，湖北省自然科学基金创新群体 6 个。1 人当选国际柑橘学会执行主席，1 人当选国际园艺学会柿工作组主席，2 人为中国园艺学会副理事长，1 人为中国风景园林学会副理事长。

三、人才培养

学院以培养具有国际视野、家国情怀的拔尖创新人才为目标，树立以学生发展为中心的育人理念，坚持因材施教和协同育人，注重学生实践创新能力培养和多样化成才，着力加强课程、教材、教学团队、教学基地等优质教学资源建设，深入推进教育教学综合改革，统筹构建全员、全过程、全方位育人体系，创设自主、开放的育人环境，努力提升办学水平和人才培养质量。

不断推进教育教学改革，构建“宽口径、厚基础、强实践、重创新、高素质、国际化”的人才培养体系，教学成果显著。学院建有园艺林学实验教学中心、风景园林实验教学中心和湖北省现代农业（园艺）综合训练中心，拥有校内实习基地 300 余亩，建有校外实习基地 40 余个。拥有国家级教学团队 1 个，省级教学团队 2 个，建成国家精品课程 6 门，国家级精品资源共享课程 6 门、国家双语教学示范课程 2 门，国家级精品视频公开课 2 门；获国家级教学成果一等奖 1 项，省级教学成果一等奖 1 项。

积极探索多元化办学，大力推进拔尖创新人才培养。先后与国外高校联合举办“风景园林国际联合设计工作坊”，与中国科学院武汉植物园共同开办“园林植物与观赏园艺菁英班”，与万绿生态园林股份有限公司联合开办“万绿创业班”，与中国林业科学院共同开办“林学英才班”。与中国热带农业科学院、武汉市农业科学院等单位，开展了联合培养研究生，建设省级专业学位研究生联合培养基地 2 个。4 篇博士学位论文获评全国百篇优秀博士论文，1 篇博士论文获提名奖。学生在全国大学生创业计划竞赛、风景园林国际（内）竞赛中摘金夺银。本科生升学出国率稳步提高在 42% 左右，初次就业率在 93% 左右，研究生初次就业率稳定在 91% 左右。

四、科学研究与社会服务

园艺学针对国家重大需求以及园艺产业发展的重大问题，坚持理论联系实际和问题导向，以应用基础研究为主，向基础和应用两端延伸。以柑橘、柿、马铃薯、番茄、花卉和茶等为主要对象，围绕种质资源与遗传改良、组学与基因发掘、栽培生理与品质调控、逆境生物学与调控、采后生物学与技术等领域开展研究，并形成如下优势与特色：“组学”提升园艺学基础研究水平；细胞工程研究提高育种和生产效率；新品种与新技术引领产业发展。

风景园林学科秉承“全球视野、本土行动、特色发展”的办学理念，围绕国家重大战略需求和城乡建设、行业发展重大问题，注重与涉农学科交叉融合开展创新研究，致力于建设成为特色鲜明、国内一流、国际有影响的“本－硕－博”多层次优秀风景园林人才培养基地和理论与实践创新基地，着重开展了四个方向的研究：基于尊重“地脉”和“文脉”特质，开展风景园林理论与历史研究；基于景观生态学理论和 3S 空间信息技术，开展城镇绿色空间效能优化研究与实践应用；围绕三峡工程、南水北调等重大建设工程，开展生态脆弱区生态系统健康诊断与修复关键技术研究；现代生物技术与常规育种技术相结合，创新园林植物种质资源。

林学学科充分利用学校的教学和科研资源，以服务于我国林业产业和生态文明建设为主线，通过改善和整合学科条件、优化团队结构、凝练研究方向、提升创新能力和人才培养质量，建设成为华中地区林业高级人才培养、林业科学原创研究、林业技术研发的重要基地之一，林业科技成果转化和示范的重要支撑单位之一。学科主要围绕林木遗传育种、森林培育和森林经理等 3 个学科方向，紧扣区域发展问题、聚焦研究对象，凝练出如下研究方向及特色：在森林生态研究、杨树遗传育种等领域取得了较好成绩。

“十二五”期间，学院共承担各类科研项目 597 项，获批经费 2.80 亿元，到账经费 2.71 亿元，其中国家“973 计划”、国家自然科学基金、“863 计划”、国家科技支撑计划、“948 项目”等 173 项。审定新品种 18 项，授予植物品种权 1 项，获批专利 66 项。发表 SCI 收录论文 403 篇，EI 收录论文 51 篇，其中 3 篇论文发表在顶级学术刊物 *Nature Genetics* 上。以第一完成单位获各类重大科技成果奖 12 项，其中国家科技进步二等奖 2 项（参与 1 项），省级科技成果奖一等奖 5 项。

学院秉承“穷理致知，反躬践实”的理念，坚持实施科教兴国战略，服务“三农”，利用学校“111”计划和“双百”计划平台，依托现代农业产业体系岗位科学家等专家力量，发挥学科优势，为我国农业发展提供发展思路、技术支撑和人才保障，取得了显著的社会、经济和生态效益。学院相关专家负责国家柑橘产业发展规划与技术指导工作，大面积推广新品种，指导建立了两大脐橙生产基地（江西赣南和三峡库区）；选育的蔬菜系列新品种已成为长江流域蔬菜的主栽品种，花卉新品种已在武汉及周边地区进行推广；在湖北、云南等茶区开展名优茶栽培、新产品开发及加工技术推广与服务；长期服务于工业原料林、经济林培育、城乡风景资源管护、农业园区规划、城乡绿地系统规划、城市公园绿地规划设计、城市设计及建筑设计等都已成为开展社会服务的重要领域。“十二五”期间，承担横向项目274项，科研经费达5 250余万元，3项专利成功以500万元实现转化。与湖北格林凯尔农业科技有限公司、江西杨氏果业股份有限公司、万绿生态园林股份有限公司、广东如春园林股份有限公司等企业共建研究院。科技服务工作得到社会高度认可，依托云南省农业科学院热带经济作物研究所建设的邓秀新院士工作站被评为2013—2014年度全国“讲理想、比贡献”活动创新团队。学院获批国家柑橘产业技术研发中心建设依托单位，邓秀新教授任柑橘产业技术体系首席科学家。同时，还参与了桃、大宗蔬菜、马铃薯和西甜瓜产业技术体系的建设，共9名教授被聘为岗位科学家。

五、开放办学与合作交流

学院与美国康奈尔大学、美国马里兰大学、荷兰瓦赫宁根大学、新西兰皇家植物食品研究所、英国邓迪大学、国际植物遗传资源研究所（IPGRI）等世界知名高校和科研院所保持长期联系，开展人才培养、师资交流和科学研究等方面的合作。与日本京都大学、美国佛罗里达大学、澳大利亚科廷大学等新签订了人才培养合作协议。2008年以来，学院邀请国内外知名专家来校访学交流800余人次，招收100余名留学生攻读研究生学位或从事博士后研究，选派80余名教师赴国外知名高校和科研院所长期访学交流，共有700余人次参加国内外学术会议。学院先后成功举办了第十一届国际柑橘学大会（2008年）、首届园艺应用生物技术国际学术研讨会（2008年）、果树分子生物学与生物技术国际学术研讨会（2010年），第五届国际柿学术研讨会（2012年）、首届国际园艺学会蔬菜嫁接研讨会（2014年）、马铃薯数量性状遗传分析与应用国际研讨会（2014年）、首届中国武汉风景园林师国际论坛（2014年），国际菊花学术研讨会（2016年）、马铃薯晚疫病抗性国际研讨会等国际会议（2017年），第五届全球变化与生态预测国际论坛（2012），坚持举办一年一届的果树分子生物学与基因组学国际研讨会。此外，学院还成功承办中国风景园林教育大会暨风景园林院系负责人联席会（2011年）、2013年教育部高校教育指导委员会茶学学科组会议、中国风景园林学会第五次会员代表大会、中国风景园林学会2013年年会、中国园艺学会番茄分会2015年年会、中国园艺学会采后科学技术分会暨中国植物病理学会产后病理学专业委员会2017年学术年会等。

六、党建和管理服务

学院党委坚持“立德树人”的根本任务，充分发挥学院党委的政治核心和保证监督作用，把思想政治教育作为首要任务，深入推进“两学一做”学习教育常态化制度化，牢牢把握意识形态的主动权，紧密围绕学院中心工作，建设为民、清廉、务实的领导班子，推动学院事业又好又快发展。截至2017年年底，学院党委下设1个党总支，含35个党支部，党员702名。2015年，园林系教工党支部书记王彩云获评湖北省优秀“双带头人”党支部书记。

2017 年，茶学教工党支部申报的《党员“三心”助力“三品”引领“三培”》，获评湖北省高校“支部好案例、书记好党课、党员好故事”。

学院积极推进全员育人、全过程育人、全方位育人的良好氛围，挖掘学院历史文化、学术文化、专业文化、志愿文化，积极打造学院学生品牌活动，充分发挥学生“自我教育、自我管理、自我服务”的“三自”职能，促进学生全面发展。学院结合专业每年开展微花园花境设计大赛、茶文化艺术周、果树修剪与嫁接大赛、插花艺术大赛等学生专业技能竞赛充分发挥专业优势，促进专业育人。多年来坚持举办“园艺讲堂”“景园学堂”和“林苑讲坛”，不断拓展学术文化育人环境。开展志愿文化育人：2009 年，2009 级设施专业张瑜因救溺水学生英勇牺牲，为了弘扬他的舍己救人精神，学院成立“张瑜志愿服务队”，并以此为载体开展志愿服务活动；2015 年，“张瑜志愿服务队”获第二届湖北省志愿公益项目大赛银奖；2010 年，成立了党员 360 志愿服务队，充分发挥学生党员先优模范作用；2012 年，“天天加油团”——园林 0801 班团结友爱先进事迹得到多家中央媒体报道，园林 0801 班被学校授予“团结友爱优秀团支部”称号，班级荣获“湖北省五四红旗团支部”“湖北高校学雷锋优秀班集体”荣誉称号，学院志愿文化育人氛围浓郁。

七、校友工作

学院以联络和服务广大校友为宗旨，组织各项交流与联谊活动，促进海内外校友间、校友与母校间的联系和合作。2014 年，华中农业大学校友会狮山风景园林联合会（简称狮景会）成立大会暨第一届代表大会在上海举行，“狮景会”是学校校友会中首个行业性质的校友会组织，近年来先后成立“狮景会”华东、华中、山东、华南、华北、浙江、西南及西北分会。2014 年，林学专业校友成立林学专业奖学基金会并设立林学专业奖学金。2017 年，学院 10 余家校友企业响应母校号召，参加“武汉百万校友资智回汉”华农专场活动。在校友们的大力支持下，截至 2017 年年底，学院设立专家（企业）奖（助）学金 20 项，每年发放金额近 50 万元。

展望未来，学院将继续坚持办学宗旨，强化内涵建设，主动探索创新，推动开放合作，全面提升学科综合实力，力争将学院建设成为整体水平国内一流、优势学科世界一流、特色学科国内领先的研究型学院。

第六章　水产学院

2008年以来，学院一贯遵循华农水产人共同的精神追求，凝练了“上善若水，弘毅笃行”的学院精神，在学科建设、人才培养、科学研究和社会服务等方面发展迅速，已逐渐成为国内外水产科学高层次创新人才的培养基地和我国水产教育、科研和学术交流中心之一。

学院设有鱼类遗传育种与繁育系、渔业资源与环境系、水生动物医学系和营养与生理系4个系。现有教职工98人（含师资博士后4人），其中专任教师78人，行政管理队伍12人，教学辅助人员8人。专任教师中具有博士学位74人，占比95%；具有1年（含）以上海外经历的教师52人，占比66.7%；具有正高职称24人，副高职称37人；博士生导师19人，硕士生导师47人。10年来，累计培养本科生1 968人，硕士研究生691人，博士研究生90人、成人教育学生65人。

一、学科专业建设

学院始终坚持学科建设的龙头地位，优化学科布局，拓展学科方向。水产在2008年、2012年以及2016年三轮一级学科评估中均列全国第3。水产养殖为国家重点学科，2013年水产通过评估再次入选湖北省一级重点学科。2008年学院发起并承办首届中国高校水产学科发展联席会，作为秘书长单位积极组织历届联席会，促进中国高校水产学科互促共进。2015年国务院学位委员会任命学院为第七届水产学科评议组召集人单位。

学院设有水产养殖学和水族科学与技术两个本科专业，建有水产一级学科博士点、水生生物学和淡水生态学2个二级学科（授权）博士点、农业专业（渔业发展领域）硕士学位点，水产一级学科博士后科研流动站，具备“本－硕－博”相衔接、完整的水产学科人才培养体系。学院专业实力逐年提升，水产养殖学2012年入选湖北省“专业综合改革试点”建设项目、2014年入选“卓越农林人才培养模式改革试点”项目，水产养殖学、水族科学与技术2015年通过教育部本科教学工作审核评估，水产一级博士学位授权点2016年通过合格性评估。

二、师资队伍建设

2008年以来，学院引进专任教师63人，其中正高职称10人。培养和引进了省部级（含）以上各类“标签”人才17人，其中国务院学位委员会学科评议组成员1人，国家杰出青年基金获得者1人，“青年千人”1人，国家优秀青年基金获得者2人，教育部“新世纪优秀人才”4人，教育部霍英东基金获得者1人，“湖北省教学名师”1人，湖北省杰出青年基金获得者5人，湖北省“楚天学者”6人，国家现代农业产业技术体系岗位科学家5人；培育湖北省高等学校优秀中青年科技创新团队1个。11名教师在国内外相关学术机构兼任主任、理事或学术期刊编委等职务。

三、人才培养

学院遵循人才培养规律，坚持以提高人才培养质量为核心的教育发展观，建立与“厚基础、重实践”相适应的人才培养体系，协同地方企业行业，培养高素质复合型创新人才。截至2018年6月，学院拥有全日制在校本科生883人，硕士研究生334人，博士研究生76人，留学生14人。人才培养平台层次高，条件好，获批水产养殖国家级实验教学示范中心（2009年）、教育部农业部大宗淡水鱼人才培养基地（2012年）、全国农业专业学位研究生实践教学示范基地（2015年），建有10套功能性教学实验室，合作校外实习基地20余个，新增建设校内教学科研基地1个（2014年）。现有教学科研仪器设备3 455台套，资产原值5 571万元。

学院持之以恒地提升教育教学水平，依托课程组建设，打造教学团队，培育教学名师，建设精品课程、育成教学成果。10年间，学院新建国家级精品资源共享课1门、国家级精品在线开放课程1门，校级各类课程建设23门，新增慕课4门，虚拟仿真项目3项；获评湖北省教学名师1人，学校教学质量优秀一等奖8人；主编出版教材17部，其中国家级规划教材13部，获全国高等农业院校优秀教材奖（中华农业科教基金会）3部；获批省级教改项目9项；2009年、2012年、2017年分别获得湖北省教学成果二等奖2项、一等奖1项。

学院注重培养学生实践创新能力，2015年在国内淡水领域率先开设“渔业资源与环境调查实习”课程；2016年首次组织了营养饲料类、水族类课程实习活动，发起并举办第一、第二届“全国大学生水族科学与技术专业水族箱造景技能大赛”，在专业学位硕士培养过程中新增实践教学答辩环节，在研究生中开办“水产学循环微实验课程”及相应的慕课和SPOC课程。学院积极探索联合开放办学，先后与中国科学院水生生物研究所开办“水产科学菁英班”，与通威集团开办“通威班”。获评全国百篇优秀博士论文提名奖3篇。荣获全国大学生数学建模竞赛一等奖和三等奖各1项，全国大学生水族箱造景技能大赛一等奖3项、二等奖和三等奖各1项，全国大学生生命科学创新实验大赛二等奖和三等奖各1项，全国大学生生命科学创新创业大赛创新组二等奖1项。

学院学风优良，人才培养质量高。本科生升学率2018年已达55%。毕业生供需比达1∶5，每年一次性就业率95%以上，9次被评为学校就业工作先进集体。

四、科学研究与社会服务

学院现有水产动物遗传育种与繁育、渔业资源与环境、水生动物医学以及水产动物营养与生理四个稳定的研究方向和团队，围绕淡水渔业开展相关基础研究和产业应用服务。

2008年以来，获批各级各类科研项目582项，总经费2.093 4亿元，其中国家自然科学基金 85 项；主持或参与省部级科技奖励 10 项，其中“西藏黑斑原鮡生物学人工繁殖技术研究”项目获得西藏自治区科学技术二等奖（2013 年）、“精养池塘水质生态工程化修复技术研究与示范”项目获得湖北省科技进步二等奖（2016 年）、“鳜鱼人工饲料易驯食机理、品种选育和可控养殖技术研究与示范”项目获得湖北省技术发明二等奖（2017 年）；审定国家级新品种翘嘴鳜“华康 1 号”和团头鲂“华海 1 号”；授权发明专利 72 项；发表学术论文 2 360 篇，其中中文核心期刊论文 939 篇，SCI 收录论文 920 篇，影响因子大于 5.0 的 39 篇，最高影响因子 9.133；出版学术著作和科普书籍 11 部。

2008 年以来新增 7 个各级各类科研平台，现建有省部级实验室 3 个：农业动物遗传育种与繁育教育部重点实验室（2005 年共建）、农业部淡水生物繁育重点实验室（2011 年）、池塘健康养殖湖北省工程实验室（2015 年）；工程技术研究中心 1 个：湖北省水生动物病害防控工程技术研究中心（2017 年）；新增农业部鳜鱼育种创新基地（2016 年）；2012 年获批淡水水产健康养殖湖北省协同创新中心，2017 年验收评估为优秀；自建华中农业大学水生生物细胞研究保藏中心（2008 年），与海大集团联合建设海大研究院（2008 年）。

以学校“111”计划和“双百”计划为平台，服务社会主义新农村建设，深化校企合作。16 名教师入选湖北省科技特派员，学院通过技术培训、现场指导、远程教学、物质和技术援助、科研人员入户帮扶等方式，形成了以学科为中心、以基地为示范、以推广单位为渠道、以渔民合作社为纽带的“学科—基地—推广单位—渔民合作社”的社会服务模式。2008 年以来，学院专家积极投身新农村建设中，分别在湖北省均县镇关门岩村、公安县崇湖、沙洋县高阳镇垢冢村、赤壁市赤壁镇周郎嘴村、建始县花坪镇等地开展社会服务工作。科技特派员分别到 19 家单位开展科技服务；承办或协办各类各级培训班和研讨会 200 余次，培训技术人才逾 20 000 人次；积极为政府部门献言献策，为学科和行业发展提供决策依据。

五、开放办学与合作交流

学院坚持开放办学，国内外学科交流与科学合作日益活跃，国际影响力不断提升。以国际交流合作和引智项目为载体，大力推进国际化进程。通过学校引智项目邀请来自美国、加拿大、英国、新加坡、澳大利亚、法国、荷兰、日本、新西兰、克罗地亚、比利时等 20 多个国家和地区，以及香港与台湾地区一大批专家教授，前来开展科研合作与交流。与美国、挪威、克罗地亚等国家相关科研单位共同承担来自国家科技部、自然科学基金委员会和湖北省科技厅的国际科研合作项目 9 项，共同发表科研论文 43 篇。

2008 年以来，学院选派教师出国访问交流 30 余人，平均每年有 3 ~ 5 名学生赴国外交流与培养，公派留学生 16 人，其中联合培养博士 11 人，出国攻读博士学位 5 人。加大了留学生教育，共招生境外留学生 20 人，其中高级进修生 4 人，博士研究生 11 人，硕士研究生 5 人，分别占我院近五年博士生和硕士的比例为 11.6% 和 0.93%。

10 年来，全院师生共有 200 余人次参加国际学术会议，共有 80 余人次被邀请做学术报告。举办了国际学术会议 9 场，主办和承办国内学术会议 20 余场。邀请中国工程院和中国科学院院士以及国内外知名学者 100 余人次前来开展学术交流活动。

六、党的建设与服务管理

学院党建工作坚持围绕中心抓党建、抓好党建促中心的工作思路，不断加强自身建设。学院领导班子加强自身建设，班子成员合理分工，做到人人有担子、事事有人干，班子成员兢兢业业，团结合作谋发展，发挥了坚强的领导核心作用。不断优化学院管理体制机制，按时召开教代会，汇聚教工集体智慧，聚焦学院发展大计。充分发挥学术机构（学术委员会、学位委员会、教学指导委员会）专家治学的决定作用。理顺管理服务机构与团队，2011 年将原有的 3 个系按学科方向调整设置为 4 个系，即水产动物遗传育种与繁育系、渔业资源与环境系、水生动物医学系以及水产动物营养与生理系，并以系为单位设置党支部，将行政管理人员和实验技术人员党员编入各教工党支部，使得思想政治、管理服务与教学科研工作有机融合。结合学院工作实际，规范完善了学院院务公开、人才引进、资源分配、综合奖励等工作制度，形成了较为完善的制度体系。注重学院文化建设，阐发“上善若水、弘毅笃行”的学院精神，号召师生向上向善、弘毅担当、笃行坚韧；打造“从游”文化品牌，实施“从游”计划，引导教师教书育人，学生勤学成才，师生从游，教学相长；2016 年开始举办“渔文化节”，提升学生专业技能，弘扬学科文化。围绕“上善水产人、笃行水产业、从游水产情”，抓好宣传思想工作，讲好水产故事，用浑厚的文化底蕴浸润师生，形成了积极向上，谋事创业良好氛围。2015、2017 年学院党委被学校评为先进基层党组织，2016 年被湖北省高校工作委员会评为先进基层党组织。教工 10 人次、大学生 11 人被评为优秀共产党员，3 人被评为优秀党务工作者，4 人被评为师德师风先进个人，4 人获得教书育人奖。

七、校友工作

为充分开发校友资源，促进学院事业不断发展，学院通过各种形式联络广大校友，认真做好校友服务工作。通过在历届毕业班中聘任校友联络员，加强校友联系，不断完善校友信息，及时宣传学校和校友的新发展、新成就；坚持走访校友企业，推进行业校友会的建设工作，培育全员校友意识；举办学院办学 40 周年庆典，进一步完善校友信息，凝聚校友共识、增进校友感情，发展学院事业。10 年间，学院 4 位校友薛华、阮宜兵、荣克明、阳会军获评华中农业大学创业先锋，共建了海大研究院校友企业合作平台，成立了易伯鲁基金并得到广大校友和企业的赞助与注资，20 余家企业在学院设立奖学金，资助支持广大在校学子学好专业、完成学业。学院广大校友踊跃关注、积极反馈母校发展，为学院事业进步建言献策。

学院将秉承“上善若水，弘毅笃行”的学院精神，坚持“科学发展，人才强院，学术兴院”理念，以学科发展为龙头、人才培养为根本、队伍建设为核心，把握规律，夯实基础，突出特色，力争用 10 年左右时间，将学院建设成为整体优势明显，学科发展国内一流，部分领域在国际上有重要影响的研究型学院。

第七章　工学院

2008年以来，学院始终坚持社会主义办学方向，努力贯彻“育人为本，德育为先”的办学思想，逐步形成了“以学科建设为龙头，坚持学科创新驱动，以梯队构建为本，以特色建设为先”的发展理念，各项事业得到了快速发展。

学院现有农业工程、机械工程、机电工程3个系。10年来，学院本科专业由3个增加到了5个，新增1个一级学科博士点和博士后流动站。截至2018年6月底，学院本科生在校人数1 864人，是2008年底的1.5倍，博士生64人、硕士生236人。学院现有教职工118人，专任教师91人，10年来增长了近1倍。

一、学科专业建设

农业工程学科是工学院的传统学科，有着扎实的学科基础和发展潜力，始终坚持继承与发展。10年来，学院以学科建设为龙头，全面整合研究队伍，充分发挥学术带头人的作用，组织相近或交叉学科教师建立相对稳定的科研团队，已逐步形成鲜明特色的粮油机械化生产技术与装备、水果机械化生产技术与装备、农产品加工技术与无损检测、农业废弃物综合利用、健康养殖技术与装备等5个主要学科研究方向。2011年，获批农业工程一级学科博士点和博士后流动站；2013年，农业工程一级学科获批湖北省重点学科，实现了学科建设的跨越式发展。

学院科研基地建设为学科发展提供了坚实的支撑。2012年，学院获批湖北省现代农业装备工程技术研究中心；2015年获批优势农作物机械化生产技术与装备湖北省工程实验室；2016年底获批农业农村部长江中下游农业装备重点实验室；2017年获批农业农村部油菜全程机械化科研基地和柑橘全程机械化科研基地等2个农业科技创新条件建设基地，省部级科研平台建设迈上了新的台阶。同时，学院还建有2个校外省级研究生工作站。

作为湖北省唯一的农业工程学科，学院在学科建设方面将始终坚持以区域优势农作物生产和特色农产品产业发展重大需求为导向，以培养农业工程科技创新人才、服务区域经济为目标，为现代农业生产技术与装备转型升级提供技术和人才支撑。在2017年公布的全国第四轮学科评估结果中，农业工程学科获评为B，比2012年全国第三轮学科评估结果位次有所前进。

2011年，学院增设自动化专业；2014年，增设能源与动力工程本科专业。目前，共设置机械设计制造及其自动化、农业机械化及其自动化、机械电子工程、自动化、能源与动力工程5个全日制本科招生专业。

二、师资队伍建设

学院高度重视师资队伍建设，10年来，学院专任教师由2008年的47人增加到91人，现有教职工118人，其中教授11人，研究员1名，副教授和高级工程师48人，为全校各专业开设各类课程100余门。伴随着学校内涵式发展和国际化办学进程，学院教师中具有博士学位的教师85人，占教师人数的比例达到93.40%，具有海外学习研究经历的教师比例逐步扩大，为培养学生国际视野创造了良好的师资条件。学院教师积极参与学术兼职，先后50余人次入选中国农业工程学会、中国农业机械学会、湖北省机械工程学会、湖北省机电学会、湖北省农业机械学会、湖北省农业工程学会等理事、常务理事、副理事长和理事长。

三、人才培养

截至2018年6月底，工学院共培养了各类毕业生11 000余人。目前在校学生2 164人，其中硕士生236人，博士生64人，留学生11人。目前，学院下设农业工程、机械工程和机电工程三个系、1个本科实验教学中心、1个工程实训和实践创新中心。

10年来，学院累计投入教学经费3 000余万元，建设了现代农业装备实验室、高速数字化土槽实验室、数控加工实验室、机器人实验室，更新了机械设计、电工电子、计算机等教学实验室的所有设备，学院教学条件明显改善。学院教师积极参与国家、湖北省“本科教学质量工程”。学院始终坚持“厚基础、宽口径、重实践、国际化”的原则，注重对学生综合素质的教育和专业技能的训练。鼓励并组织学生参与各类学科竞赛，累计获得500余项全国性学科竞赛特等奖、一等奖、二等奖。其中，本科生陶海龙获评“2011中国大学生年度人物”提名奖，时任中央政治局委员、国务委员刘延东在全国大学生课外科技创新成果展上与其亲切交谈。学院不断探索创新人才培养模式，优化课程体系和人才培养环节，形成自身办学特色。2011年，农业机械化及其自动化专业被湖北省评为本科人才培养特色专业和战略性新兴（支柱）产业人才培养计划项目专业。2013年，农业机械化及其自动化专业获批教育部“卓越工程师人才培养计划”。毕业生就业率多年来稳定在95%以上，研究生就业率持续保持100%，就业层次和质量不断提高，用人单位对毕业生的表现满意度高。“工农结合多元并举培育涉农工程技术创新人才”获第八届湖北省高等学校教学成果奖一等奖。2018年首次获批国家级新工科研究与实践“基于多学科交叉融合的农林院校农业工程人才培养模式探索与实践”的教改项目。

学院通过“做有深度、有温度、有广度、有厚度的工学人”的四维提升计划，全面提升学生的综合素养。每年开展“远行前的感恩”“我与大学有个约定”“最美是故乡”等主题活动，在全体学生中布置“传承好家训·培育好品行”“我看家乡的中国制造”等丰富多彩的假期作业，培育有情怀、懂感恩、讲奉献的“有温度”的“工学人”。着力搭建特色鲜明、功能完善、定位各异的四大创新实验室和一个观摩认知平台，配备实践经验丰富的指导教师长期驻扎实验室，培育崇学术、有思路、敢创新的“有深度”的“工学人”。打造人人可上台演讲的“精工开讲”论坛，让学生以自拟主题的形式灵活选择演讲方向，确保每位同学每学期都有机会在公开场合发表观点，培育常读书、爱思考、善表达的“有广度”的“工学人”。通过“锐工大讲堂”“梦想空间”“卓越论坛”等品牌活动，重点依托教育部卓越工程师培育计划的卓越工程师班，综合运用学术讲座、对话、讨论、慕课等形式，增加学生的知识厚度，改善知识结构，培育有见地、高素养、强博闻的“有厚度”的“工学人”。

四、科学研究与社会服务

10年来，学院科技创新能力持续提升，主持国家自然科学基金、国家科技支撑计划、“863计划”、公益性行业专项、重点研发计划以及各类省级课题100余项，获批科研经费总额逐年增加，2017年全年获批科研经费达5 000余万元。

学院围绕区域优势农作物机械化生产技术与装备研发，提升产业机械化水平。依托学校油菜、水稻、柑橘等作物育种、栽培等研究优势，持续开展稻麦连作、稻油连作等机械化技术体系研究，所研发的系列油菜精量联合直播机、油菜分段收获机、不同类型山地果园运输机、船式旋耕埋草机等分别在企业产业化生产应用。研发了多项精量排种技术、分段收获的组合式输送技术、高茬水田秸秆埋覆技术、果园轨道运输技术。其中油菜精量联合直播技术连续3年为农业部主推技术，实现了湖北省油菜主产区全覆盖，并推广应用至全国19个省市区，油菜机械化生产技术与装备团队获农业部“科研杰出人才及其创新团队”和“湖北高校优秀中青年科技创新团队”。遥控牵引式双向驱动单轨运输机与无轨运输机、无人驾驶自走式单轨运输机和自走式双轨运输机等不同类型山地果园运输机在全国15个省（区、市）推广应用；研发的船式旋耕埋草机已在全国10个省（区、市）推广应用。另外，在植物表型组学的研究成果被*Nature Reviews Genetics*评论为本领域研究亮点。上述油菜、水稻、柑橘机械化生产技术与装备形成了鲜明的区域特色与优势，产生国家油菜、柑橘、特色蔬菜产业技术体系岗位科学家各1名，湖北省油菜和水稻产业技术体系岗位科学家各1名。

长期坚持服务区域特色农产品和行业发展，聚焦禽蛋、水产品等区域特色农产品和饲料加工技术与装备的研究，研究的禽蛋无损检测技术、洁蛋加工成套装备、传统蛋制品现代加工技术与装备应用于全国主要蛋品加工企业；肉类检测及加工技术、淡水鱼前处理加工、食用菌品质检测与分级技术均已应用于生产，产生湖北省特色农产品加工岗位科学家1名；主持制订的《饲料加工成套设备技术规范》《饲料生产企业许可条件》等国家标准、行业法规均由国家有关部门发布实施。同时依托学校畜牧学、作物学优势学科，重点针对长江中下游农业废弃物资源和气候特点，开展农业废弃物能源化、肥料化和饲料化的高值利用技术与装备研究，研发推广了畜禽养殖场粪污零排放、粪便和秸秆混合原料增值利用、沼气低耗提质、高湿农业废弃物热化学处理制取生物炭等新技术新产品。同时，利用“农村沼气产品质检中心华中站”、“农村能源华中培训中心”等专业服务机构，指导建设湖北省与华中地区农村大中型沼气工程50余项，户用沼气、养殖小区或联户沼气工程遍及湖北省全部县市和全国10余个省份。长期以来，积极参与学校组织的“一院带一村”、“111”社会服务工作。

五、开放办学与合作交流

学院积极组织和鼓励师生参与对外交流。2008年至今，每年参与全国性学术会议的师生人数逐年上升，2017 年达到 400 余人次；赴境外参加国际学术会议的人数累计达 200 余人次；与国内同类学科联系密切，先后承办第九届全国农业工程学科建设研讨会等国内重大学术会议 12 次；邀请院士、“长江学者”等在内的国内知名专家到校做学术报告 150 余场。2012 年，学院牵头成立了湖北省农业工程学会。

国际合作与交流进一步加强，近 5 年来先后选派青年骨干教师赴国外知名院校访学 40 余人，与美国德州农工大学、爱荷华州立大学、佐治亚大学等建立了广泛的合作关系；邀请美国工程院院士 SanjitMitra 教授等国际知名学者到访 45 人次，扩大了学科影响力和学科声誉。

六、党的建设与管理服务

学院坚持办学正确政治方向，全面贯彻党的教育方针，将培养社会主义建设者和接班人作为根本使命，以提高人才培养能力为核心点，构建不断提高质量的人才培养体系，将师生思想政治工作体系纳入人才培养全过程、各环节，注重发挥学科专业课程的思想政治功能，建立经常性班主任下班机制，开展师生面对面等多种师生交流活动。

全面加强基层党建工作。将政治建设作为根本建设，强化师生党员“四个意识”，将“四个自信”积极转化为办学自信，不断提高办学水平。加强组织建设，实行民主集中制，提高学院党政班子整体效能，发挥学院学术委员会等学术组织在学术管理中的主体作用，发挥学院教职工代表大会民主管理和民主监督功能。积极实施教师党支部书记队伍建设“双带头人”计划，发挥学术引领和组织引导两方面作用。积极在优秀青年教师和学生中发展党员，增加党的新鲜力量。加强思想建设，认真开展“两学一做”，用习近平新时代中国特色社会主义思想和党的创新理论武装师生党员，坚定理想信念，推进党员思想教育由集中教育向经常性教育拓展。加强基层学院党风廉政建设。学院党委履职尽责，开展廉洁宣传教育和警示教育，建立廉政风险防控点，积极承担全面从严治党向基层延伸的主体责任。

将学院内部管理制度建设贯穿于学院党建和管理工作的全过程，制订和修订《工学院党委会会议规则》《工学院党政联席会议议事规则和决策程序》《工学院学术委员会章程》《工学院研究生奖学金评选管理办法》等多项制度，不断构建学院规范管理的长效机制。

大力加强学院文化建设。通过师生讨论凝练、宣传培育，逐步形成严谨、求实、精工、精细的学院文化精神。2013 年、2015 年学院党委被学校评为先进基层党组织。

七、校友工作

学院建立了经常性联系校友机制。注重平时收集整理校友信息，坚持每年暑期走访用人单位时，即时召开企业校友座谈会。每两年学院组织一次“校友企业家手牵手”座谈、讲座活动。及时发现校友创业典型并向学校推荐两年一度的评选“十大校友创业先锋”。学院与校友之间的联系和互动，更加深了校友对母校的感情，近几年先后有华扬动物保健股份公司、新华扬生物制品股份有限公司、明博机电公司等多家校友企业在学院设立奖学金、奖教金，支持学院培养高素质人才，开展原创性研究工作。

未来，学院将抓住事业发展机遇，遵循高等教育规律，紧密结合学院实际，以蓬勃发展的态势，以学校入选国家“双一流”建设高校为契机，弘扬“艰苦奋斗”的办院精神，坚持“卓越创新”的价值追求，倡导“敬业乐群”的人文情怀，加快教学改革与科研进程，努力把学院建设成特色鲜明的教学研究型学院。

第八章　经济管理学院

2008 年以来，经济管理学院确立了“质量立院、人才强院、科技兴院、制度治院”的发展思路，形成了尊师重教、崇尚学术的良好氛围。2013 年，学院进行了调整，原经济管理学院、土地管理学院下属的土地管理系、信息管理系、土地资源管理教学实验中心调整到公共管理学院，其他下属单位，隶属经济管理学院管理。学院现设有农林经济管理系、经济学系、市场营销系、企业管理系、会计学系等 5 个系。

10 年来，学院本科专业由 7 个增加到 9 个；新增 MBA 专业学位点；新增“长江学者”讲座教授、国家“万人计划”哲学社会科学领军人才等国家级人选 27 人（次）；获批科研项目、科研经费和成果产出均同步快速发展，国家重大重点项目及国际合作重点项目均实现零的突破；农林经济管理学科在全国第三轮学科评估中名列全国第 3 名；2017 年，农林经济管理学科入选国家“双一流”建设学科；农林经济管理学科在第四轮学科评估中被评为 A 类。10 年来，学院本科生招生规模基本保持稳定，2008 年至 2012 年本科生人数稳定在 3 470 人左右。2013 年因学院调整，经济管理学院保留农林经济管理、市场营销、工商管理、人力资源管理、会计学、经济学、国际经济与贸易等 7 个专业和张之洞班（文管），目前本科生规模为 2 610 人。学院研究生招生规模相对稳定，每年招收各类研究生 190 人左右，目前在读博士研究生 150 人，硕士研究生 216 人，专业学位硕士研究生 199 人，在站工作的博士后 17 人。

一、学科专业建设

10 年来，学院按照“凝练学科方向，打造学科特色，巩固学科基础，增强学科实力”的思路，坚持内涵发展，注重质量提升。保持农林经济管理学科优势和特色，发挥其综合优势，有效实现资源共享，促进工商管理与应用经济学两个学科协调发展，形成“一体两翼”学科发展格局，学科实力稳步提升。学院建有农林经济管理博士后科研流动站 1 个；现有农林经济管理 1 个一级学科博士学位授权点，农业经济管理、中小企业管理、农业贸易与金融 3 个二级学科博士学位授予权专业，农林经济管理、工商管理、应用经济学 3 个一级学科硕士学位授权点，另有工商管理、农业管理专业硕士学位授权点 2 个。

2008 年，学院农林经济管理一级学科被评为湖北省重点学科，农业经济管理二级学科被评为湖北省优势学科，农林经济管理专业获批国家第一类特色专业建设点。2009 年，成功申报 MBA 专业学位点。2010 年，市场营销专业获批省级品牌专业建设点。2013 年，农林经济管理专业获批国家专业综合改革试点项目，农林经济管理一级学科再次被评为湖北省重点学科。2014年，农林经济管理专业获国家首批卓越农林人才教育培养计划“拔尖创新型农林人才培养模式改革试点”立项。农林经济管理学科在全国第三轮和第四轮学科评估中连续两次名列全国第3名。2017年，农林经济管理学科入选国家“双一流”建设学科。

学院着力于专业内涵建设，深化教育教学改革，完善专业质量保证体系，不断提高专业建设水平。2018年学院开设农林经济管理、市场营销、工商管理、人力资源管理、会计学、财务管理、经济学、国际经济与贸易、经济统计学等本科专业9个，国家人才培养模式创新实验区1个，市场营销（国际农产品营销方向）中英合作办学项目1个。

二、师资队伍建设

10年来，学院始终坚持人才强院战略，全面遵循“用好现有的人，引进急需的人，培养未来有影响的人”的工作思路，立足学院未来发展，激励现有教师积极进取奋力拼搏，全力培养青年骨干教师，积极引进急需人才，取得较好成绩。2008年，学院共有教职工93人，其中博士生导师9人，教授14人，副教授27人，拥有博士学位43人。2018年，学院教职工达127人，比2008年增长37%。教师队伍中，博士生导师17人，教授23人，副教授42人，拥有博士学位88人，教师队伍学历、职称、年龄结构更趋合理。

坚持“引培并举”，打造高水平师资队伍，学院高层次人才不断涌现。2008年4月，游良志教授被聘为湖北省“楚天学者计划”讲座教授。2009年，祁春节教授入选武汉市“十百千人才工程”。2011年12月，李谷成教授入选教育部“新世纪优秀人才支持计划”湖北省“新世纪高层次人才工程”。2012年9月，青平教授被评为湖北省优秀教师。2012年12月，刘颖教授入选教育部“新世纪优秀人才支持计划”，胡武阳教授被聘为湖北省“楚天学者计划”讲座教授。2013年1月，游良志教授被聘为湖北省“百人计划”特聘专家。2014年1月，胡武阳教授被聘为湖北省“百人计划”特聘专家。2014年2月，张俊飚教授被评为湖北省有突出贡献中青年专家。2015年1月，游良志教授被聘为“长江学者”讲座教授。2015年11月，李谷成教授入选国家“万人计划”青年拔尖人才。2015年12月，张俊飚教授入选中宣部文化名家暨“四个一批”人才，杨福霞副教授入选湖北省“楚天学者计划”。2015年，罗小锋教授、李谷成教授入选湖北省宣传文化人才培养工程“七个一百”项目，罗小锋教授入选武汉市“十百千人才工程”。2016年9月，张俊飚教授入选国家“万人计划”哲学社会科学领军人才。2016年12月，张俊飚教授入选“国务院政府特殊津贴专家”。2017年10月，刘颖教授荣获全国首届“爱粮节粮之星”荣誉称号。2017年11月，李谷成教授获评湖北省政府津贴奖励专家。2017年12月，张俊飚教授被聘为湖北省人民政府第六届咨询委员会委员。10年来，学院李崇光（2008）、张俊飚（2008）、王雅鹏（2011）、青平（2017）、何玉成（2017）5位教授先后入选国家现代农业产业技术体系大宗蔬菜、食用菌、水禽、藻类、中药材产业经济岗位科学家，学院国家现代农业产业技术体系产业经济岗位科学家总数达到7人。2018年6月，李崇光、张俊彪、青平、祁春节、李谷成、颜廷武、何可、李晓云、熊涛、张露、宋长鸣、涂涛涛、肖小勇、杨福霞、杨志海、余樱、包晓岚、高钿、施丹等19人入选学校“狮子山硕彦计划”。

三、人才培养

学院始终把人才培养放在中心位置，以提高教学质量为核心，优化教学管理，深化教学改革，强化内涵建设，扎实推进本科生、研究生教育教学工作，学院人才培养质量再上新台阶。2008 年，入选农业部“十一五”规划教材 3 种。2009 年，获批第六届国家级优秀教学成果二等奖 1 项，省级教改项目 1 项；获批国家人才培养模式创新实验区 1 个；获批国家精品课程 2 门。2010 年，获批国家双语教学示范课程 1 门。2011 年，获批省级教改项目 1 项，省级精品课程 1 门。2012 年，获批首批国家农科教合作人才培养基地 1 个；入选普通高等教育“十二五”国家级规划教材 1 种，农业部“十二五”规划教材 3 种；获批省级教改项目 2 项。2013 年，获批国家精品资源共享课 2 门；入选农业部“十二五”规划教材 2 种；获批市场营销（国际农产品营销方向）中英合作办学项目。2014 年，获批省级教改项目 2 项、国家精品资源共享课 1 门；获评全国高等农业院校优秀教材 1 种。2015 年，试行“工商管理类、经济学类”大类招生大类培养，启动“卓越农林人才教育培养计划”改革试点项目。2016 年，与法国雷恩高等商学院开展联合培养；获批省级教改项目 1 项。2017 年，获批教育部高等教育司实践教学标准课题研究 1 项、教育部产学合作协同育人项目 2 项、湖北省“荆楚卓越人才”协同育人计划项目 1 项；新增财务管理、经济统计学 2 个本科专业；获评全国高等农业院校优秀教材 3 种，入选各部委“十三五”规划教材 8 种；入选国家精品在线开放课程 1 门；获评第八届湖北省高等学校教学成果一等奖 1 项，三等奖 1 项。10 年来，学院有 1 篇论文获全国百篇优秀博士学位论文提名奖，有 4 篇论文获评湖北省优秀博士学位论文，有 8 篇论文获评湖北省优秀硕士学位论文，有 35 篇论文获评湖北省优秀学士学位论文。学院本科生初次就业率均在 90% 以上，毕业生主要分布在大城市和沿海经济发达地区，就业单位以党政机关、金融机构、大中专院校和各类大中型企业为主。学院研究生初次就业率均在 92% 以上，学院连续 7 年获评学校“研究生就业工作先进集体”荣誉称号。

学院坚持把改善办学条件作为提高办学实力的重要保障，不断拓展办学空间，逐步完善文献保障体系。学院建成湖北省实验教学示范中心 1 个、湖北省虚拟仿真实验教学中心 1 个；新增实验经济学、空间经济学 2 个实验室；拥有各类教学固定资产 1 726 台（件），价值 1 263.05 万元；拥有各类教学软件 55 套，价值 478 万元；建有 39 个校内外教学实习基地，较好地满足了实验实践教学的要求。

10 年来，学生获“挑战杯”大学生课外学术科技竞赛和创业计划大赛省级以上奖励 17 项，其中国家级 5 项，省特等奖 1 项，省一等奖 2 项，省二等奖 1 项；获数学建模竞赛省级以上奖励 59 人，其中国际一等奖 2 人、二等奖 3 人，国家一等奖 11 人、二等奖 26 人；获湖北省大学生优秀科研成果奖 6 项，其中一等奖 2 项、二等奖 4 项。

四、科学研究与社会服务

学院秉承质量第一、内涵发展理念，围绕国家重大战略需求，优化资源配置，力争在农业产业经济、资源环境经济、食物经济领域具有明显优势，推进学科交叉融合。10 年来，学院共主持国家自然科学基金项目 53 项，其中重点项目 1 项；主持国家社会科学基金项目 35

项，其中重大项目 1 项，重点项目 7 项；主持国际合作项目 4 项。获批科研经费达 9 800 余万元。坚持质量导向，改革激励机制，强化成果产出。10 年来，学院师生公开发表《经济研究》《管理世界》等高水平 SCI、SSCI 论文 86 篇，其中 2 篇论文入选 ESI 高被引论文。主持或参与国家级、省部级教学及科研成果奖 32 项，其中国家级优秀教学成果二等奖 2 项，高等学校科学研究优秀成果奖（人文社会科学）三等奖 2 项，中国农村发展研究奖 3 项，湖北发展研究奖一等奖 2 项，湖北省优秀调研成果奖一等奖 1 项，湖北发展研究奖二等奖 2 项，湖北省科技进步奖二等奖 2 项，湖北省社会科学优秀成果二等奖 5 项，湖北省社会科学优秀成果奖三等奖 9 项，湖北地区高校智库优秀咨询研究成果奖项 3 项。

加强基地与平台建设，在建设湖北省人文社科重点研究基地“湖北农村发展研究中心”的基础上，着力打造现代农业产业经济研究院、现代食物经济研究院、宏观农业研究院，建设现代农业产业经济、现代食物经济和智慧农业、地理信息系统等大数据公共平台。依托学院特色，凝练研究方向，集中优势力量，打造创新团队。2008 年 1 月，李崇光教授领衔的“农产品流通体系及问题研究”团队获批湖北省高校优秀中青年科技创新团队。2012 年 3 月，张俊飚教授领衔的“农业资源与环境经济问题研究”团队获批湖北省高校优秀中青年科技创新团队。2015 年 4 月，青平教授领衔的“食物经济与食品安全管理”团队获批湖北省高校优秀中青年科技创新团队。

五、开放办学与合作交流

学院坚持开放发展战略，不断加强对外交流与合作，国际国内学术交流活跃，学术氛围浓郁。10 年来，学院先后与英国诺丁汉大学、英国哈珀 · 亚当斯大学、法国雷恩高等商学院等签订了联合办学协议。2012 年，学校与英国诺丁汉大学签订“2+2”“2+3”人才培养合作项目，并与诺丁汉大学当代中国学学院合作共建研究中心和学者互访等项目。2012 年 4 月，学校与英国哈珀 · 亚当斯大学签署合作协议，实施本科生“2+2”合作办学项目。2014 年 10 月，该项目通过了教育部中外合作办学项目评估；2017 年 5 月，该项目在英国第三方评估中获评优秀，并续签协议。2016 年 3 月，学院与法国雷恩高等商学院签订“3+1”双学士合作项目和“4+2”工商管理学硕士项目；2017 年 5 月，双方再次签订“1+1+1”本硕合作培养项目。2018 年，学院与美国北卡罗来纳州立大学、佛罗里达大学、国际食物政策研究所等建立合作关系。

学院先后举办“2010 年全国中青年农经学者年会暨现代农业产业发展学术研讨会”、“气候变迁、农业资源循环、技术进步与农业管理”、“第五届 CAER–IFPRI 国际学术年会”、“2014 中国生态经济建设 · 狮子山论坛”、“2015 年中国农业技术经济学会学术研讨会”、2017 年“绿色消费行为研究专题研讨会”等国际国内学术会议 10 余次，邀请英国、美国、加拿大、澳大利亚等国家和地区及国内知名专家、学者来校作 400 余场学术报告，选派 50 余名教师赴美国、英国、澳大利亚等国家访学交流。

六、党的建设与管理服务

10 年来，学院党委始终坚持“围绕中心抓党建，抓好党建促发展”，紧密结合学院中心工作，充分发挥学院党委的领导核心作用、基层党组织的战斗堡垒作用和党员的先锋模范作用，实行党建工作项目化管理、过程化监督、具体化落实。健全和完善党建工作责任制，以制度建设为抓手，以“创先争优”“两访两创”“三严三实”“群众路线教育实践活动”“两学一做”学习教育等为契机，强化党员教育管理，规范党内组织生活，重视党务工作者队伍建设，实施教师党支部书记“双带头人”培育工程，着力探索党建工作长效机制，将管党治党责任落到实处，为学院事业发展提供了坚强的政治保障。从严从实抓好党风廉政建设，分解落实工作任务，持之以恒反“四风”，强化不敢腐的震慑，扎牢不能腐的笼子，增强不想腐的自觉。

10年来，学院始终坚持“立德树人”，加强思想引领，以理想信念教育为核心，着力推进社会主义核心价值观入脑入心入行，不断加强大学生思想政治教育。传承历史、整合凝练，构建“党员先锋行动”育人基地；与时俱进、创新载体，打造全国高校首个“红色微博”；连续8年邀请包括时任湖北省委书记李鸿忠在内的各级领导、道德模范、青年楷模为毕业生上大学最后一课；成立敏行青年成长工作室。中央组织部原副部长陈向群、教育部原副部长杜玉波先后视察调研“红色微博工作室”。2011年，学院党委荣获湖北省高校先进基层党组织荣誉称号，辅导员刘进被评为湖北省十佳辅导员标兵，并被授予“湖北五一劳动奖章”。2016年“华中农业大学红色微博”获湖北省高校网络文化建设优秀成果十佳微博，工商管理教工党支部被评为湖北省高等学校先进基层党组织，1名博士生被评为湖北省高等学校优秀共产党员。2018年，学院荣获湖北省委高校工委“书记好党课”一等奖1项。学院多次被学校授予先进基层党组织、学生工作共青团工作先进集体、社会实践优秀组织单位、科技创新优秀组织单位，多次被评为考风考纪先进集体、招生就业工作先进集体、离退休工作先进集体。

七、校友工作

近年来，学院对历届校友名录进行了重新整理，建立了校友信息数据库，归并本（专科）科、硕士、博士等各类校友信息2万余条，并开通校友身份认证工作。学院先后邀请校领导带队前往北京、上海、广州、深圳以及武汉等地深入走访校友，了解校友发展现状，与校友企业开展校企合作，推动各地成立具有学院特色的校友分会，得到广大校友积极响应。其中1983级校友易春雨回校与张启发院士科研团队合作投资设立“武汉双绿源创芯研究院有限公司”，共同推动“绿色基因+”现代生物技术产业化，并被评为第三届“华中农业大学十大创业先锋”。

未来，学院将继续坚持“质量立院、人才强院、科技兴院、制度治院”的发展理念，坚持以人才培养为中心，以内涵发展、提高质量为主线，推进农林经济管理“一流学科”建设，努力建设成为学科优势突出，国际影响力明显提升，整体实力居全国同类学院前列，在国际上有一定影响和知名度的研究型学院。

第九章　食品科学技术学院

2008 年以来，食品科学技术学院始终坚持“依法治院、学术立院、人才强院、和谐建院、发展兴院”的办院理念，着力构建“厚德载物、敏行奋进、和谐兼容、务实求新”院训文化，“科学、规范、执行”的制度文化，“人人为我，我为人人”的行为文化，促进学院事业发展。

学院现设食品科学系、食品工程系、食品化学系、食品营养系、食品微生物系和食品生物技术与安全系等 6 个系，有本科生 1 074 人，研究生（硕士、博士）505 人，教职员工 102 人，其中专任教师 82 人，教师中具有博士学位者占 95.12%。

学院建有食科楼、综合楼、柑橘楼、食品工程训练中心等教学、科研用房 4 栋，总建筑面积 10 375 平方米。学院中心实验室拥有总价值超过 2 500 万元的大型仪器设备。学院现有环境食品学教育部重点实验室、蛋品加工技术国家地方联合工程研究中心、国家农产品加工技术研究中心蛋品专业分中心、国家大宗淡水鱼加工技术研发分中心（武汉）等国家级和省部级科研平台 32 个。

一、学科专业建设

学院立足于华中地区优势特色农产品资源，以农业全产业链学科为支撑，以引领食品产业绿色高效发展、造福人类营养健康为使命，围绕农业产业的营养、健康和安全主题，在蛋禽、水产、果蔬、特色农产品资源加工、传统发酵食品及环境食品学科等领域形成鲜明特色。学院设有 1 个一级学科博士学位授权点和博士后科研流动站，6 个二级学科博士学位授权点、7 个硕士学位授权点；食品科学与工程、食品质量与安全 2 个本科专业，其中，食品科学与工程是湖北省一级重点学科。

学院整合形成了蛋白质科学与动物性食品工程、果蔬贮运加工原理与高值综合利用、食品组分化学与功能性配料系统、食品安全检测与生物技术应用等 4 个研究方向，以禽蛋、淡水产品、柑橘、魔芋、水稻、红曲、食醋、水生蔬菜为主攻方向，组建了蛋品科学与工程创新团队、水产加工技术团队、果蔬加工化学与综合利用团队、粮油加工团队、食品生物技术与安全团队、食品组分化学与天然配料创新团队等 6 个科研团队。

2017 年全国第四轮学科评估中，学院食品科学与工程一级学科被评为 A 类。2017 年，在学校农业科学 ESI 前 1% 贡献中，学院在发文数量与被引频次方面贡献分别占全校总数 26.83%、25.35%，贡献率列第一位。在学校化学学科进入 ESI 全球排名前 1% 中，学院贡献率列第二位。

二、师资队伍建设

学院坚持“人才强院”战略，坚持引培并重，把加强师资队伍建设作为促进事业发展的力量之源，专任教师规模稳步增长，标签人才不断取得突破。近 10 年来，学院教职工总数增加 33 人，专任教师增加 28 人，教授增加 12 人，副教授增加 13 人。学院现有教授 26 人、副教授 38 人；博士生导师 24 人、硕士生导师 62 人；国务院学位委员会学科评议组成员 1 人、入选“楚天学者”7 人、享受国务院特殊津贴 4 人、入选教育部“新世纪优秀人才支持计划”3 人、国家现代农业产业技术体系岗位科学家 3 人、获省级“有突出贡献专家”称号 2 人、湖北省杰出青年科学基金获得者 3 人、入选武汉市“青年科技晨光计划”5 人。

学院聚焦青年教师发展，先后出台《食品科学技术学院青年教师培养工作暂行办法》《食品科学技术学院青年教师绩效津贴奖励办法》等，为青年教师成长提供制度保障。2010 年起，连续八届分别围绕青年教师的职业规划、授课技能、科研情况、发展情况、实践技能等举行“青年教师发展论坛”，帮助新进教师理清发展思路，破解发展难题。围绕学科团队建设和人才队伍建设，2009 年召开学科建设研讨会，2013 年召开暑期教授务虚研讨会，2016 年召开团队发展汇报会。马美湖教授领衔的“蛋品科学与工程”创新团队和徐晓云教授领衔的“果蔬高效利用与安全控制”创新团队分别于 2014 年、2016 年被评为湖北省高等学校优秀中青年科技创新团队。

三、人才培养

围绕立德树人根本任务，坚持党建带团建，以党建为龙头，全面加强和改进大学生思想政治教育工作，引导学生党员在思想政治、专业学习、科技创新等方面发挥先锋模范作用。近 10 年来，学院多次被授予“湖北优秀实践服务团队”“暑期社会实践优秀组织单位”等荣誉称号；本科毕业生一次性就业率保持在 95% 左右，连续多次被评为“就业工作先进集体”。学生组织“食科一家人”基金会自 2003 年成立以来，倡导“和睦、责任、诚信、奉献”的志愿服务精神，成为校内外知名的志愿服务品牌，《教育部简报》《湖北日报》等媒体曾进行过宣传报道。2013 级本科生安玥琦被评为全国“大学生年度人物”、湖北省“十大杰出志愿者”等，曾受到中央政治局委员、国务院副总理刘延东的亲切接见。

学院不断推动教育教学建设改革，食品科学与工程专业是国家特色专业和湖北省品牌专业，入选教育部“卓越工程师教育培养计划”、湖北省普通高等学校战略性新兴（支柱）产业人才培养计划项目和湖北省专业综合改革项目。建成了食品科学与工程专业核心课程教学团队湖北省省级教学团队 1 个、湖北省实验教学示范中心 1 个、湖北省高校示范实习实训基地 1 个，“食品化学与分析”国家精品课程 1 门、“吃的思辨”国家级精品视频公开课 1 门、“中国饮食文化”国家精品在线开放课程 1 门、湖北省精品课程 4 门。

学院通过数学建模竞赛、基础实验竞赛等，培养学生扎实的基础理论知识；通过食品微生物实验技能大赛、食品化学与分析实验技能大赛等，培养学生扎实的从事食品类行业的专业技能；通过与企业合作举行“亚太中慧杯”鸡肉加工创意大赛等，增强学生创新实践能力；通过氛围营造、政策引导，组织学生参加全国“挑战杯”大学生课外科技作品大赛等，增强学生的科研能力、创新能力和组织能力。2008年以来，学生获得中国青少年科技创新奖、全国挑战杯金奖、美国国际大学生数学建模竞赛一等奖等奖励94项。考研升学率达到40%以上。2013年，“构建校地企联盟，深化CDIO教育理念，培养食品工程应用创新人才”获湖北省教学成果二等奖，2017年，“食品类专业人才培养‘双螺旋’模式的创建与实践”获得湖北省教学成果一等奖。

学院完善研究生招生指标分配办法，进一步严格毕业要求，提高研究生培养质量。积极实施优秀大学生暑期夏令营和研究生学术英才计划。坚持举办“食品科学与工程研究生学术论坛”和“食品科学技术学院学术年年会”，加强对外学术交流与合作，选派学生到国内外科研院所、企业参观学习、实践锻炼。

四、科学研究与社会服务

学院继续围绕建设“三大一重”（大项目、大平台、大成果、重点学科）的目标，加强对学院科研工作的系统化组织、资源整合和交叉协作，面上整体推进与点上突破相结合。2008年以来，学院承担国家“973计划”、“科技支撑计划”等国家和省部级重点、重大项目15项，获国家自然科学基金项目资助100项，其中重点项目2项，科研经费稳步增长，年均科研经费2 000万以上。

2008—2017年共发表SCI论文近800篇，EI论文近550篇，SCI单篇影响因子最高9.211；积极推进科技产业化步伐，累计授权专利近170件，鉴定成果近60项。近年来，学院发表SCI论文保持年均120篇以上，其中单篇影响因子3.0以上占40%以上。2008年以来，学院以第一完成单位的“柑橘深加工及综合开发利用与集成”“传统蛋制品现代加工技术与装备研发及产业提升示范”“淡水鱼保鲜与精深加工关键技术研究及产业化”“安全高附加值红曲产品的研究与应用”“传统蔬菜加工产业化关键技术研究与示范”等5个项目获得湖北省科技进步一等奖，“淡水鱼保鲜与精深加工关键技术研究及产业化”“禽蛋新型加工与副产物利用关键技术创新及产业化”“大宗淡水养殖水产品精制加工技术研究与产业化”分别获得中华农业科技奖一等奖、湖北省技术发明奖一等奖、中国商业联合会科学技术特等奖。

学院积极践行“围绕一个领军人物，培植一个创新团队，促进一个富民产业”的“三个一”模式，以马美湖、潘思轶、熊善柏等国家现代农业产业技术体系岗位科学家为核心，为产业共性关键技术难题提供解决方案，推动科技成果转化，服务地方经济建设。目前学院与80余家企业建立稳定科研合作关系，校企共建研发中心11个，1个团队入选省农科科技中心创新团队，2个团队入选省自主创新“双百”计划团队。学院牵头成立了湖北省畜产品加工产业技术创新联盟、湖北省食品安全产业技术创新战略联盟、湖北省淡水产品产业技术创新战略联盟等3个行业内战略联盟，亚洲蛋品协会、中国畜产品加工研究会蛋品分会、湖北省食品科学技术学会等3个学会。

学院专家积极承担社会责任，担任国际食品添加剂联合专家委员会委员，为中国在世界食品安全法典的竞争中赢得发言权和声誉；担任国务院学科评议组成员、教育部高等学校教学指导委员会委员等职务，为学科发展、人才培养等提供指导；担任省政府参事、市政协委员等，向省政府提交提案10余项并采纳，1人被湖北省政府参事室评为参政建议二等奖；参与湖北省水产加工行业以及鄂西山区等科技发展规划制订，主持制订食品安全标准 10 余项，《蛋品加工监测分析与预警报告》在农业部农产品加工业监测预警工作会议上受表彰。

五、开放办学与合作交流

学院深入推进人才培养国际化战略。学院同加拿大曼尼托巴大学建立合作关系，在全校范围内率先推出“2+2”人才培养合作办学项目，截至目前已有 43 人参加项目学习，34 人毕业。

学院利用山东亚太中慧食品公司捐赠的 300 万元企业奖学金，选派两批次 17 名学生分别赴新加坡国立大学和美国加州大学戴维斯分校开展两周海外游学。鼓励教师积极开展国际交流合作，提升师资国际化水平，2008 年以来累计近 30 余名教职工到国外进行半年以上访学交流。派出教师开展国际学术访问、合作研究及参加学术会议 100 余人次。积极服务国家战略，强化同“一带一路”沿线国家相关单位交流合作，同莫斯科州国立大学、泰国农业大学等国外兄弟高校签署合作协议、探讨国际办学新模式。近年来，先后举办全国现代食品制造与安全学术研讨会、第四届国际醋酸菌大会暨世界名醋博览会、第九届两岸三地食品安全与人类健康研讨会、2016 年农业工程学会农产品加工分会学术年会、第五届中国休闲食品产业发展大会等国际、国内学术会议 10 余个。

坚持以教授名师学术报告为载体，邀请国内外专家开展学术报告累计近 300 场。美国国家科学院 Eric Ursell Selker 院士、加拿大科学院 Janusz Pawliszyn 院士、美国马里兰大学俞良莉教授、美国杜邦公司营养健康中心首席科学家胡敏、澳大利亚迪肯大学 Jian Le 教授、加拿大曼尼托巴大学 Justin Bouchard 教授等外籍专家，以及孙宝国院士、朱蓓薇院士、陈坚院士等一批国内外知名专家先后为学院师生作学术报告。

六、党建和管理服务

学院坚持和完善理论学习中心组和领导班子集体学习制度，建立健全领导班子议事规则和决策机制，坚持党风廉政建设责任制，坚持民主生活会制度，认真贯彻“三重一大”事项集体决策制度，不断提升学院治理水平。以开展学习科学发展观、“创新争优”、“两学一做”学习教育、“三严三实”学习教育和党的群众路线教育等为主线，以学习党的十七大、十八大、十九大精神和习近平新时代中国特色社会主义思想为核心，引导全体教师认真学习《党章》、党规和习近平总书记系列重要讲话精神。

学院全面落实党风廉政建设责任制，认真落实中央“八项规定”精神等有关党风廉政建设与反腐败工作要求，持之以恒纠正“四风”。坚持将师德作为教师年度考核、绩效评价和评优奖励的重要标准，实行师德师风问题一票否决制。学院党建工作经验被《湖北日报》等媒体报道，1 人获湖北省委“两访两创”活动先进个人称号，学院党委获得校“大学生思想政治教育工作先进集体”“先进基层党组织”等荣誉称号，多个党支部被评为“先进党支部”，邱承光、熊善柏、刘睿、张柱红、王鲁峰、谢定源、丁记峰等 7 人被评为“优秀共产党员”，孙智达、李斌、陈福生、徐晓云、刘睿等 5 人获得教书育人奖，孙智达、何慧、赵思明、陈福生等 4 人被评为学校师德先进个人。

学院积极发挥教代会在学院治理中的作用，不断完善民主管理和民主监督机制，先后出台了《食品科学技术学院党政领导班子议事工作制度》《食品科学技术学院教学科研房屋使用管理办法》等规章制度，进一步规范学院治理工作。

学院不断改善办学条件。食科楼维修、柑橘楼维修、食品工程训练中心建设等建设项目顺利进行，学院教学科研环境得到极大改善。完善实验室安全管理的日常管理制度和运行机制，加强学院安全保卫工作。进一步规范教职工日常出勤和参加教职工大会的管理工作；强化对行政实验人员工作纪律和工作作风的监管，提高服务全院师生的质量和水平。

七、校友工作

学院加强同校友的沟通联系，注重增进感情。通过开设校友专题交流、创业案例课、企业案例课等，先后邀请杨子忠、左剑兵、曾泽、赵吉斌、邓增永、宋安涛、陈鹏、周辑、刘建国、郭利兵、江浩、庞振国、谭华祥、孙智、邵志军、伍良军、董广阳、孙智、张灯、钱忠军等校友走进教室、走进课堂，为学生分享职场经验和人生感悟。2009 年来，依托上海沃迪公司，学院结合食品添加剂专业会议召开每年一次的食科校友联谊会。

赵吉斌、王延德等先后被评为华中农业大学十大创业先锋。1986 级校友、大北农集团常务副总裁吴文，个人出资 100 万元的学院设立奖学金；1989 级食品科学毕业生代表在学院设立“89 食科奖学金”。上海沃迪公司在院设置企业奖学金。诸多校友利用毕业聚会之际，给学院捐款捐物。2014 年 10 月，学院成功举办建院 30 周年系列庆典活动，1 000 余名校友和师生代表参加了系列活动，进一步密切了交流合作，凝聚了发展力量。2018 年 4 月，华中农业大学食品科学专业校友联合会（简称“华食会”）成立，为食科和业内校友进一步密切合作搭建了平台。

“一心一意谋发展，爱院如家促发展，人人争优比贡献。”学院坚持“创新、开放、共享”发展理念，力争将学院建设成为整体学科水平国内一流，人才培养与科学研究具有创新创业特色，在国际上有一定影响的特色鲜明的研究型学院。

第十章　理学院

2008年以来，理学院发扬“明德求理务实拓新”的理学精神，紧紧围绕学校九次党代会提出的“五个一流”建设目标，大力实施“教学立院、人才强院、科研兴院”发展战略，营造“尊师、重教、尚研”学院氛围，追求“精益求精、和而不同、永无止境”工作理念，牢固树立教学中心地位，深入推进教育教学改革，积极开展科技创新和社会服务，各项事业得到了快速发展。

学院现有化学系、数学与统计学系、物理系3个系，物理实验教学中心、化学实验教学中心、数学与信息科学实验教学中心3个实验教学中心和1个理化分析中心，化学生物学、统计、应用物理、应用数学4个校级研究所。有数学、化学一级学科硕士点，农药学二级学科硕士点，应用统计专业学位硕士点；应用化学和信息与计算科学2个本科专业。有教职工173人，其中专任教师147人，博士生导师9人，硕士生导师48人；专任教师中教授17人，副教授72人；有“湖北省教学名师”2人、“楚天园丁奖”获得者1人、湖北青年教学能手1人；国务院政府特殊津贴专家1人、教育部“新世纪优秀人才支持计划”1人、湖北省“百人计划”1人、武汉市学科带头人1人、武汉市“晨光计划人才”3人、“楚天学子”3人，湖北省“青年英才开发计划”1人、“3551光谷人才计划”1人。有全日制在校学生953人，其中本科生842人，研究生111人。

一、学科专业建设

学院结合学校特色和自身学科实际，坚持差异化发展原则，积极推进“文理结合”、“理工结合”和“理农结合”，统筹协调学科发展。2016年3月和2017年10月分别举行环境/生态学与基础理学青年教师发展论坛，促进学科交叉、相通互融。2014年5月，学院获批应用统计专业学位硕士点，实现数学学科点的突破；学院2018年2月获批化学一级学科硕士点；2018年3月获批数学一级学科硕士点。2013年1月，应用化学学科获批设立“楚天学者计划”岗位，化学系副教授鲁哲学入选“楚天学者”；2015年3月，化学系马济美副教授新增为“楚天学者”。2017年12月，数学学科获批设立为“楚天学者计划”岗位，数学与统计学系陈舜副研究员入选“楚天学者”。2015年3月，化学学科进入全球ESI前1%，成为学校继植物学与动物学、农业科学后第3个进入全球ESI排名前1%的学科。学院积极推进专业建设，每4年进行一次人才培养方案、课程大纲的修订，及时调整专业发展方向适应社会需求。2013年应用化学专业入选湖北省综合改革试点专业建设项目，为湖北省品牌专业。学院深入与企业开展合作，加强专业实践教学，提升学生实习实训实践创新能力，2008 年以来新增实践教学基地 10 个。2017 年 10 月，校企联合举办首届药明康德杯大学生有机化学竞赛。

二、师资队伍建设

学院坚持人才强院，营造“全员引人”氛围，秉承“365”人才引进理念，严把材料初审、系班子讨论、团队审核、试讲考核、专家面谈、院党政联席会决定“六道关”，从严做好人才引进工作。2008 至今共引进教师 75 人，其中教授 3 人，副高 16 人。2015 年 5 月，通过“柔性引进”方式聘任华东理工大学原校长钱旭红院士为学院特聘教授；2018 年 4 月，聘任诺贝尔奖得主、法兰西科学院院士让 – 皮埃尔·索维奇为荣誉教授。

学院坚持引培并重，通过分类指导、学科交叉、访学交流等措施引导教师“入主流创特色”。2010 年 9 月，化学系陈长水教授入选“湖北省教学名师”；2013 年 9 月，化学系刘汉兰教授入选“湖北省教学名师”。2013 年 5 月，化学系原弘副教授获“全国五一劳动奖章”。2014 年 11 月，化学系石炜博士入选首批湖北省“青年英才开发计划”；2016 年 9 月，刘汉兰教授获“楚天园丁奖”；2017 年 3 月，化学系韩鹤友教授入选享受“国务院特殊津贴专家”名单；2017 年 4 月，化学系位灯国教授入选湖北省第七批“百人计划”。2018 年 6 月，韩鹤友、陈洪、位灯国、曹菲菲、陈舜、陈金、丁星、丁驰竹、胡兵、李子龙、张晓虎、刘汉兰、王运、朱倩军、曹敏慧、陈建军、陈晓坤、胡动刚、刘泉、沈婧芳、石炜、谭佐军、魏薇、谢静等 24 人入选 2018 年“狮山硕彦计划”。

三、人才培养

学院承担着全校 50 多个本科专业的公共基础课教学任务，多年来坚持教学立院，落实“以本为本”，推进“四个回归”。营造“尊师、重教、尚研”氛围，坚持把站好讲台作为教师的看家本领，讲好课作为教师的良心工程，不断完善“治、导、督、查、评、奖”六位一体的教学质量管理体系。始终站在“三全育人”的最前端，努力践行“每位教师都是思政教师，每个课堂都是思政课堂，每个教学环节都是思政环节”的“三个一”理念。学院主动应对高考制度改革、大类招生制度改革、信息化教学等新形势对教育教学的要求，加强公共基础课程、专业核心课程的建设，推进课堂教学改革，创新教学方式方法，推进信息技术与教育教学的深入融合，积极开展校内 SPOC 课堂教学、翻转课堂、对分课堂等新型课堂教学模式。

2008 年 9 月，物理系刘泉副教授获湖北省青年教师讲课竞赛理工组三等奖；2010 年 9 月，化学系原弘副教授获湖北省青年教师讲课竞赛理工组一等奖；2012 年 9 月，数学与统计学系沈婧芳副教授获湖北省青年教师讲课竞赛理科组优秀奖；2012 年 10 月，化学系原弘副教授在全国青年教师讲课竞赛（理工组）中获一等奖；2014 年 9 月，物理系谢静副教授获湖北省青年教师讲课竞赛理科组三等奖，获“湖北省教学能手”称号；2016 年 9 月，数学与统计学系李娜娜副教授获湖北省青年教师讲课竞赛理科组三等奖。2008 至今，学院获校教学质量优秀一等奖 10 人、校青年教师讲课竞赛一等奖 7 人。2013 年，“有机化学”课程获批省级精品资源共享课，同年获批国家级精品资源共享课；2014 年，“无机及分析化学”“大学物理学”“数学建模”3 门课程获批省级精品资源共享课；2015 年，“化学与生活”获批省级视频公开课；2016 年，建设“大学物理学”数字课程 1 门；2018 年 1 月，“无机及分析化学”“数学建模”“有机化学”3 门课程入选首批国家级精品在线开放课程。2008 年至今获批普通高等教育“十一五”国家级规划教材 3 部，获批普通高等教育“十二五”国家级规划教材 3 部。2013 年获评湖北省教学成果奖三等奖 1 项，2017 年获评湖北省教学成果二等奖 1 项。

学院坚持立德树人，提升人才培养质量。2014 年 12 月，2012 级信息与计算科学专业学生赵瑞麟获第 23 届世界脑力锦标赛“世界记忆大师”称号，并在毕业后创办楚涵教育科技有限公司。2015 年 11 月，“e 路阳光”禁毒志愿服务队通过开展“禁毒先锋”科普宣传、“情牵戒毒家庭”等志愿服务活动，在第二届中国青年志愿服务项目大赛暨志愿服务重庆交流会中获得银奖。2016 年 5 月，人民网报道了在研期间 47 次无偿献血 9 700 ml，被誉为“阳光男孩”的应用化学专业研究生王华谱的事迹；2016 年 8 月，中央电视台“寒门学子”报道了帮助父母卖豆花筹集学费的“豆花姑娘”2017 级应用化学专业学生夷清艳的事迹。2017 年 12 月，2015 级应用化学专业学生黄天奇作为代表在全国农林高校学生党员交流论坛上作为典型代表交流发言。2008 年以来，本科生在国际大学生数学建模竞赛、全国大学生数学建模竞赛、全国大学生课外学术科技作品竞赛、湖北省大学生化学实验技能竞赛、湖北省大学生物理创新实验设计竞赛等学科竞赛和科技创新作品评比中获一等奖 55 项；2016、2017、2018 届本科生一次性就业率均为 98% 以上，连续 3 年居全校第一；研究生就业率连续 3 年达到 100%，连续 3 年居全校第一。2015 年 3 月，学院团委获评“全国巾帼文明岗”。

四、科学研究与社会服务

学院坚持“科研兴院”，通过鼓励绩效产出、强化项目管理、营造学术氛围，推进科学研究与社会服务工作迅速发展。2010 年 8 月，数学、物理学科获批国家自然科学基金项目；2011 年 8 月，计算机学科获批国家基金项目，实现数理化计算机学科国家自然科学基金项目全覆盖；2015 年 8 月，数理化学科实现国家自然科学基金面上项目全覆盖。2016 年，学院在细胞核原位与组织靶向光动力学肿瘤治疗研究、农业废弃物利用制备新型储能器件研究等方面取得新进展，发表影响因子 9.0 以上 SCI 论文 3 篇，实现 9.0 以上高水平论文的突破；2017 年在环境光催化研究领域和光催化太阳能转化研究方面获得进展，发表影响因子 9.0 以上 SCI 论文 4 篇，最高影响因子为 19.791。

学院积极推进“111”计划，先后与阳新县浮屠镇、麻城市龟山镇石陂村、建始县经济与信息化局等单位对接开展社会服务和产学研合作；积极开展禁毒志愿服务、暑期社会实践等活动，先后得到了新华网、光明网、中国青年报等媒体报道，并获评“全国暑期社会实践重点团队”、“湖北省暑期社会实践优秀团队”、第二届中国青年志愿服务大赛银奖、第二届湖北省志愿服务大赛银奖等荣誉称号。

五、开放办学与合作交流

学院先后与美国、新加坡、日本等国家和地区的 20 多所大学、研究机构开展了多种形式的合作交流。与清华大学、北京大学、中国科学院等 30 余所国内著名高校、科研院所建立了科研合作关系。10 年来，学院邀请埃及本哈大学、美国加州大学河滨分校、英国伦敦大学、香港城市大学等国（境）内外专家 100 人次来校进行学术交流和讲学，派出教师 80 人次赴国（境）外知名教育科研机构访问或开展合作研究。学院学术交流活动频繁，2014 年 8 月，举办了全国数学建模竞赛培训与应用研究研讨会；2014 年 11 月，举办了湖北省化学化工年会第 18 届分析化学年会；2015 年 12 月，举办了湖北省公共数学年会；2016 年 8 月，举办了全国高等农林水院校物理教学与科研第十四次会议；2017 年 4 月，举办全国农林院校无机及分析化学课程教学研讨会；2017 年 7 月，举办第三届全国农林高校理学院学科建设研讨会。2015 年 1 月，安捷伦科技有限公司为学院设立首项奖学金；2017 年 11 月，武汉药明康德新药开发有限公司在学院设立奖学金；2018 年 6 月，罗客教育科技有限公司在学院设立奖学金。2017 年 1 月，学院首个国外访学交流项目实施，本科生赴新加坡国立大学交流学习。

六、党的建设与管理服务

学院党政班子在学校党委的领导下，坚持党建引领，构建“党建 +”八大新模块，聚焦党委主体责任、支部主体作用、党员主体意识“三个主体”，深化“两学一做”，用身边人、平凡岗、点滴事，讲述理学好故事，打造正能量圈，力促教工党建与学生思政无缝对接、教师育人与学生成才融合发展。2011 年 4 月，获评高校“两访两创”活动先进集体；2013 年 3 月，获评湖北省高校思想政治教育工作先进基层单位；2016 年 6 月，获评湖北省高等学校先进基层组织；2016 年 12 月，化学系教工党支部“两学一做”工作案例入选教育部中国大学生在线精品案例；2017 年 12 月，数学与统计学系党支部“两学一做”工作案例入选教育部中国大学生在线精品案例。2014 年 4 月，以祝鑫工作室为依托的网络思政辅导员祝鑫入选第六届全国高校辅导员年度人物；2018 年 6 月，祝鑫入选第十届全国高校辅导员年度人物；2014 年 9 月，祝鑫获评“全国教育系统先进工作者”，受到习近平总书记等中央领导同志的亲切接见。2017 年 6 月，“锋哥有约”团队入选湖北省委高校工委开展的“支部好案例、书记好党课、党员好故事”展评活动“党员好故事”二等奖。以其为题材的短视频获评湖北省第十七届党员教育电视片观摩评比典型事迹类三等奖。学院先后向来访的省委党建办、省文明办、省高校工委、省教育厅等单位领导汇报学院党建工作。学院也多次被学校授予先进基层党组织、学生工作共青团工作先进集体、社会实践优秀组织单位、科技创新优秀组织单位，多次被评为考研工作先进集体、考风考纪先进集体、军训工作先进单位、招生就业工作先进集体。

七、校友工作

学院高度重视校友工作，成立以党委书记、院长为组长的校友联络领导小组，聘请离退休教授、导师、班主任、辅导员、毕业生为校友联络员通过 QQ 群、微信群等平台定期联系各届校友；通过企业走访、毕业周年聚会、校友回校交流等形式联络校友。2008 年以来，200 余名校友返校学术交流、人才招聘、分享交流。2018 年 5 月，2010 届信息与计算科学毕业生朱晓明入选学校第三届十大创业先锋。

未来，学院将努力建设成学科特色鲜明，教育教学引领，科学研究局部创优的教学研究型学院。

第十一章 文法学院

2008年以来，文法学院秉承“敬德重行，务实求新”的文法精神，坚持走“内涵发展，提升质量，培植优势，办出特色”的办学思路，各项事业得到了蓬勃发展。

2012年3月，思想政治理论课部调并至马克思主义学院；2013年9月，高等教育研究所调并至公共管理学院。学院现有社会学系、社会工作系、法学系、广告与传播学系、艺术设计系和国学部等6个系（部）。10年来，新增1个二级学科博士学位授权点，2个一级学科硕士学位授权点、1个专业学位硕士授权点。有社会学、社会工作、广告学、法学、视觉传达设计等5个本科专业，有社会保障二级学科博士点，社会学、法学、新闻传播学3个一级学科硕士点，社会保障1个二级学科硕士点，社会工作硕士、农业硕士（农村发展领域）2个专业硕士学位授权点。建有农村社会建设与管理研究中心、农村减贫与发展研究中心等8个科研机构、信息与统计实验室等6个实验中心，其中2013年4月获批建设的农村社会建设与管理研究中心，是湖北省普通高等学校人文社会科学重点研究基地。

2017年底，学院本科生在校人数1 488人，硕士生在校人数224人，本科生人数是2008年底的1.36倍。10年来学院教职工规模增长10%，现有教职工99人，其中教授10人（博导4人）、副教授（副研究员）44人，讲师32人，行政、实验人员13人。

一、学科专业建设

学院坚持“包容整合、特色发展、重点突破、整体提升”的学科建设思路，以“局部创优势，带动整体上水平”为指导原则，以农村发展研究为优势与特色。坚持走以内涵式发展为主，外延式发展为辅的道路，科学处理规模、结构、质量、效益的关系，充分发挥学科首席教授和教授委员会在学科建设中的基础作用，推行学科点首席教授负责制，聚焦时代主题凝练学科方向，注重培育新的学科增长点，加快推进公共平台建设，积极拓宽师生国际视野。

2008年以来，学院聚焦时代发展需要谋划学科布局。2009年8月6日，社会学专业获批“湖北省高等学校本科品牌专业建设立项”，同年获批社会工作专业硕士学位授权点，成为全国首批33家试点单位之一。2010年，广告与传播学系下设的美术教研室更名为艺术设计系。2012年，农村传播学实现了该学科国家社科基金零的突破。同年，社会学等学科作为学校农林经济管理一级学科的主要学科方向，参与了全国第三轮学科评估，助力农林经济管理取得了全国第3名的评估成绩。2013年9月2日，社会学一级学科被评为“湖北省重点学科”。2016 年，中文教研室更名为国学部。同年 2 月，中国科学评价研究中心（RCCSE）、中国教育质量评价中心联合中国科教评价网推出《2016 年中国大学及学科专业评价咨询报告》，评价结果显示：学院社会学类和社会工作专业竞争力排名双双进入全国前 7%。在全国第四轮学科评估中，社会学等学科作为学校农林经济管理一级学科的主要学科方向，助力农林经济管理取得了 A- 的评估成绩。同时，社会学等学科作为学校农林经济管理一级学科的主要学科方向，助力农林经济管理成功入选一流学科。社会学、法学学科获批的国家社科基金项目数量在全国农林高校同类学科中处于领先优势，社会学、经济法学 2 个科研团队分别被评为湖北省高校优秀中青年科技创新团队。2018 年，学院获批法学、新闻传播学 2 个一级学科硕士学位授权点，并成为公共管理一级学科社会保障二级学科博士点建设单位。

二、师资队伍建设

学院牢固树立人才是第一宝贵资源的思想，依照“引进优秀的人、培养现有的人、用好现在的人、留住关键的人”的工作思路，积极实施人才兴院战略，构建人尽其才、才尽其用的激励机制，培养在全国具有一定影响力的学术带头人，逐步建立一支结构合理、知识互补、素质优良、团结协作、竞争有序、奋发有为的能适应学院发展需要的师资队伍。

学院推行学历提升计划、青年教师导师制，为中青年学科带头人和学术骨干在各方面创造条件、重点支持。10 年来，学院师资队伍实力逐步提升。新入选第三批国家“万人计划”青年拔尖人才 1 人、湖北省文化系统“五个一批”人才 1 人、湖北省宣传文化人才培养工程“七个一”项目 2 人、湖北省“十佳师德标兵”1 人、湖北省“青年英才开发计划”1 人、教育部“新世纪优秀人才支持计划”1 人、全国“双千”法律人才计划 1 人、“全国专业社会工作领军人才”1 人、“全国首批优秀创新创业导师人才库”1 人、“国家语言文字工作督导专家”1 人、湖北省优秀中青年法学家 1 人、武汉市政府专项津贴专家 1 人、武汉市“十百千人才工程”1 人，武汉市“黄鹤英才”2 人；新增省级科技创新团队 2 个（社会学、法学）。现有中央马克思主义理论研究与建设工程首席专家 1 人，入选国家“万人计划”青年拔尖人才 1 人，中央马克思主义理论研究与建设工程主要成员 3 人，国家哲学社会科学基金社会学学科终审专家 1 人，教育部教学指导委员会委员 1 人，教育部“新世纪优秀人才支持计划”3 人，入选首批全国万名优秀创新创业导师人才库 1 人，“湖北省教学名师”1 人，湖北省政府特殊津贴专家 1 人，湖北省有突出贡献的中青年专家 1 人，湖北省优秀中青年法学家 1 人，武汉市“十百千人才工程”1 人，武汉市“黄鹤英才”2 人。

三、人才培养

学院始终坚持本科教育教学的主体和基础地位，把本科教学作为学院的中心工作，牢固树立了“教学是立院之本”“人才培养质量是生命线”的观念，按照“分类培养、强化实践、突出个性”的思路，完善人才培养方案，推动人才培养模式改革。

学院适应社会需求，适时调整了部分本科专业的招生规模和研究生的招生结构。社会工作本科专业由隔年招生调整为逐年招生，由原来每年招收 2 个标准班调整为每年招收 3 个标准班。艺术设计本科专业适应国家本科专业招生目录调整的政策要求，进一步凝练专业方向，保留了平面设计方向，停招动画方向，招生规模并由原来每年的 2 个标准班调整为每年 3 个标准班。2017 年在社会学专业进行大类招生试点。

学院始终将提升教育教学质量作为根本，不断探索教育新思路、教学新方法。2010 年，1 个教学团队被评为国家级教学团队，新增国家精品课程 1 门，主编普通高等教育“十一五”国家级规划教材 1 部。2012 年，学院获批省级教研项目 1 项，获得湖北省教学成果一等奖 1 项，新增国家级精品视频公开课 1 门，湖北省高校精品资源共享课 1 门。2013 年建成国家级精品视频公开课 1 门。2015 年获批湖北省精品资源共享课程 1 门。2017 年，新增国家级精品视频公开课“魅力汉语”。2018 年，获得湖北省教学成果一等奖 1 项。10 年来，学院承担了 50 余项各级教学改革课题，其中省级教学研究项目 9 项。

多年来学院涌现出一大批优秀青年学生，1 人入选“中国好人榜”，1 人入选“洪山好人”，3 人分别获得“挑战杯”大学生课外科技作品竞赛全国一等奖、全国二等奖、湖北省特等奖，实现了学院该赛事国家一等奖零的突破。学生研发的国内首款瘦身饼干，闯进 2017 年全国大学生废物利用创新创业总决赛，受到多家媒体报道。学生在时报金犊奖、全国大学生广告艺术大赛、中国大学生广告艺术节学院奖、中国“互联网 +”大学生创新创业大赛、中国青年志愿服务项目大赛等各类国家级与省级赛事中累计获奖达 60 余人次，在核心刊物上公开发表学术论文 180 余篇，本科生年度就业率一直保持在 95% 以上。

四、科学研究与社会服务

学院以夯实科学研究和学科发展基础、提升科研水平和学科实力为目标，加强在“三农问题”的基础应用研究，不断激励高质量成果产出。2014 年 7 月，学院获批教育部哲学社科重大课题攻关项目 1 项。2016 年 12 月，获得湖北省社会科学优秀成果一等奖 2 项，实现学校人文社科奖在该级别奖励的突破。2017 年，研究报告《监利“女粮王”的多种土地规模化经营经验值得推广》获中央政治局委员，国务院副总理汪洋的肯定性批示。

近年来，学院共承担中央马克思主义理论研究和建设工程项目 1 项、教育部重大攻关项目 1 项，国家社会科学基金 32 项（其中，重点项目 4 项），教育部新世纪人才项目 3 项，其他省部级项目 100 余项，出版专著 40 余部，主编教材 6 部（包括普通高等教育“十一五”国家级规划教材 1 部）。发表 CSSCI 收录文章 390 余篇（《新华文摘》、《人民日报》理论版、《中国社会科学文摘》、《人大复印报刊资料》等转载或摘录 110 余篇）。获得教育部高校人文社科研究优秀成果三等奖 2 项，湖北省社科成果一等奖 2 项、二等奖 3 项、三等奖 4 项，武汉市社科成果一等奖 5 项。2 个科研团队被评为湖北省高校优秀中青年科技创新团队，1 个研究基地被评为湖北省人文社科重点研究基地。

学院将学科建设与社会服务相结合，师生长期扎根农村，专注服务农村发展。《教育部简报》2010 年第 192 期以“华中农业大学社会学团队扎根基层做学问，专注服务农村社会发展”专刊报道了社会学团队在科学研究与人才培养方面取得经验与先进事迹；2010 年 11 月 26 日的《农民日报》以“来自田野的学问不干瘪——记华中农业大农村社会学团队”专文报道了学校社会学团队扎根基层、融入三农，把论文写在田野的经验与事迹；2012 年新建黄陂“阳光社会工作服务站”，该站长年坚持融合大学生实习和服务当地“三留守”群体的事迹，《农民日报》头版头条予以长篇报道并得到武汉市副市长的批示，国家、湖北省、武汉市民政部门、湖北省政研室有关负责同志在实地探访后明确表示希望总结模式、推广经验并给予项目支持，“阳光社会工作服务站”先后获批为“教育部大学生创新创业基地”“湖北省实习实训基地”“湖北省研究生工作站”。2013 年，中国当代著名的社会学家——中国人民大学一级教授（终身教授）郑杭生先生与中国社会科学院荣誉学部委员陆学艺先生，在给社会学团队撰写的《农村社会发展丛书》系列论著的序言中对社会学团队扎根农村、专注农村研究的事迹作出了高度的评价：“从杨开道先生（1899—1981）到李守经先生（1932—2000），再到钟涨宝教授，华中农业大学社会学系一直秉承优良传统，孜孜不倦，潜心农村社会发展研究，产生了一大批优秀研究成果。”（陆学艺，2013）

五、开放办学与合作交流

学院坚持“引进来”与“走出去”相结合，不断加大开放办学力度，推进国际交流合作，开阔师生国际视野。先后邀请美国加州大学洛杉矶分校、特拉华大学、密歇根大学、佐治亚州立大学，加拿大多伦多大学、萨斯喀彻温大学、英属哥伦比亚大学，意大利米兰比可卡大学等国外知名大学的学者来校讲学、授课 140 余次；举办系列国内国际学术会议，扩大学术影响力；与香港中文大学、台北大学、美国佐治亚洲立大学、加拿大萨斯喀彻温大学、加拿大英属哥伦比亚大学、韩国东亚大学社会工作学院和社会学系建立了学术联系，与加拿大萨斯卡切温大学、意大利米兰比可卡大学社会学院签订了社会学本科“2+2”双学士学位联合培养的协议，并选送本科生出国出境交换学习，与美国特拉华大学签订了“3+2”本硕贯通双学位联合培养协议；选派 23 名教师骨干到国外知名大学和研究机构进行项目合作研究和学术交流，资助师生参加国际学术会议。学院 4 名教授被萨斯喀彻温大学聘为客座教授。

六、党的建设与管理服务

学院重视党建、思想政治工作与管理服务工作，不断营造“爱岗尽责、奋发有为、追求卓越、齐心协力、甘为人梯”的文法氛围。充分落实学院党政共同负责制。深入开展了创先争优、党的群众路线教育实践、“两访两创”、“两学一做”学习教育实践等系列活动和党风廉政建设工作；不断加强师德师风建设，开展师德师风教育评比活动；修订完善学院党政联席会议事规则、公务经费审核报销办法等，积极推进院务公开制度，民主办院、民主办学，工会、团委等群团组织的作用得到进一步发挥。学院获得“湖北省高校思想政治工作先进集体”。

七、校友工作

学院重视校友工作，以 120 周年校庆为契机，学院优化网站、完善校友信息、建立校友档案、宣传校友工作、走访联络校友、组织系列校庆活动。广泛联系和发动校友，努力促进学校、学院与校友携手发展。

学院未来将努力建成整体水平居于同类院校前列，优势学科达到综合性大学发展水平，为学校建成特色鲜明研究型大学提供人文素质教育支撑和人文社会科学学科支撑的学院。

第十二章　外国语学院

外国语学院始终坚持以经济社会发展对人才的需求为导向，遵循外语教育教学规律，围绕学校建设特色鲜明研究型大学的奋斗目标，坚持“育人为本、崇尚学术”，以学科建设为龙头，以人才培养为根本。2008 年以来，加快推进英语学科专业建设，积极发展非通用语种学科专业，培养立足华中、面向全国，英语语言基础扎实、英语语言文学知识面较宽、熟悉英语国家历史文化、有较强语言综合应用能力、较强思辨能力和创新精神，体现农林院校特色的应用型、复合型英语人才。

2008 年 2 月，学校在原外语系基础上组建成立外国语学院。学院现设英语系、商务英语系、大学英语教学部、研究生英语教学部和外语实验教学中心等教学及教学辅助机构，设有外语教育研究中心、外国文学研究中心、农科英语语料库研究中心、翻译与文化研究中心等学术研究机构。10 年来，学院本科专业由 1 个增加到了 2 个，新增翻译硕士专业学位点和外国语言文学一级学科硕士点。目前学院共有教职工 104 人，其中教师 91 人，管理及教辅人员 13 人。教师中教授 4 人，副教授 34 人，讲师 46 人，高级职称占教师总数的 41.7%；具有博士学位的教师 10 人，具有硕士学位的教师 76 人。在校学生 804 人，其中普通本科生 765 人，专业硕士研究生 39 人。

一、学科专业建设

学校英语专业经过十多年的发展，特别是近几年通过加强专业方向建设，拓宽、拓深人才培养领域，致力于开创具有自身特色的发展道路，取得了明显成果。学院充分利用校内外和国内外的各种资源，坚持开放与合作的办学模式，在应用语言学学科的翻译方向和国际商务方向逐步形成了优势和特色。外国语言文学学科密切结合学校农科特色，在基于语料库的农科学术英语写作教学研究、农业文献翻译研究和生态伦理视角的文学批评、涉农企业形象修复文本话语分析等方面形成自己的特色和优势。2011 年获准新增商务英语本科专业，并于当年开始招生，使学校成为全国农林院校中第一批获准设立该专业的高校。2012 年，获批商务英语研究硕士点，挂靠工商管理一级学科硕士点。2015 年开始招收翻译硕士专业学位研究生（MTI），2018 年获批外国语言文学硕士学位授权一级学科点。学院建有校级外语实验教学中心。中心承担着全校近 9 000 名本科生、2 000 余名研究生、近 800 名英语专业和商务英语专业学生的语言类课程实验教学，实验教学面积逾 1 200 m^2，设有语音室 9 套、网络语言学习室 9 间、同声传译室、翻译实训室、商务英语实训室各 1 套、录音棚各 1 间，英语电台

1 座。配备交互英语、新视野、新理念、MyET 等语言学习平台、Trados、传神、国际贸易实务实训等软件供学生课内课外学习使用。英语电台定期播放有关国内外新闻、校园生活、英语学习等方面的内容，丰富学生英语文化知识，拓宽学生视野。

二、师资队伍建设

学院高度重视师资队伍建设，坚持引培并重，加强团队建设管理。通过强化人才引进与培养，积极培育学科带头人，加强学术团队建设，明确教师职业发展方向，完善教研激励约束机制，建立了教师发展长效机制。

学院实施青年教师教研能力提升计划，通过开展“名家论道”“名师说教”“青椒说课”“青椒沙龙”等“外语论坛”系列活动，不断更新教师外语教学理论，以教研促进学习，形成教学与研究良性互动，努力培养教学基本功扎实，具有较强创新能力和发展潜力的教研骨干。

学院建立学术学科带头人、学术骨干遴选、培养与考核机制，以完善课程结构和形成稳定学科发展方向为目标，根据教师现有基础和职业发展意愿，构建相对稳定、结构合理的教学梯队。聘请中山大学外国语学院夏纪梅教授为学校“楚天学者”主讲教授。积极构建语料库语言学、二语习得、美国现当代文学、翻译、英语教育等学术研究团队，明确负责人，确立建设目标，设立团队建设与研究基金、博士学术专著出版资助基金，以多种方式加大支持力度，促进中青年学术骨干加快成长。

广大教师爱岗敬业，乐于奉献，能力突出。2008 年方红获得湖北省首届青年教师讲课竞赛一等奖，并荣获湖北省“五一”劳动奖章。青年教师王菲、王英振、文一川分获 2010、2012、2014 年湖北省青年教师教学竞赛二等奖、三等奖。2015 年青年教师翟卉婷、杜蕾分获首届全国高等农业院校英语讲课大赛二、三等奖。青年教师梅婷获“外教社杯”全国大学外语教学大赛二等奖，另有 5 名青年教师获湖北省一等奖。获 2008 年湖北省教学成果奖 1 项，2012 年湖北省教学成果奖三等奖 1 项，2017 年湖北省教学成果奖二等奖 1 项。学院鼓励教师参加在线开放课程建设，已上线在线开放课程 2 项。

三、人才培养

学院围绕学校人才培养定位，不断深化公共外语教学改革。2009 年起按照因材施教原则实施大学英语分级教学，开展大学英语后续选修课程体系建设，加强大学英语教师教学理念培训。目前已建立“基础 + 提高”、分层分类的大学英语课程体系，逐步满足学生个性化学习需求。改革研究生英语教学，建成硕博一体化的学术英语课程体系，着力培养研究生运用英语开展学术写作和交流的能力。

学院不断优化专业人才培养目标，加强学生语言运用能力、跨文化交流能力，思辨能力和创新能力培养，加强英语专业学生文学赏析能力培养，加强商务英语专业学生商务实践能力培养，完善课程体系，将课外实践与课堂教学有机结合，探索具有华农特色的人才培养模式。2017 年开始试行大类招生，完成了大类招生背景下的人才培养方案以及课程库等教学基本文件修订工作。

学院翻译专业硕士教育实行“稳步快走”策略，不盲目追求扩大招生规模，而是以不断提升人才培养质量为核心，以综合改革创新为主线，以特色学科建设为依托，以师资队伍建设和办学条件改善为前提，旨在培养具有良好综合素质和职业道德、较强的语言运用能力、熟练的翻译技能和宽广的知识面，能胜任不同专业（尤其是与“三农”有关）领域需求的语言服务人才。

学院积极探索高素质创新人才培养新体系和新机制，人才培养质量不断提高。英语专业学生英语专业四级一次通过率连续稳定在 80% 以上，专业八级一次通过率稳定在 72% 以上，非英语专业学生大学英语四级考试一次性通过率稳定在 83% 以上。

本科毕业生初次就业率均在 92% 以上，年度就业率在 96% 以上。英语专业人才培养质量得到各方高度认可，2008 年教育部英语专业本科教学工作评估取得良好成绩。专业学生在省内外大型英语赛事和中国模拟联合国大会中多次获奖，其中国家级比赛共计 1 人获特等奖、2 人获一等奖、4 人获二等奖，省级比赛 8 人获一等奖、4 人获二等奖、5 人获三等奖。

学院一贯高度重视学生的社会实践活动，鼓励学生积极参加与专业相关的社会实践。学院英语专业学生在第十二届国际油菜大会和亚洲猪病学会第三届学术年会的接待和翻译工作中受到傅廷栋院士和陈焕春院士的高度评价。2005 级学生王凤竹当选为联合国环境署亚太地区青年顾问（TUNZA Youth Advisor），作为中国唯一一位代表多次出访德国、日本、韩国等国家。2008 级学生张瑜彬独行印度，完成印度农村信息传播调查，受到农民日报、中国农业新闻网、湖北日报等媒体报道。2012 级学生刘昌胜等人于 2014 年面向全校开设“ET（English Training）公益讲堂”，免费开展大学英语四、六级培训，湖北日报等媒体曾专题报道。

四、科学研究与社会服务

学院大力支持语言学、英美文学研究，重点加强应用语言学研究特别是农林高校英语教育理论与实践研究，突出农林科技领域英语语料库建设研究，积极开展农林高校学生英语学习策略及语言教学法研究，为农林高校英语教育、学术研究提供支撑平台。全面加强 MTI 中心建设，重点开展翻译理论研究和翻译史研究，突出中西译论研究、法庭口译研究和农业科技翻译史研究特色。

学校专门为外语学科设立科研启动基金 65 万元，鼓励并支持骨干教师开展教学与学术研究。10 年来教师获各级各类项目 247 项，其中，国家社科基金 4 项，全国基础教育外语教学研究资助金项目 1 项，教育部人文社科项目 5 项，湖北省教育厅人文社科项目 16 项，湖北省教学研究项目 20 项，湖北省教育科学“十一五”规划项目 8 项，湖北省教育科学“十二五”规划项目 1 项，湖北省统计局全省统计科研计划项目 1 项，全国高校外语教学科研项目 2 项，中国外语战略研究中心科研项目 1 项，中国外语教育基金项目中标课题 1 项。2012 年，学院获国家社科基金项目 1 项，实现了在国家级研究项目零的突破。近 10 年来，学院公开发表学术论文 298 篇，其中外语类权威期刊论文 11 篇，CSSCI 收录论文 91 篇。教师出版专著和教材共 7 部。

五、开放办学与合作交流

学院坚持开放式办学，积极地、全方位地开展国际和区域教育交流与合作，通过学者互访、学术交流、合作办学等方式与国内外高校建立了交流与合作机制。

学院先后与加拿大布鲁克大学、香港中文大学、美国哈町大学、美国俄亥俄州立大学等学校建立了长期的合作和交流关系。每年从美国、英国、加拿大、澳大利亚、新西兰等国家和地区聘请 3 ~ 4 名外籍教师来学院任教。设立“外语论坛”，邀请国（境）内外知名学者来院讲学，先后邀请了刘润清、何其莘、任晓晋、孔宪辉、Edward Myers、秦秀白、聂珍钊、王立非、Péter Hajdu、Sergey Tyulenev、黄国文等多位国内外知名学者来学院做学术报告，累计已举办 91 期。2014 年至今连续 4 年参与组织“暑期国际英语口语培训班”。2012 年来先后有 40 名教师到美国、英国、新加坡、泰国等国家和地区做访问学者、进修和培训。2017 年寒暑期共有 28 名学生赴新加坡国立大学、日本早稻田大学、英国剑桥大学等全球知名院校进行短期访学交流。

六、党建和管理服务

学院党委围绕“抓好党建促发展”的工作思路，扎实推进各项工作。坚持落实“党要管党、从严治党”要求，推进学习型党组织建设，完善学院党委中心理论学习小组学习制度。加强基层服务型党组织建设，坚持民主集中制，完善党内权利监督机制，加强党风廉政建设和干部作风建设。积极培育教师党支部书记“双带头人”。扎实开展党的群众路线教育实践活动、“三严三实”教育活动、“两学一做”学习教育活动，推进党建工作长效机制建设。加强党员队伍建设，积极发展优秀青年教师和学生入党。领导班子成员带头讲党课，开设“党建论坛”，让党支部“唱主角”。依托“支部主题党日”学习教育载体，每月明确一个主题开展“两学一做”学习教育。

先后制订和修订学院党政联席会议议事规则、内部会议管理办法、教师开展院内学术报告活动管理办法、“项目型”学术团队建设管理办法、职工年度考核及津贴分配实施方案以及相关教学、科研管理办法，提高制度的合理性和规范性，健全管理工作机制。坚持学院教职工月例会制度，精心组织学院教职工代表大会，加强以职工代表大会为基本形式的学院民主管理制度建设。调整教学指导委员会，组建学术指导委员会，制订工作规范，明确工作内容和责任。坚持院务公开，贯彻落实《外国语学院院务公开实施细则》，通过学院网站、微信平台、QQ 群等途径倾听师生的意见和建议。建设学院形象、历史长廊、名师风采、廉政上墙、作品展示等文化墙，形成了统一、和谐的学院标识系统。

10 年来，学院有 2 人获湖北省高校思想政治教育先进个人，多人获学校优秀共产党员、优秀党务工作者、十佳女教职工、优秀班主任、优秀辅导员、离退休工作先进个人、社会服务工作先进个人等称号。学校“支部好案例、书记好党课、党员好故事”展评活动中，学院党委荣获优秀组织单位、入选“书记好党课”一项。连续 3 年荣获本科生党员知识竞赛一等奖。学院工会建设不断取得成绩，连续 2 年被评为“基层工会工作先进集体”。以学院学生党员为主体的学生志愿服务团队“ET 公益讲堂”入选了 2017 年校园媒体关注人物。

七、校友工作

学院坚持服务校友、凝聚校友，把校友的需求作为工作指引。依托“校友之家”，全面梳理和收集外语系成立 25 年来的历届校友名单（共计 2 377 人），联系并不断完善校友信息和通讯录。由校领导、院领导率队赴北京、上海、广州、深圳、杭州等地针对性的走访部分校友创业的企业并看望校友，了解校友创业情况，联络校友情感，听取校友对母校的意见和建议。广泛收集外语系成立以来反映各历史时期的事件、人物、环境、学习、工作场景等老物件、老照片和老故事。每年在每个毕业班级中选聘一名热心学生作为该班级联络员，沟通传递信息、发送电子刊物、发布校友活动通知、发送节日祝福等。

学院今后将集中力量，努力建成以“农科”英语教学与研究为优势，语言学与应用语言学、翻译与文化研究、外国文学研究为特色的研究体系；打造一支规模适度、结构合理、教学水平高、学术研究能力强的教师队伍；构建体现学校农业特色、培养人文素养高、思辨能力及实践创新能力强、熟悉中西历史文化的高素质外语专业人才基地；成为提高学校师生国际交流能力，促进学校国际合作与交流的重要支撑，在学校创新教育和校园文化建设中发挥外语学科更大作用。

第十三章　体育部

2012 年 6 月，体育课部更名为体育部，设立了以大球类项目为主的第一教研室、以小球类项目为主的第二教研室，以及以其他综合类项目为主的第三教研室。2014 年增设学生体质测试中心和体育科学研究室。体育部教职工以“健康第一”的教育理念为先导，以促进大学生体质健康为根本任务，担负了全校学生的“体育与健康”教学、群体活动、竞技运动等工作，着力打造具有校本特色的学校体育。

一、教师队伍

10 年来，体育部加强师资队伍建设为核心，狠抓制度建设，加大青年教师培养力度，大力打造师资队伍建设的品牌活动。现有教职工 38 人，其中教授 2 人，副教授 16 人，讲师 13 人，行政、教辅人员 6 人。教师队伍中有硕士 35 人，国际级裁判员 1 人，国家级裁判员 5 人，健将级运动员 2 人，国家级健身指导员 3 人，学校教学质量优秀一等奖获得者 7 人。

二、体育教学

近 10 年来，体育部逐步开设了大球类、小球类、实用健身类、艺术表演类、生存拓展类、民族传统类、保健康复类等体育专项课程共 31 门，七类课程均建成校级优质课程。2008 年 9 月，《新时期下的大学体育课程教学改革与实践》获得校级教学成果二等奖。《阳光体育视野下大学体育课程体系创新与实践》2012 年获得校级教学成果一等奖，2013 年获得省级教学成果三等奖。为更好地落实《高等学校体育工作基本标准》，促进学生体质健康水平，2014 年前后逐步实行了新生入学引导练、运动技术高效练、身体素质课课练、考评体系驱动练的“四练”模式，并从 2014 年 9 月开始实施环湖长跑制度。制度实施以来，广大学生积极参加课外环湖跑已逐步形成健康校园特色，每学期均有 65% 左右的学生达到满分标准，20% 左右的学生超出满分标准，相当一部分学生已养成了主动锻炼的良好习惯。单个学期跑程纪录不断被刷新，目前最多者达到 1 515 圈、2 200 多公里。2015 年 12 月，相关教改举措被教育部官方网站以《华中农业大学着力推进大学生体质健康水平》为题进行了报道，2016 年《大学生体质“止跌回升”的促进机制研究与实践》获得学校教学成果二等奖，2017 年获得湖北省教学成果三等奖。

三、体质测试

体育部全面实施《国家学生体质健康标准》，建立学生体质健康测试中心，依托校园卡和体育教学管理系统对学生体质测试和课外长跑锻炼进行量化考核。10年来，共对180多万人次进行体质健康测试。2013年《国家学生体质健康标准》实施以来，严抓测试纪律，严控测试流程，做到测试过程“三不漏”，测试结果“三纳入”，测试数据“三公开”。近年来，学校大学生体质健康水平稳中有升，达标率（及格率、良好率、优秀率3者之和）从2013年的77.92%提高到2018年的93.53%，优秀率从0.05%提高到0.38%，良好率从2.76%提高到11.60%。

2013—2018学年度《大学生体质健康标准》测试情况统计表

学年度	总人数	及格率	良好率	优秀率
2013	15 719	75.11%	2.76%	0.05%
2014	17 294	78.78%	6.57%	0.13%
2015	17 696	86.50%	7.15%	0.14%
2016	17 405	83.08%	11.11%	0.37%
2017	16 549	81.55%	11.60%	0.38%

四、群体活动

体育部坚持以“阳光、健康、快乐、和谐”为指导思想，认真落实“健康第一”的指导思想和《关于开展全国亿万学生阳光体育运动的通知》，依照健身性、群众性、教育性和娱乐性协调一致的原则，广泛开展学生群体活动，增强学生体质，在学校掀起群众性体育锻炼的热潮，形成全员参与的群众性体育锻炼的良好风气，切实提高了全校师生员工的体质健康水平。10年来，体育部每年均根据季节特点，有组织、有计划的积极开展“狮子山”杯羽毛球赛、篮球赛、足球赛、游泳赛、排球赛、乒乓球赛、射箭比赛、攀岩大赛等丰富多彩的校园体育比赛，赛事从每年3月份一直持续到12月底。其中，每年度的“狮子山”杯篮球赛、排球赛、乒乓球赛、足球赛已成为深入人心的品牌赛事。而每一届全校师生的田径运动会则将校内群体活动推向高潮，“赏校园美景，扬青春激情”春季环校园健康长跑、狮子山MINI马拉松等具有校本特色的体育文化品牌也正在逐步形成。群众性体育活动百花齐放、丰富多彩。

五、竞技运动

近年来，学校高水平田径、羽毛球运动队以及篮球、排球、足球、乒乓球、网球等普通学生运动队已具规模，各队教练员严格管理、科学训练、积极备战，在全国及湖北省大学生体育协会举办的一系列体育竞赛中取得较为优异的成绩。2009年、2010年连续两年获湖北省大学生阳光体育运动创编项目运动会团体第一名；2010 年获湖北省第十三届运动会暨第十三届 CUBA 大学生篮球联赛甲组第一名；2013 年获湖北省大学生乒乓球比赛男团冠军；2014 年获全国农林院校第八届大学生田径运动会 2 金、1 银及乙组团体第 8 名；2014 年获全国大学生羽毛球锦标赛女队第 8 名；2015 年获第十九届全国大学生羽毛球锦标赛男团亚军、甲 A 女团第 8 名；2015 年获武网大学生网球巡回总决赛团体总分第 1 名；2016 年获湖北省大学生运动会足球比赛女队冠军、中国大学生五人制（湖北赛区）比赛女队亚军；2017 年获湖北省大学生排球比赛女队冠军、湖北省大学生羽毛球赛特招组男团亚军女团季军、普通组女团季军女单亚军；2017 年获中国大学生健美操比赛第 2 名、湖北省大学生健美操艺术体操比赛 5 金 2 银，团体总分第 1，并实现学校健美操项目的湖北省三连冠。

六、体育科研

体育部在努力提升体育教学质量和竞技体育运动水平的同时，积极开展体育科研工作。2008 年以来，体育部共获批国家社科基金项目 1 项，教育部人文社科项目 1 项，国家体育总局体育哲学社会科学研究项目 1 项，省级教改课题 8 项，湖北省人文社科课题 4 项，湖北省教育科学规划课题 4 项，武汉市人文社科项目 1 项，承担校自主创新课题 13 项，校教改课题 13 项。发表论文 80 余篇，其中体育中文核心期刊 4 篇，CSSCI 收录论文 18 篇，SCI 论文 2 篇；出版专著 2 部。获湖北省第十届普通高校体育科报会一等奖 3 项，二等奖 6 项，三等奖 19 项，获第四届全国高校体育场馆建设与运营管理科技会二等奖 9 项，获全国体育科学论文报告会一等奖 1 项，墙报交流 1 篇，入选论文汇编 2 篇。

七、场馆建设

学校现有 400 米标准塑胶田径场 2 块，体育馆 1 座，羽毛球场 14 片，网球场 9 片，篮球场 35 片，排球场 8 片，室外羽毛球场 6 片，综合投掷区 1 片，拓展基地 1 块，高尔夫练习场 1 片，露天游泳池 2 个，大众健身区 1 片。室内体育场馆面积有 8 808 平方米，生均 0.43 平方米；运动场面积达 10.83 万平方米，生均运动场面积为 5.28 平方米。占地面积 1.7 万平方米，含恒温游泳池、乒乓球场、羽毛球场、网球场、健身房等功能区块在内的体育训练馆即将竣工投付使用。

以完善的场馆设施为后盾，学校成功承办了第六届全国城市运动会篮球比赛、湖北省大学生“阳光体育运动”羽毛球比赛、海峡两岸大学生篮球联谊赛、第二届全国大学生羽毛球超级赛、湖北省体育教师羽毛球及“校长杯”羽毛球赛等大型赛事，获得了省、部等领导的高度评价，全国大学生体育协会、湖北省大学生羽毛球协会两次授予学校“特别贡献奖”。

八、社会服务

近年来，体育部关注农村体育教育发展，为农村留守儿童体质健康发展开展相关工作。2010 年在国家级贫困县阳新县的王英镇毛坪完全小学建立“党员活动实践基地”以来，先后开展 16 次对口帮扶活动，相继为毛坪完全小学捐赠体育器材，捐建图书室，安排教师赴阳新支教，邀请毛坪完全小学师生到学校参加体育夏令营，为毛坪完全小学师生进行体质健康测试、举办体育文化艺术节等系列活动。先后被《农民日报》《中国教育报》等新闻媒体报道。

第十四章　马克思主义学院

2008 年 5 月，思想政治理论课部被确定为正处级建制；2012 年 3 月，学校在思想政治理论课部基础上组建独立建制的马克思主义学院。学院成立以来，坚持“育人为本，特色立院”的发展理念，以队伍建设、学科建设、科学研究、课程建设和制度建设为抓手，推行民主管理，强化激励约束，发挥党建和思想政治工作的引领、凝聚、保证作用，全院干部和教职工和衷共济、协同育人、克难奋进、开拓创新，扎实推进学院事业发展。

学院下设马克思主义基本原理系、中国化马克思主义系、中国近现代史系、思想政治教育系 4 个系，研究生思想政治理论教研中心、形势与政策教研中心 2 个教研中心，建有湖北省中国特色社会主义理论体系研究中心华中农业大学分中心、政治与文化研究中心和廉政建设研究中心 3 个科研机构。现有教职工 47 人，其中专任教师 43 人，兼职教师 34 人。教师中有教授和研究员 8 人，博士生导师 1 人、硕士生导师 19 人。

一、学科专业建设

学院坚持“入主流、创特色、重点突破、协同创新”的学科发展思路，遵循学科发展规律，进一步凝练马克思主义理论学科方向，聚焦马克思主义理论学科发展前沿，运用马克思主义理论和相关学科理论方法，研究中国本土情境下的马克思主义理论与实践问题，形成了中国特色乡村建设、马克思主义基本原理的现实关照和时代意义、青年价值观、中国共产党乡村社会治理等特色优势领域。规范设置二级学科方向，建立二级学科责任人制度，加强学术团队和学科平台建设。2017 年获批马克思主义理论一级学科硕士学位授权点，2015 年“中国特色社会主义新农村建设研究”团队入选湖北省高等学校优秀中青年科技创新团队，2013 年成立湖北省中国特色社会主义理论体系研究中心华中农业大学分中心，2012 年成立政治与文化研究中心、廉政建设研究中心等校级科研机构 2 个。

依托马克思主义理论一级学科硕士点招收马克思主义理论学科硕士研究生，同时招收农村改革与发展专业方向的博士研究生和行政管理专业的硕士研究生，在读博士和硕士研究生 60 人左右。自建院以来，学院累计培养研究生近 150 名。获评湖北省优秀硕士学位论文 5 篇、学校优秀硕士学位论文 5 篇，学位论文匿名评审通过率 100%；研究生公开发表 CSSCI 来源期刊 40 余篇，其中，本领域顶级期刊论文 2 篇，学校指定权威期刊 10 余篇；毕业生就业率 95% 以上。

二、师资队伍建设

学院科学制订思想政治课教师队伍建设规划。加强学科带头人、教学带头人、学术骨干、教学骨干的培养，加大人才团队培育力度，形成一级学科架构的人才队伍基本框架，进一步提升学院在人才培养、科学研究、咨政服务、文化传承创新、对外交流中的贡献力。注重优化人才队伍结构。加大高层次人才引进、培植力度，重点引进具有高级职称的学术带头人和有发展潜质的优秀学术骨干，整合专兼职马克思主义理论人才队伍。继续采取出国访学研修、在职进修学习、岗位培训、集体备课等一系列制度和措施加强教师队伍建设。实施“青年教师专业发展助力工程”，加大对国内外高水平学术交流的支持力度，扩大对外学术交流。建立健全分类管理评价机制、教师岗位准聘长聘制度和收入分配激励制度，实施岗位目标考核聘任管理。

学院成立以来，引进教授 1 人、优秀博士和博士后 22 人。2013 年，增加教育部高等学校马克思主义理论类专业教学指导委员会委员 1 人，全国“高校思政课教师年度影响力提名人物”1 人，湖北省高校优秀思政课教师择优资助计划 2 人；2014 年，增加全国高校优秀中青年思政课教师择优资助计划 1 人，全国“高校思政课教师年度影响力人物”1 人，湖北省高校马克思主义中青年理论家培育计划 1 人；2015 年，增加全国“高校思政课教师年度影响力提名人物”1 人，湖北省高校马克思主义中青年理论家培育计划 1 人；2016 年，增加教育部高等学校思想政治理论课教学指导委员会委员 1 人；2017 年，入选湖北省高校马克思主义中青年理论家培育计划 2 人；2018 年，湖北省高校马克思主义中青年理论家培育计划 1 人。

三、思想政治理论课建设与教学

学院坚持育人为本、德育为先，践行协同育人理念，构建了“三支队伍”协同互促、“三类课程”同向同行、“三条战线”齐抓共管的“三三制”协同育人机制。加强师德师风建设，落实青年教师导师制和新教师试讲、集体备课等基本教学管理制度，实行学校、学院、系和教学督导员四级教学督导制，积极开展“名师说课”“名师示范课”等示范教学活动。建设基于“互联网 +”的优质思想政治理论课程体系，系统推进教学改革。以管理协同育人为基础、以主体协同育人为核心、以方式方法协同育人为手段、以资源协同育人为保障，提升思政课教育教学针对性、实效性、吸引力、感染力。深化本科思政课优质课程建设，强化研究生思政课重点课程建设和教学改革创新研究。构建国家级、省级、校级“三位一体”的优质课程体系，更新完善思政课课程网站，开发新教学大纲、教案、教学 PPT、习题、实践教学指导、参考文献资料、课程网站等教学资源，推进精品教学共享资源库建设。按照教学内容专题化、教学方法多样化、教学手段现代化、课程考核科学化的要求，分课程研究制订教改方案，积极开展教学模式、方法和手段改革，构建“菜单式”教学考核体系，优化“主题体验，协同育人”实践教学模式。

学院承担了全校本科、硕士研究生、博士研究生的思想政治理论课，“中国传统文化”“西方文化概论”“西方哲学导论”等 8 门哲学社会科学类通识课以及 30 余门研究生专业课的教学任务。“马克思主义基本原理”2007 年入选省级精品课程；“毛泽东思想和中国特色社会主义理论体系概论”2008年入选省级精品课程、2014年入选省级精品资源共享课程；“中国近代史纲要”2008年入选校级精品课程；“思想道德修养与法律基础”2012年入选校级重点建设课程、2014年入选校级优质课程；“中华农业与生态文明”入选2014年度省级精品视频公开课；“马克思主义政治经济学概论”2015年入选马克思主义理论研究和建设工程重点教材相应课程“精彩一课”。2017年获湖北省高校教学成果一等奖1项，2013年获湖北省高校教学成果二、三等奖各1项，4人获校级优秀教学质量一等奖，获校级优秀教研室1个。2014年11月、2015年4月成功举办了第五届全国农林高校哲学社会科学发展论坛之“马克思主义理论与新农村建设”分论坛研讨会、全国高等农林院校“教育自觉与提高思想政治理论课教学实效性”研讨会。

四、科学研究与社会服务

在科学研究上，坚持“入主流”与“创特色”结合，彰显学科交叉优势，注重农村长线观测点建设并坚持驻村调查，注重理论研究的现实指向和实证研究的理论价值，开展马克思主义中国化重大理论与实践问题研究，形成了以问题为导向、规范与实证相结合的综合研究特色。学院成立以来，获批国家社会科学基金项目11项、结题1项，获批教育部、省社科项目近30项；在《马克思主义研究》《政治学研究》《中国农村观察》《自然辩证法研究》《中共党史研究》《思想理论教育导刊》等CSSCI来源期刊发表论文100余篇，在人民出版社、中国社会科学出版社等国家级出版社出版专著20余部；荣获湖北省社会科学优秀成果二等奖2项、三等奖2项，荣获武汉市社会科学优秀成果二等奖1项、三等奖4项。

学院积极参加学校“111”计划，承担湖北省理论热点面对面示范点建设，经常组织专家教授深入城乡社区和田间地头，开展党的理论路线方针政策宣讲、传统文化宣讲、社情民意调研和农业技术咨询服务。承建的湖北省理论热点面对面示范点2016年、2017年连续被评为优秀示范点，教师撰写的1份咨询报告被教育部采用，1份咨询报告被湖北省委及中央有关部门采用，1份咨政报告2015年11月16日入选《领导参阅》，2014年1份调研报告获湖北省优秀调研成果二等奖，3份社情民意调研报告获省委讲师团年度理论热点面对面优秀调研报告（2015年1份，2016年2份）。

五、党的建设与管理服务

在党的建设与管理服务方面，学院积极落实主体责任，加强领导班子和党员干部队伍建设，深化理论学习，加强党风廉政建设和师德师风建设，强化思想政治引领，优化系级党政组织建设，开展党员岗位创先争优活动，立足本职工作发挥先锋模范作用。坚持以人为本，实施“阳光管理”，加强“教工之家”建设。健全管理制度，培育学院文化，努力营造“和衷共济，协同育人，克难奋进，开拓创新”的良好氛围，学院的整体凝聚力、认同感和归属感不断增强。

马克思主义学院将以习近平新时代中国特色社会主义思想为指导，认真落实《高等学校马克思主义学院建设标准》《高等学校思想政治理论课建设标准》《新时代高校思想政治理论课教学工作基本要求》，找准特色鲜明研究型大学和“双一流”高校建设中的马克思主义学院发展定位，加强党的建设和思想政治引领，整合优化马克思主义理论学科队伍，不断深化教育教学改革，加强学科平台建设，提升研究创新和咨政服务能力，提高学科发展水平和人才培养质量，培养一批马克思主义理论学科带头人，造就一批马克思主义理论教育专家，建设一批马克思主义理论优质课程，产出一批高质量高水平的马克思主义理论研究成果，努力把学院建设成为特色优势明显的新时代马克思主义创新发展、宣传教育、人才培养高地和湖北省重点马克思主义学院。

第十五章　公共管理学院

2013 年 9 月，学校根据公共管理学科发展需要，将原经济管理学院、土地管理学院的土地管理系、信息管理系，以及高等教育研究所合并组建成立公共管理学院。自成立以来，学院一直践行“尚德尚公、求是求新”的办院理念和“质量立院、人才强院、学术兴院、开放办院”的发展方针，各项事业得到了快速发展。

学院目前下设土地管理系、信息管理系、行政管理系、房地产经济与工程管理系、公共经济与公共政策系；现有公共管理一级学科博士点，公共管理博士后流动站，公共管理硕士专业学位（MPA）授权点，2017 年公共管理学科进入全国第四轮学科评估 B+ 类；现开设土地资源管理、工程管理、信息管理与信息系统、行政管理 4 个本科专业。土地资源管理于 2008 年被评为湖北省重点学科，2014 年土地资源管理专业获批湖北省本科高校“专业综合改革”试点项目。学院目前设有高等教育研究所、生态与环境经济研究所、中国不动产市场研究中心、土地管理与乡村治理研究中心、农村技术经济与信息咨询服务中心、农业科教发展战略研究中心等。

学院现有教职工 71 人，其中教师 57 人，行政、实验人员 14 人。57 位教师中，教育部新世纪优秀人才 1 人，湖北省新世纪高层次人才优秀青年人才 1 人，全国十佳青年土地资源管理学家 2 人，楚天学者 1 人，楚天学子 1 人，省级中青年优秀创新团队 1 个。现有全日制在校学生 1 225 人，其中博士研究生 22 人，硕士研究生 225 人，本科生 978 人。获得全国百篇优秀博士学位论文提名奖 1 人，湖北省优秀博士学位论文 4 人。

一、学科专业建设

学院坚持以学科建设为龙头，继承和发扬优良的办学传统，坚持内涵式发展与外延式发展并重，坚持强特色与入主流紧密结合，加强科研与教学团队、学术创新能力建设；不断凝练学科方向，打造学科特色，促进学科交叉融合；持续强化土地资源管理二级学科建设，大力发展行政管理、教育经济与管理二级学科。在巩固各学科现有优势的基础上，大力加强各学科间的交叉与融合，形成独具特色的涉农研究领域和学科研究方向。2017 年公共管理学科进入全国第四轮学科评估 B+ 类，2018 年获批公共管理一级学科博士学位授权点。

学院调整了系（所）结构，新组建了行政管理系，并于 2015 年开始招收本科生。一直以来，学院不断完善平台建设，拥有中国不动产市场研究中心、土地管理与乡村治理研究中心等科研机构，新增省级重点实验教学示范中心 1 个、省级大学生实习实训基地 1 个。

二、师资队伍建设

学院高度重视师资队伍建设，不断加大高层次人才培养和引进力度。自学院成立以来，引进和培养教授 8 人，“楚天学者” 1 人，“楚天学子” 1 人；引进青年博士 13 人，现已形成了一支以教育部“新世纪优秀人才支持计划”入选者、“楚天学者”特聘教授为核心、以湖北省中青年优秀科研创新团队为骨干的学术队伍。健全学院教师进修、培训制度。支持和选派中青年学术骨干到国内外知名高校和科研机构进修或访学，不断提高其教育教学和科研创新能力。自学院成立以来，共选派 10 多名教师赴四川外国语大学学习外语；共有 20 多名教师分别赴美国、英国和澳大利亚等知名大学做访问学者。积极吸纳访问学者、兼职教授、客座教授补充师资力量，聘请了中国人民大学、南京大学等国内知名高校的“长江学者”为兼职教授；邀请了美国北卡罗来纳大学教堂山分校、澳大利亚国立大学等多所国外大学教授来院开设暑期课程。

三、人才培养

学院坚持实施质量立院战略，深入推进教育教学改革。大力推进精品课程建设，建有国家级精品资源共享课程 1 门，省级精品课程 2 门，校级精品视频公开课 2 门，校级精品实践课 4 门，校级在线开放课程 3 门，校企合作课程 3 门，“双百案例”课程 7 门。目前共立项建设各级各类教学研究项目 36 项，其中省级教学研究项目 6 项，大学生创新性实验教学项目 11 项。深化人才培养模式改革，探索合作办学新模式，与湖北永业行评估咨询有限公司、武汉开元地产信息开发有限公司等实力雄厚的知名企业联合建设了一批相对优质、稳定的校外教学实习基地。2014 年学院与湖北永业行评估咨询有限公司获批共建“湖北省高校省级示范实习实训基地”，2017 年学院与中软国际有限公司联合共建教育部产学合作协同育人项目“华中农业大学 – 中软国际产学合作校外实践基地”。不断强化大学生创新能力训练，立项全国大学生创新训练项目 29 项，大学生科技创新基金（SRF）项目 127 项；获湖北省大学生优秀科研成果奖 2 项；学生发表论文 11 篇。2015 年、2016 年学院承办了武汉地区高校非测绘专业测绘技能大赛、湖北省高校测绘技能大赛等专业技能竞赛，促进学生进一步运用和掌握专业核心技能。

四、科学研究与社会服务

学院坚持实施学术兴院战略，全面提升科学研究与社会服务水平。自学院成立以来，主持教育部哲学社会科学重大课题 1 项，国家自然科学基金与社会科学基金 34 项，教育部人文社科基金 7 项，博士点（后）基金 10 项，其他课题 140 余项；在 SSCI 国际学术期刊 *Land Use Policy*、*Habitat International*，国内权威期刊《公共管理学报》《中国土地科学》《中国人口资源与环境》等发表论文 350 余篇，在人民出版社、科学出版社等出版著作 20 余部。积极搭建产学研交流互动平台，开展多地区科技培训工作，自 2014 年起，分别与海南省海口市和儋州市国土资源局、湖北省黄冈市国土局、浙江省江山市农业局、安徽省界首市国土局开展科技理论培训，在推动地区农业现代化发展等方面起着重要作用。高度重视定点扶贫、脱贫工作受国务院扶贫办、中国科学院地理科学与资源研究所等部门委托，承接“国务院精准扶贫 2016、2017 年第三方评估（湖北省）”工作，在奖励与惩罚机制等方面给地方提出了创新思路。

五、开放办学与合作交流

学院坚持实施开放办院战略，大力促进对外交流与合作。通过多种渠道，拓展国（境）内外学术交流与合作领域并提升层次。邀请了美国北卡罗来纳大学教堂山分校、德国转型经济农业发展研究所、美国德克萨斯理工大学、澳大利亚西澳大学等国外高校的 12 位外国专家及浙江大学、华中科技大学、华中师范大学等国内知名高校和权威学术组织的学者来院交流，就土地经济、农业经济、教育经济、水资源管理、自然资源管理与政府治理、社会保障与支持等主题进行了深入的探讨和研究。通过依托学校引智项目等多种途径，邀请了来自美国、德国、瑞典、澳大利亚等国家和地区的 16 名专家来学院进行访问交流，通过多种途径和渠道寻找与更多国（境）内外大学、科研机构和教育团体等建立长期、稳定、实质性的合作关系，建立与国（境）内外知名大学联合办学的长效机制，提高学院的国际化办学水平。积极搭建学术交流平台，邀请了北京师范大学和华中科技大学的“长江学者”特聘教授及英国剑桥大学、美国加州大学、美国威斯康星麦迪逊分校、澳大利亚西澳大学等国外高校知名学者做客公管论坛，公共管理论坛迄今已举办 89 期。

六、党建和管理服务

学院党委一直坚持以党建工作为抓手，不断提高学院科学决策水平。坚持党政集体领导、科学决策，切实发挥学院党委的领导核心作用；加强学院党的基层组织建设，全面推进学习型党组织建设，建立并完善了“周四学习日”制度，定期开展党员集中学习交流活动，切实提高党组织的创造力、凝聚力和战斗力。深入贯彻落实党风廉政建设责任制，开展党性党风党纪教育和理想信念教育。不断完善制度建设，先后制订和完善了《党政联席会议制度》《党政领导班子落实“三重一大”制度实施办法》等近 50 项规章制度。为进一步推进民主管理，学院每年召开一次教代会，集中审议《学院事业发展中长期战略规划》《学院事业发展“十三五”发展规划》《公共管理一级学科“十三五”发展规划》等。加强离退休、统战和群团工作，充分发挥其在学院改革发展中的作用，不断营造和谐办院的文化氛围。

七、校友工作

学院一直高度重视校友工作，坚持“请进来，走出去”战略。邀请优秀校友回校参加公共管理论坛、公共园地等活动，与学院师生分享交流学术研究成果或人生经历；与湖北省永业行评估咨询有限公司、深圳同致诚土地房地产评估顾问有限公司等优质校友企业签订就业基地共建协议；邀请一批优秀校友担任本科生企业班主任，充分利用校友资源和优势，共同提高本科生人才培养质量。同时，学院领导和学科负责人带队，主动拜访校友，走访校友企业，共商校地合作和校企合作。目前，校友企业在学院共设有全景基金助学金、国土联奖学金、华中国土奖学金、千景励志奖学金、永业行奖学金、圆梦奖学金、大地励志奖学金等。毕业生中，现有省部级领导 1 名，司局级领导 22 名；在中国人民大学等“985 工程”“211 工程”高校任教近 140 名。

未来，学院力争在学科建设、队伍建设、人才培养、科学研究、开放办学、管理创新等方面有新的突破，教育质量、科研水平、学术声誉和社会影响力有显著提升。建成以土地资源管理为特色，包含土地资源管理、教育经济与管理、行政管理和社会保障等二级学科的公共管理一级学科，成为国内一流、特色鲜明的教学研究型学院。

第十六章　信息学院

2014年4月，学校为进一步优化学科专业结构布局，促进信息学科发展，将生命科学技术学院生物信息学教研室、生物信息中心，理学院计算机科学与技术系（整体）、数学系（部分）、化学系（部分）以及计算中心调整组建成立信息学院。7月9日，信息学院揭牌成立。

学院坚持"老师心中有学生，学生心中有天下"的育人理念，以"为了全人类的心智荣耀"为办学宗旨，遵循"融入产业体系，加入国际循环"的强院路径，致力推动学院规范化建设，各项事业得到了快速发展。现有计算机科学系、生物信息系、大数据科学系、公共计算机教学课部等4个系（部），建有农业生物信息湖北省重点实验室和信息技术实验教学中心。

一、学科专业建设

坚持学科龙头地位，坚持"创特色，入主流"的发展路径，努力建设一流学科、一流专业。2011年9月，生物信息学本科专业开始招生，2012年开始招收生物信息专业硕士研究生，2013年开始博士生招生。2015年，学院获批在农业工程一级学科下自主设立农业信息工程二级学科博士点和硕士点。学院设有生物信息学、农业信息工程二级博士点、硕士点，计算机科学与技术一级学科硕士点，计算机科学与技术、生物信息学、数据科学与大数据技术等3个本科专业，其中生物信息学专业获批湖北省战略性新兴支柱产业人才培养本科项目，在中国科学评价研究中心（RCCSE）、武汉大学中国教育质量评价中心联合中国科教评价网推出的《中国大学及学科专业评价报告》中，4次排名全国同类高校第一。2015年7月和11月两次邀请校内外专家，召开学科研讨会，进一步明确"创特色、入主流"的发展路径。5月，计算机专业获批全国"计算机类专业系统能力培养改革试点"。2015年6月27日，完成湖北省计算机专业评估。2017年5月，召开"数据科学与大数据技术"专业建设研讨会。2018年3月，学院获批计算机一级学科硕士授权点，获批数据科学与大数据技术本科专业。

二、师资队伍建设

按照"坚持标准、引培并重"原则，不断加强师资队伍建设。有"青年千人"1名、"万人计划"1名、"楚天学者"特聘教授2名、入选科技部"中青年科技创新领军人才"1人、湖北省“高端人才引领培养计划”1人、教育部“新世纪优秀人才支持计划”1人、中国科协“青年托举工程”1人。拥有1个湖北省自然科学基金创新群体，1个湖北省高等学校优秀中青年科技创新团队。学院现有教职工86人，其中教授9人，副教授37人，讲师23人，行政、实验人员17人。2016年5月，学院与康圣环球、影响力科技两家企业挂牌共建博士后创新实践基地。2016年9月，安诺优达捐赠20万元在学院设立企业奖学金，该公司首席科技官陈重建博士受聘为学校兼职教授。2013年，“基于组学的新药发现技术”团队入选湖北省自然科学基金创新群体。2017年，“三维基因组学”团队入选湖北省高等学校优秀中青年科技创新团队。

三、人才培养

坚持“心中有学生”的办学理念，把提高人才培养质量作为首要任务。学院承担着全校50多个本科专业的计算机公共基础课教学任务。现有全日制在校学生893名，其中本科生768人，硕士生93人，博士生32人。从2014年开始，连续4年有学生获评全校大学生标兵，连续4年获评校研究生“学术希望之星”。2015年11月，标准排名研究院制作的《2015本科专业毕业生薪酬排行榜》揭晓，生物信息专业入选全国“专业百强榜”，是全校唯一入选专业。2015—2016年，学院2个班级连续成为全校首个就业率达到100%的班级。2016年11月，学院“欢乐空间（Happy Hour）”第一期活动举行，浪潮集团技术高管就第三代测序技术与学院师生进行了交流。2016年11月，第41届ACM国际大学生程序设计竞赛亚洲区域赛（青岛站）开赛，学校ACM集训队获2枚铜牌。2016年12月，湖北省信息技术实验教学示范中心申报成功。2017年3月，学院学子夺得ASC17世界大学生超级计算机竞赛二等奖。2017年6月，ACM–ICPC国际大学生程序设计竞赛全国邀请赛（陕西）获2枚铜牌。2017年7月，第三届中国“互联网+”大学生创新创业大赛湖北省复赛中，学院教授指导的项目获金奖。2017年12月，学院学子获第四届全国高校移动互联网应用开发创新大赛的应用挑战赛一等奖。2017年8月，《生物信息创新人才培养“三结合”模式探索》获省级教学成果二等奖。2017年11月，马彬广教授指导iGEM团队在国际遗传工程机器设计大赛上第4次夺金并获单项Best提名。学院1支暑期实践队伍入选2017“全国最具影响好项目”。学院1位教授入选全国优秀创新创业导师人才库。学院教师牵头编写的《大学计算机基础（第3版）》获2017年全国高等农业院校优秀教材。2018年3月，学校学子在ASC18世界大学生超级计算机竞赛中荣获一等奖。

四、科技创新与社会服务

坚持把科技创新作为强院之本，重点围绕计算基因组学、3D基因组学、系统与合成生物学、智慧农业、药物发现与精准医疗等方向开展科学研究和技术创新。建院以来，获国家级科研项目（国家自然科学基金、863/973，国家重点研发计划）27项，累计经费2 429.9万元，发表SCI论文90篇。坚持举办暑期夏令营、对口支援郑州大学生物信息学院夏令营，深入加强与广西扬翔股份有限公司、恒大集团、华为公司等企业的校企合作，认真开展对口宜昌市五峰县的定点扶贫工作。2015年11月，筹集资金300万元，建成全校高性能计算平台。2016 年 8 月，中国科学院《2016 科学发展报告》出版发行。其中，三维基因组学研究被评为“2015 年中国科研代表性成果”之一，学校三维基因组研究团队阮一骏和李国亮教授撰写了题为《人类三维基因组学的研究进展及其精准医学意义》的报告。2017 年湖北省生物信息学会挂靠学院并成立获核准。

五、开放办学与合作交流

坚持国际视野、人文关怀、聚焦产业、协同育人的开放办学理念，大力推进三全育人，推动学院发展。2015 年 12 月，学院与百迈客公司签订合作协议，共建校企联合实验室，并获 50 万元奖学金捐赠。2016 年 7 月，学院与浪潮集团联合成立“高性能计算及大数据处理联合实验室”。2017 年 5 月，学院与美国密苏里大学工程学院正式签订“本科硕士生联合培养 3+2 项目”合作协议。5 月，学校与武汉百药联科科技有限公司签约建设“精准药物发现联合实验室”，该公司将在 5 年内投资 1 000 万元，与学院张红雨教授领衔的研究团队开展药物发现合作研究，至此，学院先后与上海派森诺生物科技股份有限公司、华为武研所、华大基因、正大集团、浪潮集团等签署本科创新人才联合培养协议或校企联合实验室合作共建。2014 年承办第二届计算生物化学研讨会，2016 年承办全国高性能计算论坛。从 2014 年开始，连续 5 届主办三维基因组学国际研讨会。2017 年 10 月，学院承办的全国磷化学学术年会在校举行，全国 130 余位专家参加了研讨，赵玉芬院士作了有关磷科学的学科发展战略研究咨询报告，并进行了圆桌研讨。主办方联合中国地质大学（武汉）推出了大型科普展“问天——太阳系及八大行星剪影”。

六、党的建设与管理服务

在校党委的坚强领导下，把抓好党建工作作为第一要务和主体责任。坚持开展学生党建“五个一”和“三公示三汇报两答辩”制度，实现学习培训全链条全覆盖。加大投入建设好党员活动室，开设“信息逸站”党员图书角。明确了党员领导干部意识形态责任区。严格落实党政领导联系支部制度和教工支部帮扶学生支部“1+1”制度，依托“寝室导师”制和竞教结合育人平台，深入开展“两访两创”活动，密切师生关系、党群关系，积极构建“师生共同体”。开展党员教师结对困难学生“一助一”行动和党员干部、专家教授帮扶青年教师能力提升 2 个计划，师生获得感显著提升，1 名教师当选 2017 年“校园媒体关注年度人物”。1 名党员教师事迹入选湖北省“党员好故事”典型案例一等奖。

2015 年基本完成学院教学科研和办公楼房装修改造任务。2016 年 4 月，学院第一次教职工代表大会全体会议举行，教职工代表审议通过了《信息学院事业发展“十三五”规划》《信息学院年终绩效津贴发放方案》《信息学院副教授七级岗评审基本条件》等 3 个文件。2017 年 5 月，信息学院第一届第二次教代会暨工会会员代表大会举行。2017 年 9 月，进行学院系部调整，撤并生物统计系，增设大数据科学系、公共计算机教学部。2018 年 4 月，召开学院第一届第三次教代会暨工会会员代表大会，审议通过了包括优才计划、国际访学资助办法等在内的学院制度汇编。

七、校友工作

学院高度重视校友工作，重视发挥校友在合作办学、协同育人上的重要作用，努力建设发展共同体、价值共同体、命运共同体。成立以党委书记、院长为组长的校友联络领导小组，聘请专家导师、班主任辅导员、下班党员（团干）、毕业生为校友联络员，通过企业走访、校友定期回校交流、毕业聚会、校友 QQ 群、微信群等平台紧密联系各届校友，通过信息讲坛、开学典礼报告、校友分享会等形式，让校友感动学子，让校友资源成为办学资源。学院 2011 级生物信息学研究生王君成立“华农学生网”并获 50 万元战略投资。

“十三五”期间，学院力争将信息学院建设成学科特色鲜明，教学工作严谨规范，科学研究局部创优势、多方有融合，成为学校人才培养基础教学的重要力量，成为学生实践能力、创新精神培养的重要主体，成为学校学科发展、科技创新的重要支撑，成为学校新兴交叉学科的新亮点和重要增长点，用现代信息科技积极提升优势特色学科，努力建设成为学校发展新的增长点。

第十七章　继续教育学院

继续教育是学校高等教育事业的重要组成部分，是学校培养人才、服务社会的重要力量。2008年以来，学校继续教育实行混合式办学体制，各业务学院是学历继续教育的办学实体单位，继续教育学院（合署中央农业管理干部培训中心华中农业大学分院），行使全校继续教育的管理职能，同时举办学历继续教育与非学历教育培训。2008年以来，学院领导班子秉承勤恳务实的作风，坚持质量与效益并重，学历教育与非学历教育培训并举并逐步以非学历教育培训为主的办学方向，坚持“转型发展、打造特色、确保质量、创造效益”的方针，培养、培训各类人才，成为学校服务社会、助推科技成果推广的重要力量。通过改革创新，构建服务学校事业发展的继续教育体系，为全面实现学校奋斗目标发挥积极作用。

一、学历继续教育的改革与发展

（一）函授教育

办学规模。学校主动调整函授教育办学结构，加强过程管理，缩减合作办学地域，努力推进函授教育规范发展。10年来，学院认真研判国家成人高等学历教育“三教合一”的发展态势，变被动为主动，通过合作发展、融合发展，加快建设现代远程教育平台和资源库，提升办学层次，逐步缩减专科层次规模，优化函授教育专业结构。2008—2017年，学校共招收成人高等教育函授学生31 346名，成人高等教育函授本专科毕业27 132人，共授予成人高等教育学士学位7 327人（含高等教育自学考试毕业生）。现有在籍函授学生9 310人。

特色发展。2008年3月，全面启动实施省委组织部“一村一名大学生计划”，与21个地市区签订人才培养协议。学院组织校内外专家制订“一村一名大学生”人才培养方案，为基层农村培养“懂技术、会管理、留得住、用得上”实用人才。2010年12月，《人民日报》专题报道学校“一村一名大学生”项目在广西南宁市交流推广。2012年6月，《光明日报》第一版对“一村一名大学生”项目进行报道，《农民日报》《广西日报》《湖北日报》及各地地市党报、电视台等新闻媒体也进行了专题报道。“‘一村一名大学生’函授教育人才培养模式的研究与实践”获2013年度湖北省第七届高等学校教学成果二等奖。

制度建设。2008-2017年，从废、改、立、释四个方面入手，进一步构建规范成人高等学历教育的制度体系和长效机制。先后废止《华中农业大学成人高等教育脱产学生学籍管理规定》（农继教〔2005〕216号）等规章制度9项、《华中农业大学高等教育自学考试助学班、成人高等教育脱产班学生公寓管理规定》等规范性文件 2 项，新订《华中农业大学成人高等教育学籍管理规定》（校发〔2015〕29 号）、《华中农业大学授予成人高等教育本科毕业生学士学位实施办法》（校发〔2015〕31 号）、《华中农业大学成人高等教育课程教学管理暂行办法》（继教〔2015〕4 号）、《华中农业大学继续教育档案管理办法》（继教〔2016〕2 号）、《华中农业大学成人高等教育学生电子学籍信息变更办法（试行）》（继教〔2017〕4 号）、《华中农业大学授予成人高等教育本科毕业生学士学位实施办法（试行）》（校发〔2017〕180 号）等 6 个规章制度。制订成人高等学历教育主要业务流程 16 个。取消 1 471 名在籍学生的学籍、取消 58 名新生的入学资格。严格控制转专业，转学校。

质量保障。2014 年学院制订成人高等学历教育人才培养方案，含 3 个层次、57 个专业、131 个培养方案。根据新方案制订教学计划，根据教学计划开展课程教学与考试抽查。运用函授教育信息管理平台，实现从招生到培养过程到毕业的规范化、流程化管理，实现了档案管理批量导入学校综合档案管理系统。

（二）高等教育自学考试

办学规模。学校高等教育自学考试工作积极探索转型发展。自 2007 年停止招收全日制自考助学班后，注重发挥学校学科优势和农科特色，与省内普通高职高专院校、自学考试学习服务中心合作办学。主考专业涉及农、工、管、文、法、经等 6 个学科的 35 个本、专科专业。2008—2017 年，高等教育自学考试累计注册新生 15 678 名，高等教育自学考试毕业 16 557 名。

自考改革。2008 年 4 月，按省教育考试院要求，在归并的基础上，将“农学”专业改为面向社会开考；将“动物科学与动物医学（专科）”面向省畜牧局系统开考。2012 年，为配合我省“高等教育自学考试综合改革试验区”系列改革，学校积极承担了 11 个自考专业课程设置方案和相应课程（实践）大纲的编写工作。2015 年 5 月，完成停考生物科学、动植物检疫、环境工程与管理等专业意见征集和论证工作。2017 年 6 月，学校获准开展自学考试农学、园林、食品科学与工程、动物医学等 11 个本、专科专业的专业课程体系改革工作。《高等教育自学考试农科类专业和课程改革的思考和建议》获得 2014 年度农林高校继续教育研究会二等奖，《高等教育自学考试的供给侧改革》获中国高等教育学会继续教育分会 2017 年度优秀论文二等奖。2017 年 7 月，《高等教育自学考试社会助学课程学业综合评价实施细则（试行）》经学校 2017 年第 11 次校长办公会通过。

助学信息化。2012 年 4 月，自学考试课程全部实行网上阅卷；2014 年 1 月，自学考试全面实行网上报名工作；2016 年 1 月，自学考试全业务实行信息化管理，从学籍注册到毕业申请，所有环节均在“考生服务平台”和“考生管理平台”上进行。

履行组考职责。2008—2017 年，我校共组织 300 167 科次自学考试，完成自学考试阅卷 149.5 万份，承接命题任务 666 门、1 332 份。拓展考试类型，共组织公务员录用考试、外语职称考试、学士学位外语考试、职业资格考试、各类人事考试等 248 562 科次。2011 年再次荣获“全国高等教育自学考试先进集体”、2010–2014 年荣获“湖北省高等教育自学考试先进集体”、2012–2017 年荣获“湖北省教育考试命题工作先进集体”，另有 34 人次先后获得省、市考试管理机构颁发的各类先进个人称号。

二、干部教育培训的改革与发展

培训规模。学院抢抓发展机遇，紧贴时代发展需要，推动培训品牌化、特色化发展。十年间，非学历教育培训充分依托学校学科优势与特色，巩固既有优势，在农业干部、农业技术人员、新型职业农民、新型农业经营体系和美丽乡村建设等领域进一步强化特色，打造了扶贫、乡村振兴、农业供给侧结构性改革、现代农业发展、国土资源管理等一批精品培训项目，为地方及相关产业发展输出了“华农方案”。十年间共举办培训班 528 个班次，至 2017 年底，共计培训各类人才 41 508 人次。其中，累计培训大学生村官 11 781 人，累计培训农村中小学教师 5 238 人次，累计培训国土系统干部 3021 人次，面向全国培训农技人员 13 712 人次，培训全国粮食畜牧大县农牧局长 965 人次。学校干部培训已形成立足华中、辐射全国的发展态势。

基地建设。继续教育学院依托“中央农业干部教育培训中心华中农业大学分院”主阵地，着重提升自身能力，加强基地建设与管理，谋求事业长远发展，新增成为“农业部现代农业技术培训基地”（农业部认定，2009 年）、“湖北省干部教育培训高校基地”（湖北省委组织部、湖北省教育厅认定，2010 年）、“广西壮族自治区现代农业管理人才培训基地”（广西壮族自治区政府认定，2008 年），“国家科技特派员创业培训基地”（科技部认定，2013 年）。2009 年 11 月，与湖北省国土资源厅合作启动“国土培训项目”。

品牌拓展。拓展了农业部农牧渔业大县局长轮训项目、国土资源培训项目、湖北省农村教师培训项目、湖北省大学生村官培训项目、农技培训项目，培训事业取得突破性发展。农业部领导、湖北省领导出席培训班活动，引发社会广泛关注，《农民日报》《湖北日报》等多次报道。

助力脱贫。围绕国家重大战略，为湖北及其它中西部贫困地区一线的农技人员、管理人员、乡村教师、农村致富带头人等开展产业扶贫、教育扶贫等培训；通过请进来走出去的方式对湖北建始县及黄冈油铺街村开展系统的全方位的脱贫培训与社会服务工作。其中，为建始县农业局、畜牧局等培养了多个批次的农业技术人员，为建始脱贫致富奠定技术人才基础。

管理优化。实行研究式培训管理，严控需求分析、方案设计、培训实施、效果评估等环节，推动培训管理程序化和规范化。2013 年被评为“农牧渔业大县局长轮训教学管理先进集体”；《社会服务导向下的农业干部教育培训创新研究》荣获 2015 年度“农业部管理干部学院（中央农业干部教育培训中心）农业干部人才教育培训研究”课题评审三等奖；《社会服务型培训模式初探》获 2016 年全国农林继续教育研究会一等奖。

三、继续教育办学条件改善

学校积极改善成人高等教育办学条件，为学校成人教育转型发展奠定基础。

录播平台建设。2011—2015 年，学校积极谋划，充分利用教育部专项资金，建设远程教育平台及资源。建成虚拟演播室、非线性编辑功能的录播教室和直播教室、多媒体教室、视频课程存储和点播的硬件平台，建设 14 门视频公开课程和 1 门视频开放课程，适时开展函授教育网络实时教学工作。学校普通本科专业网络课程制作较好地利用了该平台的软硬件条件。

培训大楼改造与维护。1982 年，湖北省委组织部委托我校举办农业管理干部专修科，并投资 56 万元修建了 2 200 平的湖北省委组织部农经管理干部专修科培训大楼（博园八栋）。为适应进一步扩大培训规模的需要，2012 年启动博园八栋的宿舍改造工程，将原先陈旧的学生 4–6 人间宿舍改造成 2 人间标准客房。改造后，可提供 45 个双人标间，5 个三人间，为举办轮训班、精品示范培训班提供了有力保障，助推培训规模化发展。另外，中央农业干部教育培训中心华中农业大学分院干部培训大楼（干训楼）经过重新装修后，也于 2008 年 10 月正式启用。

新时代，新努力，新希望。继续教育学院将以习近平新时代中国特色社会主义思想为指导，秉承人才培养与服务社会相结合的办学方向，坚持质量与效益并举，探索继续教育多元发展，努力构建科学高效的管理体制，灵活开放的运行机制，实现规模、结构、质量、效益协调发展，建成与学校总体目标相适应的、开放式的继续教育体系，为学校事业发展及“双一流”建设做出新的贡献。

第十八章　国际学院

为加强来华留学生教育，学校于2007年成立留学生工作领导小组，下设留学生办公室，挂靠国际合作与交流处，负责留学生招生和日常管理。2011年6月，成立国际学院，加强对外合作办学与来华留学生教育管理。2015年9月，成立学校国际化工作领导小组。

2008年以来，国际学院坚持服务国家外交大局、遵循高等教育规律、推进学校事业发展，以培养高素质、国际化人才为主线和根本，按照“练好基本功、放眼全世界、推进国际化”的工作思路和“分层设计、多措并举、协同推进”的原则，坚持质量第一，协同推进“留学华农”，形成“学校主导、学院主体、学科主办、师生主动、多方协同”的国际化人才培养工作格局，培养能力明显增强，品牌效应迅速提升。

一、国际合作培养人才

先后与18个国家和地区的67所大学或科研机构签订学生联合培养或交流交换协议，长期实质性开展学生交流或联合培养的高校有15所。2013年启动与英国哈珀亚当斯大学合作的国际市场营销项目，实现学校中外合作办学项目零的突破，为今后进一步拓展项目积累了宝贵经验。2014年成立韩国语言与文化中心，2016年成立中埃农业科教中心，进一步强化与韩国、埃及有关高校和科研院所在人才培养方面的合作。

二、国际学生教育

招生工作不断改进，建立国际学生生源基地2个，制订招生录取基本标准和条件，生源质量明显提高。长期国际留学生规模从2008年的45人增加到2017年底的484人。生源国别结构得到优化，生源国从2008年的19个增加到2017年的54个。

国际学生培养能力得到提升。立项建设全英文课程156门，建成全英文课程体系3个。完善激励机制，设立专项奖学金，开展来华留学生先进个人评选表彰。新建国际学生公寓楼1栋，建设国际学生中华文化研习室、体验室、活动室等，国际学生办学条件大为改善。

国际学生管理更加规范，制订《加强外国留学本科生人才培养暂行办法》等一系列管理制度，建立国际学生评优及学习预警与淘汰机制。编印并不断完善双语版《国际学生指南》，建立起了涉及国际学生招生、培养、日常管理、奖学金评审、工作量计算、评优评先等各环节的制度体系。

国际学生培养质量显著提高，众多学生在具有高影响因子的国际学术期刊上发表高水平学术论文。学校国际学生教育连续3年（2015、2016、2017）在西南交通大学“大学国际化水平排名”中来华留学生教育列全国农林高校第1位，国际学生博士生的规模位居全国高校前列。

三、学生出国（境）学习交流

出台《华中农业大学本科交流生管理办法（试行）》《华中农业大学公派出国留学研究生选拔办法（试行）》和《华中农业大学学生公派出国（境）管理与资助办法（试行）》等制度，理顺管理机制，规范派出服务。设立“学生公派出国（境）学习交流专项奖学金”，积极申报国家留学基金委项目，鼓励支持学生出国（境）学习交流。每年出国（境）学习交流人数不断增加，从2008年底的124人增加到2017年的358人。通过国家留学基金委项目选派研究生211名，其中联合培养博士生150人，攻读博士学位研究生60人。

四、国际文化育人

2016年，成立国际学生志愿者中心，国际学生自我管理与服务能力显著增强。打造“华农国际秀”“We Are One”中外学生新年晚会等校内国际文化交流品牌，中外学生交流更加频繁。“华农国际秀”已举办16期。编印《多彩华农人》杂志，组织“感知中国”文化之旅，举办“狮山品味”名家书法展、中秋赏月故事会等活动，营造多元文化荟萃、璀璨纷呈的校园国际文化交流氛围。

五、党建与思想政治工作

党支部全面贯彻落实党的十八大、十九大精神和习近平新时代中国特色社会主义思想，深入开展党的群众路线、“两学一做”、“三严三实”等专题学习教育活动。以党支部“一月一讲一讨论”活动为抓手，坚持每周集体学习制度，班子成员带头讲党课。开展“支部主题党日”活动、“党员先锋岗”活动，发挥党员先锋模范作用。认真贯彻落实党风廉政建设责任制，强化廉政与责任意识；完善各项工作制度与监督机制，加强廉政风险点监管，强化落实各项风险防范举措；签订《党风廉政建设岗位责任书》，延长责任链条、层层传导压力；强化六大纪律，严守八项规定，增强了廉政风险防范能力。党建在加强支部和班子建设，提高队伍理论水平和执行力中的作用不断显现。

展望2028，国际学院将紧紧围绕服务“双一流”建设和共建“一带一路”教育行动，根据“全球视野、华农品牌”的工作方针，统筹出国留学与来华留学，坚持“精英教育、稳中提质、优化结构、特色发展”的工作思路，以提高生源质量，完善管理规范，确保培养质量为主线，推进国际学生招生制度改革，建设一批国际学生优质生源基地，健全国际学生培养方案，努力打造“留学华农”品牌，适时开展境外办学，培养知华友华的创新引领型人才。以国际交流渠道拓展为重点，拓展学生出国（境）学习交流渠道，提升国内学生国际理解和国际合作能力，培养具有人类命运共同体意识和全球胜任力的一流创新型人才。成为“一带一路”农业产学研协同育人中心和高端农业人才培养重要基地。

附　　录

一、学校历史沿革表

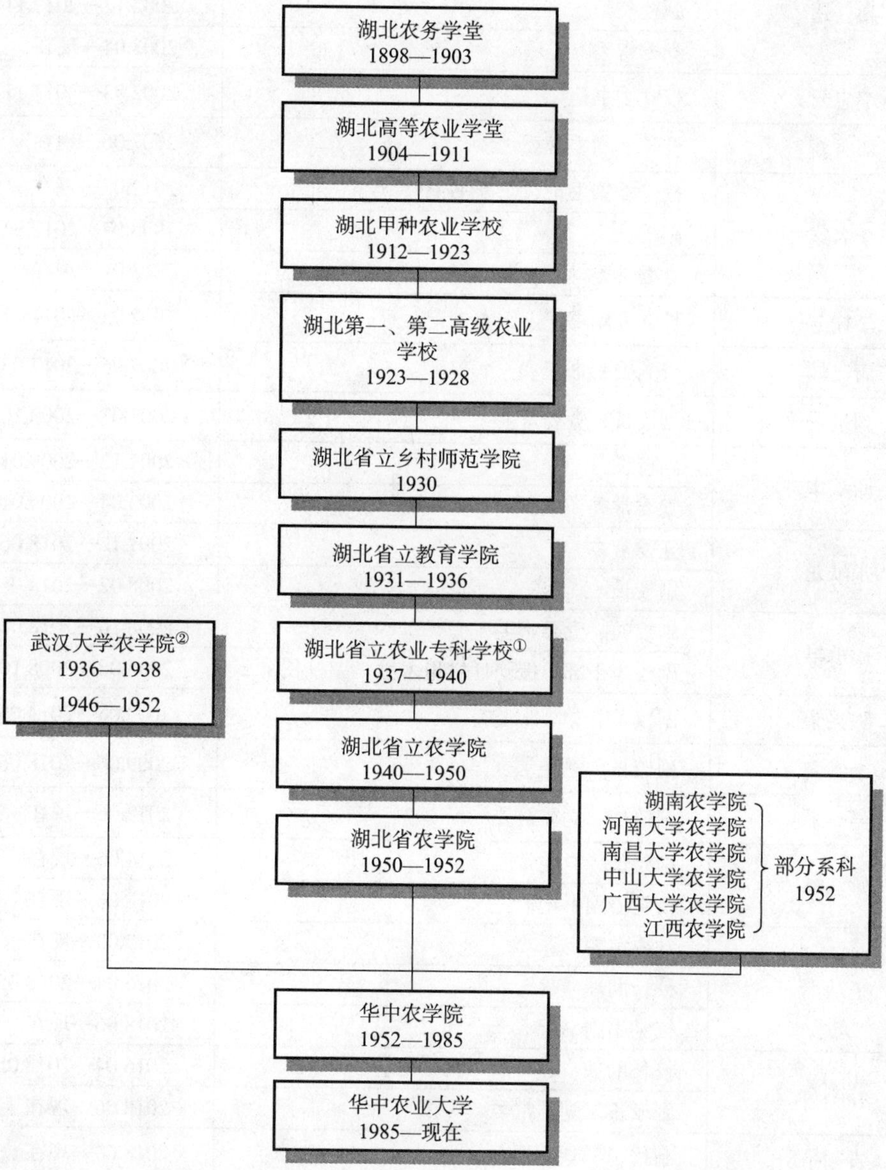

注：① 1938年9月中旬，民国湖北省政府将省公私立中等以上学校合并，设立湖北省立联合中等以上学校，湖北省立农业专科学校合并于湖北省立联合中等以上学校。1939年9月16日，民国湖北省政府决定恢复湖北省立农业专科学校，独立办学。

② 1938年春，抗日战争战火迫近武汉。国立武汉大学奉民国教育部令西迁四川嘉定（现四川乐山），同年8月奉民国教育部令，国立武汉大学农学院（设农艺系）停办，师生并入国立中央大学农学院。1946年5月，国立武汉大学恢复农学院。

二、学校领导班子成员与校长助理名单

姓名	职务	任期
高　翅	校党委书记	2017.11—现在
	副校长	2002.12—2017.11
	党委常委	2003.04—现在
李忠云	校党委书记	2002.03—2017.11
邓秀新	校长、党委常委	2007.06—现在
李名家	校党委副书记、纪委书记	2012.06—现在
	副校长	1998.07—2012.06
	党委常委	2003.04—现在
李桂芳	校党委副书记、纪委书记	2002.03—2011.11
唐　峻	校党委副书记	2007.06—2017.03
刘贵友	副校长、党委常委	2002.03—2008.10
谢从华	副校长	2002.12—2009.01
	党委常委	2003.04—2009.01
张献龙	党委常委	2007.12—2018.06
	副校长	2008.02—2018.06
周承早	副校长、党委常委	2008.10—2018.06
	副校级干部（援疆任塔里木大学副校长）	2005.08—2008.10
陈兴荣	副校长、党委常委	2009.06—2014.06
李崇光	副校长、党委常委	2009.06—2018.06
吴　平	副校长、党委常委	2012.06—现在
姚江林	副校长、党委常委	2014.06—现在
	校党委副书记	2018.06—现在
王从严	党委常委	2013.05—现在
	校长助理	2016.04—2018.05
	校党委副书记	2018.06—现在
郭刚奇	校长助理	2016.04—2018.05
	副校长、党委常委	2018.06—现在
青　平	副校长、党委常委	2018.06—现在
杨少波	副校长、党委常委	2018.06—现在
鲁先发	校长助理	2006.02—2016.02
夏厚俊	校长助理	2010.04—2015.09
张庆国	校长助理（挂职）	2013.03—2014.03

三、中共华中农业大学委员会、常务委员会委员名单

（一）中共华中农业大学第九届委员会（2013.05—现在）委员名单

（以姓氏笔画为序）

王从严　邓秀新　甘　霖　孙　骥　吴　平　张启发
张金洲　张献龙　李名家　李忠云　李金发　李崇光
杨少波　青　平（2018.06—）　陈兴荣（—2014.04）
陈焕春　周承早　姚江林　胡承孝　唐　峻（—2017.03）
郭刚奇　高　翅　彭光芒　程华东

（二）中共华中农业大学第九届委员会（2013.05—现在）常务委员会委员名单

高　翅　邓秀新　李忠云（—2017.11）　李名家　姚江林（2014.06—）
王从严　吴　平　郭刚奇（2018.06—）　青　平（2018.06—）
杨少波（2018.06—）　周承早（—2018.06）　张献龙（—2018.06）
李崇光（—2018.06）　唐　峻（—2017.03）　陈兴荣（—2014.06）

（三）中共华中农业大学第八届委员会（2007.12—2013.04）委员名单

（以姓氏笔画为序）

王从严　邓秀新　甘　霖　刘贵友（—2008.10）
孙　骥　吴　平（2012.06—）　张启发　张献龙
李名家　李忠云　李桂芳　李崇光　周承早（2008.10—）
杨少波　陈兴荣　陈焕春　姚江林　胡承孝　唐　峻
徐跃进　郭刚奇　高　翅　傅廷栋　彭光芒　谢从华

（四）中共华中农业大学八届委员会（2007.12—2013.04）常务委员会委员名单

李忠云　邓秀新　李桂芳（—2011.11）　唐　峻　李名家
刘贵友（—2008.10）　谢从华（—2009.01）　高　翅
张献龙　周承早（2008.10—）　陈兴荣（2009.06—）
李崇光（2009.06—）　吴　平（2012.06—）

四、中共华中农业大学纪律检查委员会委员名单

（一）中共华中农业大学纪律检查委员会（2013.05—现在）委员名单

（以姓氏笔画为序）

冯永平　包满珠　孙　骥（2014.03—）　宋能文（—2016.10）
李　刚　李名家　杨仁海　胡守强　程国富　廖庆喜

（二）中共华中农业大学纪律检查委员会（2007.12—2013.04）委员名单

（以姓氏笔画为序）

刘作清　刘松年　阮芳清　宋能文　李名家（2012.06—）

李桂芳　陈　胜　陈昌意　程国富　潘思轶

五、华中农业大学学术委员会及专门委员会名单

（一）华中农业大学第五届学术委员会名单

主　任：张启发

副主任：陈焕春　张献龙　李崇光

委　员：（以姓氏笔画为序）

王卫民　王学路　邓秀新　包满珠　匡汉晖　严建兵

何正国　张安录　张红雨　张启发　张献龙　李崇光

肖少波　陈焕春　姜道宏　赵书红　赵俊龙　钟涨宝

郭文武　高　翅　曹凑贵　黄巧云　彭少兵　彭良才

廖庆喜　熊立仲　蔡崇法　谭文峰　潘思轶

秘书长：关桓达

（二）华中农业大学第五届学术委员会专门委员会名单

1. 华中农业大学学科建设委员会

主　任：张献龙

副主任：冯永平

委　员：（以姓氏笔画为序）

王卫民　王学路　邓秀新　冯永平　关桓达　张安录

张红雨　张献龙　李　斌　青　平　赵俊龙　钟涨宝

曹凑贵　黄巧云　程运江　韩鹤友　廖庆喜

秘书长：冯永平（兼）

2. 华中农业大学教学指导委员会

主　任：李崇光

副主任：江　珩

委　员：（以姓氏笔画为序）

王卫民　邓小炎　冯永平　包满珠　孙　明　江　珩

吴　平　吴春梅　张安录　张红雨　李长健　李建波

李崇光　李　斌　周志翔　宗望远　青　平　姚孝军

赵俊龙　钟涨宝　曹凑贵　黄见良　蔡崇法

秘书长：江　珩（兼）

3. 华中农业大学科学研究委员会

主　任：陈焕春
副主任：姚江林
委　员：（以姓氏笔画为序）
关桓达　吴春梅　张俊飚　李　斌　陈焕春　姚江林
姜道宏　梁旭方　程运江　熊立仲　谭文峰
秘书长：关桓达（兼）
4. 华中农业大学学术道德建设委员会
主　任：张启发
副主任：赵书红
委　员：（以姓氏笔画为序）
刘旭霞　匡汉晖　严建兵　张启发　李国亮　青　平
姜道宏　赵书红　彭良才　廖庆喜　谭文峰
秘书长：关桓达
5. 华中农业大学学术评定委员会
主　任：高　翅
副主任：王学路
委　员：（以姓氏笔画为序）
王学路　何正国　李崇光　肖少波　郭文武　高　翅
黄巧云　彭少兵　潘思轶
秘书长：杨少波
6. 华中农业大学科学伦理委员会
主　任：陈焕春
委　员：（以姓氏笔画为序）
严建兵　何正国　李长健　陈焕春　姜道宏　赵书红
赵俊龙　唐利军（湖北省实验动物学会）　郭文武
黄书岚（武汉大学人民医院）　童庆伟
秘书长：赵　凌

（三）华中农业大学第四届学术委员会名单

主　任：张启发
副主任：陈焕春　张献龙　李崇光
委　员：（以姓氏笔画为序）
王卫民　王国平　王雅鹏　邓秀新　包满珠　匡汉晖
毕丁仁　刘　凡　孙　明　李长健　李忠云　李崇光
张安录　张启发　张忠明　张献龙　陈兴荣　陈佑林
陈焕春　赵书红　赵正洲　胡承孝　钟涨宝　姜道宏
徐跃进　高　翅　黄巧云　曹凑贵　彭良才　韩鹤友
傅廷栋　谢　平　谢从华　蔡崇法　廖庆喜　熊立仲
熊远著　熊善柏　潘思轶

秘书长：陈兴荣（兼）

（四）华中农业大学第三届学术委员会名单

名誉主任：傅廷栋
主　　任：张端品
副 主 任：陈焕春　张启发　邓秀新
委　　员：（以姓氏笔画为序）
王运华　王国平　王明学　王绪朗　王雅鹏　邓秀新
包满珠　毕丁仁　刘　凡　孙　明　许绮川　张安录
张启发　张承才　张衍林　张俊飚　张献龙　张端品
李忠云　李崇光　赵正洲　陈焕春　周道绣　罗正荣
郑用琏　胡承孝　钟涨宝　袁宗辉　徐跃进　黄巧云
章荣德　傅廷栋　喻子牛　董元彦　谢从华　谢从新
谢笔钧　雷海章　雷朝亮　蔡崇法　熊立仲　熊远著
熊邦喜
秘书长：王国平（兼）

六、华中农业大学学位评定委员会及专业学位评定委员会名单

（一）华中农业大学第十二届学位评定委员会名单

主　席：邓秀新
副主席：陈焕春　张献龙　李崇光
委　员：（以姓氏笔画为序）
王卫民　王学路　何正国　张启发　张安录　张红雨
李忠云　李　斌　陈　浩　青　平　姜道宏　赵书红
赵俊龙　钟涨宝　高　翅　曹凑贵　黄巧云　傅廷栋
韩鹤友　程运江　廖庆喜
秘书长：韩鹤友（兼）

（二）华中农业大学第十一届学位评定委员会名单

主　席：邓秀新
副主席：陈焕春　李崇光　张献龙
委　员：（以姓氏笔画为序）
马美湖　王卫民　包满珠　匡汉晖　何正国　张安录　张启发
李忠云　姜道宏　胡承孝　赵书红　赵俊龙　钟涨宝　高　翅
曹凑贵　黄巧云　傅廷栋　韩鹤友　廖庆喜　熊立仲　潘思轶
秘书长：胡承孝（兼）

（三）华中农业大学第十届学位评定委员会名单

主　席：邓秀新
副主席：陈焕春　李崇光　张献龙
委　员：（以姓氏笔画为序）
马美湖　王卫民　包满珠　毕丁仁　何正国　张安录　张启发
李忠云　姜道宏　胡承孝　钟涨宝　高　翅　曹凑贵　傅廷栋
谢　平　谢从华　韩鹤友　廖庆喜　熊远著　蔡崇法　潘思轶
秘书长：胡承孝（兼）

（四）华中农业大学第九届学位评定委员会名单

主　席：邓秀新
副主席：陈焕春　李崇光　高　翅
委　员：（以姓氏笔画为序）
马美湖　王卫民　包满珠　毕丁仁　张安录　张启发
张衍林　张献龙　李忠云　郑用琏　姜道宏　胡承孝
赵　斌　钟涨宝　傅廷栋　谢　平　谢从华　韩鹤友
熊远著　蔡崇法　潘思轶
秘书长：胡承孝（兼）

（五）华中农业大学第八届学位评定委员会名单

主　席：张端品
副主席：陈焕春　李崇光
委　员：（以姓氏笔画为序）
王国平　王雅鹏　邓秀新　包满珠　刘　凡　毕丁仁
张安录　张启发　张衍林　张献龙　李忠云　郑用琏
赵　斌　胡承孝　傅廷栋　董元彦　谢从华　谢笔钧
雷朝亮　熊邦喜　熊远著　潘思轶
秘书长：胡承孝（兼）

（六）华中农业大学第五届专业学位评定委员会

主　席：张献龙
副主席：张俊飚
委　员：（以姓氏笔画为序）
万江红　邓小炎　石　磊　匡汉晖　毕丁仁　刘克德
李大鹏　吴春梅　张　斌　杨钢桥　周志翔　姚孝军
徐晓云　曹胜波　梁运祥　韩鹤友　谭鹤群
秘书长：韩鹤友（兼）

（七）华中农业大学第四届专业学位评定委员会名单

主　席：邓秀新
副主席：张献龙　高　翅
委　员：（以姓氏笔画为序）
万江红　叶志彪　毕丁仁　杨钢桥　吴春梅　青　平
周志翔　梁运祥　黄见良　谭文峰　熊善柏　谭鹤群
魏开建
秘书长：胡承孝（兼）

（八）华中农业大学第三届专业学位评定委员会名单

主　席：邓秀新
副主席：张献龙
委　员：（以姓氏笔画为序）
高　翅　陈孝煊　龚炎长　李小昱　刘　凡　刘子铎
祁春节　吴春梅　熊善柏　曾汉来
秘书长：胡承孝（兼）

（九）华中农业大学第二届专业学位评定委员会名单

主　席：邓秀新
副主席：高　翅
委　员：（以姓氏笔画为序）
曹凑贵　刘子铎　刘　凡　周志翔　熊善柏　李小昱
龚炎长　熊邦喜　祁春节　吴春梅
秘书长：胡承孝（兼）

七、华中农业大学工会委员会委员名单

（一）华中农业大学第十六届工会委员会委员名单

（以姓氏笔画为序）
常务委员会委员：
马美湖　余顺华　张拥军　陈昉源　郭爱珍　唐　峻
蔡崇法
委　员：
马美湖　马徐发　王从严　方　红　关桓达　刘朝晖
刘秋红　林拥军　江　珩　余顺华　张宏荣　张迎春
张拥军　张金洲　李　恺　杨少波　杨铁贵　陈昉源
赵　明　唐　峻　郭爱珍　彭　彬　蔡崇法

（二）华中农业大学第十五届工会委员会委员名单

（以姓氏笔画为序）

常务委员会委员：

马美湖　兰　霞　刘松年　余顺华　邹庭荣　陈东明

侯明生

委　员：

马美湖　方　红　王洪波　兰　霞　任宇华　关桓达

刘作清　刘松年　何启盖　余顺华　李　星　李仁刚

杨道兵　邹庭荣　陈东明　林拥军　范金凤　侯明生

姚江林　赵　明　顾泽茂　黎会平　魏　鹏

（三）华中农业大学第十四届工会委员会委员名单

（以姓氏笔画为序）

常务委员会委员：

王彩虹　兰　霞　刘松年　李　瑶　邹庭荣　赵　斌

蔡礼鸿

委　员：

王洪波　王彩虹　兰　霞　石小健　任宇华　刘作清

刘松年　朱邦科　李　星　李　瑶　张丑合　张迎春

邹庭荣　陈兴荣　陈　英　罗学林　赵　斌　胡立勇

郭刚奇　黄依群　彭　健　蔡礼鸿　蔡　波

八、华中农业大学校务委员会名单

（一）华中农业大学第三届校务委员会委员名单

主　任：李忠云

副主任：张启发　陈焕春

委　员：（以姓氏笔画为序）

王学路　王彩云　冯永平　孙　明　刘　萍

李长健　李国亮　李桂芳　李　斌　吴春梅

杨钢桥　青　平　张俊飚　林　蠡　姜道宏　黄巧云

程国富　彭少兵　彭　健　程运江　韩鹤友　傅廷栋

谢从华　廖庆喜

办公室主任：冯永平（兼）

（二）华中农业大学第二届校务委员会委员名单

主　任：李忠云

副主任：张启发　陈焕春
委　员：（以姓氏笔画排序）
王卫民　王雅鹏　包满珠　何正国　匡汉晖
张安录　赵书红　赵正洲　钟涨宝　谢　平
谢从华　黄巧云　曹凑贵　彭良才　傅廷栋
廖庆喜　韩鹤友　熊立仲　熊远著　潘思轶
校务委员会办公室主任：赵正洲（兼）

九、院士名单

（一）中国科学院院士

张启发

（二）中国工程院院士

傅廷栋　熊远著（2017 年 1 月 30 日逝世）陈焕春　邓秀新

十、“千人计划”名单

（一）“千人计划”特聘专家

傅振芳（2010）阮一骏（2010）王学敏（2011）
彭少兵（2012）赵云德（2013）Robin Beat Gasser（2013）
周道绣（2014）

（二）“青年千人计划”入选者

李　峰（2012）赵　凌（2012）胡红红（2012）
李国亮（2012）代明球（2013）端木德强（2013）
严顺平（2014）苗义良（2014）张利生（2014）
赖志兵（2014）郭　亮（2015）曹扬荣（2016）
徐　镇（2016）李　博（2016）王鹏蔚（2016）
王　恒（2016）李　青（2017）

十一、“万人计划”名单

（一）科技创新领军人才

郭文武（2014）刘继红（2016）何正国（2016）
肖少波（2016）姜道宏（2016）徐　强（2016）

邢永忠（2017）　朱龙付（2017）　严建兵（2017）
吴昌银（2017）　罗　杰（2017）　赵书红（2017）
彭贵青（2017）　程运江（2017）　谭文峰（2017）
熊立仲（2017）　陈玲玲（2017）

（二）百千万工程领军人才

张献龙（2014）

（三）哲学社会科学领军人才

张俊飚（2016）

（四）教学名师

曹凑贵（2016）

（五）青年拔尖人才

严建兵（2012）　蔡　鹏（2012）　彭贵青（2015）
欧阳亦聃（2015）　李谷成（2015）　李一博（2017）
殷　平（2017）　狄金华（2017）

十二、"长江学者"名单

（一）"长江学者"特聘教授

张启发（1999）　邓秀新（2001）　张承才（调出，2001）
周道绣（2002）　彭良才（2006）　匡汉晖（2007）
黄巧云（2008）　姜道宏（2012）　何正国（2013）
郭文武（2013）　王学路（2014）　肖少波（2014）
熊立仲（2014）　严建兵（2015）　曹胜波（2016）

（二）"长江学者"讲座教授

彭少兵（2004）　王学敏（2007）　赵云德（2009）
Staffan Persson（2013）　David Peter Jackson（2014）
Edgar B. Cahoon（2014）　游良志（2014）　杨亦农（2016）

（三）"长江学者"青年学者

李一博（2015）　徐　强（2015）　蔡　鹏（2016）
彭贵青（2016）　殷　平（2016）　谢卡斌（2017）

十三、“国家杰青”与“国家优青”名单

（一）“国家杰青”

邓子新（调出，1994） 张启发（1995） 邓秀新（1996）
周秀芬（调出，1998） 陈宝元（调出，1998）
李 奎（调出，1999） 张承才（调出，2001） 熊立仲（2007）
黄巧云（2008） 何正国（2010） 赵书红（2010）
郭文武（2011） 姜道宏（2011） 肖少波（2012）
王学路（2014） 谭文峰（2014） 吴昌银（2014）
严建兵（2015） 史志华（2015） 罗 杰（2016）
张永安（2018）

（二）“国家优青”

严建兵（2012） 徐 强（2012） 晏向华（2013）
李一博（2014） 罗 智（2014） 赵 凌（2015）
蔡 鹏（2015） 谢卡斌（2016） 刘春生（2016）
殷 平（2017） 彭贵青（2017） 谢甲涛（2017）
申 邦（2018） 康春颖（2018） 袁 猛（2018）

十四、“国家教学名师”名单

郑用琏（2003） 张献龙（2006） 曹凑贵（2008）
王石平（2011）

十五、国务院学位委员会委员与学科评议组成员名单

（一）第七届国务院学位委员会委员

邓秀新

（二）第七届国务院学位委员会学科评议组成员

王学路	生物学
潘思轶	食品科学与工程
彭少兵	作物学
邓秀新 郭文武	园艺学
赵书红	畜牧学
王卫民	水产

李崇光　农林经济管理

（三）第六届国务院学位委员会学科评议组成员

张启发　生物学（Ⅱ）
潘思轶　食品科学与工程
孟金陵　作物学 园艺学
谢　平（召集人）　畜牧　水产
王卫民　畜牧　水产
李崇光　农林经济管理

（四）第五届国务院学位委员会学科评议组成员

张启发（召集人）　生物学（Ⅱ）
史贤明　食品科学与工程
傅廷栋（召集人）　作物学、园艺学
熊邦喜　畜牧、水产
雷海章　农林经济管理

十六、教育部高等学校教学指导委员会成员名单

（一）2008—2013 教育部高等学校教学指导委员会名单

1. 农林基础教学：张启发（主任委员）　王绪朗（委员）　孙明（秘书）
人文基础课程教学指导分委员会：王绪朗（主任委员）　彭光芒（秘书）
2. 植物生产与草业科学类：傅廷栋（主任委员）　徐跃进（秘书）
农艺（含农学、植物保护）类教学指导分委员会：刘贵友（委员）　傅廷栋（委员）
园艺（含茶学）类教学指导分委员会：邓秀新（副主任委员）
3. 环境生态类：包满珠（委员）
4. 动物医学类：陈焕春（副主任委员）
5. 水产类：熊邦喜（副主任）
6. 农林业工程：张衍林（委员）
7. 农林经济与管理类：李崇光（委员）
8. 农林院校现代教育技术与计算机：贺立源（委员）
9. 食品与营养科学：史贤明（委员）

（二）2013—2017 教育部高等学校教学指导委员会名单

1. 社会学类：钟涨宝（委员）
2. 马克思主义理论类：吴春梅（委员）
3. 数学类：邓小炎（委员）
4. 地理科学类：蔡崇法（委员）

5. 生物科学类：王石平（副主任委员）
6. 农业工程类：廖庆喜（委员）
7. 食品科学与工程类：李　斌（委员）
8. 生物技术、生物工程类：孙　明（委员）
9. 植物生产类：邓秀新（主任委员）　张献龙（委员）　黄见良（秘书长）
10. 自然保护与环境生态类：包满珠（副主任委员）
11. 动物生产类：陈焕春（主任委员）　蒋思文（秘书长）
12. 动物医学类：赵俊龙（副主任委员）
13. 林学类：周志翔（委员）
14. 水产类：王卫民（副主任委员）
15. 农业经济管理类：李崇光（副主任委员）
16. 大学数学课程：邹庭荣（委员）
17. 大学化学课程：陈长水（委员）
18. 大学生物学课程：江　珩（副主任委员）
19. 实验室建设：曹凑贵（委员）

十七、专业学位研究生教育指导委员会成员名单

农业硕士：张献龙（2011、2016）
兽医硕士：毕丁仁（2011）　赵俊龙（2016）
风景园林硕士：高　翅（2011）　张　斌（2016）

十八、第七届教育部科学技术委员会委员名单

陈焕春　黄巧云

十九、第五届农业转基因生物安全委员会委员名单

陈焕春　蒋思文　张利生

二十、国家现代农业产业技术体系岗位科学家名单

序号	岗位名称	姓名	聘用时间
1	现代农业（柑橘）产业技术体系首席科学家	邓秀新	2007—现在
2	水稻遗传改良研究室功能基因组应用岗位科学家	张启发	2017—现在
3	水稻栽培与土肥研究室栽培生理岗位科学家	彭少兵	2017—现在
4	水稻遗传改良研究室种质资源评价与鉴定岗位科学家	何予卿	2007—现在

续表

序号	岗位名称	姓名	聘用时间
5	大麦青稞栽培与土肥研究室生态环境与土壤管理岗位科学家	孙东发	2008—2015
		任喜峰	2016—现在
6	马铃薯遗传改良研究室加工型品种改良岗位科学家	谢从华	2008-2015
		宋波涛	2016—现在
7	马铃薯遗传改良研究室种薯繁育与质量控制岗位科学家	柳　俊	2008—现在
8	油菜病虫草害防控研究室黑胫病防控岗位科学家	李国庆	2017—现在
9	油菜遗传改良研究室种质资源收集与评价岗位科学家	周永明	2007—2015
		张椿雨	2016—现在
10	油菜遗传改良研究室杂种优势利用岗位科学家	傅廷栋	2007—现在
11	油菜病虫草害防控研究室生物防治与综合防控岗位科学家	姜道宏	2007—现在
12	油菜栽培与土肥研究室水分生理与节水栽培岗位科学家	周广生	2011—现在
13	油菜栽培与土肥研究室养分管理与面源污染治理岗位科学家	鲁剑巍	2008—现在
14	油菜机械化研究室耕种机械化岗位科学家	廖庆喜	2007—现在
15	油菜产业经济研究室产业经济岗位科学家	冯中朝	2007—现在
16	棉花遗传改良研究室多抗材料创新岗位科学家	张献龙	2007—现在
17	麻类栽培与土肥研究室水分生理与节水栽培岗位科学家	彭定祥	2008—2015
		刘立军	2016—现在
18	食用菌病虫害防控研究室病害防控岗位科学家	边银丙	2008—现在
19	食用菌产业经济研究室产业经济岗位科学家	张俊飚	2008—现在
20	中药材产业经济研究室产业经济岗位科学家	何玉成	2017—现在
21	绿肥栽培与土肥研究室水田土壤及养分管理岗位科学家	耿明建	2017—现在
22	大宗蔬菜遗传改良研究室育种技术与方法岗位科学家	叶志彪	2007—现在
23	大宗蔬菜产业经济研究室产业经济岗位科学家	李崇光	2008—2015
		项朝阳	2016—现在
24	特色蔬菜遗传改良研究室芥菜品种改良岗位科学家	万正杰	2017—现在
25	特色蔬菜机械化研究室水生蔬菜生产机械化岗位科学家	张国忠	2017—现在
26	西甜瓜栽培与土肥研究室设施栽培岗位科学家	别之龙	2008—现在
27	柑橘遗传改良研究室种质资源收集与评价岗位科学家	邓秀新	2007—现在
28	柑橘遗传改良研究室接穗品种评价与改良岗位科学家	伊华林	2007—现在
29	柑橘病虫草害防控研究室果实虫害防控岗位科学家	张宏宇	2007—现在
30	柑橘病虫草害防控研究室采后病害防控岗位科学家	付艳苹	2017—现在

续表

序号	岗位名称	姓名	聘用时间
31	柑橘栽培与土肥研究室树体管理岗位科学家	彭抒昂	2007—2015
		刘永忠	2016—现在
32	柑橘栽培与土肥研究室养分管理与化肥减施增效岗位科学家	胡承孝	2007—现在
33	柑橘机械化研究室产后机械化岗位科学家	张衍林	2007—2015
		李善军	2016—现在
34	柑橘加工研究室副产物综合利用岗位科学家	潘思轶	2007—现在
35	柑橘加工研究室采后保鲜技术与贮藏设施岗位科学家	程运江	2008—现在
36	柑橘产业经济研究室产业经济岗位科学家	祁春节	2007—现在
37	梨病虫草害防控研究室树体病害防控岗位科学家	王国平	2008—现在
38	桃栽培与土肥研究室连作障碍与果园生态岗位科学家	李国怀	2008—现在
39	桃病虫草害防控研究室果实病害岗位科学家	罗朝喜	2017—现在
40	生猪疾病防控研究室细菌病防控及安全用药岗位科学家	何启盖	2007—现在
41	生猪生产与环境控制研究室养殖工艺与猪场设计岗位科学家	雷明刚	2007—现在
42	生猪疾病防控研究室猪场生物安全与综合防控岗位科学家	陈焕春	2017—现在
43	生猪遗传改良研究室全基因组选择岗位科学家	赵书红	2017—现在
44	生猪营养与饲料研究室种公猪营养与管理岗位科学家	彭　健	2017—现在
45	奶牛遗传改良研究室繁殖技术岗位科学家	杨利国	2007—现在
46	肉牛牦牛疾病控制研究室病毒病防控岗位科学家	郭爱珍	2007—现在
47	肉羊遗传改良研究室山羊品种改良选育岗位科学家	姜勋平	2008—现在
48	蛋鸡加工研究室蛋品加工岗位科学家	马美湖	2008—2015
		金永国	2016—现在
49	水禽产业经济研究室产业经济岗位科学家	王雅鹏	2011—2015
		刘灵芝	2016—现在
50	大宗淡水鱼遗传改良研究室鲂种质资源与品种改良岗位科学家	王卫民	2008—现在
51	大宗淡水鱼养殖与环境控制研究室工程化养殖岗位科学家	谢从新	2008—2015
		李大鹏	2016—现在
52	大宗淡水鱼加工研究室保鲜与贮运岗位科学家	熊善柏	2008—现在
53	特色淡水鱼遗传改良研究室黄颡鱼种质资源与品种改良岗位科学家	梅　洁	2017—现在
54	特色淡水鱼营养与饲料研究室鳜营养需求与饲料岗位科学家	梁旭方	2017—现在
55	特色淡水鱼疾病防控研究室寄生虫病防控岗位科学家	顾泽茂	2017—现在
56	藻类产业经济研究室产业经济岗位科学家	青　平	2017—现在

二十一、国家级和省部级创新团队名单

（一）国家自然科学基金创新研究群体

序号	项目名称	主持人	项目编号	批准时间
1	基因组研究与水稻遗传改良	张启发	30321005	2003
			30621065	2006
			30921091	2009
2	园艺作物种质资源研究与遗传改良	邓秀新	30921002	2009
			31221062	2012
			31521092	2015
3	动物重要病原分子生物学与致病机理	陈焕春	31121004	2011
			31421064	2014
4	绿色超级稻生物学	熊立仲	31821005	2018

（二）教育部创新团队

序号	项目名称	主持人	项目编号	批准时间
1	油菜的遗传改良	周永明 傅廷栋	IRT0442	2005
2	柑橘种质资源研究与遗传改良	邓秀新	IRT0548	2006
3	动物传染病基础与防治技术研究	陈焕春	IRT0726	2007
4	猪种质创新与遗传改良	赵书红	IRT0831	2009
5	作物—环境互作机理及其调控	彭少兵	IRT1247	2012
6	园艺植物细胞工程与种质创新	郭文武	IRT13065	2013

（三）科技部创新人才推进计划重点领域创新团队

序号	项目名称	主持人	批准时间
1	水稻产量遗传改良创新团队	邢永忠	2015
2	猪基因组与育种创新团队	赵书红	2016
3	水土流失过程与生态、调控创新团队	史志华	2017

（四）农业部创新团队

序号	团队名称	主持人	批准时间
1	作物产量遗传创新团队	邢永忠	2011
2	柑橘抗逆种质资源发掘、创新与利用团队	刘继红	
3	微生物农药资源开发和新产品创制创新团队	孙　明	
4	作物抗逆生物学创新团队	熊立仲	2012
5	作物高产高效创新团队	彭少兵	
6	结核杆菌基因调控网络与药物靶标研究创新团队	何正国	
7	油菜种质资源创新与新品种选育创新团队	杨光圣	
8	猪基因组与遗传改良创新团队	赵书红	2015
9	动物病毒与宿主免疫系统相互作用研究及新型疫苗创制创新团队	肖少波	
10	牛病防治基础与技术创新团队	郭爱珍	
11	蔬菜变异器官形成的遗传和分子机理研究创新团队	匡汉晖	
12	柑橘细胞工程与遗传改良创新团队	郭文武	
13	激素调控作物生长发育及环境适应性研究创新团队	王学路	
14	玉米种质资源创新和分子育种创新团队	严建兵	
15	水稻发育生物学与遗传改良创新团队	吴昌银	
16	油菜机械化生产关键技术与装备创新团队	廖庆喜	
17	油菜病害绿色防控创新团队	姜道宏	
18	油菜杂种优势与分子育种创新团队	马朝芝	

（五）省级创新团队

序号	团队类别	项目名称	主持人	项目编号	批准时间
1	湖北省自然科学基金创新群体	农业动植物病虫害防治的微生物学研究	陈焕春	2003ABA195	2003
2	湖北省自然科学基金创新群体	柑橘等果树生物技术与品种改良技术的研究	邓秀新	2005ABC001	2005
3	湖北省自然科学基金创新群体	猪基因组研究与遗传改良	赵书红 熊远著	2006ABC008	2006
4	湖北省自然科学基金创新群体	马铃薯重要性状功能基因组与遗传改良	谢从华	2007ABC007	2007
5	湖北省自然科学基金创新群体	棉花纤维品质遗传改良	张献龙	2008CDA006	2008

续表

序号	团队类别	项目名称	主持人	项目编号	批准时间
6	湖北省自然科学基金创新群体	重金属污染土壤的化学与生物修复	黄巧云	2009CDA019	2009
7	湖北省自然科学基金创新群体	悬铃木无球果育种及重要草花新品种培育	包满珠	2010CDA071	2010
8	湖北省自然科学基金创新群体	全球气候变暖条件下提高水稻光合效率的机理研究	黄见良	2010CDA080	2010
9	湖北省自然科学基金创新群体	动物重大疫病纳米分子成像诊断及其应用基础研究	韩鹤友	2011CDA115	2011
10	湖北省自然科学基金创新群体	基于基因网络的抗结核新药靶标研究	何正国	2011CDA126	2011
11	湖北省自然科学基金创新群体	抗虫水稻培育	林拥军	2012FFA039	2012
12	湖北省自然科学基金创新群体	作物真菌病害及其安全控制研究	姜道宏	2012FFA048	2012
13	湖北省自然科学基金创新群体	作物微量元素营养机理与微肥施用	徐芳森	2012FFA049	2012
14	湖北省自然科学基金创新群体	园艺植物细胞工程与种质创新	郭文武	2013CFA001	2013
15	湖北省自然科学基金创新群体	猪的营养调控与饲料安全	彭　健	2013CFA010	2013
16	湖北省自然科学基金创新群体	基于组学的新药发现技术	张红雨	2013CFA016	2013
17	湖北省自然科学基金创新群体	油菜杂种优势利用的种质资源创制	涂金星	2014CFA008	2014
18	湖北省自然科学基金创新群体	动物病毒与宿主免疫系统的相互作用研究及新型疫苗创制	肖少波	2014CFA009	2014
19	湖北省自然科学基金创新群体	番茄基因组研究与遗传改良	叶志彪	2014CFA014	2014
20	湖北省自然科学基金创新群体	水土保持与环境生态	蔡崇法	2014CFA016	2014
21	湖北省自然科学基金创新群体	水稻产量遗传改良	邢永忠	2015CFA006	2015
22	湖北省自然科学基金创新群体	玉米种质资源创新和分子育种	严建兵	2015CFA008	2015
23	湖北省自然科学基金创新群体	猪细菌病的病原生物学与致病机理研究创新群体	周　锐	2016CFA015	2016
24	湖北省自然科学基金创新群体	稻田可持续高产高效的土壤碳氮耦合机理研究	曹凑贵	2016CFA017	2016

续表

序号	团队类别	项目名称	主持人	项目编号	批准时间
25	湖北省自然科学基金创新群体	果树逆境与应答调控	刘继红	2017CFA018	2017
26	湖北省自然科学基金创新群体	动物寄生虫病综合防控	赵俊龙	2017CFA020	2017
27	湖北省高校优秀中青年科技创新团队	农产品流通体系及问题研究	李崇光	T200813	2008
28	湖北省高校优秀中青年科技创新团队	土地转化管理问题研究	张安录	T201012	2010
29	湖北省高校优秀中青年科技创新团队	转型期农村社会发展研究	钟涨宝	T201116	2011
30	湖北省高校优秀中青年科技创新团队	农业资源与环境经济问题研究	张俊飚	T201219	2012
31	湖北省高校优秀中青年科技创新团队	油菜机械化生产关键技术与装备	廖庆喜	T201316	2013
32	湖北省高校优秀中青年科技创新团队	蛋品科学与工程	马美湖	T201425	2014
33	湖北省高校优秀中青年科技创新团队	湖北名优鱼分子育种	梁旭方	T201426	2014
34	湖北省高校优秀中青年科技创新团队	食物经济与食品安全管理	青　平	T201527	2015
35	湖北省高校优秀中青年科技创新团队	城乡一体化发展与基层社区治理创新研究	李长健	T201528	2015
36	湖北省高校优秀中青年科技创新团队	中国特色社会主义新农村建设研究	吴春梅	T201529	2015
37	湖北省高校优秀中青年科技创新团队	果蔬高效利用与安全控制	徐晓云	T201725	2017
38	湖北省高校优秀中青年科技创新团队	基于三维基因组学的动植物遗传改良关键基因挖掘	李国亮	T201827	2018

二十二、国家级和省部级教学团队名单

（一）国家级教学团队

序号	团队名称	负责人	获批时间
1	生态学系列课程教学团队	曹凑贵	2010
2	土壤学教学团队	黄巧云	2010

续表

序号	团队名称	负责人	获批时间
3	农产品贸易与营销系列课程教学团队	李崇光	2009
4	园林植物系列课程教学团队	包满珠	2009
5	分子生物学系列课程教学团队	郑用琏	2008
6	农村社会学系列课程教学团队	钟涨宝	2008
7	农学专业生物系列课程教学团队	张献龙	2007

（二）省部级教学团队

序号	团队名称	负责人	获批时间
1	生态学系列课程教学团队	曹凑贵	2010
2	土壤学教学团队	黄巧云	2010
3	食品科学与工程专业核心课程教学团队	潘思轶	2010
4	园艺植物栽培类课程教学团队	彭抒昂	2009
5	农产品贸易与营销系列课程教学团队	李崇光	2009
6	分子生物学系列课程教学团队	郑用琏	2008
7	农村社会学系列课程教学团队	钟涨宝	2008
8	园林植物系列课程教学团队	包满珠	2008

二十三、国家级与省部级重要个人荣誉（2008—2017）

2017 年：

全国创新争先奖　傅廷栋　张献龙　金梅林

湖北省科学技术突出贡献奖　邓秀新

湖北青年五四奖章　殷　平

2016 年：

何梁何利基金科学与技术进步奖　金梅林

霍英东基金获得者　殷　平　谢甲涛　刘广龙　狄金华

全国优秀科技工作者　廖庆喜

湖北省十佳师德标兵　钟涨宝

湖北青年五四奖章　赵芸逸

2015 年：

湖北省师德先进个人　赵书红

湖北青年五四奖章　安玥琦

2014 年：

霍英东基金奖获得者　徐　强

霍英东基金获得者　　邱国红　周　磊　李广宇
全国高校优秀辅导员　　祝　鑫
湖北省十佳师德标兵　　张献龙
湖北青年五四奖章　　蔡　鹏

2013 年：

何梁何利基金科学与技术进步奖　　邓秀新
湖北省科学技术突出贡献奖　　陈焕春
全国五一劳动奖章　　原　弘
湖北五一劳动奖章　　王　沫
湖北青年五四奖章　　胡红红
全国归侨侨眷先进个人　　王革娇

2012 年：

第五届“全国优秀科技工作者”　　熊立仲　袁宗辉　包满珠
霍英东基金获得者　　蔡　鹏　李凤娥　陈颖钰
湖北省劳动模范　　王石平
湖北省三八红旗手　　王石平
湖北青年五四奖章　　严建兵
湖北省优秀教师　　青　平

2011 年：

湖北五一劳动奖章　　李国怀　刘　进
第十二届全国青年科技奖　　赵书红
湖北青年五四奖章金奖　　程运江
湖北省师德先进个人　　黄巧云

2010 年：

“十一五”国家科技计划执行突出贡献奖　　陈焕春
霍英东基金获得者　　霍立军　朱　辉
湖北五一劳动奖章　　原　弘
全国优秀科技工作者　　王石平　何正国
全国绿化奖章　　夏厚俊

2009 年：

全国模范教师　　王石平
湖北省教学名师　　王石平
湖北省十佳师德标兵　　王石平
第十一届中国青年科技奖　　郭文武

2008 年：

湖北省科学技术突出贡献奖　　张启发
霍英东基金获得者　　冯雄汉　刘继红
全国优秀工会积极分子　　夏厚俊
中国十大杰出青年　　徐本禹

二十四、2018 年 8 月在职在岗教授与其他正高职人员名单（443 人）

（学科内以姓名拼音为序）

（一）植物科学技术学院

姓名	性别	职称	学科
曹凑贵	男	教授	作物学
曾汉来	男	教授	作物学
陈　伟	男	教授	作物学
崔克辉	男	教授	作物学
范楚川	男	教授	作物学
傅廷栋	男	教授	作物学
郭　亮	男	教授	作物学
郭小平	男	教授	作物学
洪登峰	男	教授	作物学
胡立勇	女	教授	作物学
胡学博	男	教授	作物学
黄见良	男	教授	作物学
金双侠	男	教授	作物学
靳德明	男	教授	作物学
兰彩霞	女	教授	作物学
李　林	男	教授	作物学
李　霞	女	教授	作物学
李再云	男	教授	作物学
林忠旭	男	教授	作物学
刘克德	男	教授	作物学
刘永忠	男	教授	作物学
马朝芝	女	教授	作物学
牟同敏	男	教授	作物学
茆海亮	男	教授	作物学
聂立孝	男	教授	作物学
彭定祥	男	教授	作物学
彭良才	男	教授	作物学
彭少兵	男	教授	作物学
邱法展	男	教授	作物学
沈金雄	男	教授	作物学
孙东发	男	教授	作物学
涂金星	男	教授	作物学

涂礼莉	女	教授	作物学
谢国生	男	教授	作物学
严建兵	男	教授	作物学
杨　芳	女	教授	作物学
杨光圣	男	教授	作物学
杨国正	男	教授	作物学
杨细燕	女	教授	作物学
易　斌	男	教授	作物学
余四斌	男	教授	作物学
张椿雨	男	教授	作物学
张献龙	男	教授	作物学
张祖新	男	教授	作物学
章元明	男	教授	作物学
周广生	男	教授	作物学
周永明	男	教授	作物学
朱龙付	男	教授	作物学
边银丙	男	教授	植物保护
程家森	男	教授	植物保护
董五辈	男	教授	植物保护
付艳苹	女	教授	植物保护
郭晓黎	女	研究员	植物保护
洪　霓	女	教授	植物保护
华红霞	女	教授	植物保护
黄俊斌	男	教授	植物保护
黄求应	男	教授	植物保护
姜道宏	男	教授	植物保护
雷朝亮	男	教授	植物保护
李　博	男	教授	植物保护
李国庆	男	教授	植物保护
李建洪	男	教授	植物保护
罗朝喜	男	教授	植物保护
牛长缨	女	教授	植物保护
王国平	男	教授	植物保护
王满困	男	教授	植物保护
王　沫	男	教授	植物保护
王小平	男	教授	植物保护
肖炎农	男	教授	植物保护
谢甲涛	男	教授	植物保护
谢卡斌	男	教授	植物保护

徐文兴	男	教授	植物保护
杨　龙	男	教授	植物保护
张宏宇	男	教授	植物保护

（二）动物科技学院 / 动物医学院

姓名	性别	职称	学科
龚炎长	男	教授	畜牧学
黄飞若	男	教授	畜牧学
霍立军	男	教授	畜牧学
姜勋平	男	教授	畜牧学
蒋思文	男	教授	畜牧学
雷明刚	男	教授	畜牧学
李凤娥	女	教授	畜牧学
李新云	男	教授	畜牧学
李长春	男	教授	畜牧学
刘　榜	女	教授	畜牧学
苗义良	男	教授	畜牧学
牟春燕	女	教授	畜牧学
彭　健	女	教授	畜牧学
彭秀丽	女	教授	畜牧学
齐德生	男	教授	畜牧学
任竹青	男	教授	畜牧学
王　恒	男	教授	畜牧学
徐德全	男	教授	畜牧学
晏向华	男	教授	畜牧学
杨利国	男	教授	畜牧学
易建明	男	教授	畜牧学
余　梅	女	教授	畜牧学
张淑君	女	教授	畜牧学
赵书红	女	教授	畜牧学
朱猛进	男	教授	畜牧学
左　波	男	教授	畜牧学
贝为成	男	教授	兽医学
毕丁仁	男	教授	兽医学
操继跃	男	教授	兽医学
曹　罡	男	教授	兽医学
曹胜波	男	教授	兽医学
陈焕春	男	教授	兽医学
程国富	男	教授	兽医学

崔　旻	女	教授	兽医学
邓干臻	男	教授	兽医学
丁明星	男	教授	兽医学
方六荣	女	教授	兽医学
郭爱珍	女	教授	兽医学
何启盖	男	教授	兽医学
胡　敏	女	教授	兽医学
黄玲利	女	教授	兽医学
金梅林	女	教授	兽医学
李家奎	男	教授	兽医学
李祥敏	女	教授	兽医学
李自力	男	教授	兽医学
刘翠平	女	教授	兽医学
刘国权	男	教授	兽医学
刘正飞	男	教授	兽医学
彭贵青	男	教授	兽医学
钱　平	男	教授	兽医学
申　邦	男	教授	兽医学
石德时	女	教授	兽医学
王　旭	男	教授	兽医学
吴　斌	男	教授	兽医学
肖少波	男	教授	兽医学
袁宗辉	男	教授	兽医学
张安定	男	教授	兽医学
张利生	男	教授	兽医学
赵俊龙	男	教授	兽医学
赵　凌	男	教授	兽医学
周红波	男	教授	兽医学
周　锐	男	教授	兽医学

（三）资源与环境学院

姓名	性别	职称	学科
蔡　鹏	男	教授	农业资源与环境
陈家宙	男	教授	农业资源与环境
冯雄汉	男	教授	农业资源与环境
耿明建	男	教授	农业资源与环境
胡红青	男	教授	农业资源与环境
黄　丽	女	教授	农业资源与环境
黄巧云	男	教授	农业资源与环境

姜存仓	男	教授	农业资源与环境
刘　凡	男	教授	农业资源与环境
刘玉荣	男	教授	农业资源与环境
鲁剑巍	男	教授	农业资源与环境
石　磊	男	教授	农业资源与环境
谭文峰	男	教授	农业资源与环境
王荔军	男	教授	农业资源与环境
王　创	男	研究员	农业资源与环境
吴礼树	男	教授	农业资源与环境
徐芳森	男	教授	农业资源与环境
杨　勇	男	教授	农业资源与环境
赵竹青	男	教授	农业资源与环境
胡承孝	男	教授	生态学
吕国安	男	教授	生态学
史志华	男	教授	生态学
胡荣桂	男	教授	环境科学与工程
刘名茗	女	教授	环境科学与工程
邱国红	男	教授	环境科学与工程
涂书新	男	教授	环境科学与工程
朱端卫	男	教授	环境科学与工程
蔡崇法	男	教授	林学
李朝霞	女	教授	林学

（四）生命科学技术学院

姓名	性别	职称	学科
Daoxiou Zhou	男	教授	生物学
曹扬荣	男	教授	生物学
曾志雄	男	教授	生物学
陈　敏	男	教授	生物学
陈文莉	女	教授	生物学
陈振夏	女	教授	生物学
代明球	男	教授	生物学
董志强	男	教授	生物学
端木德强	男	教授	生物学
丰明乾	男	教授	生物学
何　进	男	教授	生物学
何　璟	女	教授	生物学
何予卿	男	教授	生物学
何正国	男	教授	生物学

洪月云	女	教授	生物学
胡红红	女	教授	生物学
胡涌刚	男	教授	生物学
赖志兵	男	教授	生物学
李　靖	男	教授	生物学
李　林	男	教授	生物学
李　青	女	教授	生物学
李　姗	女	教授	生物学
李兴旺	男	教授	生物学
李一博	男	教授	生物学
李友国	男	教授	生物学
李香花	女	研究员	生物学
练兴明	男	教授	生物学
林拥军	男	教授	生物学
刘　主	男	教授	生物学
柳　俊	女	教授	生物学
罗　杰	男	教授	生物学
罗美中	男	教授	生物学
欧阳亦聃	女	教授	生物学
阮丽芳	女	教授	生物学
孙　明	男	教授	生物学
孙世勇	女	研究员	生物学
王革娇	女	教授	生物学
王石平	女	教授	生物学
王学路	男	教授	生物学
吴昌银	男	教授	生物学
邢永忠	男	教授	生物学
熊立仲	男	教授	生物学
徐曙彤	女	教授	生物学
薛绍武	男	研究员	生物学
严顺平	男	教授	生物学
姚家玲	女	教授	生物学
殷　平	男	教授	生物学
张吉斌	男	教授	生物学
张　敏	男	教授	生物学
张启发	男	教授	生物学
张忠明	男	教授	生物学
赵开弘	男	教授	生物学
赵　毓	女	教授	生物学

周竹青	男	教授	生物学
梁运祥	男	教授	生物工程
彭　楠	男	教授	生物工程

（五）园艺林学学院

姓名	性别	职称	学科
Robert Larkin	男	教授	园艺学
包满珠	男	教授	园艺学
别之龙	男	教授	园艺学
产祝龙	男	教授	园艺学
陈惠兰	女	教授	园艺学
陈玉琼	女	教授	园艺学
程运江	男	教授	园艺学
邓秀新	男	教授	园艺学
郭文武	男	教授	园艺学
胡春根	男	教授	园艺学
黄友谊	男	教授	园艺学
姜　玲	女	教授	园艺学
康春颖	女	教授	园艺学
匡汉晖	男	教授	园艺学
李　峰	男	教授	园艺学
李国怀	男	教授	园艺学
李汉霞	女	教授	园艺学
刘继红	男	教授	园艺学
刘永忠	男	教授	园艺学
龙超安	男	教授	园艺学
罗正荣	男	教授	园艺学
倪德江	男	教授	园艺学
欧阳波	男	教授	园艺学
彭抒昂	男	教授	园艺学
宋波涛	男	教授	园艺学
田振东	男	教授	园艺学
万正杰	男	教授	园艺学
汪李平	男	教授	园艺学
王彩云	女	教授	园艺学
王鹏蔚	男	教授	园艺学
闻玮玮	女	教授	园艺学
谢从华	男	教授	园艺学
徐　娟	女	教授	园艺学

徐　强	男	教授	园艺学
徐跃进	男	教授	园艺学
姚崇怀	男	教授	园艺学
叶志彪	男	教授	园艺学
伊华林	男	教授	园艺学
张金智	男	教授	园艺学
张俊红	男	教授	园艺学
张余洋	男	教授	园艺学
高　翅	男	教授	风景园林学
裘鸿菲	女	教授	风景园林学
张　斌	男	教授	风景园林学
徐有明	男	教授	林学
叶要妹	女	教授	林学
张卓文	男	教授	林学
郑　波	男	教授	林学
周志翔	男	教授	林学

（六）水产学院

姓名	性别	职称	学科
陈天圣	男	教授	水产
陈孝煊	男	教授	水产
樊启学	男	教授	水产
高　坚	男	教授	水产
高泽霞	女	教授	水产
顾泽茂	男	教授	水产
何绪刚	男	教授	水产
李大鹏	男	教授	水产
梁旭方	男	教授	水产
刘　红	女	教授	水产
刘静霞	女	教授	水产
刘学芹	女	教授	水产
罗　智	男	教授	水产
梅　洁	男	教授	水产
苏建国	男	教授	水产
王卫民	男	教授	水产
吴志新	女	教授	水产
徐　镇	男	教授	水产
张永安	男	教授	水产
沈建忠	男	教授	生态学

刘春生	男	教授	生物学
王江华	女	教授	生物学
张学振	男	教授	生物学

（七）工学院

姓名	性别	职称	学科
丁幼春	男	教授	农业工程
廖庆喜	男	教授	农业工程
牛智有	男	教授	农业工程
王巧华	女	教授	农业工程
王树才	男	教授	农业工程
夏俊芳	女	教授	农业工程
晏水平	男	教授	农业工程
袁巧霞	女	教授	农业工程
张国忠	男	教授	农业工程
张衍林	男	教授	农业工程
宗望远	男	教授	农业工程

（八）经济管理学院

姓名	性别	职称	学科
何坪华	女	教授	农林经济管理
李谷成	男	教授	农林经济管理
李晓云	女	教授	农林经济管理
刘灵芝	女	教授	农林经济管理
罗小锋	男	教授	农林经济管理
夏春萍	女	教授	农林经济管理
颜廷武	男	教授	农林经济管理
张俊飚	男	教授	农林经济管理
郑炎成	男	教授	农林经济管理
何玉成	男	教授	工商管理
李崇光	男	教授	工商管理
李艳军	女	教授	工商管理
齐振宏	男	教授	工商管理
青　平	男	教授	工商管理
孙　剑	男	教授	工商管理
严奉宪	男	教授	工商管理
张　勇	男	教授	工商管理
周德翼	男	教授	工商管理
刘　颖	女	教授	应用经济学

祁春节	男	教授	应用经济学
陶建平	男	教授	应用经济学
熊学萍	女	教授	应用经济学
朱再清	女	教授	应用经济学

（九）食品科学技术学院

姓名	性别	职称	学科
蔡朝霞	女	教授	食品科学与工程
陈福生	男	教授	食品科学与工程
郭爱玲	女	教授	食品科学与工程
何　慧	女	教授	食品科学与工程
黄琪琳	女	教授	食品科学与工程
黄　文	女	教授	食品科学与工程
李　斌	男	教授	食品科学与工程
李春美	女	教授	食品科学与工程
李秀娟	女	教授	食品科学与工程
刘　茹	女	教授	食品科学与工程
刘　睿	男	教授	食品科学与工程
刘石林	男	教授	食品科学与工程
刘晓宇	女	教授	食品科学与工程
马爱民	男	教授	食品科学与工程
马美湖	男	教授	食品科学与工程
潘思轶	男	教授	食品科学与工程
彭丽桃	男	教授	食品科学与工程
邵彦春	女	教授	食品科学与工程
孙智达	男	教授	食品科学与工程
王承明	男	教授	食品科学与工程
王小红	女	教授	食品科学与工程
熊汉国	男	教授	食品科学与工程
熊善柏	男	教授	食品科学与工程
徐晓云	女	教授	食品科学与工程
杨　宏	男	教授	食品科学与工程
赵思明	女	教授	食品科学与工程

（十）理学院

姓名	性别	职称	学科
陈　浩	男	教授	化学
韩鹤友	男	教授	化学
江　洪	男	教授	化学

李胜清	男	教授	化学
梁建功	男	教授	化学
刘汉兰	女	教授	化学
马敬中	男	教授	化学
王　运	男	教授	化学
位灯国	男	教授	化学
岳霞丽	女	教授	化学
郑新生	男	教授	化学
滕怀龙	男	教授	化学
陈　洪	男	教授	数学
邓小炎	男	教授	数学
董旺远	男	教授	数学
石　峰	男	教授	数学
易　鸣	男	教授	物理学
谭佐军	男	教授	光学工程

（十一）文法学院

姓名	性别	职称	学科
狄金华	男	教授	社会学
龚继红	女	教授	社会学
田北海	男	教授	社会学
万江红	女	教授	社会学
萧洪恩	男	教授	社会学
张翠娥	女	教授	社会学
钟涨宝	男	教授	社会学
吴　平	女	教授	新闻传播学
李利民	男	教授	中国语言文学
刘旭霞	女	教授	法学

（十二）外国语学院

姓名	性别	职称	学科
龚献静	女	教授	外国语言文学
刘　萍	女	教授	外国语言文学
杨革新	男	教授	外国语言文学
姚孝军	男	教授	外国语言文学

（十三）体育部

姓名	性别	职称	学科
李建波	男	教授	体育学

祝自新	男	教授	体育学

（十四）马克思主义学院

姓名	性别	职称	学科
梁伟军	男	教授	马克思主义理论
吴春梅	女	教授	马克思主义理论
朱　奎	男	教授	马克思主义理论

（十五）公共管理学院

姓名	性别	职称	学科
蔡银莺	女	教授	公共管理
陈新忠	男	教授	公共管理
陈银蓉	女	教授	公共管理
董　捷	女	教授	公共管理
胡伟艳	女	教授	公共管理
柯新利	男	教授	公共管理
梅　昀	男	教授	公共管理
王家合	男	教授	公共管理
王秀兰	女	教授	公共管理
张安录	男	教授	公共管理
李红波	男	教授	管理科学与工程
马才学	男	教授	管理科学与工程
汪文雄	男	教授	管理科学与工程
杨钢桥	男	教授	管理科学与工程

（十六）信息学院

姓名	性别	职称	学科
陈玲玲	女	教授	生物学
高　军	男	教授	生物学
孔德信	男	教授	生物学
李国亮	男	教授	生物学
李　立	男	教授	生物学
马彬广	男	教授	生物学
谢为博	男	教授	生物学
张红雨	男	教授	生物学
陈仲民	男	教授	计算机科学与技术

（十七）其他系列正高职人员

姓名	性别	职称	单位
李忠云	男	教授	学校办公室
李名家	男	教授	学校办公室
周承早	男	研究员	学校办公室
姚江林	男	研究员	学校办公室
孙　骥	男	研究员	纪委监察处
陈昉源	男	研究员	校工会
江　珩	男	研究员	教务处
关桓达	男	研究员	科学技术发展研究院
冯永平	男	研究员	发展规划处
秦发兰	女	研究员	继续教育学院
熊秋芳	女	研究员	植物科学技术学院
范盛先	女	研究员	动物科学技术学院动物医学院
唐仁华	男	研究员	资源与环境学院
叶祥盛	女	研究员	资源与环境学院
齐迎春	女	研究员	生命科学技术学院
王文恩	男	研究员	园艺林学学院
张桂蓉	女	研究员	水产学院
刘朝晖	男	研究员	工学院
张　俊	女	研究员	图书馆
甘　霖	男	研究员	图书馆
叶　勤	女	研究馆员	图书馆
杨锦莲	女	编审	期刊社
张金洲	男	研究员	后勤集团
付裕贵	女	研究员	资产经营公司
彭超英	女	主任医师	校医院
童庆伟	男	主任医师	校医院
魏　武	男	主任医师	校医院

二十五、全国、湖北省党代会代表名单

（一）党的十七大代表

张启发　徐本禹

（二）党的十八大代表

张启发

（三）湖北省第九次党代会代表

李忠云　王彩云

（四）湖北省第十次党代会代表

李忠云　郭爱珍

（五）湖北省第十一次党代会代表

高　翅

二十六、各级人大代表名单

（一）全国人大常委会委员

第十一、十二、十三届　邓秀新

（二）全国人大代表

第十届　孟金陵
第十一、十二、十三届　邓秀新

（三）湖北省人大代表

第十届　严　煤（常委）郑用琏（常委）
第十一届　郑用琏（常委）
第十二届　严奉宪（常委）
第十三届　严奉宪（常委）李长健（2018 年 3 月调出）

（四）武汉市人大代表

第十四届　何正国

（五）洪山区人大代表

第十二届　兰　霞
第十三届　兰　霞
第十四届　刘汉兰
第十五届　刘灵芝

二十七、各级政协委员名单

（一）全国政协委员

第十届　邓秀新
第十一届　孟金陵
第十二届　黄巧云

（二）湖北省政协委员

第九届　王石平（常委）李忠云　范业宽　严奉宪
第十届　王石平（常委）李忠云　严奉宪　韩鹤友
第十一届　王石平（常委）李名家　韩鹤友　叶志彪
第十二届　高　翅　黄巧云　韩鹤友　宋波涛　徐晓云　程运江

（三）武汉市政协委员

第十一届　叶志彪（常委）姚崇怀（常委）李名家　陈福生　何启盖
第十二届　姚崇怀（常委）陈福生　何启盖
第十三届　姚崇怀（常委）严建兵

（四）洪山区政协委员

第六、七、八届　蔡礼鸿（常委）
第九届　程运江　刘静霞　马威

二十八、民主党派、侨联历任负责人名单

民革华中农业大学支部　范业宽　胡荣桂
民盟华中农业大学委员会　郑用琏　叶志彪　严建兵
民建华中农业大学支部　严奉宪
民进华中农业大学委员会（原民进华中农业大学支部）刘汉兰　宋波涛
农工华中农业大学委员会　彭　健　赵　凌
致公党华中农业大学支部（2009.01—）马美湖　徐晓云
九三学社华中农业大学委员会　韩鹤友　王学路
侨联华中农业大学委员会　冯　兰　王革娇　罗朝喜

二十九、校属各二级单位负责人名单

学校党政机构设置及历任主要负责人	
学校办公室	郭刚奇　王从严
主体责任办公室（2016.08—）	余　斌
纪委办、监察处	宋能文　孙　骥
组织部	孙　骥　甘　霖　李向东
宣传部、教师工作部（2018.03—）	彭光芒　程华东
统战部	罗　政　周　琼
校工会	主席：刘松年　唐　峻
	常务副主席：王彩虹　陈东明　陈昉源
校团委	王从严　李金发　张拥军
人事处	陈昉源　杨少波
教务处	徐跃进　江　珩
科学技术发展研究院（原科学技术处）	院长：陈兴荣（兼）姚江林（兼）
	常务副院长：姚江林　关桓达
研究生院（原研究生处）	院长：张献龙（兼）
	常务副院长：胡承孝　韩鹤友
研究生工作部	胡承孝　胡守强
学生工作部（处）	姚江林　甘　霖　漆勇政
计划财务处	朱火堂　郭刚奇
审计处	陈昌意　李　刚
发展规划处	赵正洲　冯永平
基建处	张金洲　和希顺　郑　杰
国资设备处	赵邦枝　付裕贵　袁友亮
国际合作交流处	袁友亮　胡承孝
国际学院（2011.05—）	袁友亮　胡承孝
保卫处、武装部	阮芳清　陈国顺
离退休工作处	党委书记：罗学林　黎会平　龙健飞
	处长：李长军　刘子焱
继续教育学院	党总支书记：吴东贵　王彩虹
	院长：陈东明　徐跃进

续表

后勤管理处	张迎春
采购与招投标管理办公室	傅四礼　李国祥　余思林
校友与基金工作办公室（原校友联络办公室）	张朗山　余思林　陈　胜
图书馆	党总支书记：陈　英　张　俊
	馆长：王国平　彭光芒　甘　霖
期刊社	熊家国　陈　浩　鲁满新
现代教育技术中心	胡维治　明庭庆
后勤集团	夏厚俊　张金洲
资产经营公司	李仁刚　付裕贵
校医院	党总支书记：丁克勇
	院长：魏　武　童庆伟
附属学校（2008.12—）	党总支书记（直属党支部书记）：王洪波 鲁满新　李仁刚
	校长：史　涛
原附属中学（—2008.12）	书记：王洪波
	校史：史　涛
原附属小学（—2008.12）	书记：王新建
	校长：肖月清
机关党委	郭刚奇　王从严
院（部）设置及历任主要负责人	
植物科学技术学院	党委书记：姚江林　漆勇政　朱正宁
	院长：张献龙　曹凑贵　严建兵
动物科学技术学院 / 动物医学院	党委书记：程国富　刘兴斌
	院长：毕丁仁　赵俊龙　曹胜波
资源与环境学院	党委书记：冯永平　唐仁华
	院长：蔡崇法　黄巧云
生命科学技术学院	党委书记：江　珩　陈　胜　和希顺
	院长：张启发　王学路
园艺林学学院	党委书记：李国祥　彭　彬　张宏荣
	院长：包满珠　程运江
水产学院	党委书记：陈　胜　张韶东
	院长：谢　平　王卫民　张永安
工学院（原工程技术学院）	党委书记：刘作清　刘朝晖
	院长：张衍林　廖庆喜

续表

经济管理学院（2013.09 公共管理学院从原经济管理学院土地管理学院分出）	党委书记：关桓达　张　越
	院长：李崇光　张安录　青　平
食品科学技术学院	党委书记：陈吉忠　陈　英　杨仁海
	院长：潘思轶　李　斌
理学院	党委书记：甘　霖　漆勇政　程华东　李金发
	院长：韩鹤友　陈　浩
文法学院	党委书记：杨少波　彭　彬
	院长：钟涨宝
外国语学院	党委书记：刘朝晖　王平祥
	院长：刘延秀　陈佑林　姚孝军
体育部（原体育课部）	党总支书记（直属党支部书记）：魏端宏　任宇华　杨铁贵
	主任：石小健
马克思主义学院（2012.03—）	党委书记：王洪波
	院长：吴春梅
公共管理学院（2013.09—）	党委书记：程为民
	院长：张安录
信息学院（2014.04—）	党委书记：李向东
	院长：张红雨

三十、本科专业一览表

序号	专业名称	专业代码	专业英文名称	学位授予门类
1	经济学	020101	Economics	经济学
2	国际经济与贸易	020401	International Economics and Trade	经济学
3	经济统计学	020102	Economic Statistics	经济学
4	法学	030101K	Law	法学
5	社会学	030301	Sociology	法学
6	社会工作	030302	Social Work	法学
7	英语	050201	English Language and Literature	文学
8	商务英语	050262	Business English	文学
9	广告学	050303	Advertising	文学
10	信息与计算科学	070102	Information and Computing Science	理学
11	应用化学	070302	Applied Chemistry	理学

续表

序号	专业名称	专业代码	专业英文名称	学位授予门类
12	地理信息科学	070504	Geographical Information Science	理学
13	生物科学	071001	Biological Science	理学
14	生物技术	071002	Biotechnology	理学
15	生物信息学	071003	Bioinformatics	理学
16	生态学	071004	Ecology	理学
17	机械设计制造及其自动化	080202	Mechanical Design & Manufacturing and Their Automation	工学
18	机械电子工程	080204	Mechatronics Engineering	工学
19	能源与动力工程	080501	Energy and Power Engineering	工学
20	自动化	080801	Automation	工学
21	计算机科学与技术	080901	Computer Science and Technology	工学
22	农业机械化及其自动化	082302	Agricultural Mechanization and Automation	工学
23	农业电气化	082303	Agricultural Electrization	工学
24	环境工程	082502	Environmental Engineering	工学
25	环境科学	082503	Environmental Science	理学
26	环境生态工程	082504	Ecological Engineering of Environment	工学
27	食品科学与工程	082701	Food Science and Engineering	工学
28	食品质量与安全	082702	Food Quality and Safety	工学
29	城乡规划	082802	Urban and Rural Planning	工学
30	风景园林	082803	Landscape Architecture	工学
31	生物工程	083001	Bioengineering	工学
32	农学	090101	Agronomy	农学
33	园艺	090102	Horticulture	农学
34	植物保护	090103	Plant Protection	农学
35	植物科学与技术	090104	Plant Science and Technology	农学
36	种子科学与工程	090105	Seed Science and Engineering	农学
37	设施农业科学与工程	090106	Controlled Environment Agricultural Science & Engineering	农学
38	茶学	090107T	Tea Science	农学
39	农业资源与环境	090201	Agricultural Resources and Environment	农学
40	动物科学	090301	Animal Science	农学

续表

序号	专业名称	专业代码	专业英文名称	学位授予门类
41	动物医学	090401	Veterinary Medicine	农学
42	动植物检疫	090403T	Propagation Quarantine	理学
43	林学	090501	Forestry	农学
44	园林	090502	Landscape Gardening	农学
45	水产养殖学	090601	Aquaculture	农学
46	水族科学与技术	090603T	Aquarium Science & Technology	农学
47	信息管理与信息系统	120102	Information Management and Information Systems	管理学
48	行政管理	120402	Public Administration	管理学
49	工程管理	120103	Construction Management	管理学
50	工商管理	120201K	Business Administration	管理学
51	市场营销	120202	Marketing	管理学
52	会计学	120203K	Accounting	管理学
53	人力资源管理	120206	Human Resource Management	管理学
54	财务管理	120204	Financial Management	管理学
55	农林经济管理	120301	Economics and Management of Agriculture and Forestry	管理学
56	农村区域发展	120302	Rural and Regional Development	管理学
57	土地资源管理	120404	Land Resources Management	管理学
58	视觉传达设计	130502	Visual Communication Design	艺术学
59	产品设计	130504	Product Design	艺术学
60	数据科学与大数据技术	080910T	Data Science and Big Data Technology	工学

三十一、博士、硕士学位点（含专业学位点）一览表

学科门类（中英文）	一级学科代码及名称（中英文）	二级学科代码及名称（中英文）
02 经济学 Economics	0202 应用经济学 Applied Economics	020204 金融学（含：保险学） Finance
		020205 产业经济学 Industrial Economics
		020209 数量经济学 Quantitative Economics

续表

学科门类（中英文）	一级学科代码及名称（中英文）	二级学科代码及名称（中英文）
03 法学 Law	0301 法学 Science of Law	030105 民商法学 Civil Law and Commercial Law
		030107 经济法学 Science of Economic Law
		030108 环境与资源保护法学 Science of Environment and Natural Resources Protection Law
		030109 国际法学 Science of International Law
	0303 社会学 Sociology	030301 社会学 Sociology
		030302 人口学 Demography
		030303 人类学 Anthropology
		030304 民俗学（含：中国民间文学） Folklore
		0303Z1 社会工作 Social work
	0305 马克思主义理论 Marxist Theory	030501 马克思主义基本原理 Basic Theory of Marxism
		030503 马克思主义中国化研究 The Study on the Sinicization of Marxism
		030505 思想政治教育 Ideological and Political Education
		030506 中国近现代史基本问题研究 The Study on Fundamental Questions of Modern and Contemporary Chinese History
05 文学 Literature	0502 外国语言文学 Foreign Languages and Literatures	050201 英语语言文学 English Language and Literature
		050211 外国语言学及应用语言学 Foreign Linguistics and Applied Linguistics
	0503 新闻传播学 Journalism and Communication	050301 新闻学 Journalism
		050302 传播学 Communication

续表

学科门类（中英文）	一级学科代码及名称（中英文）	二级学科代码及名称（中英文）
07 理学 Natural Science	0701 数学 Mathematics	070101 基础数学 Pure Mathematics
		070102 计算数学 Computational Mathematics
		070103 概率论与数理统计 Probability and Statistics
		070104 应用数学 Applied Mathematics
	0703 化学 Chemistry	070301 无机化学 Inorganic Chemistry
		070302 分析化学 Analytical Chemistry
		070303 有机化学 Organic Chemistry
		070304 物理化学（含：化学物理） Physical Chemistry
	0710 生物学★ Biology	071001 植物学 Botany
		071002 动物学 Zoology
		071003 生理学 Physiology
		071004 水生生物学 Hydrobiology
		071005 微生物学 Microbiology
		071006 神经生物学 Neurobiology
		071007 遗传学 Genetics
		071008 发育生物学 Developmental Biology
		071009 细胞生物学 Cell Biology
		071010 生物化学与分子生物学 Biochemistry & Molecular Biology
		071011 生物物理学 Biophysics

续表

学科门类（中英文）	一级学科代码及名称（中英文）	二级学科代码及名称（中英文）
07 理学 Natural Science	0710 生物学★ Biology	0710Z1 生物信息学 Bioinformatics
		0720Z2 基因组学 Genomics
		0710Z3 免疫生物学 Immunobiology
		0710Z4 肿瘤生物学 Tumor Biology
		0710Z5 化学生物学 Chemical Biology
	0713 生态学★ Ecology	
08 工学 Engineering	0812 计算机科学与技术 Computer Science and Technology	081201 计算机系统结构 Computer System Architecture
		081202 计算机软件与理论 Computer Software and Theory
		081203 计算机应用技术 Computer Applied Technology
	0828 农业工程★ Agricultural Engineering	082801 农业机械化工程 Agricultural Mechanization Engineering
		082802 农业水土工程 Agricultural Watre-Soil Engineering
		082803 农业生物环境与能源工程 Agricultural Biological Environmental and Energy Engineering
		082804 农业电气化与自动化 Agricultural Electrification and Automation
		0828Z1 现代农业装备工程 Modern Agriculture Equipment Engineering
		0828Z2 生物信息技术与工程 Biological Information Technology and Engineering
		0828Z3 农业信息工程 Agricultural Information Engineering
	0830 环境科学与工程 Environmental Science and Engineering	083001 环境科学 Environmental Science
		083002 环境工程 Environmental Engineering
		0830Z1 环境规划与管理 Environmental Planning and Management

续表

学科门类（中英文）	一级学科代码及名称（中英文）	二级学科代码及名称（中英文）
08 工学 Engineering	0832 食品科学与工程★ Food Science and Engineering	083201 食品科学 Food Science
		083202 粮食、油脂与植物蛋白工程 Cereals，Oil&Vegetable Protein Engineering
		083203 农产品加工及贮藏工程 Processing & Storage of Agriculture Products
		083204 水产品加工及贮藏工程 Processing and Storage of Aquatic Products
		0832Z1 食品生物技术 Food Biotechnology
		0832Z2 食品营养与安全 Food Nutrition and Safety
	0834 风景园林学★ Landscape Architecture	
	0836 生物工程★ Bioengineering	
09 农学 Agronomy	0901 作物学★ Crop Science	090101 作物栽培学与耕作学 Crop Cultivation and Farming System
		090102 作物遗传育种 Crop Genetics and Breeding
		0901Z1 作物生物技术 Crop Biotechnology
		0901Z2 药用植物学 Pharmaceutical botany
		0901Z3 种子科学与技术 Seed Science and Engineering
		0901J1 生物质能 Biomass and Bioenergy Science
	0902 园艺学★ Horticulture	090201 果树学 Pomology
		090202 蔬菜学 Olericulture
		090203 茶学 Tea Science
		0902Z1 设施园艺学 Protected Horticulture
		0902Z2 观赏园艺学 Ornamental Horticulture

续表

学科门类（中英文）	一级学科代码及名称（中英文）	二级学科代码及名称（中英文）
09 农学 Agronomy	0903 农业资源与环境★ Agricultural Resources and Environment	090301 土壤学 Soil Science
		090302 植物营养学 Plant Nutrition
		0903Z1 资源环境信息工程 Resources and Environment Information Engineering
		0903Z2 农业环境工程 Agricultural Environmental Engineering
	0904 植物保护★ Plant Protection	090401 植物病理学 Plant Pathology
		090402 农业昆虫与害虫防治 Agricultural Entomology and Pest Control
		090403 农药学 Pesticide Science
		0904Z1 植物检疫与生物入侵 Plant Quarantine and Biological Invasion
		0904Z2 应用真菌学 Applied Mycology
	0905 畜牧学★ Animal Science	090501 动物遗传育种与繁殖 Animal Genetics，Breeding and Reproduction Science
		090502 动物营养与饲料科学 Animal Nutrition and Feed Science
		090503 草业科学 Practaculture Science
		090504 特种经济动物饲养（含：蚕、蜂等） The Rearing of Special-type Economic Animals(including Silkworm，Honeybees，etc)
		0905Z1 动物生产与畜牧工程 Animal Production and Animal Husbandry Engineering
	0906 兽医学★ Veterinary Medicine	090601 基础兽医学 Basic Veterinary Medicine
		090602 预防兽医学 Preventive Veterinary Medicine
		090603 临床兽医学 Clinical Veterinary Medicine
		0906Z1 兽医公共卫生与食品安全 Veterinary Public Health and Food Safety

续表

学科门类（中英文）	一级学科代码及名称（中英文）	二级学科代码及名称（中英文）
09 农学 Agronomy	0907 林学 Forestry	090701 林木遗传育种 Tree Forest
		090702 森林培育 Silviculture
		090703 森林保护学 Forest Protection
		090704 森林经理学 Forest Management
		090705 野生动植物保护与利用 Wildlife Conservation and Utilization
		090707 水土保持与荒漠化防治 Soil and Water Conservation and Desertification Combating
		0907Z1 园林植物学 Landscape Plant
	0908 水产★ Fisheries Science	090801 水产养殖 Aquaculture Science
		090802 捕捞学 Fishing Science
		090803 渔业资源 Science of Fisheries Resources
		0908Z1 水产动物医学 Aquatic Animal Medicine
12 管理学 Management Science	1202 工商管理 Science of Business Administration	120201 会计学 Accounting
		120202 企业管理 Corporate Management
		120203 旅游管理 Tourist Management
		120204 技术经济及管理 Technology Economy and Management
	1203 农林经济管理★ Agricultural and Forestry Economics &Management	120301 农业经济管理 Agricultural Economics &Management
		120302 林业经济管理 Forestry Economics &Management
		1203Z1 土地经济管理 Land Economic Management

续表

学科门类（中英文）	一级学科代码及名称（中英文）	二级学科代码及名称（中英文）
12 管理学 Management Science	1203 农林经济管理★ Agricultural and Forestry Economics &Management	1203Z2 农业贸易与金融 Agricultural Trade and Finance
		1203Z4 中小企业管理 Medium-sized and Small Enterprises Management
	1204 公共管理★ Science of Public Management	120401 行政管理 Administration Management
		120402 社会医学与卫生事业管理 Social Medicine and Health Management
		120403 教育经济与管理 Educational Economy and Management
		120404 社会保障 Social Security
		120405 土地资源管理 Land Resource Management
专业学位 Professional Degree	0252 应用统计（MAS） Master of Applied Statistics	
	0352 社会工作 (MSW) Master of Social Work	
	0551 翻译（MTI） Master of Translation and Interpreting	
	0852 工程硕士 Master of Engineering（领域：085227 农业工程、085229 环境工程、085231 食品工程、085238 生物工程）	
	0951 农业硕士 Master of Agriculture（领域：095131 农艺与种业、095132 资源利用与植物保护、095133 畜牧、095134 渔业发展、095135 食品加工与安全、095136 农业工程与信息技术、095137 农业管理、095138 农村发展）	
	0952 兽医★ Professional Degree in Veterinary Medicine	
	0953 风景园林 Master of Landscape Architecture	
	0954 林业 (MF) Master of Forestry	
	1251 工商管理 (MBA) Master of Business Administration	
	1252 公共管理 (MPA) Master of Public Administration	

注：★表示本学位授权点具有博士学位授予权。

三十二、博士后科研流动站名单

（一）生物学博士后科研流动站　0710

所含二级学科：植物学、动物学、生理学、水生生物学、微生物学、神经生物学、遗传学、发育生物学、细胞生物学、生物化学与分子生物学、生物信息学

（二）生态学博士后科研流动站　0713

所含二级学科：植物生态学、动物生态学、微生物生态学

（三）农业工程博士后科研流动站　0828

所含二级学科：农业电气化及自动化、农业机械化工程、农业生物环境与能源工程

（四）食品科学与工程博士后科研流动站　0832

所含二级学科：食品科学、粮食、油脂与植物蛋白工程、农产品加工与贮藏工程、水产品加工及贮藏工程、食品营养与安全

（五）作物学博士后科研流动站　0901

所含二级学科：作物栽培学与耕作学、作物遗传育种

（六）园艺学博士后科研流动站　0902

所含二级学科：果树学、蔬菜学、茶学、设施园艺学、观赏园艺学

（七）农业资源与环境博士后科研流动站　0903

所含二级学科：土壤学、植物营养学、资源环境信息工程

（八）植物保护博士后科研流动站　0904

所含二级学科：植物病理学、农业昆虫与害虫防治、农药学

（九）畜牧学博士后科研流动站　0905

所含二级学科：动物遗传育种与繁殖、动物营养与饲料科学、特种经济动物饲养

（十）兽医学博士后科研流动站　0906

所含二级学科：基础兽医学、预防兽医学、临床兽医学

（十一）水产博士后科研流动站　0908

所含二级学科：水产养殖、渔业资源

（十二）农林经济管理博士后科研流动站　1203

所含二级学科：农业经济管理、林业经济管理

（十三）公共管理博士后科研流动站　1204

所含二级学科：土地资源管理、行政管理

三十三、国家“双一流”建设学科名单

生物学　园艺学　畜牧学　兽医学　农林经济管理

三十四、全国第一、第二、第三、第四轮学科评估结果

一级学科	第一轮	第二轮	第三轮	第四轮
生物学　0710	第 6	第 11	第 8	A
生态学　0713	–	–	38	C+
轻工技术与工程　0822	–	–	–	C
农业工程　0828	–	–	12	B
环境科学与工程　0830	–	–	46	C
食品科学与工程　0832	第 6	第 7	第 10	A–
风景园林学　0834	–	–	–	B+
作物学　0901	第 1	第 3	第 3	A–
园艺学　0902	第 3	第 2	第 1	A+
农业资源与环境　0903	第 6	第 5	第 5	B+
植物保护　0904	–	–	第 7	B+
畜牧学　0905	第 2	第 3	第 2	A+
兽医学　0906	–	第 3	第 2	A+
林学　0907	–	–	–	C–
水产　0908	第 3	第 3	第 3	B+
工商管理　1202	–	–	–	C
农林经济管理　1203	第 5	第 4	第 3	A–
公共管理　1204	–	–	–	B+

注：“–”表示该学科此轮未参评。

三十五、院（部）系机构一览表

序号	学院（部）	系
1	植物科学技术学院	农学系
2		植物保护系
3		遗传育种与种子工程系
4	动物科学技术学院 / 动物医学院	动物遗传育种系
5		动物繁殖与特种经济动物学系
6		动物生产与畜牧工程学系
7		动物营养与饲料科学系
8		基础兽医学系
9		兽药科学系
10		预防兽医学系
11		临床兽医学系
12	资源与环境学院	土壤与植物营养系
13		生态环境系
14		资源环境信息系
15	生命科学技术学院	生物技术系
16		生物科学系
17		生物工程系
18	园艺林学学院	果树学系
19		蔬菜学系
20		园林系
21		风景园林系
22		林学系
23		茶学系
24	水产学院	鱼类遗传育种与繁育系
25		渔业资源与环境系
26		水生动物医学系
27		营养与生理系
28	工学院	农业工程系
29		机械工程系
30		机电工程系

续表

序号	学院（部）	系
31	经济管理学院	农业经济管理、林业与资源经济系
32		市场营销系
33		企业管理系
34		会计学系
35		经济学系
36	食品科学技术学院	食品科学系
37		食品工程系
38		食品化学系
39		食品营养系
41		食品微生物系
42		食品生物技术与安全系
43	理学院	化学系
44		数学与统计学系
45		物理系
46	文法学院	社会学系
47		社会工作系
48		法学系
49		广告与传播学系
50		艺术设计系
51		国学部
52	外国语学院	英语系
53		商务英语系
54	体育部	
55	马克思主义学院	马克思主义基本原理系
56		中国化马克思主义系
57		中国近现代史系
58		思想政治教育系
59	公共管理学院	土地管理系
60		信息管理系
61		行政管理系
62		房地产经济与工程管理系
63		公共经济与公共政策系

续表

序号	学院（部）	系
64	信息学院	计算机科学系
65		大数据科学系
66		计算机公共教学部
67		生物信息系

三十六、省部级及以上教学实习基地一览表

序号	级别	名称	批准时间
1	全国高校实践育人创新创业基地	华中农业大学王家河阳光社工服务站教学实习基地	2014
2	国家级大学生校外实践教育基地	华中农业大学－黄冈市农业科学院黄冈农科教合作人才培养基地	2013
3	国家级大学生校外实践教育基地	华中农业大学武穴市农科教合作人才培养基地	2012
4	教育部 农业部农科教合作人才培养基地	华中农业大学黄冈油菜农科教合作人才培养基地	2012
5	教育部 农业部农科教合作人才培养基地	华中农业大学荆州水稻农科教合作人才培养基地	2012
6	教育部 农业部农科教合作人才培养基地	华中农业大学武汉生猪农科教合作人才培养基地	2012
7	教育部 农业部农科教合作人才培养基地	华中农业大学武汉大宗淡水鱼农科教合作人才培养基地	2012
8	教育部 农业部农科教合作人才培养基地	华中农业大学武汉大宗蔬菜农科教合作人才培养基地	2012
9	教育部 农业部农科教合作人才培养基地	华中农业大学赣南脐橙农科教合作人才培养基地	2012
10	湖北省高校示范实习实训基地	华中农业大学－湖北永业行评估咨询有限公司省级实习实训基地	2016
11	湖北省高校实习实训基地	农业机械化工程训练中心（武汉黄鹤拖拉机制造有限公司）	2016
12	湖北省高校示范实习实训基地	华中农业大学王家河阳光社工服务站教学实习基地	2014
13	湖北省高校示范实习实训基地	武汉中粮肉食品有限公司	2012
14	湖北省高校示范实习实训基地	武汉劲牌公司	2012

三十七、省部级及以上实验教学中心一览表

序号	平台类别	平台名称	批准时间
1	国家级实验教学示范中心	动物医学实验教学示范中心	2012
2	国家级实验教学示范中心	作物学实验教学示范中心	2009
3	国家级实验教学示范中心	水产养殖实验教学示范中心	2009
4	国家级实验教学示范中心	生物学实验教学示范中心	2007
5	省级重点实验教学示范中心	公共管理实验教学示范中心	2015
6	省级重点实验教学示范中心	农业资源与环境实验教学示范中心	2014
7	省级虚拟仿真实验示范中心	生物学实验教学中心	2015
8	省级虚拟仿真实验示范中心	经济管理虚拟仿真实验教学中心	2014
9	省级实验教学示范中心	食品科学与工程实验教学示范中心	2010
10	省级实验教学示范中心	农业资源与环境实验教学示范中心	2009
11	省级实验教学示范中心	现代农业园艺综合训练中心	2008
12	省级实验教学示范中心	水产养殖实验教学示范中心	2008
13	省级实验教学示范中心	作物学实验教学示范中心	2007
14	省级实验教学示范中心	动物科学实验教学示范中心	2007
15	省级实验教学示范中心	经济管理实验教学示范中心	2007
16	省级实验教学示范中心	华中农业大学化学实验教学示范中心	2006

三十八、实验室、研究中心、研究所一览表

（一）国家重点实验室

序号	实验室名称	批建部门	主任	成立年份
1	作物遗传改良国家重点实验室	科技部	熊立仲	1992
2	农业微生物学国家重点实验室	科技部	姜道宏	2003

（二）国家地方联合工程实验室

序号	实验室名称	批建部门	主任	成立年份
1	动物疫病防控技术国家地方联合工程实验室（湖北）	国家发改委	肖少波	2011

（三）专业实验室

序号	实验室名称	批建部门	主任	成立年份
1	国家兽药残留基准实验室	农业部	袁宗辉	2004
2	国家兽药安全评价实验室	农业部	袁宗辉	2007
3	农业部畜禽产品质量安全风险评估实验室（武汉）	农业部	袁宗辉	2013
4	华中农业大学动物生物安全三级实验室	农业部	陈焕春	2016

（四）部省级重点（工程）实验室

序号	实验室名称	批建部门	主任	成立年份
1	园艺植物生物学教育部重点实验室	教育部	邓秀新	2003
2	农业动物遗传育种与繁殖教育部重点实验室	教育部	赵书红	2005
3	环境食品学教育部重点实验室	教育部	潘思轶	2011
4	农业部农业基因组学重点实验室（武汉）	农业部	熊立仲	2011
5	农业部农业微生物资源利用重点实验室	农业部	陈焕春	2011
6	农业部油菜遗传育种重点实验室	农业部	周永明	2011
7	农业部猪遗传育种重点实验室	农业部	赵书红	2011
8	农业部淡水生物繁育重点实验室	农业部	王卫民	2011
9	农业部兽用诊断制剂创制重点实验室	农业部	金梅林	2011
10	农业部长江中下游耕地保育重点实验室	农业部	谭文峰	2011
11	农业部长江中游作物生理生态与耕作重点实验室	农业部	彭少兵	2011
12	农业部兽药残留检测重点实验室	农业部	袁宗辉	2011
13	农业部园艺作物生物学与种质创制（果树）重点实验室	农业部	邓秀新	2016
14	农业部马铃薯生物学与生物技术重点实验室	农业部	谢从华	2016
15	农业部华中都市农业重点实验室	农业部	张　斌	2016
16	农业部长江中下游农业装备重点实验室	农业部	廖庆喜	2016
17	预防兽医学湖北省重点实验室	湖北省科技厅	肖少波	2001
18	作物病害监测和安全控制湖北省重点实验室	湖北省科技厅	姜道宏	2004
19	昆虫资源利用与害虫可持续治理湖北省重点实验室	湖北省科技厅	王小平	2008
20	农业生物信息湖北省重点实验室	湖北省科技厅	张红雨	2013
21	土壤环境与污染修复湖北省重点实验室	湖北省科技厅	黄巧云	2016
22	动物疫病防控湖北省工程实验室	湖北省发改委	肖少波	2010
23	新型肥料湖北省工程实验室	湖北省发改委	胡承孝	2012
24	池塘健康养殖湖北省工程实验室	湖北省发改委	李大鹏	2015
25	优势农作物机械化生产技术与装备湖北省工程实验室	湖北省发改委	夏俊芳	2015
26	生猪精准饲养与饲料安全技术湖北省工程实验室	湖北省发改委	晏向华	2016

（五）省级高等学校人文社科重点研究基地

序号	基地名称	批建部门	主任	成立年份
1	湖北农村发展研究中心	湖北省教育厅	张俊飚	2003
2	农村社会建设与管理研究中心	湖北省教育厅	钟涨宝	2013
3	湖北省中国特色社会主义理论体系研究中心华农分中心	湖北省委宣传部	姚江林	2013
4	湖北生态文明建设研究院	湖北省委宣传部	李崇光	2016

（六）国际科技合作基地

序号	实验室名称	批建部门	负责人	成立年份
1	作物遗传改良国际科技合作基地	科技部	张启发 严建兵	2009
2	农业生物技术国际联合研究中心	科技部	邓秀新	2013
3	动物疾病防控国际联合研究中心	科技部	周　锐	2016
4	动物育种与疾病防治技术国际科技合作基地	湖北省科技厅	赵俊龙 张淑君	2011
5	兽医流行病学国际联合研究与培训中心	湖北省科技厅	赵俊龙 郭爱珍	2014
6	湖北省利用昆虫转化有机废弃物国际科技合作基地	湖北省科技厅	曹凑贵 朱　芬	2015

（七）国家级研发中心

序号	中心名称	批建部门	主任	成立年份
1	国家家畜工程技术研究中心	科技部	赵书红	1996
2	国家油菜工程技术研究中心	科技部	傅廷栋	2002
3	国家植物基因研究中心（武汉）	科技部	张启发	2002
4	微生物农药国家工程研究中心	国家发改委	梁运祥	1998
5	武汉国家生物产业基地实验动物中心	国家发改委	胡丽华	2008
6	药用植物繁育与栽培国家地方联合工程研究中心（湖北）	国家发改委	胡学博	2012
7	蛋品加工技术国家地方联合工程研究中心（湖北）	国家发改委	马美湖	2013

（八）部省级、市级研发中心

序号	中心名称	批建部门	主任	成立年份
1	油菜教育部工程研究中心	教育部	涂金星	2001

续表

序号	中心名称	批建部门	主任	成立年份
2	动物生物药物教育部工程研究中心	教育部	陈焕春	2009
3	国家油菜武汉改良分中心	农业部	傅廷栋	1999
4	国家农作物分子技术育种中心	农业部	张启发	2000
5	国家果树脱毒种质资源室内保存中心	农业部	邓秀新	2000
6	国家柑橘育种中心	农业部	邓秀新	2002
7	国家蔬菜改良中心华中分中心	农业部	别之龙	2003
8	国家蛋品加工技术研发分中心	农业部	马美湖	2007
9	国家大宗淡水鱼加工技术研发分中心（武汉）	农业部	熊善柏	2009
10	湖北省水稻研究中心	湖北省科技厅	牟同敏	2001
11	湖北省马铃薯工程技术研究中心	湖北省科技厅	田振东	2003
12	湖北省柑橘工程技术研究中心	湖北省科技厅	邓秀新	2004
13	湖北省动物疫苗工程技术研究中心	湖北省科技厅	陈焕春	2005
14	湖北省绿色超级稻工程技术研究中心	湖北省科技厅	张启发	2008
15	湖北省食用菌工程技术研究中心	湖北省科技厅	边银丙	2007
16	湖北省现代农业装备工程技术研究中心	湖北省科技厅	廖庆喜	2012
17	湖北省功能食品工程技术研究中心	湖北省科技厅	李　斌	2016
18	湖北省土壤污染修复工程技术研究中心	湖北省科技厅	黄巧云	2016
19	湖北省水生蔬菜保鲜加工工程技术研究中心	湖北省科技厅	严守雷	2016
20	湖北省水生动物病害防控工程技术研究中心	湖北省科技厅	顾泽茂	2017
21	湖北省林业信息工程技术研究中心	湖北省科技厅	周志翔	2017
22	湖北农药制剂研究中心	湖北省石油化工行业管理办公室	王　沫	2000
23	蛋品加工湖北省工程研究中心	湖北省发改委	马美湖	2010
24	药用植物湖北省工程研究中心	湖北省发改委	胡学博	2010
25	湖北省大宗农产品加工技术创新基地	湖北省科技厅	李　斌	2010
26	重要作物病虫害防治理论与技术湖北省高校自主创新基地	湖北省教育厅	姜道宏	2011
27	武汉市动物性食品残留检测技术研发中心	武汉市科技局	袁宗辉	2007
28	武汉市蜂产品质量控制工程技术研究中心	武汉市科技局	刘　睿	2009
29	武汉市蛋品工程技术研究中心	武汉市科技局	马美湖	2010
30	武汉市武昌鱼繁育工程技术研究中心	武汉市科技局	王卫民	2013
31	武汉市畜禽养殖废弃物处理工程技术研究中心	武汉市科技局	梁运祥	2015
32	武汉市鳜鱼产业技术创新战略联盟	武汉市科技局	梁旭方	2016

（九）校企共建实验室（研发中心）

序号	实验室名称	共建企业	成立年份
1	湖北省淡水水产品加工工程技术研究中心	德炎水产食品股份有限公司	2005
2	湖北省蛋品工程技术研究中心	湖北神丹健康食品有限公司	2006
3	湖北省水生蔬菜食品加工校企共建研发中心	鄂州市绿维康食品有限责任公司	2008
4	湖北省有机园艺校企共建研究中心	湖北天人生态农业有限公司	2008
5	湖北省蔬菜深加工及综合利用校企共建研发中心	荆州市新力大风车食品有限公司	2010
6	湖北省棉花育种及种子产业化技术校企共建研发中心	湖北惠民农业科技有限公司	2010
7	湖北省食品安全检测技术校企共建研发中心	湖北同泰生物工程有限公司	2010
8	湖北省柑橘深加工及综合利用校企共建研发中心	秭归县屈姑食品有限公司	2010
9	湖北省蛋品加工校企共建研发中心	湖北神地农业科贸有限公司	2010
10	油菜精量联合直播技术研究开发中心	武汉黄鹤拖拉机制造有限公司	2011
11	脱水食品研究开发中心	湖北新美香食品有限公司	2011
12	佛掌山药食品加工研究开发中心	武穴市佛掌山药加工厂	2011
13	湖北省校企共建蜜柑栽培与深加工研发中心	湖北土老憨生态农业开发有限公司	2012
14	湖北省校企共建黑木耳栽培技术研发中心	房县神武山珍食品有限公司	2012
15	湖北省校企共建葛根深加工研发中心	钟祥市万众食品有限公司	2012
16	柑橘优质高效栽培与深加工湖北省工程研究中心	湖北土老憨生态农业开发有限公司	2012
17	淡水水产品深加工及综合利用湖北省工程研究中心	德炎水产食品股份有限公司	2012
18	湖北省校企共建动物生物制品研发中心	武汉科前动物生物制品有限责任公司	2013
19	湖北省校企共建微生态制剂及生物肥料研发中心	湖北富之源生物科技有限公司	2013
20	湖北省校企共建优质专用稻深加工研发中心	黄冈东坡粮油集团有限公司	2013
21	湖北省校企共建调味食品研发中心	湖北尝香思食品有限公司	2013
22	湖北省校企共建农用生物菌剂研发中心	武汉合缘绿色生物工程有限公司	2013
23	湖北省校企共建桃品种选育及高效栽培研究中心	老河口市四和果蔬开发有限公司	2013
24	湖北省校企共建猕猴桃生物工程研发中心	中博绿色科技股份有限公司	2014
25	湖北省校企共建中华鳖良种繁育技术研发中心	湖北宏旺生态农业科技公司	2014

续表

序号	实验室名称	共建企业	成立年份
26	湖北省校企共建多不饱和脂肪酸研制与应用研发中心	湖北欣和生物科技有限公司	2014
27	湖北省校企共建无糖食品研发中心	钟祥亿源生物科技有限公司	2014
28	湖北省校企共建蓝莓深加工研发中心	襄阳佰蒂生物科技股份有限公司	2014
29	湖北省校企共建微生态制剂研发中心	湖北华大瑞尔科技有限公司	2016
30	湖北省校企共建树莓加工技术研发中心	湖北金莓科技发展有限公司	2016
31	湖北省校企共建十字花科作物杂种优势研发中心	湖北国科高新技术有限公司	2017
32	湖北省校企共建杂粮研发中心	湖北沛丰粮油股份有限公司	2017
33	湖北省校企共建枸杞研发中心	湖北枸杞珍酒业有限公司	2017
34	湖北省校企共建芳香植物种植技术研发中心	湖北瑞晟生物有限责任公司	2017
35	湖北省校企共建微生态制剂研发中心	湖北省兴地生物技术有限公司	2017

（十）协同创新中心

序号	中心名称	批建部门	主任	成立年份
1	淡水水产健康养殖湖北省协同创新中心	湖北省教育厅	梁旭方	2012
2	生猪健康养殖湖北省协同创新中心	湖北省教育厅	陈焕春	2014

（十一）部省级检验检测机构

序号	机构名称	批建部门	负责人	成立年份
1	农业部种猪质量监督检验测试中心（武汉）	农业部	赵书红	1994
2	农业部微生物产品质量监督检验测试中心（武汉）	农业部	梁运祥	1998
3	农业部种猪质量安全监督检验中心	农业部	赵书红	2007
4	湖北省饲料质量监督检验站	湖北省质量技术监督局	齐德生	1986

（十二）其他基地

序号	基地名称	批建部门	成立年份
1	作物遗传改良创新人才培养示范基地	科技部	2014
2	湖北省院士专家服务示范基地	湖北省院士专家联络服务中心	2015
3	华中农业大学农业生命科学技术科普基地	中国科学技术协会	2015
4	华中农业大学博物馆（科普基地）	中国科学技术协会	2015

（十三）校级科研机构

序号	机构名称	成立年份
1	高等教育研究所	1981
2	作物遗传育种研究所	1992
3	农业微生物研究所	1992
4	柑橘研究所	1992
5	农业经济研究所	1992
6	农用化学研究所	1992
7	养猪研究所	1993
8	应用真菌研究所	1993
9	食品科学与技术研究所	1993
10	农村可持续发展研究中心	1999
11	兽药研究所	1999
12	不动产经济与资产评估研究所	1999
13	工商管理研究所	1999
14	应用写作研究所	1999
15	农村社会学研究所	1999
16	昆虫资源研究所	1999
17	生态与环境经济研究所	2000
18	植科院中心实验室	2001
19	农村经济与社会发展研究所	2003
20	园艺经济研究所	2003
21	城市与园艺昆虫学研究所	2003
22	功能食品研究中心	2003
23	作物生理生态与栽培研究中心	2003
24	微量元素研究中心	2005
25	药用植物研究所	2005
26	人力资源开发研究所	2005
27	中国胭脂鱼育种中心	2005
28	湖北土地问题研究中心	2005
29	园林规划设计研究院	2005
30	化学生物学研究所	2005
31	动物营养代谢病与畜产品品质调控研究中心	2005
32	生物质与生物能源研究中心	2005

续表

序号	机构名称	成立年份
33	现代农业工程技术研究中心	2009
34	水土保持研究中心	2009
35	淡水生物细胞保藏中心	2009
36	农林生物基材料综合利用研究所	2009
37	麦类作物分子生物技术实验室	2009
38	畜牧环境生物工程实验室	2009
39	肉类科学研究所	2009
40	环境生态研究中心	2009
41	饲料毒物研究所	2009
42	现代农业技术应用与产业管理研究中心	2009
43	农民权益保护与区域发展研究中心	2009
44	咸宁土壤与环境野外试验站	2009
45	统计研究所	2009
46	外语教育研究所	2009
47	两型农业发展研究中心	2009
48	中小企业研究中心	2009
49	农业科教发展战略研究中心	2009
50	生物科学传媒中心	2009
51	农村妇女研究中心	2010
52	计算机应用研究所	2010
53	应用物理研究所	2010
54	应用数学研究所	2010
55	金银花研究所	2010
56	农村技术经济与信息咨询服务中心	2010
57	湖北利川高山蔬菜研究所	2010
58	华农绿康生物工程联合研究所	2010
59	生物信息中心	2011
60	环境食品学研究中心	2011
61	现代农业产业发展研究中心	2011
62	系统生物学研究中心	2011
63	农村社会管理研究中心	2011
64	中英动物育种与疾病防治技术研究联合实验室	2011
65	政治与文化研究中心	2012

续表

序号	机构名称	成立年份
66	廉政建设研究中心	2012
67	农业政策研究中心	2016
68	现代农业发展研究中心	2016
69	东南亚农业研究中心	2016
70	中国青年志愿者研究中心	2016
71	整合生物学研究中心	2016
72	土地管理与乡村治理研究中心	2016
73	绿色经济研究中心	2016
74	海洋生物研究中心	2016
75	鳜鱼研究中心	2016
76	农业生态文明建设研究中心	2016
77	农业资源环境信息技术研究中心	2016
78	动物疫病诊断中心	2016
79	农科学术英语研究中心	2016
80	华中农业大学生物医学中心	2016
81	农村减贫与发展研究中心	2016
82	华中农业大学乡村振兴战略研究中心	2017

（十四）校级公共科研平台

序号	机构名称	成立年份
1	电镜科研公共平台	2006
2	蛋白质组学研究中心（公共平台）	2007

三十九、国家级、省级教学成果奖名单

（一）国家级教学成果奖

年度	成果名称	主要完成人	等级
2014	用现代生物科技提升传统农学学科专业的研究与实践	李忠云、江珩、王石平、曹凑贵、王平祥、冯永平、胡承孝、包满珠	一等
2014	农科专业“三田三早”实践育人模式的改革与实践	李崇光、邓秀新、李寅甲、黄见良、成协设、郑学刚、蒋思文、鲁满新	二等

续表

年度	成果名称	主要完成人	等级
2009	系统构建实践教学平台，探索多元化实践育人模式	高翅、王平祥、柳俊、王春潮、王文恩	一等
2009	农林经济管理复合型创新人才培养模式研究与实践	李崇光、关桓达、任宇华、王雅鹏、齐振宏	二等
2009	理农结合科教融合培养生物学创新人才	张启发、江珩、王石平、柳俊、孙明	二等
2009	动物科学创新人才培养模式的探索与研究	熊远著、蒋思文、龚炎长、彭健、肖金华	二等
2009	基于B-Learning的高校精品课程建设研究与实践	徐跃进、王平祥、冯永平、唐铁军、余立莱	二等

（二）湖北省教学成果奖

年度	成果名称	主要完成人	等级
2017	动物科学和动物医学专业大学生“三创”能力培养的研究与实践	陈焕春、程国富、蒋思文、赵俊龙、李育林、周锐、肖金华、张成健	一等奖
2017	学研产协同创新　提升农科学生实践能力	邓秀新、李崇光、江珩、黄见良、刘震、程运江、吴斌、成协设	一等奖
2017	风景园林专业“情·境育人”的探索和实践	高翅、吴雪飞、杜雁、张斌、叶莺、裘鸿菲、秦仁强、李松	一等奖
2017	实施硕彦计划　培养农科拔尖创新人才	黄见良、曹凑贵、姜道宏、胡立勇、魏友伯、高婉琳、彭少兵、王满困	一等奖
2017	立足“三学”　传承创新　卅载持续提升本科教学质量	江珩、谢书山、成协设、肖湘平、刘震、张涛、陈晓琳、胡芬芬	一等奖
2017	食品类专业人才培养“双螺旋”模式的创建与实践	李斌、张柱红、潘思轶、徐晓云、熊善柏、马美湖、崔丽红、谢定源	一等奖
2017	工农结合、多元并举，培育涉农工程技术创新人才	廖庆喜、宗望远、翟红、王树才、黎煊、黄小毛	一等奖
2017	基于“互联网+”的地质和土壤系列课程教学模式改革与实践	刘凡、唐铁军、丁树文、吕国安、林丽蓉、胡红青、张晓明、朱俊	一等奖
2017	构建思想政治理论课协同育人格局的研究与实践	唐峻、吴春梅、梁伟军、胡丰顺、王洪波、李恺、李金发、李凤兰	一等奖
2017	打造国家示范实习基地　创新社会工作专业实践教学体系	万江红、张翠娥、张陆、熊景维、游志麒、李飞、张良、袁泉	一等奖
2017	师生互动　科教一体　培养卓越生物学人才	熊立仲、王学路、金安江、陈雯莉、严建兵、姚家玲、祁婧、张启发	一等奖
2017	农林经济管理专业“三四三”实践创新能力培养体系的构建与应用	张俊飚、李崇光、郑炎成、申沛、颜廷武、罗小锋、王雅鹏、曹明宏	一等奖

续表

年度	成果名称	主要完成人	等级
2017	信息化背景下“动物生理学”立体化教学资源的建设与应用	李大鹏、汤蓉、杨秀平、伍晓雄、迟巍、黄丹、徐在言、彭智	二等奖
2017	农林高校数学实践创新能力“五一二”培养模式的探索与实践	李治、汪晓银、方红、任兴龙、侯志敏、谭劲英、徐艳玲、丁鹿伟	二等奖
2017	理工复合　协同育人　培养高素质生物工程专业人才	梁运祥、胡申才、何进、阮丽芳、赵述淼、和希顺、张吉斌、韩成英	二等奖
2017	“动物解剖及组织胚胎学”立体教材和数字课程的建设	彭克美、刘华珍、宋卉、何文波、刘敏、陈曦、邱德新、曹罡	二等奖
2017	语言、文化、思维三位一体英语专业人才核心素养培育模式探索与实践	杨革新、方红、邓小红、曾文华、袁谦、潘不寒、梅婷、夏纪梅	二等奖
2017	构建“跨学科多层级”课程体系　培养土地资源管理专业复合型人才	张安录、王鹏、胡伟艳、赵可、郭朝霞、薛娟	二等奖
2017	大学生体质“止跌回升”的促进机制研究与实践	李建波、杨铁贵、崔晓文、刘河旺、李卫东	三等奖
2017	农林高校经济管理类专业课程建设的研究与实践	青平、张越、申沛、刘薇、涂铭、包晓岚、杨明媚、施丹	三等奖
2017	生物信息创新人才培养“三结合”模式探索	张红雨、马彬广、孔德信、李国亮、陈玲玲、谢为博、彭城、朱强	三等奖
2017	农业院校林学专业人才培养体系优化研究与实践	周志翔、徐永荣、王鹏程、梅莉、佃袁勇、叶要妹、舒常庆、王滑	三等奖
2013	城乡一体化背景下社会管理创新人才培养研究与实践	钟涨宝、万江红、张翠娥、田北海、狄金华	一等奖
2013	用现代生物科技提升传统农学学科专业的研究与实践	李忠云、江珩、王石平、曹凑贵、王平祥、冯永平、胡承孝、包满珠	一等奖
2013	以淡水渔业产业为导向的水产类专业实践教学体系的研究与实践	王卫民、杨道兵、马徐发、梁旭方、黎洁、王敏、刘惠芳、曹玉琼	一等奖
2013	改革人才培养模式，优化学科育人环境，提升园艺专业学术创新人才的培养能力	叶志彪、邓秀新、包满珠、匡汉晖、郭文武、罗正荣、别之龙、张俊红	一等奖
2013	农科专业“三田三早”实践育人模式的改革与实践	李崇光、邓秀新、李寅甲、黄见良、成协设、郑学刚、蒋思文、鲁满新	一等奖
2013	寓教于研　培养农业资源环境类创新人才	黄巧云、刘凡、冯永平、刘震、谭文峰、丁树文、魏鹏、吕国安	一等奖
2013	依托校地企联盟、实践 CDIO 理念，培养食品工程应用创新人才	潘思轶、李斌、肖安红、郑学刚、张柱红、齐玉堂、马美湖、舒在习	二等奖
2013	系统构建实践教学平台培养经济管理创新人才	张俊飚、何德华、包晓岚、马才学、郑炎成、周钧、薛娟、郭淑芬	二等奖
2013	“植物显微技术”课程建设与改革实践	李和平、姚家玲、龙鸿、陈春丽、冯燕妮、周竹青、段德君	二等奖

续表

年度	成果名称	主要完成人	等级
2013	植物保护专业创新人才培养体系研究与实践	姜道宏、王满困、李建洪、边银丙、黄见良、侯明生、王小平、黄俊斌	二等奖
2013	“一村一名大学生”函授教育人才培养模式的研究与实践	徐跃进、沈振锋、康国光、陈啸、姚光郎、沈继斌、陈东明、丁克勇	二等奖
2013	构建研究型公共课程体系夯实研究生创新基础	胡承孝、秦发兰、汪华、许丽琼、赵希庆、刘延秀、吴春梅、唐仁华	二等奖
2013	网络环境下农业院校大学英语教学模式的研究与实践	姚孝军、刘珍、刘萍、张瑞嵘、王菲	三等奖
2013	构建以能力培养为导向的农科类大学物理课程教学体系的研究与实践	丁孺牛、卢军、刘泉、谢静、陈建军、魏薇、易伟松、谭佐军	三等奖
2013	基于协同育人理念的农林本科思想政治理论课实践教学体系的研究与实践	吴春梅、李恺、梁伟军、李凤兰、李厚刚、王娟、唐峻、张利华	三等奖
2013	阳光体育视野下大学体育课程体系创新与实践	李建波、石小健、熊国庆、杨元清、孔新亮	三等奖
2013	农业高校环境类大学生科技创新体系的构建与实践	胡荣桂、朱端卫、赵劲松、向荣彪、蔡建波、刘震	三等奖
2009	面向新农村建设的社会学创新人才培养研究与实践	钟涨宝、万江红、萧洪恩、张翠娥、向佳玲	一等
2009	农林经济管理复合型创新人才培养模式研究与实践	李崇光、关桓达、任宇华、王雅鹏、齐振宏	一等
2009	理农结合科教融合培养生物学创新人才	张启发、江珩、王石平、柳俊、孙明	一等
2009	系统构建实践教学平台探索多元化实践育人模式	高翅、王平祥、柳俊、王春潮、王文恩	一等
2009	动物科学创新人才培养模式的探索与研究	熊远著、蒋思文、龚炎长、彭健、肖金华	一等
2009	基于 B-Learning 的高校精品课程建设研究与实践	徐跃进、王平祥、冯永平、唐铁军、余立莱	一等
2009	以教材建设为先导的微生物学教学改革	赵斌、陈雯莉、何绍江、李阜棣、周俊初	二等
2009	园艺专业实践教学的改革与创新	别之龙、徐跃进、杨仁海、罗正荣、胡惠蓉	二等
2009	优势农科专业本科创新人才培养体系研究与实践	张献龙、曹凑贵、傅廷栋、曾汉来、姜道宏	二等
2009	“海大班”人才培养模式的探索与实践	陈胜、涂俊才、杨道兵、谢平、薛华	二等
2009	依托课外科技竞赛，提升农业工程大学生实践创新能力	丁幼春、王树才、王为、郑相、周高云	三等
2009	园林专业系列课程及其教材建设	陈龙清、周志翔、高翅、包满珠、王彩云	三等

续表

年度	成果名称	主要完成人	等级
2009	农学专业实践系列课程的整合、规范与创新	胡立勇、曹凑贵、瞿波、蔡明历、刘平武	三等
2009	农业资源与环境专业实践性人才培养模式研究与实践	吕国安、黄巧云、刘凡、赵竹青、吴礼树	三等

四十、以第一完成单位获国家级、省部级科技成果奖名单

（一）国家级科技成果奖

年度	具体类别	奖励等级	成果名称	获奖人
2016	国家自然科学奖	二等奖	水稻产量性状的遗传与分子生物学基础	张启发、邢永忠、何予卿、余四斌、范楚川
2016	国家技术发明奖	二等奖	动物源食品中主要兽药残留物高效检测关键技术	袁宗辉、彭大鹏、王玉莲、陈冬梅、陶燕飞、潘源虎
2016	国家科技进步奖	二等奖	我国重大猪病防控技术创新与集成应用	金梅林、陈焕春、何启盖、吴斌、漆世华、方六荣、张安定、周红波、蔡旭旺、徐高原、周锐、钱平、朱薇、贝为成、康超
2013	国家科技进步奖	二等奖	生物技术创新棉花种质及新品种选育	张献龙、聂以春、朱龙付、郭小平、卢怀玉、刘立清、林忠旭、涂礼莉、杨国正、金双侠
2013	国家自然科学奖	二等奖	水稻质量抗性和数量抗性的基因基础与调控机理	王石平、储昭晖、丁新华、张启发、孙新立
2011	国家科技进步奖	二等奖	动物流感系列快速检测技术的建立及应用	金梅林、陈焕春、吴斌、张安定、周红波、邱伯根、宋念华、徐晓娟、郭学波、但汉并
2009	国家科技进步奖	二等奖	高产优质抗逆杂交油菜品种“华油杂5号、6号和8号”的选育推广	杨光圣、刘平武、洪登峰、何庆彪、段志红、瞿波、梅方竹、李艳军、张琼英、邢君

（二）省部级科技成果奖

年度	具体类别	奖励等级	成果名称	获奖人
2017	湖北省科学技术突出贡献奖	突出贡献奖	–	邓秀新
2017	湖北省自然科学奖	三等奖	光控开关荧光胆色素蛋白的分子设计与功能研究	赵开弘、周明、曾晓丽、唐坤、马琼

续表

年度	具体类别	奖励等级	成果名称	获奖人
2017	湖北省技术发明奖	一等奖	畜产品种源鉴定及外源成分快速检测关键技术研发与应用	刘榜、敖红、王勤、沈平、李奎、张庆德
2017	湖北省技术发明奖	二等奖	鳜鱼人工饲料易驯食机理、品种选育和可控养殖技术研究与示范	梁旭方、何珊、曾可为、刘立维、郭稳杰、沈光辉
2017	湖北省科技进步奖	一等奖	柑橘采后绿色生产关键技术研发与示范推广	程运江、聂红丽、曾云流、李德雄、钟家成、赵昆松、曹立新、白芝兰、郭元成、朱壹、廖胜才、卢梦玲、龙超安、李善军、彭抒昂
2017	湖北省科技进步奖	一等奖	提高母猪繁殖性能的全繁殖周期调控技术建立和应用	彭健、蒋思文、魏宏逵、周远飞、余梅、李凤娥、谭成全、孙海清、刘则学、谭家健、缪文、江书忠、柴进、郑嵘、周忠新
2017	湖北省科技进步奖	一等奖	传统蔬菜加工产业化关键技术研究与示范	徐晓云、潘思轶、刘凤霞、朱进超、冯武、彭帮柱、冯利、王鲁峰、胡婉峰、李慧、邓晓春、李正伦、鲁顺光
2017	湖北省科技进步奖	二等奖	秸秆还田地力培育及化肥减量关键技术研究与应用	丛日环、易妍睿、宋家咏、吴润、任涛、戴志刚、邹家龙、李继福、田剑、关绍华
2017	高等学校科技进步奖（教育部）	二等奖	作物钼营养生理与调控技术	胡承孝、孙学成、谭启玲、刘红恩、魏文学、王国树、王鹏、王经明、胡孝明、罗毅
2016	湖北省科技进步奖	一等奖	喹噁啉类三种兽药的食品安全性评价与风险管控技术研究	袁宗辉、黄玲利、王旭、彭大鹏、潘源虎、陈冬梅、陶燕飞、王玉莲、刘振利、戴梦红、郝海红、程古月、谢书宇、瞿玮
2016	湖北省科技进步奖	三等奖	高产、多抗、优质中筋小麦新品种华麦 2668 的选育与应用	孙东发、赵玲、任喜峰、汤灏军、彭敏、乐菊、陈功海、高华杰
2016	湖北省科技进步奖	三等奖	水田高茬秸秆旋耕掩埋还田技术与应用	夏俊芳、周勇、张居敏、张国忠、许绮川
2016	湖北省技术发明奖	一等奖	优质健康猪重要候选基因挖掘、分子育种标记开发与应用	赵书红、朱猛进、陈洪波、刘向东、李新云、余梅
2016	湖北省自然科学奖	三等奖	仓储害虫的生物防治资源与应用基础研究	张宏宇、陈浩梁、姚英娟、宋旭红
2016	湖北省科技进步奖	三等奖	动物源性人兽共患弓形虫病综合防控技术研究与应用	赵俊龙、周艳琴、方瑞、冯汉利、申邦、胡敏、贺兰、柳芹、柯建秋

续表

年度	具体类别	奖励等级	成果名称	获奖人
2016	湖北省技术发明奖	一等奖	禽蛋新型加工与副产物利用关键技术创新及产业化	马美湖、杨砚、耿放、蔡朝霞、单媛媛、付星
2016	湖北省科技进步奖	一等奖	安全高附加值红曲产品的研究与应用	陈福生、邵彦春、周有祥、冯艳丽、李牧、陈万平、张秀艳、汪攀、陈红霞、李净、胡文林、陈家文、李英明、郑立忠、潘荣华
2016	湖北省科技进步奖	二等奖	精养池塘水质生态工程化修复技术研究与示范	谢从新、何绪刚、张敏、马徐发、易翀、段春生、李大鹏、王春芳、张学振、周琼、王少见、况开河、王勋伟、唐德文、刘子栋
2016	湖北省科技推广奖	三等奖	主要农作物害虫高效安全灯光诱杀关键技术推广与应用	朱芬、张凯雄、李国元、汤少云、李国敬、王淑华、陈文勇、张莉、马学林、魏先尧、刘美刚、王柏清、胡义元、匡辉、耿协洲、杨继云、喻永冰、彭传华、雷朝亮、王小平
2016	湖北省科技进步奖	一等奖	猪乙型脑炎防控关键技术研究与应用	曹胜波、方六荣、陈焕春、王祥、徐高原、肖少波、叶静、黄少梅、金梅林、钱平、宋云峰、李祥敏、吴斌、何启盖、贾杏林
2016	湖北省科技进步奖	二等奖	十字花科蔬菜胞质雄性不育资源创制与系列新品种选育	万正杰、徐跃进、宁斌、李雪红、何丹、周国林、王孝琴、李德超、汪李平、贺从安
2016	西藏自治区科技进步奖	二等奖	牦牛依普菌素透皮驱虫剂的研制及推广应用	李家奎、杨世锦等
2015	湖北省技术发明奖	一等奖	动物源食品有害残留高效检测核心试剂创制与产品研发	袁宗辉、王玉莲、彭大鹏、陶燕飞、陈冬梅、潘源虎
2015	湖北省科技进步奖	一等奖	猪流感病毒致病机制与防控技术	金梅林、陈焕春、周红波、张安定、杨影、徐高原、李祥敏、吴斌、康超、邹忠、孙小美、董晓辉、陈章表、但汉并
2015	湖北省科技进步奖	一等奖	淡水鱼保鲜与精深加工关键技术研究及产业化	熊善柏、罗永康、熊光权、戴志远、陈世贵、卢德炎、郑玉林、熊永杰、蔡方保、何秋生、胡勤斌、刘友明、尤娟、汪兰、付彩霞
2015	湖北省科技进步奖	二等奖	主要绿肥作物生产技术体系构建及应用	耿明建、鲁剑巍、曹卫东、杨文兵、舒彩霞、朱青、李小坤、戴志刚、彭洪发、袁浩

续表

年度	具体类别	奖励等级	成果名称	获奖人
2015	湖北省科技进步奖	二等奖	西瓜甜瓜健康种苗集约化生产技术研发与示范推广	别之龙、赵文军、李国庆、孔秋生、田茜、黄远、王晓东、牛庆伟、高天一、潘宏
2015	湖北省科技进步奖	三等奖	高产、多抗、高蛋白优质饲用大麦新品种华大麦8号、华大麦9号的选育与应用	孙东发、赵玲、任喜峰、汤颢军、李志、黎兰献、刘伟
2015	湖北省科技进步奖	三等奖	烟粉虱预测预报及综合防控技术研究与应用	张宏宇、周国珍、罗晨、饶琼、张家旺、罗汉钢、穆常青
2015	湖北省科技进步奖	三等奖	乌骨山羊种质资源的保护与利用	姜勋平、刘桂琼、韩燕国、洪齐、郭安国、胡娟、孙晓燕
2015	湖北省科技进步奖	三等奖	克氏原螯虾1年双季繁养技术研究	龚世园、何绪刚、刘胜利、顾泽茂、杨学芬、杨瑞斌、张军
2015	湖北省自然科学奖	一等奖	水稻粒形等产量性状的遗传与分子生物学基础	张启发、何予卿、邢永忠、余四斌、李一博
2014	湖北省技术发明奖	一等奖	聚 γ－谷氨酸发酵生产关键技术及农业应用	陈守文、喻子牛、王昌军、张似松、汤三洲、李俊辉
2014	湖北省科技进步奖	一等奖	长江中下游水旱轮作区主要作物高产高效施肥技术体系构建与应用	鲁剑巍、鲁明星、郭熙盛、李小坤、马常宝、武际、鲁艳红、范先鹏、任涛、姜丽娜、袁福生、从日环、万开元、邹娟、李文西
2014	湖北省科技进步奖	一等奖	猪传染性胸膜肺炎防控关键技术研究与应用	陈焕春、周锐、贝为成、何启盖、金梅林、吴斌、徐高原、徐卓菲、黎璐、董晓辉、尹争艳、严伟东、陈章表、徐晓娟
2014	湖北省科技进步奖	一等奖	传统蛋制品现代加工技术与装备研发及产业提升示范	马美湖、王树才、王巧华、祝志慧、黄茜、蔡朝霞、李斌、刘华桥、余劼、金永国、陈文凯、俞兆志、郑祖兰、李德胜、龚琦
2014	湖北省科技进步奖	二等奖	油菜轻简化高效直播技术与装备及应用	廖庆喜、廖宜涛、汲文峰、丁幼春、黄海东、舒彩霞、田波平
2014	湖北省科技进步奖	二等奖	主要栽培食用菌种质资源评价和品种选育及生产应用	边银丙、王卓仁、周伟、雷于国、肖扬、焦海涛、秦京、魏银初、徐年声、罗信昌
2014	湖北省科技进步奖	二等奖	番茄种质创新和优质多抗品种选育与推广	叶志彪、张俊红、王涛涛、张余洋、李晓东、李汉霞、欧阳波、卢永恩、杨长宪
2014	湖北省科技进步奖	二等奖	米制食品的加工技术创新与应用	赵思明、谢松柏、熊善柏、陈建友、李卫武、杨特武、刘友明、黄汉英、李江涛、韩文芳

续表

年度	具体类别	奖励等级	成果名称	获奖人
2014	湖北省科技进步奖	三等奖	特早熟优质中筋小麦新品种华麦2152的选育与应用	孙东发、赵玲、任喜峰、汤颢军、任笑媛、周承军、阮吉洲
2014	湖北省科技进步奖	三等奖	名优茶加工技术升级与配套装备的研究与应用	倪德江、陈玉琼、余志、胡兴明、周宁、廖光伦、姜晓亮
2014	湖北省科技进步奖	三等奖	小菜蛾抗药性监测及防控技术集成与示范	李建洪、包华理、马洪菊、徐卫、张帅、谢华伦、游红
2014	湖北省科技进步奖	三等奖	全网箱黄鳝性逆转调控与苗种繁养技术研究	龚世园、何绪刚、储张杰、伍远安、邱吉华、邹宏海、杨瑞斌
2014	湖北省自然科学奖	二等奖	水稻大型突变体库的创制及其在功能基因组中的应用	吴昌银、陈国兴、张启发、王石平、肖景华
2014	湖北省自然科学奖	二等奖	结核分枝杆菌的基因网络与生长调控机制	何正国、郭曼曼、王毅、李雨庆、黄凤
2014	云南省科技进步奖	三等奖	红河州特色名优茶的开发及配套技术研究与示范	倪德江、陈玉琼、卢志和、余志、唐海燕、秦安宏、王加发、卢继武、李华万、白后斗、苏万和
2013	湖北省技术发明奖	二等奖	快长优质猪相关性状的基因发掘及多标记分子育种应用	刘榜、樊斌、朱猛进、徐学文、张庆德、李长春
2013	湖北省科技进步奖	一等奖	重要草花种质创新及新品种培育与应用	包满珠、何燕红、张西西、叶要妹、张华丽、江胜德、方新阶、傅小鹏、李其友、胡惠蓉、宁国贵、董爱香、周金勇、沙飞、阳永学
2013	湖北省科技进步奖	一等奖	柑橘深加工及综合利用技术开发与集成	潘思轶、范刚、李正伦、王可兴、徐晓云、王鲁峰、李二虎、陈茂彬、任婧楠、杨书珍、李秀娟、冯武、陈世贵、武国良、罗镇江
2013	湖北省科技进步奖	一等奖	兽药残留检测方法标准研究制订	袁宗辉、陶燕飞、陈冬梅、潘源虎、王玉莲、黄玲利、刘振利、彭大鹏、戴梦红、王旭、郝海红、程古月、谢书宇
2013	湖北省科技进步奖	一等奖	猪链球菌病防控关键技术研究与应用	金梅林、陈焕春、张安定、康超、石健、徐高原、贝为成、周锐、周明光、谭臣、陈波、陈关平
2013	湖北省科技进步奖	一等奖	昆虫趋光机理及灯光诱杀关键技术研究与应用	雷朝亮、彭传华、王小平、赵树英、张凯雄、贺丽、朱芬、徐卫、马伟华、朱智慧、刘华林、孙劲松、牛长缨、周兴苗、黄求应

续表

年度	具体类别	奖励等级	成果名称	获奖人
2013	湖北省科技进步奖	二等奖	柑橘大实蝇预警与绿色防控技术研究与应用	张宏宇、肖长惜、汪善勤、郑薇薇、孙劲松、李涛、郭元成、杨家祥、熊红利、王珊珊
2013	湖北省科技进步奖	二等奖	直播油菜“控密增角”高产高效栽培技术与应用	胡立勇、余华强、甘玉华、徐正华、李京、谭永强、杨特武、王火明、陈爱武、白桂萍
2013	湖北省科技进步奖	三等奖	高产优质多抗大麦新品种华大麦6号、华大麦7号的选育与应用	孙东发、赵玲、任喜峰、汤颢军、任笑媛、程鹏飞、陈丽琳
2013	湖北省科技进步奖	三等奖	棉花迟播增密、节本增效栽培技术研究与应用	杨国正、朱龙付、原保忠、聂以春、郭小平、黎青、段银庭
2013	湖北省科学技术突出贡献奖	突出贡献奖	–	陈焕春
2013	湖北省自然科学奖	一等奖	水稻抗旱基因鉴定和功能分析	熊立仲、胡红红、候昕、向勇、肖本泽
2013	湖北省自然科学奖	二等奖	蓝细菌藻胆色素荧光功能及其结构基础研究	赵开弘、周明、涂俊铭、陈思礼、伍贤军
2013	高等学校自然科学奖（教育部）	二等奖	结核分枝杆菌细胞生长和耐药调控网络研究	何正国、郭曼曼、崔涛、王毅、杨敏、黄凤、李雨庆、曾菊梅、李伟辉
2013	西藏自治区科技进步奖	二等奖	西藏黑斑原鮡生物学人工繁殖技术研究	谢从新、次真、樊启学、蔡斌、张惠娟、普布次仁、郭宝英、吴国珍、熊冬梅、覃剑晖
2012	湖北省技术发明奖	一等奖	甘蓝型油菜自交不亲和两系杂种选育方法及其关键技术的研究	马朝芝、傅廷栋、高长斌、涂金星、沈金雄、文静
2012	湖北省科技进步奖	一等奖	柑橘提质增效栽培技术研发与示范	邓秀新、彭抒昂、鲍江峰、黄先彪、谢合平、蔡永喜、蒋迎春、闵泽平、吴述勇、刘永忠、郭元成、李春玲、杨小平、刘春生、赵昆松
2012	湖北省科技进步奖	一等奖	强优势多抗杂交棉新品种“华杂棉H318”的选育与应用	张献龙、聂以春、朱龙付、林忠旭、郭小平、卢怀玉、杨国正、余宏章、涂礼莉
2012	湖北省科技进步奖	一等奖	湖北省水稻均衡高产与优质高效栽培技术研究与应用	曹凑贵、张似松、吴建平、汪金平、黄见良、程建平、张建设、李成芳、展茗、汤颢军、蔡明历、田小海、邢丹英、曾汉来、柴婷婷
2012	湖北省科技进步奖	二等奖	肉鸭高效健康养殖与安全饲料生产的关键技术研究	彭健、齐德生、程国富、张妮娅、齐智利、胡薛英、陈伟、谷长勤、万海峰、宋念华

续表

年度	具体类别	奖励等级	成果名称	获奖人
2012	湖北省科技进步奖	二等奖	现代生物技术在食品安全快速检测技术中的应用及其相关仪器设备的研制	陈福生、李书谦、王小红、徐宏书、邵彦春、周有祥、路磊、张华安、张秀艳、陈涛
2012	湖北省科技进步奖	三等奖	湖北稻区螟虫综合防控技术体系的集成及试验示范	王永模、张国安、彭传华、胡定汉、叶生海、李国敬、王满囷、
2012	湖北省科技进步奖	三等奖	农业秸秆类生物质材料替代木材的技术研究与开发	熊汉国、潘华、周丹枝、谭军、丁士勇、付自正、万正龙
2012	湖北省自然科学奖	二等奖	魔芋葡甘聚糖及其分子组装体精细结构的实验与理论研究	李斌、谢笔钧、庞杰、李晶
2012	高等学校科技进步奖（教育部）	二等奖	番茄重要功能基因发掘、种质创新与新品种选育和推广	叶志彪、欧阳波、张俊红、李汉霞、张余洋、王涛涛、卢永恩、杨长宪、李晓东、王孝琴、周国林、姚明华
2012	高等学校自然科学奖（教育部）	二等奖	棉花体细胞离体遗传操作技术与控制理论	张献龙、杨细燕、金双侠、孙玉强、吴家和、涂礼莉、朱龙付、聂以春、郭小平、林忠旭
2011	湖北省技术发明奖	二等奖	白蚁危害机理与监测控制技术的研究、开发与应用	黄求应、雷朝亮、李俊辉、李为众、熊强、帅移海
2011	湖北省技术发明奖	三等奖	新型农药3%阿菊新型水分散颗粒剂的研制与应用	谢九皋、张国安、王满囷、王永模、夏海洋、林开春
2011	湖北省科技进步奖	一等奖	高产优质抗逆杂交油菜新品种“华油杂9号”的选育和推广应用	杨光圣、万丽丽、张立武、洪登峰、刘平武、何庆彪、段志红、董发明、王娟、熊秋芳、魏泽兰、祝师元、汪爱顺、胡丹平、吴润
2011	湖北省科技进步奖	一等奖	青藏高原一年生野生大麦特异种质的发掘与利用	孙东发、徐廷文、张国平、赵玲、丁毅、李爱青、龚德平
2011	湖北省科技进步奖	二等奖	油菜精量联合直播技术与装备	廖庆喜、田波平、黄海东、舒彩霞、段宏兵、吴江生、丁幼春、廖宜涛
2011	湖北省科技进步奖	二等奖	优质健康猪肉生产的关键技术集成与产业化示范	蒋思文、彭健、黄飞若、柴进、刘敏、缪文、刘则学、罗何峰、魏宏逵、苟钟勇
2011	湖北省科技进步奖	二等奖	中国园艺产品出口的贸易壁垒问题及其博弈对策研究	祁春节、赵玉、秦臻、刘建芳、万金、林青、代金贵、余光英、李裕鸿、陈正坤

续表

年度	具体类别	奖励等级	成果名称	获奖人
2011	湖北省科技进步奖	三等奖	油稻固定厢沟免耕栽培技术研究与应用	曹凑贵、张似松、汪金平、李成芳、展茗、张建设、程建平
2011	湖北省科技进步奖	三等奖	水稻褐飞虱环境友好防控技术及其集成研究与应用	林拥军、华红霞、吕仲贤、黄风宽、彭兆普、杨长举、肖汉祥
2011	湖北省自然科学奖	一等奖	水稻产量和品质的遗传基础剖析及两个数量性状位点克隆	邢永忠、张启发、何予卿、范楚川、徐才国
2011	湖北省自然科学奖	三等奖	生防菌盾壳霉生态学及其与油菜菌核病菌分子互作研究	李国庆、姜道宏、杨龙、杨蕊、任莉
2011	高等学校科技进步奖（教育部）	二等奖	油菜精量联合直播技术与装备	廖庆喜、田波平、黄海东、舒彩霞、段宏兵、吴江生
2010	国家质量监督检验检疫总局科技兴检奖	一等奖	食品及食品接触材料有害残留的高通量表征及安全性评价技术	廖玉才
2010	湖北省标准创新贡献奖	一等奖	动物源性食品中糖皮质类药物残留检测液相色谱－串联质谱法	袁宗辉、陈冬梅、陶燕飞、王玉莲、刘振利
2010	湖北省技术发明奖	二等奖	人和动物结核病新型特异诊断试剂的研究	郭爱珍、陈焕春、杨利国、陈颖钰、詹枝华、曾庆志
2010	湖北省技术发明奖	三等奖	一种促进动物生长的重组 DNA 免疫技术	杨利国、梁爱心、韩丽、郭爱珍、茆达干、舒邓群
2010	湖北省科技进步奖	一等奖	免疫速测技术在禽病诊断与食品安全检测中的应用	毕丁仁、王喜亮、肖运才、胡思顺、李自力、石德时、金秀娥、金卉、周祖涛、乐涛、刘梅、许青荣、彭大鹏、彭伏虎、张进良
2010	湖北省科技进步奖	二等奖	淡水鱼精深加工关键技术研究及产业化示范	熊善柏、卢德炎、肖永强、赵思明、郭海、刘友明、朱友良、刘茹、何秋生
2010	湖北省科技进步奖	二等奖	主要瓜类作物工厂化嫁接育苗研究与示范	别之龙、朱进、黄远、邹方益、童正富、汪李平、韩晓燕、彭金光、华斌
2010	湖北省科技进步奖	二等奖	优质猪生态健康养殖与产业化示范	邓昌彦、李风娥、左波、陈红颂、丁山河、梁华东、刘静平、徐德全、李家连
2010	湖北省科技进步奖	二等奖	油菜硼高效利用机制与硼肥优化施用技术研究应用	徐芳森、鲁剑巍、鲁明星、耿明建、石磊、吴礼树、徐辉、赵竹青、叶祥盛

续表

年度	具体类别	奖励等级	成果名称	获奖人
2010	湖北省科技进步奖	三等奖	杂交中稻新组合华两优1206的选育及应用	牟同敏、李春海、徐俊英、张似松、彭贤力、徐才国、肖景华
2010	湖北省科技进步奖	三等奖	优质红菜薹新品种“华红5号”的选育与推广	徐跃进、唐道廷、万正杰、詹斌、田福发、何丹、谭远宝
2010	湖北省科技进步奖	三等奖	胭脂鱼营养与饲料配方及其养殖模式与技术研究	龚世园、袁勇超、胡艾国、陶任勇、胡秋元、刘元豪、彭智
2010	高等学校自然科学奖（教育部）	二等奖	生物氧化还原反应的计算生物学与计算化学研究	张红雨、纪洪芳、申亮、陈玲玲、孔德信、马彬广
2010	全国农牧渔业丰收奖	二等奖	中稻“壮足大”超高产栽培模式研究与应用	曹凑贵、蔡明历、汪金平、张似松、潘圣刚、李成芳、程建平、王万涛、李进山、梅金安、陈兴国、魏宗林、罗国君、寇从贤、黎银忠、吴运明、刘孔清、赵立忠、吴海亚、翟中兵、王明成、张礼银、曾红刚、张强、周祖清
2009	湖北省技术发明奖	一等奖	甘蓝型油菜生态型细胞质雄性不育两系的发现、研究与利用	杨光圣、刘平武、洪登峰
2009	湖北省科技进步奖	二等奖	优质高产抗耐病油菜新品种华双5号的选育和应用	吴江生、石淑稳、刘克德、田新初、王新刚、孙秀丽、黄岭、潘典进、张晓玲、梅少华
2009	湖北省科技进步奖	一等奖	三峡库区柑橘品种更新和高效生态栽培关键技术研究、集成与示范推广	夏仁学、李国怀、伊华林、宋文化、胡世全、汤先锡、谭勇、钟家菊、廖胜才、蔡宏春、焦国柱、钟家成、彭东林、周开兵、覃伟
2009	湖北省科技进步奖	三等奖	玉米优异种质Y8G61的鉴定及其在育种上的利用	徐尚忠、刘纪麟、吴承国、刘必善、田甫焕、吴高岭、王业民
2009	湖北省科技进步奖	三等奖	洁蛋加工成套装备的研制与应用	王树才、马美湖、文友先、陈文凯、熊利荣、刘剑英、陈红
2009	湖北省科技进步奖	三等奖	克氏原螯虾生物学及其养殖技术研究	龚世园、张训蒲、何绪刚、胡艾国、周遵贵、陶任勇、胡承钧
2008	湖北省技术发明奖	二等奖	棉花分子育种技术体系建立与应用	张献龙、林忠旭、朱龙付、涂礼莉、金双侠、郭小
2008	湖北省科技进步奖	一等奖	猪细小病毒病诊断技术、新型疫苗及综合防制措施研究	陈焕春、金梅林、赵俊龙、肖少波、吕建强、吴斌、方六荣、宋云峰、何启盖、王建成、徐高原、潘春刚、王珍芹、刘正飞、陈章表

续表

年度	具体类别	奖励等级	成果名称	获奖人
2008	湖北省科技进步奖	二等奖	动物可食性组织中兽药残留分析方法研究	袁宗辉、陶燕飞、陈冬梅、王玉莲、黄玲利、王大菊、范盛先、于刚、余欢、吴玉杰
2008	湖北省科技进步奖	二等奖	南方水稻生产的干旱风险及农户的处理策略	丁士军、陈玉萍、陈传波、陈池波、李崇光、凌远云、陈风波、易红梅、王怀豫、李哲
2008	湖北省科技进步奖	三等奖	基因工程技术表达 faeG-fedF 融合蛋白生产特异性卵黄抗体添加剂研究	彭健、蒋思文、王劼、刘振利、唐斌、黄飞若、张昌新
2008	湖北省科技进步奖	三等奖	植物活性多糖的制备与应用基础研究与开发	吴谋成、罗亦农、王卫健、李小定、袁俊华、蒋德文、金文准
2008	湖北省科技进步奖	三等奖	鱼苗种培育及驯食技术研究	樊启学、姚凯、朱邦科、谢从新、杜海明、刘文奎、陈良雨
2008	湖北省科技进步奖	三等奖	魔芋软腐病综合防治技术研究	盛德贤、滕建勋、侯明生、费甫华、吴金平、廖文月
2008	湖北省科技进步奖	三等奖	发酵法消除豆粕中抗营养因子及其产品应用的研究	梁运祥、葛向阳、胡咏梅、王绩、陈正军、梅余霞、吴晓峰
2008	湖北省科技突出贡献奖	突出贡献奖	–	张启发
2008	湖北省科技推广奖	二等奖	雷竹生物学特性研究、关键技术创新集成与推广利用	张卓文、向臻峰、宋东南、蔡崇法、鲁炳祥、殷陆华、成项托、肖余祥、宋桂华、彭启权、陈松桥、吕景团、夏海明、沈宝仙
2008	湖北省自然科学奖	二等奖	芸薹属栽培种与诸葛菜属间杂种的新细胞学行为及新材料创建	李再云、刘焰、葛贤宏、华玉伟、马霓
2008	高等学校技术发明奖（教育部）	二等奖	特异性单克隆抗体的制备及其在主要鸡传染病鉴别诊断中的应用	毕丁仁、胡思顺、肖运才、彭大鹏、李自力、石德时
2008	高等学校科技进步奖（教育部）	一等奖	兽药残留检测关键技术创新与配套集成研发	袁宗辉、王玉莲、陶燕飞、陈冬梅、彭大鹏、黄玲利、伍金娥、于刚、余欢、刘振果、吴玉杰、常超、叶胜强、张泽英、赵春保、刘振利、范盛先

四十一、以第一完成单位获省部级人文社科成果奖名单

年度	具体类别	奖励等级	成果名称	获奖人
2015	高等学校科学研究优秀成果奖（人文社会科学）	三等奖	农产品营销渠道冲突与整合研究	李崇光
2015	高等学校科学研究优秀成果奖（人文社会科学）	三等奖	动员效力与经济理性：农户参与新农保的行为逻辑研究——基于武汉市新洲区双柳街的调查	钟涨宝
2012	高等学校科学研究优秀成果奖（人文社会科学）	三等奖	农村土地流转与农村社会保障体系的完善	钟涨宝
2009	高等学校科学研究优秀成果奖（人文社会科学）	三等奖	中国园艺产业国际竞争力研究	祁春节
2016	湖北省社会科学优秀成果奖	一等奖	中国编辑思想史	吴平
2016	湖北省社会科学优秀成果奖	一等奖	中国农村民间金融组织研究	万江红
2016	湖北省社会科学优秀成果奖	二等奖	农业废弃物循环利用参与主体的合作博弈及协同创新绩效研究	张俊飚
2016	湖北省社会科学优秀成果奖	二等奖	资本积累、制度变迁与农业增长——对1978–2011年中国农业增长与资本存量的实证估计	李谷成
2016	湖北省社会科学优秀成果奖	三等奖	农产品伤害危机研究（系列论文）	青平
2016	湖北省社会科学优秀成果奖	三等奖	政治社会化路径下农民工主流意识形态认同的实证分析	吴春梅
2014	湖北省社会科学优秀成果奖	二等奖	民主与效率关系：实证与理论（系列论文）	吴春梅
2014	湖北省社会科学优秀成果奖	二等奖	转型期农村社会管理研究（系列论文）	钟涨宝
2014	湖北省社会科学优秀成果奖	三等奖	农产品流通与价格问题研究（系列论文）	李崇光
2014	湖北省社会科学优秀成果奖	三等奖	农户采用节约耕地型与节约劳动型技术的差异	罗小锋
2014	湖北省社会科学优秀成果奖	三等奖	美国高校外语教育研究系列论文	龚献静
2014	湖北省社会科学优秀成果奖	三等奖	中国粮食生产、流通与储备协调机制研究——基于粮食安全	王雅鹏
2014	湖北省社会科学优秀成果奖	三等奖	《规划性变迁：机制与限度——中国农村社区建设的路径分析》	许远旺
2014	湖北省社会科学优秀成果奖	三等奖	湖北现代农业建设与发展问题对策研究（系列论文）	张俊飚

续表

年度	具体类别	奖励等级	成果名称	获奖人
2012	湖北省社会科学优秀成果奖	二等奖	湖北“三农”发展问题对策研究（系列论文）	张俊飚
2012	湖北省社会科学优秀成果奖	二等奖	土家族哲学通史	萧洪恩
2012	湖北省社会科学优秀成果奖	三等奖	中国农业生产率专题研究（系列论文）	李谷成
2012	湖北省社会科学优秀成果奖	三等奖	农户科技作用认知和技术采用的影响因素（系列论文）	罗小锋
2012	湖北省社会科学优秀成果奖	三等奖	基于生存权与发展权平等理论逻辑的农业补贴制度研究（系列论文）	李长健
2010	湖北省社会科学优秀成果奖	三等奖	“农村民间借贷环境与特征研究”系列论文	万江红
2010	湖北省社会科学优秀成果奖	三等奖	“农户金融行为与融资制度效率”系列论文	熊学萍
2008	湖北省社会科学优秀成果奖	二等奖	农村土地流转研究	钟涨宝
2008	湖北省社会科学优秀成果奖	二等奖	粮食安全保护与可持续发展	王雅鹏
2008	湖北省社会科学优秀成果奖	三等奖	湖北品牌农业现状分析与发展对策研究	张俊飚
2008	湖北省社会科学优秀成果奖	三等奖	农民权益保护与合作经济组织发展法律问题研究	李长健
2016	湖北省发展研究奖	一等奖	稳定长江流域油菜产能，确保食用油供给安全	冯中朝
2014	湖北省发展研究奖	一等奖	打造国家种业中心研究	齐振宏
2014	湖北省发展研究奖	二等奖	加快发展湖北省设施蔬菜产业的对策研究	李崇光
2012	湖北省发展研究奖	二等奖	做大做强湖北蔬菜产业对策研究	李崇光
2012	湖北省发展研究奖	三等奖	关于做大做强湖北食用菌产业的思考与建议	张俊飚
2010	湖北省发展研究奖	一等奖	湖北省生猪产业化经营研究	冯中朝
2009	湖北省发展研究奖	二等奖	关于加快发展湖北省油菜生物柴油产业的研究	王宇波
2016	湖北省优秀调研成果奖	二等奖	湖北省家庭道德状况调查报告	万江红
2012	湖北省优秀调研成果奖	一等奖	湖北省农科教结合运行机制研究	李忠云
2011	湖北省优秀调研成果奖	一等奖	大力开发双低油菜品牌，培植湖北农业经济新的增长点	冯中朝
2016	全国教育科学研究优秀成果奖	二等奖	高等教育与社会公平研究——基于分流施教与和谐互动视角	陈新忠

四十二、获批科研项目与经费情况（2008—2017年）

年份	项目渠道		项目数	经费 / 万元
2017	国家项目	973计划	1	44.3
		国家重点研发计划	84	33 158.32
		创新人才推进计划	4	–
		千人计划	5	700
		国际科技合作	2	49
		国家科技支撑计划	1	121
		国家社科基金	11	235
		国家自然科学基金	227	16 601.57
		小计	335	50 909.19
	部委项目		122	7 294.5
	省市项目		137	2 738.61
	横向课题		960	11 013.27
	科研基地建设		11	15 407
	中央高校基本科研业务费		1	4 370
	合计		1 566	91 732.57
2016	国家项目	973计划	1	40.00
		国家重点研发计划	39	42 189.30
		创新人才推进计划	7	–
		千人计划	2	800.00
		万人计划	6	450.00
		国家科技支撑计划	5	238.00
		国家星火计划	1	5.00
		国家社科基金	11	250.00
		中宣部“四个一批”人才项目	1	50.00
		国家自然科学基金	196	10 713.58
		国家科技重大专项	22	6 917.03
		其他	1	2 078.90
		小计	292	63 731.81
	部委项目		129	6 965.54
	省市项目		155	2 394.66

续表

年份	项目渠道		项目数	经费 / 万元
2016	横向课题		505	9 935.98
	科研基地建设		9	4 028.00
	中央高校基本科研业务费		1	3 030.00
	合计		1091	90 085.99
2015	国家项目	973 计划	12	622.15
		重大科学研究计划	3	213.02
		科技基础性工作专项	2	103.62
		创新人才推进计划	3	300.00
		千人计划（青年千人）	5	1 200.00
		863 计划	1	4.59
		国家科技支撑计划	9	1 613.65
		国家星火计划	1	60.00
		国家农业科技成果转化资金项目	2	120.00
		国家社科基金	15	310.00
		国家自然科学基金	202	10 865.25
		国家科技重大专项	12	12 251.11
		小计	267	27 663.39
	部委项目		156	9 624.05
	省市项目		187	2 651.16
	农技推广		1	5 000.00
	横向课题		414	4 193.06
	国际科技合作		19	944.05
	科研基地建设		19	5 213.00
	中央高校基本科研业务费		1	4 980.00
	合计		1 064	60 268.71
2014	国家项目	973 计划	14	3 224.42
		创新人才推进计划	2	200
		863 计划	7	7 801.7
		国家科技支撑计划	6	2 199
		国家科技重大专项	26	2 230.52
		国家星火计划	1	30
		国家社科基金	7	155

续表

年份	项目渠道		项目数	经费 / 万元
2014	国家项目	国家发改委项目	1	4
		国家自然科学基金	130	10 171.9
		科技基础性工作专项	1	82
		重大科学研究计划	2	117
		小计	197	26 215.54
	部委项目		113	5 726.52
	省市项目		202	3 457.34
	横向课题		405	10 262.87
	国际科技合作		19	805.89
	科研基地建设		14	7 553.5
	中央高校基本科研业务费		1	3 000
	合计		951	57 021.66
2013	国家项目	973 计划	19	2 348.13
		863 计划	11	2 734
		国家科技支撑计划	17	3 034
		国家科技重大专项	43	9 531.84
		国家农业科技成果转化资金项目	2	96
		国家星火计划	2	42
		国家社科基金	15	282
		国家发改委项目	1	5
		国家自然科学基金	168	11 395.8
		科技基础性工作专项	1	172.5
		重大科学研究计划	1	47
		青年千人计划专项	4	1 100
		青年拔尖人才支持计划	2	480
		小计	286	31 268.27
	部委项目		164	13 326.5
	省市项目		155	2 367.73
	横向课题		524	8 890.97
	国际科技合作		18	2 293.75
	科研基地建设		14	3 695.94
	中央高校基本科研业务费		1	3 000
	合计		1 162	64 843.16

续表

年份	项目渠道		项目数	经费 / 万元
2012	国家项目	973 计划	10	2 623.06
		863 计划	22	8 293.14
		国家科技支撑计划	34	6 078.19
		国家科技重大专项	38	8 813.69
		国家农业科技成果转化资金项目	4	150
		国家星火计划	3	66
		国家社科基金	11	230
		国家科技基础性工作专项	2	894
		国家自然科学基金	184	10 655
		小计	308	37 803.08
	部委项目		138	5 348.7
	省市项目		115	1 329.5
	横向课题		544	7 287.9
	国际合作		12	1 041.62
	科研基地建设		12	10 639.80
	中央高校基本科研业务费		1	2 100
	合计		1130	65 550.6
2011	国家项目	973 计划	20	3 266.46
		863 计划	7	8 233
		国家科技支撑计划	8	2 662
		国家科技重大专项	25	10 474
		国家农业科技成果转化资金项目	3	135
		国家星火计划	1	400
		国家社科基金	9	155
		国家标准制修订项目	2	4.8
		国家自然科学基金	158	9 381.1
		小计	233	34 711.36
	部委项目		166	14 939.2
	省市项目		100	1 741.9
	横向课题		553	6 291.95
	国际合作		14	2 073.63
	科研基地建设		14	3 278.1
	中央高校基本科研业务费		1	2 203
	合计		1 081	65 239.14

续表

年份	项目渠道		项目数	经费 / 万元
2010	国家项目	973 计划	14	2 393.63
		国家自然科学基金	114	3 922.7
		863 计划	3	710
		国家科技支撑计划	1	288
		转基因专项	44	13 242.61
		重大传染病专项	4	330
		水专项	8	276
		重大新药创制专项	2	14
		国家农业科技成果转化资金项目	3	200
		国家星火计划	1	50
		国家社科基金	5	62
		国家科技基础条件平台建设重点项目	1	6
		小计	200	21 494.94
	部委项目		139	8 260.6
	省市项目		130	1 069.05
	横向课题		390	6 307.83
	国际合作		21	407.6
	科研基地建设		6	2 742
	中央高校基本科研业务费		1	1 100
	合计		887	41 382.02
2009	国家项目	973 计划	10	2 338.00
		国家自然科学基金	108	4 355.00
		863 计划	8	4 034.00
		国家科技支撑计划	18	651.38
		转基因专项	31	15 940.43
		重大传染病专项	3	113.26
		水专项	9	366.73
		国家农业科技成果转化资金项目	3	190.00
		国家社科基金	9	91.00
		科技部基础性工作专项	2	72.50
		科技部国际合作中欧专项	1	100.00
		政府间国际合作交流项目	4	32.00

续表

<table>
<tr><th>年份</th><th colspan="2">项目渠道</th><th>项目数</th><th>经费 / 万元</th></tr>
<tr><td rowspan="10">2009</td><td rowspan="4">国家项目</td><td>科技部国际科技合作重点项目</td><td>4</td><td>105.00</td></tr>
<tr><td>国家三峡移民科研项目</td><td>2</td><td>65.00</td></tr>
<tr><td>国家科技基础条件平台建设</td><td>1</td><td>0.75</td></tr>
<tr><td>小计</td><td>213</td><td>28 455.05</td></tr>
<tr><td colspan="2">部委项目</td><td>154</td><td>7 353.99</td></tr>
<tr><td colspan="2">省市项目</td><td>92</td><td>940.30</td></tr>
<tr><td colspan="2">横向课题</td><td>378</td><td>4 224.23</td></tr>
<tr><td colspan="2">国际合作</td><td>8</td><td>179.99</td></tr>
<tr><td colspan="2">科研基地建设</td><td>4</td><td>2 310.00</td></tr>
<tr><td colspan="2">合计</td><td>849</td><td>43 463.56</td></tr>
<tr><td rowspan="15">2008</td><td rowspan="9">国家项目</td><td>973 计划</td><td>16</td><td>2 758.30</td></tr>
<tr><td>国家自然科学基金</td><td>86</td><td>3 049</td></tr>
<tr><td>863 计划</td><td>18</td><td>593.5</td></tr>
<tr><td>国家科技支撑计划</td><td>25</td><td>2 200</td></tr>
<tr><td>国家农业科技成果转化资金项目</td><td>2</td><td>200</td></tr>
<tr><td>国家社科基金</td><td>8</td><td>66</td></tr>
<tr><td>国家级人文社科其他项目</td><td>5</td><td>8</td></tr>
<tr><td>国家科技基础条件平台建设</td><td>5</td><td>98.5</td></tr>
<tr><td>小计</td><td>165</td><td>8 973.3</td></tr>
<tr><td colspan="2">部委项目</td><td>165</td><td>7 368.75</td></tr>
<tr><td colspan="2">省市项目</td><td>87</td><td>432.4</td></tr>
<tr><td colspan="2">横向课题</td><td>350</td><td>3 259.21</td></tr>
<tr><td colspan="2">国际合作</td><td>18</td><td>1 600.19</td></tr>
<tr><td colspan="2">科研基地建设</td><td>6</td><td>2838</td></tr>
<tr><td colspan="2">合计</td><td>791</td><td>24 471.85</td></tr>
</table>

四十三、总收入、资产与图书情况（2008—2017 年）

年度	学校总收入 / 万元	固定资产 / 万元	图书 / 万册	建筑面积 / 平方米
2008	8 064.01	141 938.34	126.42	845 775.00
2009	114 457.35	162 057.05	134.87	947 469.00

续表

年度	学校总收入 / 万元	固定资产 / 万元	图书 / 万册	建筑面积 / 平方米
2010	125 390.15	169 116.95	140.41	945 153.00
2011	127 325.14	192 273.85	145.11	1 005 470.00
2012	145 112.56	213 953.24	155.41	1 069 983.00
2013	158 028.38	229 507.00	160.30	1 090 385.00
2014	184 240.52	238 640.27	168.30	1 175 320.00
2015	191 979.12	222 603.88	183.64	1 213 144.03
2016	219 271.45	251 274.46	187.09	1 234 888.15
2017	234 633.33	274 534.21	192.49	1 238 680.70

四十四、教职工人数（2008—2017 年）

年度	教职工总人数 / 人	专任教师 / 人
2008	2 556	1 394
2009	2 598	1 448
2010	2 600	1 458
2011	2 620	1 443
2012	2 620	1 447
2013	2 616	1 449
2014	2 532	1 446
2015	2 489	1 444
2016	2 588	1 501
2017	2 562	1 523

四十五、在校生、毕业生、招生人数（2008—2017 年）

年度	在校生数 / 人			毕业生数 / 人			招生人数 / 人		
	本科生	研究生		本科生	研究生		本科生	研究生	
		博士	硕士		博士	硕士		博士	硕士
2008	17 468	928	4 028	3 507	170	842	4 504	259	1 455
2009	17 812	923	4 371	3 918	215	979	4 550	267	1 565
2010	18 239	1 068	4 696	3 892	141	1 095	4 600	279	1 752

续表

年度	在校生数 / 人			毕业生数 / 人			招生人数 / 人		
	本科生	研究生		本科生	研究生		本科生	研究生	
		博士	硕士		博士	硕士		博士	硕士
2011	18 303	1 143	4 986	4 181	232	1 236	4 603	321	1 770
2012	18 408	1 251	5 044	4 332	244	1 493	4 682	353	1 867
2013	18 625	1 410	5 171	4 335	215	1 481	4 774	386	1 936
2014	18 670	1 547	5 283	4 333	253	1 544	4 613	399	1 984
2015	18 796	1 696	5 331	4 241	258	1 596	4 607	412	2 037
2016	18 755	1 846	5 351	4 391	268	1 642	4 661	438	2 070
2017	18 654	1 998	5 564	4 426	315	1 554	4 625	480	2 188

后记

2017 年初，为迎接华中农业大学建校 120 周年，学校党委、学校行政决定启动校史续编工作，以期全面、系统记录学校发展足迹，传承和弘扬“勤读力耕，立己达人”的华农精神。

学校成立了编写委员会，校党委书记高翅、校长邓秀新、校务委员会主任李忠云等主持了编撰工作，校学术委员会主任张启发院士等十分关心编撰工作并给予宏观指导。学校发展规划处成立了编撰工作组具体实施编撰工作，校属各单位大力支持和广泛参与。

2017 年 5 月以来，编撰工作组历经调查研究、发凡起例、收集资料、拟定思路、设定编目、组稿成书等过程。2018 年 5 月中旬，基本完成了资料汇集并形成初稿。期间多次召开部分编委和部分职能部门主要负责人研讨会，反复征求意见统一思想；2018 年 6 月 16 日学校召开编委工作会，确定体例内容、篇章结构、史料入选基本标准等重大事宜，主要定位为留存发展线索和历史资料。根据会议意见，编撰工作组随即紧锣密鼓地进行统稿和修改。2018 年 7 月 10 日，书稿交付高等教育出版社。8 月 6 日至 8 月 12 日，编撰工作组赴高等教育出版社与责任编辑一起完善内容“打磨”书稿。8 月 14 日至 21 日，面向全体校领导、编委、院士、学术委员会与校务委员会负责人、所有校属二级单位主要负责人征求意见。张启发、傅廷栋、陈焕春等院士和相关领导对书稿提出宝贵修改建议。在编撰过程中，李名家、周承早等编委多次审阅书稿；王从严、冯永平、彭光芒、程华东等编委多次研讨编撰过程中具体问题，审读全书并修改部分章节；编委会特邀李金发、王平祥、张拥军等分章节审阅和修改书稿。全书最终于 8 月底定稿。

本书紧扣学校发展和改革实践，点线面结合，图文并茂，紧密围绕“建设特色鲜明研究型大学”的主线，突出重点，彰显特色，全景展现了学校 2008 年以来的发展历程，追溯、接续、传承、弘扬以“勤读力耕，立己达人”为核心的华农精神，力求形成翔实、客观的历史文化资料，留存发展线索，以期“以史鉴今、资政育人”，为学校建设成为“优势学科国际一流、特色鲜明的世界知名研究型大学”提供精神动力。

王从严统筹负责编撰工作，冯永平、彭光芒负责书稿组织、策划和审稿；范敬群、刘辉（大）、廖旭东具体负责全书的统稿、附录资料的收集整理、图片的搜集整理等工作。全书正文分 3 篇共 38 章：第一篇“发展概况”撰稿人有刘辉（小）、欧金荣、张瑞雪、刘凡、陈华伟、郑学刚、秦发兰、田经燚、韩伟、伍莺莺、陆文昌、毛成兴、佘静、宋兰香、陈婉、唐永木、刘瑞欣、张羽、张进、宋隽、王艳、赵静、黄辉、蒋朝常、刘涛、陈锦、汪华、朱志军、叶颖泽、饶思军、何永进、丁艳华、潘昕、史东伟、任霞、吕守华、李木明、许文、陈立新、马小辉、钟永泉、沈继斌、邹家骊、姜琰等；审稿人有冯永平、杨少波、肖湘平、韩鹤友、胡守强、徐跃进、关桓达、鲁满新、崔蜜蜜、向晋文、孙骥、张拥军、彭小川、周琼、陈昉源、龙健飞、程华东、罗汉桥、段德君、吴义生、李国英、陈国顺、张迎春、石国兵、张金洲、李仁刚、史涛、丁克勇、郭刚奇、袁友亮、付裕贵、余思林、李刚、陈胜等。第二篇“发展纪事”撰稿人有范敬群、刘辉（大）、赵希庆、周年年、张瑞雪、余华俊、杨道兵、蒋朝常、陈锦、廖旭东等；审稿人有冯永平、杨少波、肖湘平、关桓达、崔蜜蜜、程华东等。第三篇“学院（部）发展简况”撰稿人有吕瑞凯、常帅、庞湃、祁婧、卢刚、李俊、廖庆喜、任丽红、丁记峰、周治瑜、黄晓霞、付兆佳、李建波、梁玲、吴斌、严丹、陈治国、秦发兰、王中舰等；审稿人有熊海林、胡丽华、唐仁华、和希顺、张宏荣、程运江、张韶东、廖庆喜、张越、张柱红、吴承春、彭彬、钟涨宝、王平祥、杨铁贵、王洪波、程为民、李向东、徐跃进、胡文等（上述各篇中的署名均以章节顺序排序）。校属各单位高度重视编撰工作，科学技术发展研究院发动全体同志参与了科研相关数据核实工作；部分学院领导班子召开专题会议审定了书稿相关内容。

范敬群、刘涛、兰涵旗、蒋朝常、丁玲，吴诗凡、吕岩、彭雨格等诸多学生通讯社记者，校团委、研究生院等单位提供了资料图片，校友侯国涛补拍了部分照片；黄辉提供了封面设计创意；刘辉（小）、汪华、周静舫、肖霞等参与了本书的校对和部分校史资料核查。需要说明的是，由于时间仓促加之部分作者信息缺失，个别素材和图片原作者未能逐一统计并列出。编写期间，图书馆提供了场地等诸多支持。2018 年夏武汉酷暑难耐，高温天数超历史记录。编撰工作组与校属各单位撰稿人、审稿人一起，数易其稿以消溽暑，个中滋味难于言表。

高等教育出版社生命科学与医学出版事业部主任吴雪梅、副主任李光跃、责任编辑单冉东等对本书的出版给予大力支持和具体指导。对关心、支持、帮助本书编写、出版的领导、同仁及各界人士，在此一并表示衷心的感谢。

编撰工作组认真研读了相关高校校史图书和学校各类文化读本，仔细查阅了学校年鉴、高基报表、各类年报、历史档案、相关文件文献等，参考引用了《华中农业大学报》、南湖新闻网历史数据库及诸多校外媒体的相关新闻报道，深刻体会到“今天的新闻就是明天的历史”。限于篇幅，以上提及的参考文献恕不一一列出。

由于编纂时间紧迫、任务艰巨，加之水平有限，定有疏漏和不妥之处，敬请全校师生员工、海内外校友和广大读者批评指正。

耕读双甲子，薪火传天下！谨祝华中农业大学明天更美好！

编撰工作组

2018 年 8 月